SÄCHSISCHE AKADEMIE DER WISSENSCHAFTEN

ZU LEIPZIG

JAHRBUCH

1981—1982

Mit 9 Tafeln und 3 Abbildungen im Text

AKADEMIE-VERLAG · BERLIN

1984

Nach dem Stand vom 31. Dezember 1982
Manuskript eingeliefert am 20. Juni 1983
Druckfertig erklärt am 21. Mai 1984

Im Auftrage der Akademie
bearbeitet und herausgegeben
von Gerald Wiemers

Erschienen im Akademie-Verlag, DDR-1086 Berlin, Leipziger Straße 3—4

Lizenznummer: 202 · 140/99/84
Printed in the German Democratic Republic
Gesamtherstellung: VEB Druckhaus „Maxim Gorki", 7400 Altenburg
LSV 0725
Bestellnummer: 754 274 7 (1011/81-82)

03800

INHALT

PRÄSIDIUM

Präsident
Bahner, Werner, Prof. Dr. phil.

Vizepräsident
Lehmann, Edgar, em. Prof. Dr. phil., Dr.-Ing. e. h.

Sekretar der mathematisch-naturwissenschaftlichen Klasse
Beckert, Herbert, Prof. Dr. phil.

Stellvertr. Sekretar der mathematisch-naturwissenschaftlichen Klasse
Oelßner, Wilhelm, Prof. Dr. med.

Sekretar der philologisch-historischen Klasse
Brüning, Eberhard, Prof. Dr. phil.

Stellvertr. Sekretar der philologisch-historischen Klasse
Lieberwirth, Rolf, Prof. Dr. jur.

Czok, Karl, Prof. Dr. phil.

SATZUNG DER AKADEMIE

siehe Jahrbuch *1969—1970* (Berlin 1972) S. 9—13

ARCHIV

7010 Leipzig, Goethestraße 3—5, Tel. 292886
Leiter des Archivs: Diplom-Archivar/Diplom-Historiker Gerald Wiemers
Wiss. Archivarin: Dipl. phil. Elisabeth Lea
Sekretärin: Marianne Zabelt

BIBLIOTHEK

Bibliothekar im Nebenamt: Dr. Dietmar Debes, Kustos der Karl-Marx-Universität Leipzig, Universitätsbibliothek, 7010 Leipzig, Beethovenstraße 6, Tel. 326163
Bibliothekarin im Nebenamt: Jutta Sporleder
Magazinverwalter: Paul Tottermusch

SEKRETARIAT

7010 Leipzig, Goethestraße 3—5, Tel. 281081
Wiss. Sekretär: Dipl. paed. Manfred Kobialka
Leiterin für Haushaltwirtschaft: Renate Bauer
Wiss.-techn. Mitarbeiterin: Petra Jung
Angestellte: Gertrud Klein

VERLAG DER AKADEMIE

Akademie-Verlag, 1080 Berlin, Leipziger 3—4, Tel. 22360

VERTRAGSHEIM DER AKADEMIE

Kurhaus 6113 Masserberg, Tel. Masserberg/Thür. 221

MITGLIEDER

(Die eingeklammerten Zahlen bedeuten das Datum der Zuwahl)

Ordentliche Mitglieder
der mathematisch-naturwissenschaftlichen Klasse

Beckert, Herbert, Dr. phil., o. Professor für Mathematik (Analysis) an der Karl-Marx-Universität Leipzig, Nationalpreisträger, Verdienter Hochschullehrer der DDR, Inhaber der Ehrennadel der Karl-Marx-Universität, von Medaillen der Universität Helsinki, der Mathematisch-Physikalischen Fakultät der Karls-Universität Prag und der Bolzano Medaille der Karls-Universität, Mitglied der Deutschen Akademie der Naturforscher Leopoldina und Sekretär für Mathematik und Naturwissenschaften dieser Akademie, Mitglieder der Mathematischen Gesellschaft der DDR in Berlin und der Österreichischen Mathematischen Gesellschaft in Wien, geb. 12. X. 1920 in Colmnitz, Kreis Freital, 7113 Markkleeberg, Raschwitzerstraße 12, Tel. Leipzig 31 12 05 (17. X. 1975).

Berg, Hermann, Dr. rer. nat., Prof. für physikalische Chemie an der Akademie der Wissenschaften der DDR, Zentralinstitut für Mikrobiologie und experimentelle Therapie in Jena, Leiter der Abt. Biophysikochemie und der URANIA Gruppe der Akademieinstitute in Jena, Inhaber der Heyrovský-Medaille des Heyrovský-Instituts für Polarographie der Tschechoslowakischen Akademie der Wissenschaften in Prag, Mitglied der Gesellschaft für mathematische und physikalische Biologie der DDR, der Bioelectrochemical Society (BES) und der American Society for Photobiology, Coeditor von „Bioelectrochemistry and Bioenergetics", geb. 16. VII. 1924 in Greifswald, 6900 Jena, Greifbergstraße 15, Tel. 2 48 17 (28. VI. 1971).

Bethge, Heinz, Dr. rer. nat., Dr. rer. nat. h. c. (Karl-Marx-Stadt), Honorarprofessor für Physik an der Martin-Luther-Universität Halle—Wittenberg, Direktor des Instituts für Festkörperphysik und Elektronenmikroskopie der Akademie der Wissenschaften der DDR in Halle, Nationalpreisträger, Inhaber des Vaterländischen Verdienstordens, der Verdienstmedaille der DDR und der Carus-Medaille der Deutschen Akademie der Naturforscher Leopoldina in Halle, o. Mitglied der Akademie der Wissenschaften der DDR, korresp. Mitglied der Bayerischen Akademie der Wissenschaften in München, der Heidelberger Akademie der Wissenschaften und der Österreichischen Akademie der Wissenschaften in Wien, auswärtiges Mitglied der Bulgarischen Akademie der Wissenschaften in Sofia und der Holländischen Akademie der Wissenschaften in Haarlem, Mitglied und Präsident der Deutschen Akademie der Naturforscher Leopoldina in Halle, Mitglied der Physikalischen Gesellschaft der DDR, Ehrenmitglied der Roland Eötvös Physikalischen Gesellschaft in Ungarn, geb. 15. X. 1919 in Magdeburg, 4020 Halle (Saale), Ginsterweg 15, Tel. 65 10 70 (17. X. 1975).

Buchheim, Wolfgang, Dr. phil., em. o. Professor für theoretische Physik an der Bergakademie Freiberg, Inhaber der Ehrennadel der Bergakademie Freiberg, Mitglied der Poggendorff-Kommission und der Kommission für spezielle Umweltprobleme der Akademie, Mitglied der Deutschen Akademie der Naturforscher Leopoldina in Halle, berufener ständiger Gast der Klasse „Umweltschutz und Umweltgestaltung“ der Akademie der Wissenschaften der DDR, Mitglied der Permanenten Kommission für die Festerdegezeiten der Internationalen Association für Geodäsie in Strasbourg, der Goethe-Gesellschaft in Weimar, der Physikalischen Gesellschaft der DDR, der Gesellschaft für Geologische Wissenschaften der DDR und der Gesellschaft für physikalische und mathematische Biologie der DDR, geb. 18. X. 1909 in Leipzig, 9200 Freiberg (Sachsen), Richard-Wagner-Straße 25, Tel. 4 83 83 (7. XII. 1959).

Busch, Karl-Franz, Dr.-Ing., Dr.-Ing. E. h. (Freiberg), Diplom-Gewerbelehrer, em o. Professor für Wasserversorgung und Abwasserbehandlung an der TU Dresden, Träger des Vaterländischen Verdienstordens in Bronze, der Hubert-Engels-Plakette und der Lohrmann-Plakette der TU Dresden, der Goldenen und Silbernen Ehrennadel der Kammer der Technik, Inhaber der Medaille „30. Jahrestag der Gründung der DDR“, Held der sozialistischen Arbeit, Verdienter Techniker des Volkes, Verdienter Hochschullehrer der DDR, Mitglied der Kommission für spezielle Umweltprobleme der Akademie und der Deutschen Agrarwissenschaftlichen Gesellschaft, geb. 22. III. 1917 in Oberhausen, 8053 Dresden, Waldparkstraße 2, Tel. 33 44 24 (25. III. 1977).

Dörter, Klaus, Dr. agr. (Wissenschaftsgebiet Grünland und Meliorationswesen sowie Landeskultur), o. Professor für landwirtschaftliche Meliorationen an der Martin-Luther-Universität Halle—Wittenberg, Inhaber der Verdienstmedaille der DDR, der Erinnerungsmedaille zum 20. Jahrestag der Demokratischen Bodenreform, der Ehrennadel in Gold der Agrarwissenschaftlichen Gesellschaft und der Erinnerungsmedaille der Landwirtschaftlichen Hochschulen Poznań und Nitra, Mitglied und Leiter der Kommission für spezielle Umweltprobleme der Akademie, Mitglied der Agrarwissenschaftlichen Gesellschaft der DDR, der Bodenkundlichen Gesellschaft der DDR, der Internationalen Bodenkundlichen Gesellschaft in Amsterdam/Holland und der Sektion Landeskultur und Naturschutz der Akademie der Landwirtschaftswissenschaften der DDR, berufener ständiger Gast der Klasse „Umweltschutz und Umweltgestaltung“ der Akademie der Wissenschaften der DDR, geb. 10. I. 1922 in Breslau, 4020 Halle (Saale), Elsa-Brändström-Straße 190, Tel. 4 52 11 (18. VI. 1974).

Dürwald, Wolfgang, Dr. med., o. Professor für Gerichtliche Medizin an der Karl-Marx-Universität Leipzig, Direktor des Instituts für Gerichtliche Medizin und Kriminalistik am Bereich Medizin der Karl-Marx-Universität, Held der sozialistischen Arbeit, Verdienter Arzt des Volkes, Obermedizinalrat, Friedrich-Engels-Preisträger, Inhaber der Hufeland-Medaille in Gold, der Verdienstmedaille des Ministeriums des Inneren in Gold, der Verdienstmedaille der NVA in Silber, des Ehrenzeichens der Deutschen Volkspolizei, der Verdienstmedaille der Deutschen Reichsbahn Stufe I, der Medaille für treue Dienste im Gesundheits- und Sozialwesen in Silber und Gold, der Medaille für selbstlosen Einsatz bei Katastrophen, der Ehrennadel der Karl-Marx-Universität, der Ehrennadel der Rechtspflegeorgane in Gold, der Kopernikus-Medaille der Universität Kraków und der Richard-Kockel-Medaille der Gesellschaft für Gerichtliche Medizin der DDR, Mitglied der Internationalen Akademie für Gerichtliche und soziale Medien 1976—1979, Vizepräsident dieser Akademie, Mitglied der Royal Society of Medicine in London, der Gesellschaft für Gerichtliche Medizin der DDR, der Gesellschaft für Militärmedizin der DDR, der Gesellschaft für Hämatologie und Bluttransfusion der DDR, der Gesellschaft für Humangenetik der DDR und der Gesellschaft für Experimentelle Medizin der DDR, Ehrenmitglied der Allunions-Gesellschaft für Gerichtliche Medizin der UdSSR, der Gesellschaft für gerichtliche Medizin und Kriminologie der VR Polen, der ungarischen Gesellschaft für Gerichtliche Medizin, der tschechoslowakischen Gesellschaft für Gerichtliche Medizin und der Sociedad de Medicina Legal in Chile, geb. 13. I. 1924 in Hagen (Westfalen), 7027 Leipzig, Naunhofer Straße 18, Tel. 8 61 16 36 (20. X. 1978).

Emons, Hans-Heinz, Dr. rer. nat., Dr. rer. nat. h. c. (Leningrad), o. Professor für anorganisch-technische Chemie an der Bergakademie Freiberg, Rektor der Bergakademie Freiberg, Nationalpreisträger, Träger des Vaterländischen Verdienstordens in Silber, der Verdienstmedaille der DDR, der Humboldt-Medaille, der Kurnakov-Medaille der Akademie der Wissenschaften der UdSSR, der Clemens-Winkler-Medaille der Chemischen Gesellschaft der DDR, der Emil-Voitacek-Medaille der TH Prag, der Arthur-Becker-Medaille der Freien Deutschen Jugend in Gold und der Ehrennadel der Gesellschaft für Deutsch-Sowjetische Freundschaft in Gold, Inhaber des Carl-Schorlemmer-Preises der TH Leuna-Merseburg und des Wissenschaftspreises 1. Stufe der Bergakademie Freiberg, o. Mitglied der Akademie der Wissenschaften der DDR, Mitglied des Forschungsrates der DDR in Berlin, der Chemischen Gesellschaft der DDR in Berlin, Vereinigung für Kristallographie, der Electrochemical Society in New York und des IUPAC-Nationalkomitees, geb. 1. VI. 1930 in Herford (Westf.), 9200 Freiberg, Richard-Wagner-Straße 23, Tel. 35 65 (12. X. 1979).

Eßbach, Hasso, Dr. med., Dr. med. h. c. (Magdeburg), em. o. Professor für pathologische Anatomie an der Medizinischen Akademie Magdeburg und an der Deutschen Akademie für Ärztliche Fortbildung Berlin, Gründungsrektor der Medizinischen Akademie Magedeburg, Träger des Vaterländischen Verdienstordens, Inhaber des Rudolf-Virchow-Preises des Ministeriums für Gesundheitswesen, der Humboldt-Medaille des Ministeriums für Hoch- und Fachschulwesen der DDR und der Otto-v.-Guericke-Plakette der Stadt Magdeburg, Mitglied der Deutschen Gesellschaft für Pathologie in Münster, der Gesellschaft für Experimentelle Medizin der DDR in Berlin, der Gesellschaft für Pathologie der DDR in Berlin, der Gesellschaft für Neuropathologie der DDR in Leipzig und der Deutschen Gesellschaft für Elektronenmikroskopie in Düsseldorf, Ehrenmitglied der Gesellschaft für Perinatale Medizin der DDR in Halle, geb. 9. II. 1909 in Chemnitz, 3271 Möser über Burg bei Magdeburg, Kastanienallee 5, Tel. 2 74 (24. V. 1965).

Fanghänel, Egon, Dr. rer. nat., o. Professor für organische Chemie an der Technischen Hochschule „Carl Schorlemmer“ Leuna-Merseburg, Nationalpreisträger, Träger des Vaterländischen Verdienstordens in Bronze, Inhaber des Ordens „Banner der Arbeit“ und des Carl-Schorlemmer-Preises der TH „Carl Schorlemmer“ Leuna-Merseburg, Mitglied und Vorstandsmitglied der Chemischen Gesellschaft der DDR in Berlin, geb. 25. VI. 1935 in Waldheim (Sachsen), 4020 Halle (Saale), Albrecht-Dürer-Straße 6, Tel 3 98 22 (9. X. 1981).

Freimuth, Ulrich, Dr. rer. nat., em. Professor mit Lehrstuhl für Lebensmittelchemie an der TU Dresden, Inhaber der Verdienstmedaille der DDR, der Kekulé-Medaille der Chemischen Gesellschaft und der Pettenkofer-Medaille der Gesellschaft für Allgemeine und kommunale Hygiene in der DDR, Mitglied der Kommission für spezielle Umweltprobleme der Akademie, Mitglied der Chemischen Gesellschaft der DDR und des Fachverbandes Lebensmittelchemie dieser Gesellschaft, Ehrenmitglied der Gesellschaft für

Ernährung der DDR und des Ungarischen Wissenschaftlichen Vereins für Lebensmittelindustrie, geb. 16. X. 1914 in Wismar, 8020 Dresden, Bernerstraße 1, Tel. 47 22 66 (28. VI. 1971).

Görlich, Paul, Dr.-Ing., Dr. rer. nat. h. c. (Leipzig), Dr. -Ing. E. h. (Dresden), Professor, ehem. Direktor für Forschung und Entwicklung des VEB Carl Zeiss Jena, Nationalpreisträger, Verdienter Techniker des Volkes, Inhaber des Vaterländischen Verdienstordens in Silber, der Goldenen und Silbernen Ehrennadel der Kammer der Technik, der Gustav-Hertz-Medaille der Physikalischen Gesellschaft der DDR und der Lenin-Erinnerungsmedaille des Obersten Sowjet der UdSSR, Ehrensenator der TH Karl-Marx-Stadt, Mitglied der Kommission für spezielle Umweltprobleme der Akademie, o. Mitglied der Akademie der Wissenschaften der DDR, em. Direktor am Institut für Optik und Spektroskopie dieser Akademie, Mitglied der Deutschen Akademie der Naturforscher Leopoldina in Halle, Vorstandsmitglied der Physikalischen Gesellschaft der DDR und der Deutschen Gesellschaft für Meßtechnik und Automatisierung in der DDR, Mitglied der Royal Microscopical Society in London-Oxford, geb. 7. X. 1905 in Dresden, 6900 Jena, Schillbachstraße 24, 320—32, Tel. 2 44 96 (15. III. 1965).

Jordan, Herbert, Dr. med., Honorarprofessor für Physiotherapie an der Friedrich-Schiller-Universität Jena, Direktor des Forschungsinstituts für Balneologie und Kurortwissenschaft Bad Elster, Verdienter Arzt des Volkes, Obermedizinalrat, Träger der Hufeland-Medaille in Gold und der Medaille für treue Dienste im Gesundheits- und Sozialwesen in Gold, Mitglied der Kommission für spezielle Umweltprobleme der Akademie, der Gesellschaften für Innere Medizin, Kardiologie, Physiotherapie und Rheumatologie der DDR und der Internationalen Gesellschaft für Biologische Rhythmusforschung, korresp. Mitglied der Deutschen Gesellschaft für Physikalische Medizin und Rehabilitation, Ehrenmitglied der Medizinisch-Wissenschaftlichen Allunionsgesellschaft für Physiotherapie und Kurortologie der UdSSR, der Bulgarischen Gesellschaft für Physikalische Therapie, Kurortologie und Rehabilitation, der Československá fyziatrická spoločnost' und der Polnischen Gesellschaft für Balneologie, Bioklimatologie und Physikalische Therapie, geb. 8. XII. 1919 in Markneukirchen (Vogtland), 9933 Bad Elster, Karl-Marx-Straße 30, Tel. 4 67 (18. VI. 1974).

Keller, Ott-Heinrich, Dr. phil. nat., em. o. Professor für Mathematik an der Martin-Luther-Universität Halle—Wittenberg, Nationalpreisträger, Mitglied der Deutschen Akademie der Naturforscher Leopoldina in Halle, geb. 22. VI. 1906 in Frankfurt (Main), 4020 Halle (Saale), Dölauer Straße 82, Tel. 3 14 80 (15. IX. 1958).

Krug, Herbert, Dr.-Ing., o. Professor für Verfahrenstechnik an der Bergakademie Freiberg, Nationalpreisträger, Inhaber der Verdienstmedaille der DDR, der Medaille zum 30. Jahrestag der Gründung der DDR, der Humboldt-Medaille in Gold, der Medaille für Verdienste in der Kohlenindustrie in Gold, der Arthur-Becker-Medaille der Freien Deutschen Jugend in Silber, der Ehrenplakette der Stadt Freiberg in Silber, der Karl-Kegel-Medaille der ehem. Brennstofftechnischen Gesellschaft in der DDR und der Agricola-Medaille der Bergakademie Freiberg, Mitglied der wissenschaftlich-technischen Gesellschaft „Energiewirtschaft“ und der montanwissenschaftlichen Gesellschaft der Kammer der Technik, geb. 10. I. 1919 in Brossen (Kr. Zeitz), 9200 Freiberg, Lindenweg 10, Tel. 4 78 01 (20. X. 1978).

Lehmann, Nikolaus Joachim, Dr.-Ing., o. Professor für Mathematische Kybernetik und Rechentechnik an der TU Dresden, Nationalpreisträger, Träger des Vaterländischen Verdienstordens in Bronze, des Ordens „Banner der Arbeit", der Verdienstmedaille der NVA in Gold, der Medaille zum 30. Jahrestag der Gründung der DDR, der Gauß-Ehrenplakette des Gauß-Komitees der AdW der DDR, des Ordens „Kirill i Metodi" 1. Stufe der VR Bulgarien, der Jubiläums-Medaille der Bulgarischen Akademie der Wissenschaften 1978 und des „Silver Core" der Internationalen Föderation für Informationsverarbeitung, korresp. Mitglied der AdW der DDR, DDR-Vertreter und Vizepräsident 1980—1983 der Internationalen Föderation für Informationsverarbeitung, Mitglied der Mathematischen Gesellschaft der DDR in Berlin und des Forschungsrates der DDR, geb. 15. III. 1921 in Camina (Sachsen), 8010 Dresden, Ernst-Thälmann-Straße 9, Tel. 49 17 09 (9. X. 1981).

Lösche, Artur, Dr. phil., o. Professor für experimentelle Physik an der Karl-Marx-Universität Leipzig, Nationalpreisträger, Verdienter Hochschullehrer der DDR, Inhaber des Vaterländischen Verdienstordens in Bronze und des Gustav-Hertz-Preises der KMU Leipzig, Mitglied der Poggendorff-Kommission der Akademie, o. Mitglied der Akademie der Wissenschaften der DDR, Mitglied der Deutschen Akademie der Naturforscher Leopoldina in Halle, korresp. Mitglied der Société Royale des Sciences de Liège, Mitglied des Vorstandes des Groupement AMPERE (Internationale Gesellschaft für HF-Spektroskopie), geb. 20. X. 1921 in Leipzig, 7027 Leipzig, Egon-Erwin-Kisch-Weg 35, Tel. 8 61 25 53 (24. V. 1965).

Matzen, Peter Friedrich, Dr. med., em. o. Professor für Orthopädie an der Karl-Marx-Universität Leipzig, Verdienter Arzt des Volkes, Inhaber der Priorev-Medaille, der Cothenius-Medaille der Deutschen Akademie der Naturforscher Leopoldina in Halle 1980, des Erich-Lexer-Preises der Deutschen Gesellschaft für Chirurgie bzw. der Deutschen Gesellschaft für Orthopädie und Traumatologie 1974 und der Robert-Koch-Medaille 1982, Mitglied der Deutschen Akademie der Naturforscher Leopoldina in Halle und Senator dieser Akademie, Mitglied der Société Internationale de Chirurgie orthopédique et de Traumatologie in Brüssel, korresp. Mitglied der Società Italiana di Ortopedia e Traumatologia in Rom und der Polnischen Gesellschaft für Osteologie, Fellow of the International College of Surgeons in Chicago, Ehrenmitglied der Bulgarischen Orthopädischen Gesellschaft, der Gesellschaft für Orthopädie der DDR, der Deutschen Gesellschaft für Orthopädie und Traumatologie und der Vereinigung der Orthopäden Österreichs in Wien, geb. 11. X. 1909 in München, 7031 Leipzig, Marpergerstraße 21, Tel. 4 69 44 (7. XII. 1964).

Müller, Fritz, Dr. med., o. Professor für Pathobiochemie an der Karl-Marx-Universität Leipzig, Leiter der Abteilung für Pathobiochemie, Inhaber des Vaterländischen Verdienstordens in Bronze, der Verdienstmedaille der DDR, des Rudolf-Virchow-Preises und des Preises für Medizin des Bezirkes Leipzig „Prof. Dr. Karl Gelbke", Obermedizinalrat, Vorsitzender der Biochemischen Gesellschaft der DDR, Mitglied der Gesellschaft für Klinische Chemie und Labor-Diagnostik, geb. 28. I. 1935 in Altenburg, 7030 Leipzig, Heilemannstraße 29, Tel. 31 25 92 (9. X. 1981).

Neef, Ernst, Dr. phil., em. o. Professor für Geographie an der Technischen Universität Dresden, Inhaber der Verdienstmedaille der DDR, der Hermann-Haack-Medaille der

Geographischen Gesellschaft in der DDR, der Verdienstmedaille der Polnischen Geographischen Gesellschaft und der Goldenen Carl-Ritter-Medaille der Gesellschaft für Erdkunde in Berlin (West), Vorsitzender der Poggendorff-Kommission und Mitglied der Kommission für spezielle Umweltprobleme der Akademie, Mitglied der Deutschen Akademie der Naturforscher Leopoldina in Halle, Ehrenmitglied der Geographischen Gesellschaft der DDR, der Österreichischen Geographischen Gesellschaft in Wien und der Ungarischen Geographischen Gesellschaft in Budapest, korresp. Mitglied der Geographischen Gesellschaft in München und der Geographischen Gesellschaft in Frankfurt/M., geb. 16. IV. 1908 in Dresden, Florian-Geyer-Straße 44/032, Tel. 4 59 34 15 (17. XI. 1956).

Oelßner, Wilhelm, Dr. med., o. Professor für Radiologie an der Karl-Marx-Universität Leipzig, Verdienter Arzt des Volkes, Träger des Vaterländischen Verdienstordens in Bronze, Inhaber der Ehrenplakette der Deutschen Gesellschaft für klinische Medizin und der Ehrennadel der Karl-Marx-Universität Leipzig, Mitglied der Deutschen Akademie der Naturforscher Leopoldina in Halle und der Gesellschaft für Geschwulstbekämpfung der DDR, korresp. Mitglied der Deutschen Röntgengesellschaft und Ehrenmitglied der Tschechoslowakischen Radiologischen Gesellschaft und der Gesellschaft für Medizinische Radiologie der DDR, geb. 3. II. 1920 in Leipzig, 7124 Holzhausen (Sachsen), Richard-Wagner-Straße 15, Tel. Liebertwolkwitz 23 63 (17. X. 1975).

Parthier, Benno, Dr. rer. nat., Professor für Molekularbiologie an der Akademie der Wissenschaften der DDR, Institut für Biochemie der Pflanzen in Halle, Inhaber der Verdienstmedaille der DDR, Mitglied und Präsidiumsmitglied (Sekretär für Mathematik und Naturwissenschaften) der Deutschen Akademie der Naturforscher Leopoldina in Halle, korresp. Mitglied der Akademie der Wissenschaften der DDR, Mitglied und Vorstandsmitglied der Biochemischen Gesellschaft in der DDR, Mitglied der Biologischen Gesellschaft in der DDR und Vorstandsmitglied in deren Sektion Biochemie und Physiologie der Pflanzen, Mitglied der American Society of Photobiology, geb. 21. VIII. 1932 in Holleben (Saalkreis), 4020 Halle (Saale), Am Birkenwäldchen 7, Tel. 3 19 90 (20. X. 1978).

Penzlin, Heinz, Dr. rer. nat., o. Professor für Tierphysiologie an der Friedrich-Schiller-Universität Jena, Inhaber der Ehrennadel des Ministeriums für Volksbildung und der Ehrennadel für Verdienste im sozialistischen Bildungswesen, Mitglied und Präsidiumsmitglied der Biologischen Gesellschaft der DDR, Mitglied der Gesellschaft für Neurowissenschaften der DDR, des Nationalkomitees Biowissenschaften, des Wissenschaftlichen Beirates Biologie beim Ministerium für Hoch- und Fachschulwesen und der International Brain Research Organisation (IBRO) der UNESCO, geb. 26. I. 1932 in Waren (Müritz), 6900 Jena, Jenertal 21, Tel. 2 68 20 (9. X. 1981).

Rammler, Erich, Dr.-Ing., Dr.-Ing. E. h. (Aachen, TU Dresden), em. Professor mit Lehrstuhl für Brennstofftechnik, Wärmewirtschaft und Brikettierung an der Bergakademie Freiberg, Nationalpreisträger, Hervorragender Wissenschaftler des Volkes, Verdienter Bergmann der DDR, Träger des Vaterländischen Verdienstordens in Silber und Gold mit Ehrenspange, Inhaber der Carl-Exter-Medaille und der Karl-Kegel-Medaille der ehemaligen Brennstofftechnischen Gesellschaft in der DDR, der Agricola-Medaille der Bergakademie Freiberg, der Medaille für Verdienste in der Kohlenindustrie der DDR in Gold, der Medaille zum 30. Jahrestag der Gründung der Deutschen Demokratischen Republik und der Erinnerungsmedaille „30 Jahre BHT-Verkokung“ des VEB Braunkohlenveredlungswerkes Lauchhammer, o. Mitglied der Akademie der Wissenschaften der DDR, Ehrenmitglied der ehemaligen Gesellschaft Deutscher Berg- und Hüttenleute und der ehemaligen Brennstofftechnischen Gesellschaft in der DDR, Ehrensenator der Bergakademie Freiberg, geb. 9. VII. 1901 in Tirpersdorf (Vogtland), 9200 Freiberg, Richard-Wagner-Straße 12, Tel. 4 88 12 (15. IX. 1958).

Ries, Werner, Dr. med., o. Professor für innere Medizin-Gerontologie an der Karl-Marx-Universität Leipzig, Obermedizinalrat, Träger der Medaille für treue Dienste im Gesundheits- und Sozialwesens in Gold, der Ehrennadel der Karl-Marx-Universität Leipzig, der Theodor-Brugsch-Medaille des Koordinierungsrates der medizinisch-wissenschaftlichen Gesellschaft der DDR, des Preises für Medizin „Dr. Margarete Blank“ der Stadt Leipzig, der Reiman-Medaille für präventive Medizin der Slowakischen Ärzte-Gesellschaft in Bratislava und des Ehrenpreises der Gesellschaft für Gerontologie der DDR, Mitglied der Gesellschaft für Innere Medizin der DDR, der Gesellschaft für Gerontologie der DDR, der Gesellschaft für Ernährung der DDR und der Gesellschaft für Endokrinologie und Stoffwechselkrankheiten der DDR, Ehrenmitglied der Sektion Ernährung der Bulgarischen Wissenschaftlichen Gesellschaft, der Gesellschaft für Gerontologie der DDR und Vorstandsmitglied dieser Gesellschaft, geb. 20. III. 1921 in Nürnberg, 7030 Leipzig, Hermann-Schein-Straße 3, Tel. 31 17 20 (25. III. 1977).

Rösler, Hans Jürgen, Dr. rer. nat., o. Professor für Mineralogie und Geochemie an der Bergakademie Freiberg, Verdienter Hochschullehrer der DDR, Inhaber der Verdienstmedaille der DDR, der Medaille für hervorragende Leistungen in der Geologie der DDR, der Pablo-Neruda-Gedenkmedaille, der Ehrennadel der Bergakademie Freiberg und der Abraham-Gottlob-Werner-Nadel der Gesellschaft für Geologische Wissenschaften der DDR, Mitglied der International Association on the Genesis of Ores und des Nationalen Komitees für Mineralogie, Mitglied des Rates für Geo- und Kosmoswissenschaften der Akademie der Wissenschaften der DDR, Mitglied und Vorsitzender des Nationalen Komitees für Geochemie und Ehrenmitglied der Gesellschaft für Geologische Wissenschaften der DDR, geb. 14. V. 1920 in Braschen (Kreis Crossen/Oder), 9200 Freiberg, Silberhofstraße 11, Tel. 4 78 55 (9. X. 1981).

Sachsenweger, Rudolf, Dr. med., em. o. Professor für Augenheilkunde an der Karl-Marx-Universität Leipzig, Verdienter Arzt des Volkes, Präsident des European Ophthalmological Council, Inhaber des von-Graefe-Preises der Deutschen Ophthalmologischen Gesellschaft (Heidelberg), Mitglied und Senatsmitglied der Deutschen Akademie der Naturforscher Leopoldina in Halle, Mitglied und Ehrenmitglied der Gesellschaft der Augenärzte der DDR, Mitglied des Internationalen Gonin-Klubs in Lausanne, des International Council of Ophthalmology (Concilium Ophthalmologicum Universale) und der Französischen Ophthalmologischen Gesellschaft in Paris, Mitglied und Vorstandsmitglied der Europäischen Strabologischen Gesellschaft und der Europäischen Glaukomgesellschaft, Mitglied der Academia Ophthalmologica Internationalis in Chicago, Ehrenmitglied der Academia Barraquer in Barcelona und der Deutschen Ophthalmologischen Gesellschaft in Heidelberg, Ehrenvorsitzender der Sächsischen Gesellschaft für Augenheilkunde, geb. 29. II. 1916 in Nahlendorf (Kreis Querfurt), 7030 Leipzig, Heinzelmannweg 12, Tel. 8 61 19 71 (10. X. 1980).

Scharf, Joachim-Hermann, Dr. med., Dr. rer. nat., Dr. med. h. c. (Poznań), o. Professor für Anatomie, Histologie und Embryologie an der Mathin-Luther-Universität Halle—Wittenberg, Inhaber der Verdienstmedaille der Deutschen Akademie der Naturforscher Leopoldina, der Medaillen „Leningrad — gorod geroj“ der Stadt Leningrad und „Quondam ordo“ der Medizinischen Akademie Poznań und der Gauß-Ehrenplakette des Gauß-Komitees der AdW der DDR, Mitglied der Deutschen Akademie der Naturforscher Leopoldina in Halle, Director Ephemeridum dieser Akademie, korresp. Mitglied der math.-nat. Klasse der Akademie der Wissenschaften und der Literatur in Mainz, Mitglied und Präsidiumsmitglied der Internationalen Anatomischen Gesellschaft, Mitglied der International Biometric Society in Washington, der Gesellschaft für Anatomie der DDR, der Gesellschaft für physikalische und mathematische Biologie der DDR, der Mathematischen Gesellschaft der DDR und der Neuen Bachgesellschaft (Sitz Leipzig), Honorary Fellow of the Royal Microscopical Society in Oxford, Ehrenmitglied der Gesellschaft der Anatomen, Histologen und Embryologen Bulgariens in Sofia, der Allunionsgesellschaft der Anatomen, Histologen und Embryologen der UdSSR in Moskau, der Gesellschaft für Anatomie der DDR in Berlin, der Gesellschaft für Topochemie und Elektronenmikroskopie der DDR in Berlin und der Ungarischen Gesellschaft der Anatomen, Histologen und Embryologen in Budapest, geb. 7. XI. 1921 in Nebra (Unstrut), 4020 Halle (Saale), Kurallee 12, Post: 4010 Halle (Saale), Postschließfach 302, Tel. 28389 (9. X. 1981).

Schubert, Manfred, Dr. Ing., o. Professor für Verfahrenstechnik an der TU Dresden, Inhaber des Vaterländischen Verdienstordens in Bronze und Silber, des Ordens Banner der Arbeit, der Arthur-Becker-Medaille der Freien Deutschen Jugend in Gold, der Medaille zum 30. Jahrestag der Gründung der DDR, der Ehrennadel der KDT in Bronze und des Preises der TU Dresden 1. Stufe, korresp. Mitglied der Akademie der Wissenschaften der DDR, Präsident der Kammer der Technik, geb. 30. III. 1930 in Reichenstein (Schlesien), 8046 Dresden, Max-Kayser-Straße 22, Tel. 2231819 (9. X. 1981).

Schwabe, Kurt, Dr.-Ing., Dr. rer. nat. h. c. (Dresden, Karl-Marx-Stadt, Merseburg, Freiberg, em. Professor mit Lehrstuhl für physikalische Chemie und Elektrochemie an der TU Dresden, Nationalpreisträger 1. und 2. Klasse, Hervorragender Wissenschaftler des Volkes, Verdienter Hochschullehrer der DDR, Held der Arbeit, Träger des Karl-Marx-Ordens, des Vaterländischen Verdienstordens in Gold, des Ordens „Banner der Arbeit“, der Goldenen Ehrennadel und der Ernst-Abbe-Medaille der Kammer der Technik, der Hans-Clemm-Gedenkmünze des Vereins der Zellstoff- und Papierchemiker und -ingenieure, der Clemens-Winkler-Medaille der Chemischen Gesellschaft in der DDR, der Arthur-Becker-Medaille der Freien Deutschen Jugend in Gold und der Johannes-Stroux-Medaille der AdW der DDR, Inhaber des Preises 1. Stufe der TU Dresden anläßlich des 150jährigen Bestehens der TU Dresden, Ehrenmitglied des Forschungsrates der DDR in Berlin, Vorsitzender des wissenschaftlich-technischen Rates für Korrosionsschutz des Koordinationszentrums der RGW-Länder bis 1978, Direktor des Forschungsinstitutes Meinsberg des Ministeriums für Wissenschaft und Technik, Mitglied der Kommission für spezielle Umweltprobleme der Akademie, o. Mitglied und Vizipräsident der Akademie der Wissenschaften der DDR bis 1980, Mitglied der Deutschen Akademie der Naturforscher Leopoldina Halle, korresp. Mitglied der Jugoslawischen Akademie der Wissenschaften und Künste in Zagreb und der mathematisch-naturwissenschaftlichen Klasse der Österreichischen Akademie der Wissenschaften in

Wien, auswärtiges Mitglied der Bulgarischen Akademie der Wissenschaften in Sofia, Mitglied der Electrochemical Society in New York, der Faraday Society in London, der International Society of Electrochemistry (ISE) in Genf und Vizepräsident dieser Society, Mitglied des International Corrosion Council und der Chemischen Gesellschaft der DDR in Berlin, Mitglied des Wissenschaftlichen Rates der Hauptforschungsrichtung Elektrochemie der DDR, Ehrenmitglied der Kammer der Technik in Berlin und der Gesellschaft für Strahlenschutz der DDR in Berlin, Ehrensenator der TU Dresden, geb. 29. V. 1905 in Reichenbach (Vogtland), Meinsberg/Sa., Post 7305 Waldheim, Tel. 31 38 (11. III. 1950). † 4. XII. 1983 in Berlin

Strack, Erich, Dr. med., Dr. phil., Dr. med. h. c. (Leipzig und Rostock), Dr. rer. nat. h. c. (Leipzig), Diplom-Chemiker, em. Professor mit Lehrstuhl für physiologische Chemie an der Karl-Marx-Universität Leipzig, Nationalpreisträger, Träger des Vaterländischen Verdienstordens, Träger der Fritz-Gietzelt-Medaille, Mitglied der Kommission für spezielle Umweltprobleme der Akademie, Mitglied der Deutschen Akademie der Naturforscher Leopoldina in Halle, Ehrenmitglied der Biochemischen Gesellschaft in der DDR, Ehrensenator der Karl-Marx-Universität Leipzig, geb. 20. XI. 1897 in Wollin (Pommern), 7010 Leipzig, Philipp-Rosenthal-Straße 19, Tel. 32 20 81 (14. II. 1949).

Stubbe, Hans, Dr. agr., Dr. agr. h. c. (Berlin, Jena, Kraków), Dr. rer. nat. h. c. (Halle), Dr. Sc. h. c. (Brno), em. Professor mit Lehrstuhl für allgemeine und spezielle Genetik an der Martin-Luther-Universität Halle—Wittenberg, Nationalpreisträger, Hervorragender Wissenschaftler des Volkes, Träger des Vaterländischen Verdienstordens mit Ehrenspange, des Ordens „Banner der Arbeit“, des Sterns der Völkerfreundschaft, der Helmholtz-Medaille der Akademie der Wissenschaften der DDR, der Darwin-Plakette der Deutschen Akademie der Naturforscher Leopoldina, der Alexander-von-Humboldt-Gedenkmedaille der DDR, der Gregor-Mendel-Medaille der Tschechoslowakischen Akademie der Wissenschaften, der Erwin-Baur-Medaille der Akademie der Landwirtschaftswissenschaften der DDR und der Purkyně-Medaille der Universität Brno, Ehrenpräsident der Akademie der Landwirtschaftswissenschaften der DDR, o. Mitglied der Akademie der Wissenschaften der DDR, em. Direktor des Zentralinstituts für Genetik und Kulturpflanzenforschung Gatersleben dieser Akademie, Mitglied der Deutschen Akademie der Naturforscher Leopoldina in Halle, ausländ. Mitglied der W. I. Lenin-All-Unions-Akademie für Landwirtschaftswissenschaften in Moskau, der Rumänischen Akademie der Wissenschaften in Bukarest, der Bulgarischen Akademie der Wissenschaften und der Bulgarischen Akademie der Landwirtschaftswissenschaften in Sofia, der Polnischen Akademie der Wissenschaften in Warschau, Ehrenmitglied der Ungarischen Akademie der Wissenschaften in Budapest, der All-Unions Botanischen Gesellschaft der UdSSR, der Schwedischen Saatzuchtgesellschaft Svalöf, der Mendel-Gesellschaft in Lund, der Biologischen Gesellschaft und der Agrarwissenschaftlichen Gesellschaft in der DDR, geb. 7. III. 1902 in Berlin, 4325 Gatersleben, Schmiedestraße 1, Tel. 50 (13. II. 1950).

Uhlmann, Armin, Dr. rer. nat., o. Professor für theoretische Physik an der Karl-Marx-Universität Leipzig, Nationalpreisträger, Inhaber der Ehrennadel der Karl-Marx-Universität Leipzig, der Ehrennadel des Vereinigten Instituts für Kernforschung (VIK) in Dubna (UdSSR), des Gustav-Hertz-Preises der Karl-Marx-Universität Leipzig, der Gauß-Ehrenplakette des Gauß-Komitees der AdW der DDR und der Humboldt-Medaille in Gold, o. Mitglied der Akademie der Wissenschaften der DDR, Mitglied der International Association of Mathematical Physics (IAMP), der Physikalischen Gesellschaft in der DDR und der Mathematischen Gesellschaft in der DDR, geb. 19. II. 1930 in Chemnitz, 7010 Leipzig, Straße des 18. Oktober 28, Tel. 20 85 36 (9. X. 1981).

Uhlmann, Dietrich, Dr. rer. nat., Professor für Hydrobiologie an der TU Dresden, Mitglied der Kommission für spezielle Umweltprobleme der Akademie, des International Council sowie des Advisory Board der International Association of Theoretical and Applied Limnology (SIL), Nationaler Korrespondent im Wissenschaftlichen Komitee für Umweltfragen (SCOPE), des International Council of Scientific Unions (ICSU), Mitglied des Nationalkomitees der DDR für das Internationale Hydrologische Programm (IHP), des Nationalkomitees für das Programm Man and Biosphere (MAB), des Advisory Committee der Indian Society of Limnology (ISL) und des Herausgeberstabes der „Internationalen Revue der gesamten Hydrobiologie" in Berlin, geb. 4. VIII. 1930 in Chemnitz, 8021 Dresden, Schlüterstraße 19, Tel. 3 28 56 (28. VI. 1971).

Watznauer, Adolf, Dr. rer. nat., em. o. Professor für Geologie an der Bergakademie Freiberg, Hervorragender Wissenschaftler des Volkes, Inhaber des Fourmarier-Preises (1972) in Gold der Académie Royale des Sciences, des Lettres et des Beaux-Arts de Belgique in Brüssel, der Humboldt-Medaille, der silbernen Ehrennadel der Gesellschaft für Geologische Wissenschaften der DDR, der Gustav-Steinmann-Medaille der Internationalen Geologischen Vereinigung und der Agricola-Medaille der Bergakademie Freiberg, Mitglied der Kommission für spezielle Umweltprobleme der Akademie, o. Mitglied der Akademie der Wissenschaften der DDR und Mitglied der Klassen „Umweltschutz und Umweltgestaltung", „Physik in Naturwissenschaft und Technik" und „Geo- und Kosmoswissenschaften" dieser Akademie, Mitglied der Deutschen Akademie der Naturforscher Leopoldina in Halle, korresp. Mitglied der Geologischen Gesellschaft in Wien, Ehrenmitglied der Geologischen Gesellschaft der ČSSR, der Gesellschaft für Geologische Wissenschaften der DDR und der Ungarischen Geologischen Gesellschaft, geb. 29. IV. 1907 in Reichenberg in Böhmen, 9030 Karl-Marx-Stadt, Dieselstraße 8, Postschließfach 30 (18. XII. 1972).

Wolf, Friedrich, Dr. rer. nat., Dr. rer. nat. h. c. (Poznań), o. Professor für Technische Chemie an der Martin-Luther-Universität Halle—Wittenberg, Nationalpreisträger 1958 und 1966, Träger des Ordens „Banner der Arbeit" und der Ehrenmedaillen der Universitäten Halle (Saale), Poznań, Bratislava und Bagdad, Mitglied der Kommission für spezielle Umweltprobleme der Akademie, korresp. Mitglied der Akademie der Wissenschaften der DDR in Berlin, Mitglied der Chemischen Gesellschaft der DDR in Berlin und der Faraday Society in London, geb. 9. II. 1920 in Leipzig, 7031 Leipzig, Karl-Heine-Straße 4b, Te. 48 44 15 (18. VI. 1974).

Auswärtige Mitglieder der mathematisch-naturwissenschaftlichen Klasse

Benetin, Ján, Dr.-Ing., Professor für Meliorationswesen an der Landwirtschaftlichen Hochschule in Nitra, Direktor des Instituts für Hydrologie und Hydraulik der Slowakischen Akademie der Wissenschaften in Bratislava, Inhaber von Gedenkmedaillen des ZK der

Kommunistischen Partei der ČSSR, der Medaille für Verdienste um die biologischen Wissenschaften in Silber der Slowakischen Akademie der Wissenschaften in Bratislava, der Medaille für Verdienste um die sozialistische Erziehung des ZK des Sozialistischen Jugendverbandes der ČSSR, der Medaille der Naturwissenschaftlichen Fakultät der Universität „J. A. Komenský" in Bratislava, der Gedenkmedaille der Landwirtschaftlichen Hochschule in Brno und der Landwirtschaftlichen Hochschule in Nitra, Mitglied der Tschechoslowakischen Akademie der Landwirtschaftswissenschaften in Prag und Präsidiumsmitglied dieser Akademie, Mitglied im Kollegium der Slowakischen Akademie der Wissenschaften für Wissenschaften der Erde und des Kosmos, Präsidiumsmitglied der Kommission für Wasserwirtschaft bei der Tschechoslowakischen Akademie der Wissenschaften in Prag, Vorsitzender des Tschechoslowakischen Nationalkomitees der Internationalen Gesellschaft für wissenschaftliche Hydrologie und Mitglied des Nationalkomitees der Internationalen Kommission für Be- und Entwässerung, geb. 18. VI. 1924 in Trhoviste, Kr. Michalovze (ČSSR), Dienstanschrift: Institut für Hydrologie und Hydraulik bei der Slowakischen Akademie der Wissenschaften in Bratislava, Trnavská 32, 88146 Bratislava, Tel. 6 84 97 (10. X. 1980).

Blinc, Robert, Dr. phil., o. Professor für Physik an der Universität Ljubljana, Institut „Jožef Stefan", Inhaber des Kidrič Prize for research in ferroelectric crystals, des Kidrič Prize for research in liquid crystals, des ISMAR Prize 1977 for NMR of structural phase transitions, des AVNOJ Prize of Yugoslavia for contributions to physics und der Medal of Work with Golden Wreath, Yugoslavia, o. Mitglied und Vizepräsident der Slowenischen Akademie der Wissenschaften und Künste, Mitglied der New York Academy of Sciences, Mitglied und Vizepräsident des Groupement AMPERE (Internationale Gesellschaft für HF-Spektroskopie), Mitglied of the Council of the International Unions of Magnetic Resonance und der American Chemical Society, geb. 31. X. 1933 in Ljubljana, Yu 6100 Ljubljana, Kumanovska 1, Tel. (061) 31 52 13; dienstl.: Univerza v Ljubljani, Institut „jožef stefan", 61111 Ljubljana, Jamova 39, P. O. B. 53, Tel. 265-261 (8. X. 1982).

Bredt, Heinrich, Dr. med., em. o. Professor für allgemeine Pathologie und pathologische Anatomie an der Johannes-Gutenberg-Universität Mainz, Nationalpreisträger, Mitglied der Akademie der Wissenschaften und der Literatur in Mainz, auswärt. Mitglied der Wissenschaften der DDR, Mitglied der Deutschen Akademie der Naturforscher Leopoldina in Halle, geb. 29. I. 1906 in Oberneudorf (Siebenbürgen), 6500 Mainz, Fintherlandstraße 58, Tel. 4 24 17 (12. II. 1951).

Budevski, Evgeni Bogdanov, Dr. rer. nat., Professor für Chemie und Elektrochemie bei der Bulgarischen Akademie der Wissenschaften in Sofia, Direktor des Zentrallaboratoriums für elektrochemische Stromquellen, Verdienter Wissenschaftler der VR Bulgarien, Inhaber des Staatspreises „Georgi Dimitrov" für Wissenschaft und der Auszeichnung „100 Jahre Bulgarische Akademie der Wissenschaften", Träger des Ordens „Kirill und Metodi" 1. und 2. Stufe, Mitglied der Bulgarischen Akademie der Wissenschaften in Sofia und der International Society of Electrochemistry (ISE), geb. 29. VII. 1922 in Sofia, Sofia 1113, Bul. Samokov 82, Tel. Institut 72 34 54 (9. XI. 1974).

Dabelow, Adolf, Dr. med., Dr. phil. nat., Dr. med. h. c. (Salamanca), em. o. Professor für Anatomie an der Johannes-Gutenberg-Universität Mainz, o. Mitglied der Akademie der Wissenschaften und der Literatur in Mainz, korresp. Mitglied der Bayerischen Akademie der Wissenschaften in München, geb. 28. VI. 1899 in Magdeburg, 7800 Freiburg/Breisgau, Sautierstraße 75, Postfach 352 (24. VI. 1944).

Fejes Tóth, László, Dr. phil., Professor, Direktor des Mathematischen Forschungsinstituts der Ungarischen Akademie der Wissenschaften in Budapest, Kossuth- und Staatspreisträger, Inhaber der Gauss-Medaille (1977) der Braunschweigischen Wissenschaftlichen Gesellschaft, Mitglied der Ungarischen Akademie der Wissenschaften in Budapest, auswärt. Mitglied der Akademie der Wissenschaften der DDR, korresp. Mitglied der Braunschweigischen Wissenschaftlichen Gesellschaft, Klasse für Mathematik und Naturwissenschaften, geb. 12. III. 1915 in Szeged, 1025 Budapest, Pusztaszeri út. 32, Tel. 688636 (13. VI. 1966).

Gerasimov, Innokentij Petrovič, Dr. der geographischen Wissenschaften, em. Professor für Geographie an der Lomonossov-Universität in Moskau, Inhaber des Staatspreises der UdSSR, des Lenin-Ordens, des Ordens Roter Stern, des Ordens für Wissenschaft „Kirill i Metodi“ und des Staatspreises „Georgi Dimitrov“ der VR Bulgarien, Träger der Goldenen Dokučaev-Medaille, der Goldenen Przewalski-Medaille und der Moritz-Wilhelm-Drobisch-Medaille der SAW, o. Mitglied der Akademie der Wissenschaften der UdSSR, Mitglied der Deutschen Akademie der Naturforscher Leopoldina in Halle, der Akademie der Landwirtschaftswissenschaften der DDR, der Bulgarischen Akademie der Wissenschaften, auswärtiges Mitglied der Akademie der Wissenschaften der DDR, Ehrenmitglied der Internationalen Geographischen Union (IGU) und der Geographischen Gesellschaften in Kolumbien, England, Finnland, Frankreich, Italien, Österreich, Polen, Schottland, Serbien und Ungarn, geb. 9. XII. 1905 in St. Kostroma, Moskva V-312, Leninsky prospekt 13, Tel. 238-86-10 (12. XI. 1971).

Hertwig, Paula, Dr. phil., Dr. med. h. c. (Halle—Wittenberg, Heidelberg), em. Professor mit Lehrstuhl für allgemeine Biologie an der Martin-Luther-Universisät Halle—Wittenberg, Nationalpreisträger, Hervorragender Wissenschaftler des Volkes, Träger des Vaterländischen Verdienstordens, Inhaber des Theobald-Christ-Preises der Senkenbergischen Naturforschenden Gesellschaft in Frankfurt (Main), Mitglied der Deutschen Akademie der Naturforscher Leopoldina in Halle, geb 11 X 1889 in Berlin, 7730 Villingen, Brandenkopfweg 7 (14. II. 1955). † 31. III. 1983 in Villingen.

Hölder, Ernst, Dr. phil., em. o. Professor für Mathematik an der Johannes-Gutenberg-Universität Mainz, Inhaber der Silbernen Medaille der Universität Helsinki, auswärtiges Mitglied der Akademie der Wissenschaften der DDR, Mitglied der Deutschen Akademie der Naturforscher Leopoldina in Halle, geb. 2. IV. 1901 in Leipzig, 6500 Mainz-Gonsenheim, Friedrichsstraße 36 (1. VII. 1948).

Hopf, Eberhard, Dr. phil., em. Forschungs-Professor für Mathematik an der Indiana University, Bloomington, Indiana (USA), korresp. Mitglied der Bayerischen Akademie der Wissenschaften in München, geb. 17. IV. 1902 in Salzburg, Bloomington/Indiana 47401, USA, 512 S. Swain Avenue (26. XI. 1938). † 24. VII. 1983 Bloomington.

Hund, Friedrich, Dr. phil., Dr. phil. nat. h. c. (Frankfurt/Main), Dr. phil. h. c. (Uppsala), Dr. rer. nat. h. c. (Köln), em. Professor für theoretische Physik an der Georg-August-

Universität Göttingen, Nationalpreisträger, Träger der Max-Planck-Medaille der Deutschen Physikalischen Gesellschaft, der Cothenius-Medaille der Deutschen Akademie der Naturforscher Leopoldina, des Otto-Hahn-Preises für Chemie und Physik und des Großen Verdienstkreuzes des Verdienstordens der Bundesrepublik Deutschland, auswärt. Mitglied der Akademie der Wissenschaften der DDR, Mitglied der Akademie der Wissenschaften in Göttingen und der Deutschen Akademie der Naturforscher Leopoldina in Halle, Ehrenmitglied der Deutschen Bunsengesellschaft für Physikalische Chemie und der Deutschen Physikalischen Gesellschaft, geb. 4. II. 1896 in Karlsruhe, 3400 Göttingen, Charlottenburgerstraße 19, Tel. (0551) 7901 - 2009 (18. XI. 1933).

Kähler, Erich, Dr. phil., em. o. Professor für Mathematik an der Universität Hamburg, Hon.-Professor an der Technischen Universität Berlin, auswärt. Mitglied der Akademie der Wissenschaften der DDR, Mitglied der Deutschen Akademie der Naturforscher Leopoldina in Halle, auswärt. Mitglied der Accademia Nazionale dei Lincei in Rom, geb. 16. I. 1906 in Leipzig, 2000 Wedel (Holstein), Mozartstraße 42, Tel. (0 41 03) 8 65 35 (14. II. 1949).

Kaišev, Rostislav, Dr.-Ing., em. o. Professor für physikalische Chemie an der Universität Sofia, Vizepräsident der Bulgarischen Akademie der Wissenschaften in Sofia, Mitglied der Deutschen Akademie der Naturforscher Leopoldina in Halle, auswärt. Mitglied der Akademie der Wissenschaften der DDR, geb. 16. II. 1908 in St. Petersburg, Universität Sofia, ul. „7. noemvri" 1 (19. II. 1968).

Karšulin, Miroslav, Dr. techn., em. o. Professor für physikalische Chemie an der Universität Zagreb, Träger des Staatspreises für Chemie, des Republikanischen Preises, des Staatsordens II. Klasse und des Ordens für Arbeit mit der roten Fahne, o. Mitglied der Jugoslawischen Akademie der Wissenschaften und Künste in Zagreb, der Makedonischen Akademie der Wissenschaften in Skopje, der Faraday Society in London, der Electrochemical Society in New York, der Kroatischen Chemischen Gesellschaft, des Vereins der Ingenieure und Techniker Jugoslawiens, der Deutschen Keramischen Gesellschaft und des Internationalen Komitees zur Erforschung der Bauxite, Aluminium-Hydroxide und Oxyde, geb. 4. IV. 1904 in Przemyśl (Polen), 41000 Zagreb, Palmotićeva 4/I, Tel. 27 37 54 (9. XI. 1974).

Kersten, Martin, Dr.-Ing., Hon.-Professor für Physik an der Technischen Universität Carola-Wilhelmina Braunschweig, o. Mitglied der Braunschweigischen Wissenschaftlichen Gesellschaft, Klasse für Mathematik und Naturwissenschaften, Mitglied des Kuratoriums der Physikalisch-Technischen Bundesanstalt, Präsident i. R. dieser Bundesanstalt, Ehrenmitglied der Internationalen Kommission für Maß und Gewicht, geb. 28. IV. 1906 in Zittau, 3300 Braunschweig, Am Hohen Tore 4A, Tel. (05 31) 80 83 81 (14. II. 1949).

Klimaszewski, Mieczysław, Dr. phil., Dr. rer. nat. h. c. (Jena, Kiew, Bratislava, Alliance College, Cambridge Springs [USA], St. Andrews, Uppsala, Katowice), em. o. Professor für physikalische Geographie an der Jagiellonischen Universität Kraków, Stellvertreter des Vorsitzenden des Staatsrates der VR Polen 1965—1972, Träger des Offizierskreuzes, des Kommandeur-Kreuzes mit Stern Polonia Restituta und der Standarde der Arbeit I. Klasse, Grand officier du l'Ordre de Mérite, Inhaber der Alexander-von-Humboldt-

Gedenkmedaille der DDR, der Karl-Sapper-Medaille der Geographischen Gesellschaft in Würzburg und der „Patron Medal" der Royal Geographical Society, o. Mitglied der Polnischen Akademie der Wissenschaften in Warschau, auswärtiges Mitglied der Königl. Schwedischen Akademie der Wissenschaften in Stockholm, Mitglied der Deutschen Akademie der Naturforscher Leopoldina in Halle, der Societas Scientiarum Fennica, der Jugoslawischen Akademie der Wissenschaften und Künste in Zagreb, der Wissenschaftlichen Gesellschaft in Wrocław, der Geographischen Gesellschaft der UdSSR in Leningrad, der Koninklijk Nederlands Aardrijkskundig Genootschap in Amsterdam, der Société Belge de Géologie, de Paléontologie e d'Hydrologie in Brüssel, der Suomen Maantieteellinen Seura-Geografiska Sällskapet i Finland in Helsinki und der Magyar Fóldrajzi Tarsaság in Budapest, Ehrenmitglied des Wissenschaftlichen Rates der Universitäten Kiew und Jena, geb. 26. VII. 1908 in Stanisławów, Kraków, Wyspiańskiego 3, Tel. 33 75 73 (13. VI. 1966).

Kolotyrkin, Jakov Mikhailovič, Dr. der chemischen Wissenschaften, Professor für Elektrochemie und Korrosionsschutz, Direktor des Instituts für Physikalischen Chemie „L. Ja. Karpov" in Moskau, Held der Sozialistischen Arbeit, Inhaber von drei Leninorden und des Ordens des Roten Arbeitsbanners, Träger der Goldmedaille der Tschechoslowakischen Gesellschaft für Internationale Zusammenarbeit und der Gedenkmedaille zu Ehren des 50. Jahrestages des Bestehens der Kommunistischen Partei der ČSSR, o. Mitglied der Akademie der Wissenschaften der UdSSR, korresp. Mitglied der Jugoslawischen Akademie der Wissenschaften und Künste in Zagreb, Mitglied der Internationalen Elektrochemischen Gesellschaft, der Japanischen Gesellschaft für Korrosionsfachingenieure, der Electrochemical Society in New York, des Staatlichen Komitees für Wissenschaft und Technik der UdSSR und nationaler Sekretär der Internationalen Elektrochemischen Gesellschaft, geb. 14. XI. 1910 im Dorf Zanino des Jarcevsker Bezirks im Smolensker Gebiet, 107120 Moskva B-120, ul. Obukha 10, Karpov-Institut, Tel. 2 97-32-57 (12. XI. 1971).

Kramer, Kurt, Dr. med., em. o. Professor für Physiologie an der Ludwig-Maximilians-Universität München, o. Mitglied der Akademie der Wissenschaften in Göttingen, Mitglied der Deutschen Akademie der Naturforscher Leopoldina in Halle und der Gesellschaft zur Förderung der Naturwissenschaften in Marburg (Lahn), geb. 16. VI. 1906 in Münster, 8000 München 15, Schubertstraße 4, Tel. 53 11 99 (24. VI. 1944).

Maier, Wilhelm, Dr. phil., em. Professor mit Lehrstuhl für Mathematik an der Friedrich-Schiller-Universität Jena, Mitglied der Heidelberger Akademie der Wissenschaften, geb. 4. I. 1896 in Neuenbürg (Schwarzwald), 6500 Mainz 31, Rubensallee 48 (5. XII. 1960).

Rădulet, B. Remus, Dr. phil., em. Professor für Grundlagen der Elektrotechnik an der Technischen Hochschule „Gh. Gheorgiu-Dej" in Bukarest, Rektor e. h. der Universität Bukarest, Staatspreisträger, o. Mitglied der Rumänischen Akademie der Wissenschaften in Bukarest, Direktor e. h. des Forschungsinstitutes ICPET in Bukarest, Mitglied der Académie du Monde Latin in Paris, Präsident des Comité d'Etudes Nr. 1 der Internationalen Elektrotechnischen Kommission in Genf, geb. 3. V. 1904 in Hendorf-Bradeni, București, Strada Dimitrie Orbescu 11, Tel. 12-56-29 (24. X. 1966).

Schmetterer, Leopold, Dr. rer. nat., Dr. rer. nat. h. c. (Université Clermont-Ferrand), o. Professor für Statistik und Honorarprofessor für Mathematik an der Universität Wien, Fellow of the Institute of Mathematical Statistics (USA), Inhaber des Förderungspreises der Stadt Wien 1952, des Österreichischen Ehrenzeichens für Wissenschaft und Kunst I. Klasse 1975, des Preises der Stadt Wien 1976, des Goldenen Ehrenzeichens für Verdienste um das Land Wien 1979, des Großen Silbernen Ehrenzeichens für Verdienste um die Republik Österreich 1980 und des Ludwig-Boltzmann-Preises (Österreichischer Staatspreis) 1980, Mitglied und Generalsekretär der Österreichischen Akademie der Wissenschaften in Wien, auswärt. Mitglied der Akademie der Wissenschafen der DDR, Mitglied der Deutschen Akademie der Naturforscher Leopoldina in Halle, Fellow der American Association of Statistics und der American Mathematical Society, Mitglied der Gesellschaft für Angewandte Mathematik und Mechanik (BRD), der Deutschen Mathematiker-Vereinigung (BRD) und der Österreichischen Mathematischen Gesellschaft, gewähltes Mitglied des Internationalen Statistischen Instituts in Den Haag und Vertreter Österreichs im Council des Internationalen Instituts für Angewandte Systemanalyse (IIASA) in Laxenburg, geb. 8. XI. 1919 in Wien, A-1030 Wien, Rennweg 45/15, Tel. 7376763 (8. X. 1982).

Schmid, Erich, Dr. phil., Dr. mont. h. c. (Montanistische Hochschule Leoben), Dr. rer. nat. h. c. (TU Clausthal), em. o. Professor für Physik an der Universität Wien, wirkl. Mitglied der Österreichischen Akademie der Wissenschaften, Präsident 1963—1969 und 1970—1973, Vizepräsident 1969—1970 und 1973—1979, Inhaber des Österreichischen Ehrenzeichens für Wissenschaft und Kunst, des Erwin-Schrödinger-Preises der Österr. Akademie der Wissenschaften, des Ehrenringes und Kulturpreises der Stadt Wien, des Ludwig-Boltzmann-Preises für Wissenschaftspolitik, der Wilhelm-Exner-Medaille des Österreichischen Gewerbevereins, des Offizierskreuzes des Belgischen Leopoldsordens, der Moritz-Wilhelm-Drobisch-Medaille der Sächsischen Akademie, der Heyn-Denkmünze der Deutschen Gesellschaft für Metallkunde und des Ordens für wissenschaftliche Verdienste der SR Rumänien, Mitglied der Deutschen Akademie der Naturforscher Leopoldina in Halle und der Academy of Sciences in New York, auswärtiges Mitglied der Akademie der Wissenschaften der DDR, korresp. Mitglied der Accademia de Studi Economici e Sociali in Triest, auswärtiges wissenschaftliches Mitglied des Max-Planck-Instituts für Metallforschung in Stuttgart, Ehrenmitglied der Österreichischen Physikalischen Gesellschaft, der chemisch-physikalischen Gesellschaft in Wien und der japanischen Gesellschaft für Metallurgie, geb. 4. V. 1896 in Bruck an der Mur (Österreich), A-1090 Wien, Universitätsstraße 10, Tel. 0222 — 48-32-01 (12. XI. 1971). † 22. X. 1983 in Wien.

Skrjabin, Georgij Konstantinovič, Dr. rer. nat., Professor, Generalsekretär der Akademie der Wissenschaften der UdSSR, Direktor des Akademie-Instituts für Biochemie und Physiologie der Mikroorganismen in Puščino, Staatspreisträger der UdSSR, korresp. Mitglied der Akademie der Wissenschaften der UdSSR und auswärt. Mitglied der Akademie der Wissenschaften der DDR, geb. 17. IX. 1917 in Petrograd, Moskva V-71, Leninsky prospekt 13 AN 117901, GSP (15. X. 1976).

Smiałowski, Michał, Dr.-Ing., em. o. Professor für physikalische Chemie, ehemaliges Mitglied der polnischen Pugwash-Kommission, Staatspreisträger, Träger des Ordens Sztandar Pracy I. und II. Klasse und Inhaber des Kommandeurkreuzes des Ordens

Polonia Restituta, o. Mitglied der Polnischen Akademie der Wissenschaften, Mitglied der Polnischen Chemischen Gesellschaft in Warschau, der Electrochemical Society in New York, der Faraday Society in London und der Société de Chemie Physique in Paris, geb. 14. XII. 1906 in Hordynia (Ost-Galizien), 00-656 Warszawa, ul. Marszałkowska 55/73 m. 18, Tel. 28 37 73 (12. XI. 1971).

Spitcyn, Viktor Ivanovič, Dr. chem., Dr. rer. nat. h. c. (Leipzig und Wrocław), Professor für anorganische Chemie an der Lomonossov-Universität in Moskau, Held der Sozialistischen Arbeit der UdSSR, Inhaber von vier Leninorden, des Ordens der Oktoberrevolution und des Ordens des Roten Arbeitsbanners, o. Mitglied der Akademie der Wissenschaften der UdSSR in Moskau, Direktor des Instituts für Physikalische Chemie dieser Akademie, auswärt. Mitglied der Akademie der Wissenschaften der DDR, geb. 25. IV. 1902 in Moskau, V-312 Moskva, Leninsky prospekt 31, Tel. 2 32 04 62 (24. X. 1966).

Staude, Herbert, Dr. phil., em. o. Professor für physikalische Chemie an der Johann-Wolfgang-Goethe-Universität Frankfurt (Main), Mitglied der Deutschen Bunsengesellschaft für Physikalische Chemie in Frankfurt (Main), der Gesellschaft Deutscher Chemiker in Frankfurt (Main), der Faraday Society in London und der Chemischen Gesellschaft in der DDR, geb. 20. III. 1901 in Schmölln, 6000 Frankfurt/M., Ostpreußenstraße 13, Tel. (60 61 94) 3 36 36 (17. XI. 1956). † 28. VIII. 1983 in Frankfurt/M.

Szabó, Zoltán Gábor, Dr. rer. nat., Dr. rer. nat. h. c. (München, FU Berlin [West], Szeged), em. o. Professor und Direktor des Instituts für anorganische und analytische Chemie an der Eötvös-Loránd-Universität Budapest, Inhaber von zwei Staatspreisen der VR Ungarn, von zwei Goldmedaillen des Arbeitsordens der VR Ungarn, des Apáczai Csere János-Preises der VR Ungarn und der Prechtl-Medaille der Technischen Universität Wien, o. Mitglied der Ungarischen Akademie der Wissenschaften in Budapest, korresp. Mitglied der Jugoslawischen Akademie der Wissenschaften und Künste in Zagreb, Mitglied der Deutschen Bunsengesellschaft für physikalische Chemie in Frankfurt (Main), der American Chemical Society, der Chemical Society in London und des Council of the International Congress on Catalysis, Vertreter des „The Combustion Institutes, Philadelphia, Pa" in der VR Ungarn, geb. 30. V. 1908 in Debrecen, 1118 Budapest, Somlói u. 44, Tel. 6 65 - 5 65 (8. VI. 1979).

Ţiţeica, G. Şerban, Dr. phil., em. Professor für Physik an der Universität Bukarest, o. Mitglied der Rumänischen Akademie der Wissenschaften in Bukarest, Vizepräsident dieser Akademie, korresp. Mitglied der Akademie der Wissenschaften der UdSSR in Moskau, geb. 27. II. 1908 in Bukarest, Bucureşti, B-dul-Magheru 35, Tel. 15-81-99 (24. X. 1966).

Tomašov, Nikon Danilovič, Dr., Prof. für physikalische Chemie der Metalle, Korrosions- und Metallschutz, Leiter des Laboratoriums für Korrosionsforschung von Metall-Legierungen am Institut für physikalische Chemie der Akademie der Wissenschaften der UdSSR in Moskau, Verdienter Wissenschaftler der UdSSR, Träger des Ordens des Roten Arbeitsbanners, Inhaber der W. R. Whitney-Auszeichnung der NACE (USA), Mitglied der International Society of Electrochemistry (ISE), geb. 24. XII. 1905 in Kiew, V-312 Moskau, Vavilov-Straße 55/7, Wohnung 48, Tel. 1 24-61-27; dienstlich:

Institut für physikalische Chemie der Akademie der Wissenschaften der UdSSR, V-312 G. S. P. Moskva, Leninsky prospekt 31, Tel. 234-00-14, -6-29 (14. IV. 1978).

Van der Waerden, Bartel L., Dr. phil., Dr. h. c. (Athen), em. o. Professor für Mathematik an der Universität Zürich, Mitglied des Ordens Pour le mérite für Wissenschaft und Künste, Inhaber der Goldenen Cothenius Medaille der Deutschen Akademie der Naturforscher Leopoldina, Mitglied der Deutschen Akademie der Naturforscher Leopoldina in Halle, korresp. Mitglied der Bayerischen Akademie der Wissenschaften in München, der Akademie der Wissenschaften in Göttingen und der Heidelberger Akademie der Wissenschaften, ausländ. Mitglied der Koninklijke Nederlandse Akademie van Wetenschappen in Amsterdam und der Académie Royale de Belgique, geb. 2. II. 1903 in Amsterdam, CH 8053 Zürich, Wiesliacher 5, Tel. 552179 (31. VIII. 1934).

Ždanov, German Stepanovič, Dr. phys. math., Professor für Metallphysik an der Lomonossov-Universität Moskau, Verdienter Wissenschaftler und Techniker der UdSSR, Inhaber des A. N. Bach-Preises und des D. I. Mendeleev-Preises, Vorsitzender der Kommission für Röntgenographie der Akademie der Wissenschaften der UdSSR in Moskau, Mitglied des Nationalkomitees für Kristallographie in Moskau, geb. 11. VIII. 1906 in St. Petersburg, Moskva B-234, Moskauer Staatliche Universität, Block I, W. 52, Tel. 1 39-16-34 (13. VI. 1966).

Ordentliche Mitglieder der philologisch-historischen Klasse

Bahner, Werner, Dr. phil., Professor, Direktor des Zentralinstituts für Sprachwissenschaft bei der Akademie der Wissenschaften der DDR, Träger des Vaterländischen Verdienstordens in Silber und Bronze, Inhaber der Ehrennadel der Karl-Marx-Universität Leipzig, des Friedrich-Engels-Preises und der Werner-Krauss-Medaille der Akademie der Wissenschaften der DDR, Mitglied der Sprachwissenschaftlichen Kommission der Sächsischen Akademie, o. Mitglied und Vizepräsident der Akademie der Wissenschaften der DDR, Vorsitzender des Nationalkomitees für Sprachwissenschaft der DDR und des Nationalkomitees für Südosteuropäische Studien bei der Akademie der Wissenschaften der DDR, Vizepräsident des Comité International Permanent des Linguistes, Mitglied der Société de Linguistique Romane in Paris und Strasbourg, des Comité International der Internationalen Vereinigung für Südosteuropäische Studien (AIESEE) in Bukarest und der Asociación Internacional de Hispanistas, geb. 18. VI. 1927 in Neuwiese/Erzgeb., 7010 Leipzig, Reichsstraße 13, Post: SAW, 7010 Leipzig, Goethestr. 3—5 (24. V. 1965).

Blumenthal, Lieselotte, Dr. phil., Dr. phil. h. c. (Tübingen, Gießen), em. Professor an der Akademie der Wissenschaften der DDR, Inhaberin der Goethe- und Schiller-Plakette in Gold der Nationalen Forschungs- und Gedenkstätten der klassischen deutschen Literatur in Weimar und der Ehrenplakette des Wiener Goethe-Vereins, geb. 30. IX. 1906 in Bielefeld, 7027 Leipzig, Kommandant-Prendel-Allee 107, Tel. 8612336 (5. XII. 1960).

Brüning, Eberhard, Dr. phil., o. Professor für Amerikanistik an der Karl-Marx-Universität Leipzig, Verdienter Lehrer des Volkes, Inhaber der Johann-Heinrich-Pestalozzi-Medaille in Bronze, Silber und Gold, der Ehrennadel der Karl-Marx-Universität Leipzig und der

Ehrennadel der Gesellschaft für deutsch-sowjetische Freundschaft in Gold, korresp. Mitglied der Akademie der Wissenschaften der DDR, Mitglied der Deutschen Shakespeare-Gesellschaft in Weimar und der Association Internationale de Littérature Comparée (AILC), Vorstandsmitglied des Nationalkomitees für Literaturwissenschaft bei der Akademie der Wissenschaften der DDR, Mitglied des Rates für akademische Grade beim Ministerium für Hoch- und Fachschulwesen, geb. 4. VI. 1925 in Chemnitz, 7030 Leipzig, Scheffelstraße 53, Tel. 32 11 93 (28. VI. 1971).

Coblenz, Werner, Dr. phil., em. Honorar-Professor für Ur- und Frühgeschichte an der Karl-Marx-Universität Leipzig, em. Direktor des Landesmuseums für Vorgeschichte in Dresden, Träger des Vaterländischen Verdienstordens in Bronze, Inhaber der Verdienstmedaille der DDR, der Alexander-von-Humboldt-Gedenkmedaille der DDR in Gold, der Medaille zum 30. Jahrestag der Gründung der Deutschen Demokratischen Republik, der Leibniz-Medaille der Akademie der Wissenschaften der DDR, der Johannes-R.-Becher-Medaille des Kulturbundes der DDR in Silber und Gold, der Ehrennadel für heimatkundliche Leistungen in Gold und des Ehrenzeichens der Tausendjahrfeier des polnischen Staates, Mitglied und Leiter der Historischen Kommission der Akademie, o. Mitglied des Deutschen Archäologischen Instituts in Berlin-Dahlem, Mitglied im Conseil Permanent der Union Internationale des Sciences Protohistoriques et Préhistoriques, des Nationalkomitees für Ur- und Frühgeschichte der DDR, des wissenschaftlichen Beirates für Heimatforschung beim Geographischen Institut der AdW, Mitglied des Wissenschaftlichen Beirates für Bodendenkmalpflege beim Ministerium für Hoch- und Fachschulwesen der DDR, Mitglied des Hoch- und Fachschulrates beim Minister für Hoch- und Fachschulwesen der DDR und des Wissenschaftlichen Rates für Archäologie und Alte Geschichte bei der AdW, korresp. Mitglied der Österreichischen Arbeitsgemeinschaft für Ur- und Frühgeschichte, geb. 24. V. 1917 in Pirna/Elbe, 8020 Dresden, Geystraße 6, Tel. 47 09 16 (18. XII. 1972).

Czok, Karl, Dr. phil., o. Professor für Deutsche Regionalgeschichte an der Karl-Marx-Universität Leipzig, Träger des Ordens „Banner der Arbeit“, der Johann-Heinrich-Pestalozzi-Medaille in Silber, der Johannes-R.-Becher-Medaille in Silber und Gold und der Ehrennadel der Karl-Marx-Universität Leipzig, Mitglied der Commission internationale pour l'historie des Villes, korresp. Mitglied des Österreichischen Arbeitskreises für Stadtgeschichte, Mitglied und stellvertr. Leiter der Historischen Kommission der Akademie, Mitglied des Zentralvorstandes der Gesellschaft für Heimatgeschichte im Kulturbund der DDR und des Nationalkomitees der Historiker der DDR, geb. 12. III. 1926 in Görlitz, 7050 Leipzig, Theodor-Neubauer-Straße 21, Tel. 69 13 11 (25. III. 1977).

Diesner, Hans-Joachim, o. Professor für Alte Geschichte an der Martin-Luther-Universität Halle—Wittenberg i. R., Inhaber der Deutschen Friedensmedaille des Friedensrates der DDR in Berlin, der Johann-Heinrich-Pestalozzi-Medaille in Bronze und Silber sowie der Verdienstmedaille der DDR, Mitglied der Historischen Kommission der Akademie, korresp. Mitglied der Akademie der Wissenschaften in Göttingen, Mitglied der Fachkommission Alte Geschichte bei der Historiker-Gesellschaft der DDR, der Association Internationale des Études Patristiques in Paris und der International Association for the History of Religions (IAHR), geb. 21. I. 1922 in Böhlitz-Ehrenberg bei Leipzig, 4020 Halle (Saale), August-Bebel-Straße 69, Tel. 3 17 88 (17. X. 1975).

Dietze, Walter, Dr. phil., Generaldirektor der Nationalen Forschungs- und Gedenkstätten der Klassischen Deutschen Literatur in Weimar (bis 7. I. 1982), Honorar-Professor für Geschichte der deutschen Literatur an der Karl-Marx-Universität Leipzig, Nationalpreisträger, Träger des Vaterländischen Verdienstordens in Silber, Kunstpreisträger der Stadt Leipzig, Literatur- und Kunstpreisträger der Stadt Weimar, Inhaber der Johannes-R.-Becher-Medaille in Silber und Gold und der Johann-Heinrich-Pestalozzi-Medaille in Bronze und Silber, o. Mitglied der Akademie der Wissenschaften der DDR, Mitglied der Modern Language Association of America (MLA), der Internationalen Vereinigung für germanische Sprach- und Literaturwissenschaften (IVG) und der Association Internationale de Littérature Comparée (AILC), geb. 22. V. 1926 in Leipzig, 5300 Weimar, Hermann-Löns-Straße 10/043 (17. X. 1975).

Dudek, Gerhard, Dr. phil. o. Professor für Russische Literatur an der Karl-Marx-Universität Leipzig, Inhaber der Johann-Heinrich-Pestalozzi-Medaille in Gold, Mitglied der Kommission für Slawische Poetik und Stilistik beim Internationalen Slawistenkomitee, geb. 30. XII. 1922 in Groß-Peterwitz (Westpreußen), 7050 Leipzig, Georg-Bähr-Straße 15, Tel. 66462 (20. X. 1978).

Eichler, Ernst, Dr. phil., o. Professor für Tschechische Sprache an der Karl-Marx-Universität Leipzig, Inhaber der Johann-Heinrich-Pestalozzi-Medaille in Bronze und Silber, Mitglied der Historischen und der Sprachwissenschaftlichen Kommission der Akademie, des Nationalkomitees der Slawisten der DDR, Vorsitzender der Onomastischen Kommission dieses Nationalkomitees, Mitglied der Kommission für slawische Schriftsprachen beim Nationalkomitee der Slawisten der DDR, der Onomastischen Kommission beim Internationalen Slawistenkomitee, des International Comitee of Onomastic Sciences (ICOS) und des Nordischen Komitees für Zusammenarbeit auf dem Gebiet der Namenforschung (NORNA), der Societas Jablonoviana in Leipzig, der Bilateralen Kommission DDR/ČSSR für Bohemistik und Slowakistik beim Ministerium für Hoch- und Fachschulwesen der DDR und des Linguistischen Arbeiterkreises an der Karl-Marx-Universität Leipzig, geb. 15. V. 1930 in Mimoň (ČSR), 7030 Leipzig, Kantstraße 36, Tel. 32 22 40 (20. X. 1978).

Forberger, Rudolf, Dr. rer. pol., Dr. rer. oec., em. Honorar-Professor für Wirtschaftsgeschichte, Träger der Ehrennadel für heimatkundliche Leistungen in Gold des Kulturbundes der DDR, Mitglied der Historischen Kommission der Akademie, geb. 13. IV. 1910 in Carlsfeld (Kreis Aue), 8019 Dresden, Eibenstocker Straße 14, Tel. 334441 (17. X. 1975).

Große, Rudolf, Dr. phil., o. Professor für Deutsche Philologie an der Karl-Marx-Universität Leipzig, Inhaber des Jacob- und Wilhelm-Grimm-Preises der DDR, der Johann-Heinrich-Pestalozzi-Medaille in Silber und Gold und der Ehrennadel der Karl-Marx-Universität Leipzig, Leiter der Sprachwissenschaftlichen Kommission und Mitglied der Historischen Kommission der Akademie, o. Mitglied der Akademie der Wissenschaften der DDR, Vorsitzender der Germanisten-Kommission der DDR und der VR Polen, Mitglied des Nationalkomitees für Sprachwissenschaft der DDR, der Societas Jablonoviana in Leipzig, des Senats der Internationalen Vereinigung für Germanische Sprach- und Literaturwissenschaft, des Comité International de Dialectologie in Louvain und der Redaktion sowie des Comité International de l'Atlas Linguarum Europae (Nimègue — Pays Bas), geb. 28. VII. 1924 in Heldrungen, 7030 Leipzig, Aschenbrödelweg 36, Tel. 872957 (24. V. 1965).

Hiebsch, Hans, Dr. phil., o. Professor für Psychologie an der Friedrich-Schiller-Universität Jena, Nationalpreisträger, Inhaber der Verdienstmedaille der DDR, der Verdienstmedaille der NVA in Silber und der Humboldt-Medaille in Silber, Mitglied der Sprachwissenschaftlichen Kommission und der Kommission für spezielle Umweltprobleme der Akademie, der Gesellschaft für Psychologie in der DDR und Mitglied des Präsidiums der European Association of Experiemental Social Psychology in Den Haag, geb. 10. VIII. 1922 in Bodenbach (ČSR), 6900 Jena, Professor-Ibrahim-Straße 35, Tel. 25935 (28. VI. 1971).

Kühnert, Friedmar, Dr. phil., o. Professor für Klassische Philologie mit besonderer Berücksichtigung der Lateinischen Sprache und Literatur an der Friedrich-Schiller-Universität Jena, Inhaber der Schiller-Medaille in Silber der Friedrich-Schiller-Universität Jena und der Theodor-Neubauer-Medaille in Silber, stellvertr. Vorsitzender des Wissenschaftlichen Beirats für Altertumswissenschaften beim Ministerium für Hoch- und Fachschulwesen der DDR, Mitglied des Wissenschaftlichen Rates für Archäologie und Alte Geschichte bei der Akademie der Wissenschaften der DDR und der Winckelmann-Gesellschaft der DDR, geb. 16. XI. 1924 in Dreißigacker (Kreis Meiningen), 6900 Jena, Johannisplatz 22 (18. VI. 1974).

Lehmann, Edgar, Dr. phil., Dr.-Ing. e. h. (Eidgenössische Technische Hochschule Zürich), em. Professor, Direktor i. R. des Instituts für Geographie und Geoökologie der Akademie der Wissenschaften der DDR, Nationalpreisträger, Träger des Vaterländischen Verdienstordens in Silber, Inhaber der Alexander-von-Humboldt-Gedenkmedaille der DDR, der Hermann-Haack-Medaille der Geographischen Gesellschaft der DDR, der Gauss-Ehrenplakette, der Lajós-Loczy-Gedenkmedaille der Ungarischen Geographischen Gesellschaft und der Medaille für wissenschaftliche Verdienste der Polnischen Geographischen Gesellschaft, Mitglied der Historischen Kommission und der Kommission für spezielle Umweltprobleme der Akademie, o. Mitglied der Akademie der Wissenschaften der DDR und Vorsitzender der Klasse „Umweltschutz und Umweltgestaltung", Vorsitzender des Wissenschaftlichen Beirates für Heimatforschung, Mitglied des Wissenschaftlichen Rates der Hauptforschungsrichtung Geographie/Hydrologie/Meteorologie der Akademie der Wissenschaften der DDR, Mitglied der Working group „Environmental atlases" der Internationalen Geographischen Union (IGU), Ehren- und Vorstandsmitglied der Geographischen Gesellschaft der DDR, Ehrenmitglied der Geographischen Gesellschaft der UdSSR, geb. 25. III. 1905 in Berlin, 7030 Leipzig, Prinz-Eugen-Straße 44, Tel. 31 12 19 (7. XII. 1959).

Lieberwirth, Rolf, Dr. jur., o. Professor für Deutsche Rechtsgeschichte an der Martin-Luther-Universität Halle—Wittenberg, Inhaber des Vaterländischen Verdienstordens in Bronze, der Verdienstmedaille der DDR, der Christian-Thomasius-Plakette der Martin-Luther-Universität Halle—Wittenberg und der Wilhelm-Külz-Ehrennadel der LDPD, Mitglied der Historischen Kommission und der Kommission für spezielle Umweltproleme der Akademie, Mitglied der Asociaţia de Istorie Comparativă a Instituţiilor şi Dreptului din Republica Socialistă România, der Gesellschaft für Völkerrecht der DDR, der International Law Association in London und des Wissenschaftlichen Beirats für Rechtswissenschaft beim Ministerium für das Hoch- und Fachschulwesen der DDR, geb. 1. XII. 1920 in Halle (Saale), 4020 Halle (Saale), Rainstraße 3b, Tel. 3 04 65 (18. XII. 1972).

Markov, Walter, Dr. phil., Dr. phil. h. c. (Leipzig), em. o. Professor für mittelalterliche und neuere Geschichte an der Karl-Marx-Universität Leipzig, Nationalpreisträger, Träger des Vaterländischen Verdienstordens in Silber und Gold, Inhaber der Medaille für Kämpfer gegen den Faschismus 1933—1945, des Sterns der Völkerfreundschaft, des Friedrich-Engels-Preises der Akademie der Wissenschaften der DDR, der Ehrenmedaille des Komitees der antifaschistischen Widerstandskämpfer der DDR, der Bronzemedaille der Universität Helsinki und der Ehrennadel für Verdienste um die Freundschaft der Völker in Gold, Verdienter Hochschullehrer der DDR, Mitglied der Historischen Kommission der Akademie, o. Mitglied der Akademie der Wissenschaften der DDR, Ehrenvorsitzender des Interdisziplinären Zentrums für Revolutionsforschung an der Karl-Marx-Universität Leipzig, Vizepräsident der Commission Internationale für Geschichte der Französischen Revolution des Comité International des Sciences Historiques in Paris, Vorstandsmitglied der Société des Études robespierristes in Paris, Vorstandsmitglied der Association des Études napoléoniennes in Portoferraio, Mitglied der Société d'Histoire moderne et contemporaine in Paris, der Association internationale d'histoire contemporaine de l'Europe in Straßbourg und der Historical Society of Nigeria in Ibadan, Mitglied des Präsidiums der Historiker-Gesellschaft der DDR, Ehrensenator der Karl-Marx-Universität, geb. 5. X. 1909 in Graz, 7124 Holzhausen (Sachsen), Weißdornweg 4, Tel. 6 13 84 (7. XII. 1964).

Meyer, Rudolf, Dr. theol., D. theol. h. c. (Humboldt-Universität Berlin), em. o. Professor für Altes Testament und rabbinische Literatur sowie Leiter des Fachbereiches Altes Testament an der Friedrich-Schiller-Universität Jena, Sektion Theologie, em. Vorstand der Hilprecht-Sammlung Vorderasiatischer Altertümer, Mitglied der Alttestamentlichen Arbeitsgemeinschaft in der DDR, Inhaber der Gedächtnisplakette der Humbold-Universität Berlin und der Schiller-Medaille der Friedrich-Schiller-Universität in Bronze und Silber, korresp. Mitglied der Heidelberger Akademie der Wissenschaften, geb. 8. IX. 1909 in Leipzig, 6900 Jena, Hornstraße 1, Tel. 2 43 82 (15. IX. 1958).

Möbius, Friedrich, Dr. phil., Diplomkunstwissenschaftler, o. Professor für Kunstwissenschaft an der Friedrich-Schiller-Universität Jena, Träger des Vaterländischen Verdienstordens in Bronze, Inhaber der Johann-Heinrich-Pestalozzi-Medaille in Bronze, Mitglied der Association internationale du critique de l'art (AICA) und des Verbandes Bildender Künstler der DDR, geb. 24. V. 1928 in Dresden, 6901 Rothenstein 163, Postfach 523, Tel. Kahla 6 31 (25. III. 1977).

Müller, Joachim, Dr. phil., em. o. Professor für Deutsche Literatur an der Friedrich-Schiller-Universität Jena, Inhaber des Grillparzer-Ringes 1982, verliehen durch den Österreichischen Vizekanzler und Bundesminister für Kunst, der Schiller-Plakette der Deutschen Schiller-Stiftung, der Schiller-Medaille in Silber und der Ehrennadel in Gold der Friedrich-Schiller-Universität Jena sowie der Johann-Heinrich-Pestalozzi-Medaille in Bronze, korresp. Mitglied des Adalbert-Stifter-Institutes des Landes Oberösterreich in Linz, Mitglied des PEN-Clubs, geb. 12. VII. 1906 in Oberwiesenthal (Sachsen), 6900 Jena, Schillbachstraße 39, Tel. 2 38 08 (7. XII. 1959).

Neubert, Albrecht, Dr. phil., o. Professor an der Sektion Theoretische und angewandte Sprachwissenschaft an der Karl-Marx-Universität Leipzig, Inhaber der Ehrennadel der Karl-Marx-Universität Leipzig und der Johann-Heinrich-Pestalozzi-Medaille in Silber, Mitglied und stellvertr. Leiter der Sprachwissenschaftlichen Kommission der Akademie, o. Mitglied der Akademie der Wissenschaften der DDR, Vorsitzender des Wissenschaftlichen Rates für Sprachwissenschaft der DDR bei dieser Akademie, Mitglied des Nationalkomitees für Sprachwissenschaft der DDR, Vorsitzender des Linguistischen Arbeitskreises der Karl-Marx-Universität Leipzig, Mitglied der Deutschen Shakespeare-Gesellschaft in Weimar, gewähltes Mitglied des Büros der International Association of Applied Linguistics, geb. 3. III. 1930 in Hartenstein (Sachsen), 7022 Leipzig, Poetenweg 5, Tel. 50131 (18. XII. 1972).

Neumann, Werner, Dr. phil., Professor, em. Direktor des von ihm 1950 gegründeten Bach-Archivs Leipzig, Nationalpreisträger, Träger des Vaterländischen Verdienstordens in Bronze und Silber und der Verdienstmedaille der DDR, Mitglied des Johann-Sebastian-Bach-Komitees der DDR, des Verbandes der Komponisten und Musikwissenschaftler der DDR, des Musikrates der DDR, des Herausgeberkollegiums der Neuen Bach-Gesamtausgabe (Sitz Göttingen) und deren Redaktionsleiter (Leipzig), der Internationalen Gesellschaft für Musikwissenschaft (Sitz Basel, Ländergruppe der DDR), des Kuratoriums des Bachhauses Eisenach, des Beirates der Eterna-Edition, Ehrenmitglied der Neuen Bachgesellschaft (Sitz Leipzig), geb. 21. I. 1905 in Königstein (Sachsen), 7113 Markkleeberg, Robert-Schumann-Straße 3, Tel. 31 43 25 (18. VI. 1974).

Poppe, Eberhard, Dr. jur., Dr. jur. h. c. (Bratislava), o. Professor für Verfassungstheorie, Staats- und Verwaltungsrecht an der Martin-Luther-Universität Halle—Wittenberg, Inhaber des Vaterländischen Verdienstordens in Bronze und Silber, der Verdienstmedaille der DDR, der Verdienstmedaille der NVA in Silber und Gold, der Dr. Theodor-Neubauer-Medaille in Gold, der Humboldt-Medaille in Silber, der Thomasius-Plakette der Martin-Luther-Universität Halle—Wittenberg, der Erinnerungsmedaille der Martin-Luther-Universität Halle—Wittenberg und der Komenski-Universität Bratislava in Gold, der Johannes-R.-Becher-Medaille des Kulturbundes der DDR in Gold, der Ehrennadel der Gesellschaft für deutsch-sowjetische Freundschaft in Gold, der Ehrenmedaillen der Akademie für Staats- und Rechtswissenschaft der DDR, der Mongolischen Staatsuniversität Ulan-Bator, der Staatsuniversität Woronesh (UdSSR), der Adam-Mickiewicz-Universität Poznań, der Universität Bagdad und der Ökonomischen Akademie Katowice sowie der Kopernikus-Medaille der VR Polen, Träger des Ordens des jugoslawischen Banners im goldenen Kranz, Mitglied der Kommission für spezielle Umweltprobleme der Akademie, o. Mitglied der Akademie der Wissenschaften der DDR, Mitglied des Senats der Martin-Luther-Universität, der Leitung des Rates für staats- und rechtswissenschaftliche Forschung der DDR und der DDR-Sektion der Internationalen Vereinigung für Rechtsphilosophie, geb. 12. IX. 1931 in Wiesenburg (Sachsen), 7010 Leipzig, Davidstraße 1, Tel. 484206 (9. X. 1981).

Rathmann, Lothar, Dr. phil., Dr. h. c., o. Professor für Geschichte der arabischen Länder an der Karl-Marx-Universität Leipzig, Rektor dieser Universität, Nationalpreisträger, Träger des Vaterländischen Verdienstordens in Bronze, Träger des Ordens „Banner der Arbeit“ und des Verdienstordens der VAR, Inhaber der Verdienstmedaille der DDR und der Ehrennadel der Liga für Völkerfreundschaft der DDR, o. Mitglied der Akademie der Wissenschaften der DDR, geb. 16. II. 1927 in Werdau (Sachsen), 7124 Holzhausen (Sachsen), Rehwagenstraße 10, Tel. 2 01 24 42 (25. III. 1977).

Ricken, Ulrich, Dr. phil., o. Professor für Allgemeine Sprachwissenschaft und romanische Philologie an der Martin-Luther-Universität Halle—Wittenberg, Chevalier dans l'Ordre des Palmes Académiques, Inhaber der Verdienstmedaille der DDR, der Dr.-Theodor-Neubauer-Medaille in Bronze, der Johann-Heinrich-Pestalozzi-Medaille in Silber und der Ehrennadel für Verdienste um die Freundschaft der Völker in Gold, Mitglied der Société de Linguistique Romane in Paris und Strasbourg, der International Society for Eighteenth Century Studies, der Société française d'Etude du 18e siècle, der Société d'Histoire et d'Epistémologie des Sciences du Langage und der Société d'histoire littéraire de la France, geb. 28. XII. 1926 in Wolgast, 4020 Halle (Saale), Heideallee 11, Post: Wissenschaftsbereich Allgemeine und vergleichende Sprachwissenschaft der Martin-Luther-Universität Halle—Wittenberg, 4020 Halle (Saale), Franckeplatz 1, Haus, 5 Tel. 2 55 26 (9. X. 1981).

Rudolph, Kurt, Dr. theol., Dr. phil., D. D. (St. Andrews), o. Professor für Religionsgeschichte an der Karl-Marx-Universität Leipzig, Inhaber der Johann-Heinrich-Pestalozzi-Medaille in Silber und Gold, auswärtiges Mitglied der Königlich Dänischen Akademie der Wissenschaften in Kopenhagen (Det Kongelige Danske Videnskabernes Selskab), korresp. Mitglied des Institute for Antiquity and Christianity in Claremont/Californien (USA), Mitglied der Society for Mithraic-Studies in Manchester, der Union of Arab Historians in Bagdad, der Fachkommission Alte Geschichte der Deutschen Historiker-Gesellschaft in Berlin, der Deutschen Morgenländischen Gesellschaft in Mainz und der Internationalen Association for the History of Religions (IAHR), geb. 3. IV. 1929 in Dresden, 7060 Leipzig-Grünau, Ringstraße 9v, Tel. 49 69 82 (18. VI. 1974).

Růžička, Rudolf, Dr. phil., o. Professor für Slawistik und Allgemeine Sprachwissenschaft an der Karl-Marx-Universität Leipzig, Inhaber der Verdienstmedaille der DDR, o. Mitglied der Akademie der Wissenschaften der DDR, Mitglied des Wissenschaftlichen Rates für Sprachwissenschaften bei dieser Akademie, Mitglied der Sprachwissenschaftlichen Kommission der Akademie, des Nationalkomitees der Slawisten der DDR, der Internationale Terminologischen Kommission und der Internationalen Grammatikkommission des Internationalen Slawistenkomitees, geb. 20. XII. 1920 in Löbau, 7022 Leipzig, Gohliser Straße 16, Tel. 59 21 81 (18. XII. 1972).

Schubart-Fikentscher, Gertrud, Dr. jur., em. Professor mit Lehrstuhl für Rechtsgeschichte und Zivilrecht an der Martin-Luther-Universität Halle—Wittenberg, Trägerin des Vaterländischen Verdienstordens, Mitglied der Historischen Kommission der Akademie, korresp. Mitglied der Monumenta Germaniae Historica in München, geb. 23. XII. 1896 in Zwickau (Sachsen), 4030 Halle (Saale), Marsstraße 10, Tel. 32710 (7. XII. 1959).

Träger, Claus, Dr. phil., o. Professor für Allgemeine Literaturwissenschaft an der Karl-Marx-Universität Leipzig, Inhaber des Lessingpreises der DDR, der Verdienstmedaille der DDR, der Johann-Heinrich-Pestalozzi-Medaille in Silber, der Goethe- und Schiller-Plakette in Gold der Nationalen Forschungs- und Gedenkstätten der klassischen deutschen Literatur in Weimar, der Ehrennadel und des Gustav-Hertz-Preises der Karl-Marx-Universität Leipzig, Verdienter Hochschullehrer der DDR, Vorsitzender des

Beirates für Kultur-, Kunst- und Sprachwissenschaften beim Ministerium für Hoch- und Fachschulwesen der DDR, Mitglied des Hoch- und Fachschulrates beim Minister für Hoch- und Fachschulwesen der DDR, des Nationalkomitees für Literaturwissenschaft bei der Akademie der Wissenschaften der DDR, der Association Internationale de Littérature Comparée (AILC) und Ausschußmitglied der Internationalen Vereinigung für Germanische Sprach- und Literaturwissenschaft (IVG), geb. 4. II. 1927 in Leipzig, 1713 Markkleeberg-Ost, Heinrich-v.-Kleist-Straße 19, Tel. 31 57 20 (17. X. 1975).

Ullmann, Ernst, Dr. phil., o. Professor für Kunstgeschichte an der Karl-Marx-Universitä Leipzig, Träger des Vaterländischen Verdienstordens in Bronze, Inhaber der Ehrennadel der Karl-Marx-Universität Leipzig, der Johannes-R.-Becher-Medaille in Silber und der Humboldt-Medaille in Bronze, Mitglied des Problemrates „Humanistisches Kultur- und Kunsterbe als Bestandteil der sozialistischen Nationalkultur" bei der Akademie für Gesellschaftswissenschaften beim ZK der SED, des Beirates für Kultur-, Kunst und Sprachwissenschaften beim Ministerium für Hoch- und Fachschulwesen der DDR, des Nationalkomitees für Kunstgeschichte der DDR, des Comité International d'Histoire de l'Art (CIHA), der Association Internationale du Critique de l'Art (AICA) und der Ernst-Barlach-Gesellschaft, geb. 19. XII. 1928 in Reichenberg-Franzendorf/ČSR, 7010 Leipzig, Tschaikowskistraße 31, Tel. 29 37 20 (9. X. 1981).

Werner, Ernst, Dr. phil., o. Professor für Geschichte des Mittelalters an der Karl-Marx-Universität Leipzig, Nationalpreisträger, Träger des Vaterländischen Verdienstordens in Bronze, Inhaber der Verdienstmedaille der DDR und der Erinnerungsmedaille zum 50. Jahrestag der Großen Sozialistischen Oktoberrevolution der Universität Kiew, Verdienter Hochschullehrer der DDR, Mitglied der Historischen Kommission und der Sprachwissenschaftlichen Kommission der Akademie, o. Mitglied der Akademie der Wissenschaften der DDR, geb. 20. XI. 1920 in Tyssa (ČSR), 7022 Leipzig, Braunschweiger Straße 19, Tel. 5 27 62 (18. VI. 1971).

Wittich, Dieter, Dr. phil., o. Professor für Philosophie (Erkenntnistheorie) an der Karl-Marx-Universität Leipzig, Mitglied des Senats dieser Universität, Nationalpreisträger, Inhaber der Humbold-Plakette der Humbold-Universität Berlin und des Gustav-Hertz-Preises der Karl-Marx-Universität Leipzig, Träger der Johann-Heinrich-Pestalozzi-Medaille in Silber, Mitglied des Rates für Philosophie bei der Akademie für Gesellschaftswissenschaften beim ZK der SED und Mitglied des Beirates für Philosophie beim Ministerium für Hoch- und Fachschulwesen der DDR, geb. 7. II. 1930 in Mansbach (Hessen), 7022 Leipzig, Braunschweiger Straße 2, Tel. 58 13 90 (12. X. 1979).

Wollgast, Siegfried, Dr. phil., o. Professor für Geschichte der Philosophie an der Technischen Universität Dresden, Inhaber der Johann-Gottfried-Herder-Medaille in Gold, der Silbernen Ehrennadel der „Urania", der Erinnerungsmedaille „20 Jahre Kampfgruppen der Arbeiterklasse" und des Preises der TU Dresden II. Klasse, Mitglied des Beirates für Philosophie beim Ministerium für Hoch- und Fachschulwesen der DDR, der Poggendorff-Kommission und der Historischen Kommission der Akademie, geb. 27. IX. 1933 in Schönlanke (Netzekreis), 8019 Dresden, Thomas-Müntzer-Platz 10, Tel. 4 59 12 64 (20. X. 1978).

Auswärtige Mitglieder der philologisch-historischen Klasse

Aland, Kurt, D. theol. h. c. (Göttingen), D. D. h. c. (St. Andrews), D. Litt. h. c. (Wartburg College, Iowa), o. Professor für Geschichte der Alten Kirche und Neutestamentliche Textforschung im Fachbereich Evangelische Theologie der Westfälischen Wilhelms-Universität Münster, Direktor des Instituts für neutestamentliche Textforschung, Träger des Großen Verdienstkreuzes des Verdienstordens der Bundesrepublik Deutschland, Geschäftsführer der Stiftung zur Förderung der neutestamentlichen Textforschung, Leiter der Arbeitsstelle Münster der Patristischen Kommission, Träger des Athos-Kreuzes in Gold, verliehen vom Ökumenischen Patriarchen von Konstantinopel und der Burkitt-Medal for Biblical Studies der British Academy, korresp. Mitglied der British Academy in London und der Göttinger Akademie der Wissenschaften, auswärt. Mitglied der Königlich Niederländischen Akademie der Wissenschaften in Amsterdam, Mitglied der Studiorum Novi Societas (England), des Kuratoriums der Vetus Latina in Beuron (Hohenzollern), Ehrenmitglied auf Lebenszeit der American Bible Society und Ehrenmitglied der Society of Biblical Literature and Exegesis (USA), geb. 28. III. 1915 in Berlin, 4400 Münster (Westf.), Einsteinstraße 12, Tel. 2 24 09 (14. III. 1955).

Angelov, Dimiter Simeonov, Dr. phil., o. Professor für byzantinische Geschichte an der Universität Sofia, Nationalpreisträger der VR Bulgarien, o. Mitglied der Bulgarischen Akademie der Wissenschaften in Sofia und Direktor des Archäologischen Instituts dieser Akademie, Vizepräsident der Association Internationale des études byzantines und Vorsitzender des Bulgarischen Nationalkomitees für Byzantinistik, Mitglied des Exekutivkomitees der Internationalen Association für Slawische Archäologie, geb. 2. II. 1917 in Sofia, Sofia 11, bulv. Chr. Kabakčiev 79 g (15. X. 1976).

Asmussen, Jes Peter, Dr. phil., Dr. theol., Professor für Iranische Philologie an der Universität Kopenhagen, Ritter von Dannebrog, Inhaber der Allama Igbal Memorial Medal der Republik Pakistan, o. Mitglied der Königlich Dänischen Akademie der Wissenschaften in Kopenhagen (Det Kongelige Danske Videnskabernes Selskab), Bibliothekar dieser Akademie, Mitglied des Religionsvetensskapliga Sälskapet i Finland in Helsinki, des International Rumi Committee in London und der Nathan Söderblom-Sällskapet in Uppsala, geb. 2. XI. 1928 in Aabenraa (Nordschleswig), DK 1260 Kopenhagen K, Bredgade 77, Tel. 01-12 76 75 (8. X. 1982).

Beševliev, Veselin, Dr. phil., em. ao. Professor für altgriechische Philologie an der Universität Sofia, Professor für altgriechische Philologie am Institut für Balkanistik der Bulgarischen Akademie der Wissenschaften in Sofia, Inhaber des Gottfried-von-Herder-Preises der Universität Wien, Träger des Ordens für Wissenschaft „Kirill i Metodi“, I. Stufe, und des Verdienstordens „Cerveno zname“ (rote Fahne), I. Stufe, korresp. Mitglied der Bulgarischen Akademie der Wissenschaften in Sofia, Mitglied des Archäologischen Instituts in Sofia und der Ungarischen Orientalischen Gesellschaft in Budapest, geb. 25. III. 1900 in Sofia, 1142 Sofia, L. Karavelov 2v, Tel. 87-96-08 (9. XI. 1974).

Białostocki, Jan, Dr. phil., Dr. phil. h. c. (Groningen), o. Professor für neuere Kunstgeschichte an der Universität Warschau, Leiter der Gemäldegalerie (ausländische Schulen) im Muzeum Narodowe, Warschau, Inhaber des Polnischen Nationalpreises I. Klasse, des Kavalierkreuzes und Offizierskreuzes Polonia Restituta, des Goldenen Verdienstkreuzes und des Kavalierkreuzes Corona d'Italia, Herder-Preisträger 1970 in Wien, Aby M. Warburg-Preisträger der Freien und Hansestadt Hamburg 1980, korresp. Mitglied der Polnischen Akademie der Wissenschaften in Warschau, der Bayerischen Akademie der Wissenschaften in München, der Akademie der Wissenschaften und der Literatur in Mainz, der Koninklijke Nederlandse Akademie van Wetenschappen in Amsterdam, der Koninklijke Vlaamse Academie voor Wetenschappen, Letteren en Schone Kunsten van België in Brüssel und der Academia de Bellas Artes San Fernando in Madrid, geb. 14. VIII. 1921 in Saratov (UdSSR), 00238 Warszawa, Długa 30/34-7, Tel. 31 80 94 (10. X. 1980).

Bischoff, Karl, Dr. phil., em. o. Professor für deutsche Philologie und Volkskunde an der Johannes Gutenberg-Universität Mainz, Mitglied der Historischen Kommission der Akademie, o. Mitglied der Akademie der Wissenschaften und Literatur in Mainz, korresp. Mitglied der Akademie der Wissenschaften in Göttingen und Buitenlands erelid der Koninklijke Academie voor Nederlandse Taal- en Letterkunde in Gent, geb. 19. V. 1905 in Aken (Elbe), 6500 Mainz, In der Meielache 15, Tel. 32174 (14. III. 1955). † 25. XI. 1983 in Mainz.

Bruford, Walter Horace, M. A., LL. D. h. c. (Aberdeen), D. Litt. h. c. (Newcastle, Edinburgh), em. Professor für Germanistik an der Universität Cambridge (England), Inhaber der Goethe-Medaille in Gold des Goethe-Instituts in München, Mitglied der British Academy in London, korresp. Mitglied der Deutschen Akademie für Sprache und Dichtung in Darmstadt, Mitglied der Modern Humanities Research Association in London, 1965 deren Präsident, Mitglied der Internationalen Vereinigung für germanische Sprach- und Literaturwissenschaft, 1955—1960 deren Vizepräsident, geb. 14. VII. 1894in Manchester (England), 15 Strathfillan Road, Edinburgh EH9 2AG, Tel. 0 31/4 47/59 35 (21. VI. 1965).

D'Hondt, Jacques, Dr. phil., Professor für Geschichte der Philosophie an der Universität Poitiers, Inhaber der Médaille de bronze du Centre National de la Recherche Scientifique, Commandeur dans l'Ordre des Palmes Académiques und Chevalier de l'Ordre du Mérite National, Mitglied und Président der Französischen Gesellschaft für Philosophie, Mitglied der Societas Hegeliana, der Hegel-Vereinigung, der „Société d'étude du XVIIIe siècle", der „Société des amis de Paul-Louis Courier", der „Société du musée Descartes" und der „Société Internationale de Prophylaxie criminelle", geb. 17. IV. 1920 in Tours, 35, rue Lacépède, F-75005 Paris, Tel. (1) 3 31-44-31 (8. X. 1982).

Droz, Jacques, Dr. phil., o. Professor für neuere Geschichte an der Sorbonne (Panthéon) in Paris, Direktor des Instituts für Geschichte der Gewerkschaftsbewegung, Träger des Bandes der Ehrenlegion, Mitglied der Gesellschaft Frankreich-DDR, geb. 12. III. 1909 in Paris, Université Paris I, Centre de l'histoire du Syndicalisme, 16, rue de la Sorbonne, F-75005 Paris (9. XI. 1974).

Erben, Johannes, Dr. phil., o. Professor für deutsche Sprache und ältere deutsche Literatur an der Rheinischen Friedrich-Wilhelms-Universität Bonn, Nationalpreisträger, Inhaber des Konrad-Duden-Preises 1969 der Stadt Mannheim, auswärt. Mitglied der Akademie der Wissenschaften der DDR, Kuratoriumsmitglied des Instituts für deutsche Sprache in Mannheim, geb. 12. I. 1925 in Leipzig, 5300 Bonn-Beuel, Ringstraße 39 (11. III. 1961).

Gadamer, Hans-Georg, Dr. phil., Dr. phil. h. c. (Ottawa, Washington, Hamilton), em. o. Professor für Philosophie an der Ruprecht-Karl-Universität Heidelberg, Mitglied des Ordens Pour le mérite für Wissenschaft und Kunst, Träger des großen Verdienstkreuzes mit Stern der Bundesrepublik Deutschland, Inhaber des Reuchlinpreises 1971 der Stadt Pforzheim, des Hegelpreises 1979 der Stadt Stuttgart und des Siegmund-Freud-Preises der Deutschen Akademie für Sprache und Dichtung in Darmstadt, o. Mitglied der Heidelberger Akademie der Wissenschaften, Mitglied der Deutschen Akademie für Sprache und Dichtung in Darmstadt, der Akademie der Wissenschaften in Athen, der Accademia Nazionale dei Lincei in Rom, der Accademia delle Science in Turin und der American Academy of Arts and Sciences in Boston, korresp. Mitglied der Académie Royale de Belgique in Brüssel, geb. 11. II. 1900 in Marburg, 6900 Heidelberg, Am Büchsenackerhang 53, Tel. 80 25 36 (15. VI. 1940).

Georgiev, Vladimir I., Dr. phil., Dr. phil. h. c. (Berlin und Prag), o. Professor für allgemeine und indoeuropäische Sprachwissenschaft, Slawistik und Balkanistik an der Universität Sofia, Inhaber des Nationalpreises für Wissenschaft, Mitglied und Vizepräsident (1959 bis 1972), gegenwärtig Direktor des Zentrums für Sprache und Literatur der Bulgarischen Akademie der Wissenschaften in Sofia, korresp. Mitglied des Institut de France/Acedémie des Inscriptions et Belles-Lettres in Paris, der Finska Vetenskaps-Societeten-Souomen Tiedesseura in Helsinki, der Académie Royale des Sciences, des Lettres et des Beaux-Arts de Belgique in Brüssel und der Akademie der Wissenschaften in Athen, geb. 3. II. 1908 in Gabare (Bulg.), Sofia, ul. Čapaev 52, Tel. 72-20-58, Privatanschrift: Sofia, Oboriste 11, Tel. 44-16-40 (19. II. 1968).

Hamann, Günther, Dr. phil., o. Professor für Geschichte der Neuzeit an der Universität Wien, Inhaber des Förderungspreises der Stadt Wien (1957), des Portugiesischen Nationalpreises für Wissenschaft „Prémio Camões“, der Jan-Amos-Comenius-Medaille der Karls-Universität Prag, der Nicolaus-Copernicus-Medaille der Polnischen Akademie der Wissenschaften in Warschau und des Deutschen Museums von Meisterwerken der Naturwissenschaft und Technik in München, des Kommandeurkreuzes des Ordens für Verdienste um die Volksrepublik Polen und der Johannes-Kepler-Medaille der Kepler-Kommission der ČSSR in Prag, wirkliches Mitglied der Österreichischen Akademie der Wissenschaften in Wien, Delegierter dieser Akademie bei der International Union of the History and Philosophy of Science in London, Mitglied und Vizeobmann der Kommission für Geschichte der Mathematik, Naturwissenschaften und Medizin dieser Akademie, korresp. Mitglied der Académie Internationale d'Histoire des Sciences in Paris und evangelisches Mitglied der Katholischen Akademie in Wien, Mitglied des Instituts für österreichische Geschichtsforschung, der Bibliothekskommission des Akademischen Senats der Universität Wien, der Copernicus-Kommission in München, des Wissenschaftlichen Kuratoriums für den Theodor-Körner-Stiftungsfonds der Republik Österreich zur Förderung von Wissenschaft und Kunst, Vorstandsmitglied der Gesellschaft der Freunde der Österreichischen Nationalbibliothek und der Österreichischen Geographischen Gesellschaft in Wien, Mitglied und Vizepräsident der Internationalen Coronelli-Gesellschaft für Globen- und Instrumentenkunde in Wien, Mitglied und Leiter der Österreichischen Sektion der Commission d'Histoire de la Pensée Géographique der Union Géographique Internationale in Paris, Mitglied und Leiter des Arbeitskreises Geschichte der Forschungsreisen der Alexander-von-Humboldt-Gesellschaft, Mitglied und Obmann der Österreichischen Gesellschaft für Geschichte der Naturwissenschaften in Wien, geb.

12. X. 1924 in Wien, 1190 Wien, Tallesbrunngasse 8, Tel. 3 24 67 24 u. 3 24 67 25 (8. VI. 1979).

Heimpel, Hermann, Dr. phil., Dr. jur. h. c. (Freiburg i. Br.), em. o. Professor für mittelalterliche und neuere Geschichte an der Georg-August-Universität Göttingen, ehemals Direktor des Max-Planck-Instituts für Geschichte in Göttingen, Träger des großen Verdienstkreuzes des Verdienstordens der Bundesrepublik Deutschland, Inhaber des Kulturpreises der Stadt Goslar, der Ehrenmedaille der Stadt Göttingen und der Silbermedaille „München leuchtet“, o. Mitglied der Akademie der Wissenschaften in Göttingen, korresp. Mitglied der Deutschen Akademie für Sprache und Dichtung in Darmstadt, der Bayerischen Akademie der Wissenschaften in München, der Heidelberger Akademie der Wissenschaften, der Akademie der Wissenschaften und der Literatur in Mainz, der Österreichischen Akademie der Wissenschaften in Wien und der Royal Historical Society in London, o. Mitglied der Zentraldirektion der Monumenta Germaniae Historica in München und der Historischen Kommission bei der Bayerischen Akademie der Wissenschaften in München, Ehrenmitglied des Instituts für Österreichische Geschichtsforschung in Wien und des Germanischen Nationalmuseums in Nürnberg, geb. 19. IX. 1901 in München, 3400 Göttingen, Dahlmannstraße 14, Tel. 5 93 82 (5. VI. 1935).

Hunger, Herbert, Dr. phil., Dr. phil. h. c. (Chicago, Thessaloniki, Helsinki), o. Professor für Byzantinistik an der Universität Wien, Inhaber des Wilhelm-Hartel-Preises der Österreichischen Akademie der Wissenschaften, des Theodor-Innitzer-Preises des Kardinal-Innitzer-Studienfonds, des Preises der Stadt Wien für Geisteswissenschaften 1979, des Österreichischen Ehrenzeichens für Wissenschaft und Kunst, des Großen goldenen Ehrenzeichens für Verdienste um die Republik Österreich und des Großen Goldenen Ehrenzeichens der Stadt Wien, wirkliches Mitglied und Präsident der Österreichischen Akademie der Wissenschaften in Wien, auswärt. Mitglied der Akademie der Wissenschaften in Athen, der Bulgarischen Akademie der Wissenschaften in Sofia, der Societas Scientiarum Fennica in Helsinki, der Königlich Dänischen Akademie der Wissenschaften in Kopenhagen, der Serbischen Akademie der Wissenschaften und Künste in Belgrad, der Tschechoslowakischen Akademie der Wissenschaften in Prag, der Akademie der Wissenschaften und der Literatur in Mainz und der Holländischen Gesellschaft der Wissenschaften in Haarlem, Associé der Academie Royale de Belgique in Brüssel, korresp. Mitglied der Bayerischen Akademie der Wissenschaften in München und der Heidelberger Akademie der Wissenschaften, Socio straniero Accademia di Scienze in Palermo, Socio ordinario non resistente Accademia Pontaniana in Neapel, Mitglied der American Philosophical Society in Philadelphia, Ehrenmitglied der Ungarischen Akademie der Wissenschaften in Budapest und der Royal Irish Academy in Dublin, geb. 9. XII. 1914 in Wien, A-1030 Wien, Weißgerbergelände 40/23, Tel. 7 34 03 82 (10. X. 1980).

Iordan, Iorgu, Dr. phil., Dr. phil. h. c. (Humboldt-Universität Berlin, Gent, Jassy, Montpellier, Rom, Budapest), em. o. Professor für romanische Philologie an der Universität Bukarest, Verdienter Wissenschaftler, Staatspreisträger I. und II. Klasse, Inhaber des „Ordinul Muncii“ I. Klasse, des Ordens „Steaua Republicii Populare Române“ I. Klasse, des Ordens „Meritul Ştiinţific“ I. Klasse, des Ordens „23. August“ I. und II. Klasse, des Ordens „Tudor Vladimirescu“ II. Klasse, der Medaille „40 de ani de la întemeierea Partidului Comunist din România“, der Medaille „A XX-a aniversare a Eliberării Patriei“, der Medaille „A cincizecea aniversare a P. C. R.“, der Medaille „25 de ani de la proclamarea Republicii" und der Medaille „30 de ani de la Eliberărea de sub dominatia fascistă", Inhaber des Titels „Erou al Muncii Socialiste", o. Mitglied der Rumänischen Akademie der Wissenschaften in Bukarest, früher Vizepräsident dieser Akademie und Präsident der Klasse für Sprache, Literatur und Kunst, auswärt. Mitglied der Akademie der Wissenschaften der DDR, der Bayerischen Akademie der Wissenschaften in München, der Österreichischen Akademie der Wissenschaften in Wien, der Real Academia Española, Präsident der Rumänischen Gesellschaft für romanische Sprachforschung und des Rumänischen Nationalkomitees für Volkskunst, Mitglied der Rumänischen Gesellschaft für Beziehungen mit der UdSSR, Ehrenpräsident der Société de Linguistique Romane in Paris und Strasbourg, Mitglied der Société de Linguistique in Paris, der Asociación International de Hispanistas, der Junta directiva dieser Asociación, der Asociación de Linguística y Filología Hispanoamericana, des Comité International des Sciences Onomastiques in Louvain und des Comité International Permanent des Linguistes (CIPL), korresp. Mitglied des Instituto Mexicano de Cultura in Mexico City und des Institut d'Estudis Catalans, geb. 29. IX. 1888 (11. X. 1888) in Tecuči (Rumänien), Bucureşti, str. Sofia 21^{I}, Tel. 121886 (10. III. 1958).

Ivić, Milka, Dr. phil., o. Professor für Slawistik, Serbokroatistik und allgemeine Sprachwissenschaft an der Universität Novi Sad, o. Mitglied der Serbischen Akademie der Wissenschaften und Künste in Beograd, korresp. Mitglied der Norwegischen Akademie der Wissenschaften in Oslo, geb. 11. XII. 1923 in Beograd, SFR Jugoslawien, 11000 Beograd, Ohridska 7, Tel. 438-619 (8. VI. 1979).

Jarceva, Viktorija Nikolaevna, Dr. phil., Professor, korresp. Mitglied der Akademie der Wissenschaften der UdSSR und Leiter der Sektion für germanische Sprachen des Instituts für Sprachwissenschaft der Akademie der Wissenschaften der UdSSR, geb. 3. XI. 1906 in St. Petersburg, Moskva, ul. Marksa i Engelsa 1/14 (15. X. 1976).

Jedlička, Alois, Dr. phil., em. o. Professor für Tschechische Sprache an der Karls-Universität Prag, Inhaber der goldenen Josef-Dobrovský-Medaille für Verdienste um die Gesellschaftswissenschaften, des Klement-Gottwald-Staatspreises (1958) und des Preises der Tschechoslowakischen Akademie der Wissenschaften (1972), Mitglied des Societas linguistica europea und der International Association of Applied Linguistics (AILA), geb. 20. VI. 1912 in Brno, 10000 Praha 10, Kišiněvská 16, Tel. 743962 (10. X. 1980).

Ladendorf, Heinz, Dr. phil., em. o. Professor für Kunstgeschichte an der Universität Köln, Träger des Ordens Officier des Palmes Académiques, Commendatore dell'Ordine al Merito, o. Mitglied des Deutschen Archäologischen Instituts in Berlin-Dahlem, geb. 29. VI. 1909 in Leipzig, 5000 Köln 41, Kunsthistorisches Institut, Albert-Magnus-Platz, Tel. 4704476 und 5000 Köln 41, Kerpener Straße 4, Tel. 449658 (4. III. 1955).

Ligeti, Lajos, Dr. phil., Dr. lit., em. Professor mit Lehrstuhl für innerasiatische Studien an der Eötvös-Loránd-Universität Budapest, Träger des Arbeitsordens, Inhaber des Kossuth-Preises, des Fahnenordens I. und II. Klasse der Ungarischen Volksrepublik, des mongolischen Nairamdalordens, der Goldmedaille der Ungarischen Akademie der Wissenschaften in Budapest, der Goldmedaille der Permanent International Altaistic Conference und des Ehrendiploms der Türkischen Republik, o. Mitglied der Ungarischen

Akademie der Wissenschaften in Budapest, Präsident des Bibliotheksausschusses und des Ausschusses für Orientalistik dieser Akademie, auswärt. Mitglied der Akademie der Wissenschaften der Mongolischen Volksrepublik in Ulan-Bator, korresp. Mitglied des Institut de France/Académie des Inscriptions et Belles-Lettres in Paris und der Soumalais-Ugrilainen Seura [Finnisch-ugrische Gesellschaft] in Helsinki, Ehrenmitglied des Société Asiatique in Paris, der Royal Asiatic Society in London und der Türk Dil Kurumu in Ankara, Vizepräsident des Permanent Commitee of the International Congres of Mongolists, geb. 25. X. 1902 in Balassagyarmat, Budapest V., Belgrád-rkp. 25, Tel. 1 87-5 29 (18. I. 1965).

Lomov, Boris F., Dr. phil., Prof. für Psychologie des Instituts für Psychologie bei der Akademie der Wissenschaften der UdSSR in Moskau, Präsident der Allunionsgesellschaft der Psychologen in der UdSSR, Mitglied des Exekutivkomitees der International Union of Psychological Sciences, korresp. Mitglied der Akademie der Wissenschaften der UdSSR und der Akademie der Pädagogischen Wissenschaften der UdSSR, geb. 28. I. 1927 in Gorkij, Institut für Psychologie der Akademie der Wissenschaften der UdSSR, 129336 Moskva, ul. Jaroslavskaja 13 (14. IV. 1978).

Mayrhofer, Manfred, Dr. phil., o. Professor für Allgemeine und Indogermanische Sprachwissenschaft an der Universität Wien, Kommandeur des kaiserl. iranischen Humāyūn-Ordens, Träger des Ritterkreuzes I. Klasse des finnländischen Ordens der Weißen Rose, wirkliches Mitglied der Österreichischen Akademie der Wissenschaften in Wien, auswärt. Mitglied der Accademia di Scienze e Lettere in Mailand, der Königl. Schwedischen Akademie für Literatur, Geschichte und Altertümer in Stockholm und der Suomalais-Ugrilainen Seura[Finnisch-ugrische Gesellschaft] in Helsinki, korresp. Mitglied des Institut de France/Académie des Inscriptions et Belles-Lettres in Paris, der Heidelberger Akademie der Wissenschaften, der Bayerischen Akademie der Wissenschaften in München, der Königl. Dänischen Akademie der Wissenschaften in Kopenhagen, der Akademie der Wissenschaften in Göttingen und der Polnischen Akademie der Wissenschaften in Warschau, Corresponding Member of the Staff of the School of Oriental and African Studies, Universität London, Ehrenmitglied der Ungarischen Akademie der Wissenschaften in Budapest und der Linguistic Society of India in Calcutta, gewähltes Mitglied des „Cercle Ferdinand de Saussure" in Genf, geb. 26. IX. 1926 in Linz a. d. Donau (Österreich), A-1190 Wien, Bauernfeldgasse 9/II/6, Tel. 362500, Post: Institut für Allgemeine und Indogermanische Sprachwissenschaft der Universität Wien, A-1010 Wien, Dr.-Karl-Lueger-Ring 1, Tel. 4300/2440 (12. XI. 1971).

Mitchell, Terence Frederick, Bachelor of Arts, em. Professor für Linguistik an der Universität Leeds, Direktor des Department of Linguistics & Phonetics dieser Universität, Mitglied der Philological Society, Linguistics Assocation of Great Britain in London, seit 1977 Vorstandsmitglied dieser Gesellschaft, früher Mitglied der Linguistic Society of America, geb. 3. V. 1919 in Torquay (England), ‚Oakhanger' 4 Youngwoods Way Alverstone Near Sandown, Isle of Wight PO 36 OHE, England (8. VI. 1979).

Pée, Willem, Dr. phil., em. Professor für Niederländische Linguistik, Dialektologie und experimentelle Phonetik an der Universität Gent (Belgien), Großoffizier im belgischen Leopold-II- und Kronorden, Kommandeur im Niederländischen Orden für Oranien-Nassau, Inhaber der Deutschen Friedensmedaille des Friedensrates der DDR, des

Jacob- und Wilhelm-Grimm-Preises der DDR, des Sterns der Völkerfreundschaft in Gold, der Ehrennadel der Liga für Völkerfreundschaft der DDR in Gold für Verdienste um die Völkerfreundschaft und der goldenen Medaille des „Merite pour le développement de l'amitié et de la coopération avec la République Socialiste Tchéscolovaque", Mitglied der Maatschappij der Nederlandse Letterkunde in Leiden, der Fryske Akademy in Leeurwarden, des Provincial Utrechts Genootschap van Kunsten en Wetenschappen, der Commissie belast met de voorbereiding van de Nederlandse tekst van de Grondwet, de wetboeken en van de voornaamste wetten en besluiten, der Centrale Commissie voor de Nederlandse rechtstaal en bestuurstaal in België, Vizepräsident dieser Kommission seit 1969, Mitglied der Niederländisch-Belgischen Stiftung für niederländische Lexikologie, der Belgische Spellingcommissie und der Belgische Woordenlijstcommissie, Präsident dieser Kommission, Mitglied der Belgische Vaste Commissie van Advies de Spelling van de Nederlandse taal, Präsident der Terminologische Commissie bei het Ministerie van Binnenlandse Zaken, der Belgischen Abteilung der Belgisch-Nederlandse Commissie van Advies voor de Spelling van de Bastaardwoorden, Ehrenmitglied des Belgisch Centrum voor Neerlandistiek, Präsident der Gesellschaft Belgien-DDR in Brüssel, Ehrenmitglied der Koninklijke Commissie voor Toponymie & Dialectologie in Brüssel, geb. 9. VI. 1903 Brügge in (West-Flandern), 1170 Brüssel, Bosvoorde, Vuurkeienweg 3, Tel. 02/6 72 26 49 (12. XI. 1971).

Peek, Werner, Dr. phil., em. o. Professor für klassische Philologie an der Martin-Luther-Universität Halle—Wittenberg, Honorar-Professor an der Universität Bielefeld, Nationalpreisträger, Inhaber der Verdienstmedaille der Martin-Luther-Universität, auswärt. Mitglied der Akademie der Wissenschaften der DDR, korresp. Mitglied der Heidelberger Akademie der Wissenschaften, o. Mitglied des Deutschen Archäologischen Instituts in Berlin-Dahlem, auswärt. Mitglied der Akademie der Wissenschaften in Athen und der Kommission für die archäologische Erforschung Kleinasiens bei der Österreichischen Akademie der Wissenschaften in Wien, Ehrensenator der Griechischen Archäologischen Gesellschaft, Ehrenpräsident der Deutsch-Griechischen Gesellschaft in Bielefeld, geb. 6. VI. 1904 in Bielefeld, 4800 Bielefeld 1, Dornbergerstraße 86a (7. XII. 1959).

Petschow, Herbert, Dr. phil. et. jur., em. o. Professor für antike Rechtsgeschichte an der Ludwig-Maximilians-Universität in München, ehem. Gastprofessor für altorientalische Rechtsgeschichte an der Karl-Marx-Universität Leizpig, o. Mitglied der Bayerischen Akademie der Wissenschaften in München, Mitglied der Deutschen Morgenländischen Gesellschaft in Mainz, der Deutschen Orient-Gesellschaft in Berlin und der Société Jean Bodin pour l'Histoire comparative des Institutions in Brüssel, geb. 26. XII. 1909 in Dresden, 8730 Bad Kissingen, Heinrich-von-Kleist-Straße 2—4, Parkwohnstift (10. XII. 1962).

Peukert, Herbert, Dr. phil., em. o. Professor für slawische Sprachen an der Friedrich-Schiller-Universität Jena, Inhaber der Johann-Heinrich-Pestalozzi-Medaille in Bronze und Silber und der Johann-Gottfried-Herder-Medaille in Gold, ausländ. Mitglied der Makedonischen Akademie der Wissenschaften und Künste zu Skopje, geb. 29. IV. 1907 in Reichenau, 8950 Kaufbeuren-Neugablonz, Antoniwalder Weg 20, Tel. 6 57 28 (24. V. 1965).

Poulík, Josef, Dr. phil., o. Professor an der Universität J. E. Purkyně Brno, Direktor des Archäologischen Instituts der Tschechoslowakischen Akademie der Wissenschaften in Brno, Staatspreisträger, Ehrenbürger von Mikulčice, o. Mitglied der Tschechoslowakischen Akademie der Wissenschaften in Prag, auswärt. Mitglied der Akademie der Wissenschaften der DDR und der Bulgarischen Akademie der Wissenschaften in Sofia, Vizepräsident der Union Internationale d'Archéologie Slave, Mitglied des Conseil Permanent des Sciences Pré- et Protohistoriques, geb. 6. VIII. 1910 in Jiříkovice bei Brno, 60200 Brno, Mášova 10, ČSSR; Institutsanschrift: 66203 Brno, sady Osvobození 19, ČSSR (9. XI. 1974).

Stepanov, Georgij Vladimirovič, Dr. phil., Professor für romanische Philologie und allgemeine Sprachwissenschaft, o. Mitglied der Akademie der Wissenschaften der UdSSR, Direktor des Instituts für Sprachwissenschaften dieser Akademie, Inhaber der Orden des Vaterländischen Krieges 2. Stufe, des Roten Arbeitsbanners und der Oktoberrevolution, korresp. Mitglied der Königlich Spanischen Akademie (Real Academia Española) und der Akademie der Wissenschaften in Lissabon (Academia das Sciencias de Lisboa), stellvertr. Präsident der Gesellschaft „UdSSR-Spanien", geb. 9. IV. 1919 in Bijsk (Altaigebiet), Dienstanschrift: Institut für Sprachwissenschaft der Akademie der Wissenschaften der UdSSR, 103009 Moskau, K-9, ul. Semaschko 1/12, Tel. 2903585; privat: Moskau B-71, Leninskij Prospekt 13, Wohnung 82, Tel. 2379315 (8. X. 1982).

Tackenberg, Kurt, Dr. phil., em. o. Professor für Vor- und Frühgeschichte an der Westfälischen Wilhelms-Universität Münster, Träger des großen Verdienstkreuzes des Niedersächsischen Verdienstordens 1974, Mitglied der Historischen Kommission für Niedersachsen in Hannover, der Archäologischen Kommission für Niedersachsen und des Deutschen Archäologischen Instituts in Berlin-Dahlem, Ehrenmitglied des Niedersächsischen Landesvereins für Urgeschichte in Hannover und der Archäologischen Kommission für Westfalen, geb. 30. VI. 1899 in Tschammendorf (Schlesien), 4400 Münster/Westf., St. Mauritz, Parkallee 2, Tel. Münster 315158 (19. X. 1959).

Telegdi, Zsigmond, Dr. phil., em. o. Professor für allgemeine Sprachwissenschaften an der Eötvös-Loránd-Universität Budapest, Träger des Verdienstordens der Arbeit der VR Ungarn und Inhaber der Erinnerungsmedaille zum Jubiläum der Befreiung der VR Ungarn, Mitglied der Ungarischen Gesellschaft für Sprachwissenschaft und der Kőrösi-Csoma-Gesellschaft in Budapest, geb. 29. XII. 1909 in Enying (Ungarn), 1025 Budapest, Pusztaszeri út 49/I, em. 6 (15. X. 1976).

Thieme, Paul, Dr. phil., em. Professor für Indologie und vergleichende Sprachwissenschaft an der Eberhard-Karls-Universität Tübingen, korresp. Mitglied der Bayrischen Akademie der Wissenschaften in München, geb. 18. III. 1905 in Berlin, 7400 Tübingen, Spemannstraße 14, Tel. 07071/64144 (12. XI. 1949).

Turner, Sir Eric Gardner, M. A., Dr. phil. h. c. (Brüssel, Genf, Liverpool), em. o. Professor für Papyrologie an der Universität London, ehem. Präsident der Union Académique Internationale und der Internationale Association of Papyrologists, o. Mitglied der British Academy in London, auswärtiges Mitglied der Académie Royale des Sciences, des Lettres et des Beaux-Arts de Belgique in Brüssel, der Accademia delle Science di

Napoli, der Österreichischen Akademie der Wissenschaften in Wien und der Kongelige Danske Videnskarbenes Selskap in Kopenhagen, Ehrenmitglied der Finsca Vetenskaps Societeten-Suomen Tiedeseura in Helsinki, der American Philosophical Society und des Deutschen Archäologischen Instituts in Berlin-Dahlem, geb. 26. II. 1911 in Sheffield, University College London, Gower Street, London WC1E 6BT/Großbritannien, Tel. 01 - 3 87 - 70 50 (15. X. 1976). † 20. IV. 1983 in Inverness (Schottland).

Udal'cova, Zinaida Vladimirovna, Dr. phil., Professor für byzantinische und mittelalterliche Geschichte an der Akademie der Wissenschaften der UdSSR in Moskau, Inhaberin des Ordens des Roten Arbeitsbanners, des Ehrenzeichens, der Medaille ‚800 Jahre Moskau' und der Medaille zu Ehren des 100. Geburtstages von W. I. Lenin, korresp. Mitglied der Akademie der Wissenschaften der UdSSR, Mitglied und Vizepräsidentin der Internationalen Assoziation für Byzantinistik und auswärtiges Mitglied des wissenschaftlichen Kommittees des Internationalen Zentrums für byzantinische Geschichte und Kultur Süditaliens in Bari, geb. 5. III. 1918 in Kislovodsk, Dienstanschrift: Institut für Allgemeine Geschichte der Akademie der Wissenschaften der UdSSR, 117036, Moskau, B-36, ul. Uljanova 19, Tel. 1 26 94 32 und 1 23 90 15; privat: 11 72 96 Moskau, B-296, Leninskij Prospekt 69, Gebäude 3/380, Tel. 1 34 14 06 (8. X. 1982).

Vossler, Otto, Dr. phil., em. o. Professor für mittlere und neuere Geschichte an der Johann-Wolfgang-Goethe-Universität Frankfurt am Main, Inhaber der Jusserand Medal der American Historical Association in Washington, geb. 14. II. 1902 in Heidelberg, 6000 Frankfurt (Main), Grüneburgweg 143, Tel. 72 62 69 (20. VI. 1942).

von Weizsäcker, Carl Friedrich Freiherr, Dr. phil., Dr. jur. h. c. (Freie Universität Amsterdam), Dr. theol. h. c. (Tübingen), Wissenschaftliches Mitglied (em.) des Max-Planck-Instituts für Sozialwissenschaften in Starnberg (Obb.), Mitglied des Ordens Pour le mérite für Verdienste um die Wissenschaft und um die Künste, Träger des Großen Verdienstkreuzes mit Stern der Bundesrepublik Deutschland und des Österreichischen Ehrenzeichens für Wissenschaft und Kunst, Inhaber der Goldenen Wilhelm-Bölsche-Medaille der Kosmos-Gesellschaft der Naturfreunde in Stuttgart, der Max-Planck-Medaille des Verbandes Deutsche Physikalischer Gesellschaften in Braunschweig, der Hans-Thoma-Medaille der Hans-Thoma-Gesellschaft in Reutlingen, des Heinrich-Heine-Preises der Stadt Düsseldorf 1983, des Goethe-Preises der Stadt Frankfurt (Main), des Prix Arnold Reymond der Universität Lausanne, des Friedenspreises des Deutschen Buchhandels, des Erasmus-Preises der Stiftung „Prämium Erasmianum" der Niederlande, des Ernst-Hellmut-Vits-Preises der Gesellschaft zur Förderung der Universität Münster und der Verdienstmedaille der Deutschen Akademie der Naturforscher Leopoldine in Halle 1982, o. Mitglied der Akademie der Wissenschaften in Göttingen, Mitglied der Deutschen Akademie der Naturforscher Leopoldina in Halle, der Deutschen Akademie für Sprache und Dichtung in Darmstadt und der Joachim-Jungius-Gesellschaft der Wissenschaften in Hamburg, korresp. Mitglied der Bayerischen Akademie der Wissenschaften in München und der Österreichischen Akademie der Wissenschaften in Wien, Associé Etranger der Académie des Sciences Morales et Politiques in Paris, geb. 28. VI. 1912 in Kiel, 8130 Starnberg/Obb., Mathildenstraße 16, Tel. 8 95 49, und 81 35 Stöcking, Alpenstraße 15 (13. VI. 1966).

Wieacker, Franz, Dr. jur., Dr. phil. h. c. (Freiburg i. Br.), Dr. jur. h. c. (Uppsala, Florenz), Ll. D. h. c. (Glasgow), em. o. Professor für römisches und bürgerliches Recht an der Georg-August-Universität Göttingen, Mitglied des Ordens Pour le mérite für Verdienste um die Wissenschaft und um die Künste, o. Mitglied der Akademie der Wissenschaften in Göttingen, korresp. Mitglied der Bayerischen Akademie der Wissenschaften in München, der Heidelberger Akademie der Wissenschaften, der Accademia Nazionale dei Lincei in Rom, der Königlichen Gesellschaft der Wissenschaften in Uppsala und des Istituto Lombardo in Mailand, geb. 5. VIII. 1908 in Stargard (Pommern), 3400 Göttingen, Prinzenstraße 21 (14. VI. 1941).

TODESFÄLLE

Ordentliche Mitglieder der mathematisch-naturwissenschaftlichen Klasse

Gersch, Manfred, Dr. phil., em. o. Professor für Zoologie an der Friedrich-Schiller-Universität Jena, geb. 12. VIII. 1909 in Dresden, gest. 4. XII. 1981 in Jena.

Paetzold, Roland, Dr. rer. nat., o. Professor für anorganische Chemie an der Friedrich-Schiller-Universität Jena, geb. 13. VII. 1931 in Großhartmannsdorf, gest. 23. VII. 1982 Flur Vítkovice, Krkonoše (ČSSR).

Mothes, Kurt, Dr. phil., Dr. med. h. c., Dr. agr. h. c., Dr. phil. h. c., Dr. rer. nat. h. c., Dr. pharm. h. c., em. Professor mit Lehrstuhl für Botanik, Pharmakognosie und Biochemie der Pflanzen an der Martin-Luther-Universität Halle—Wittenberg, geb. 3. XI. 1900 in Plauen (Vogtland), gest. 12. II. 1983 in Ahrenshoop.

Auswärtige Mitglieder der mathematisch-naturwissenschaftlichen Klasse

Myrberg, Pekka Juhana, Dr. phil., Dr. techn. h. c., Dr. phil. h. c., em. o. Professor für Mathematik an der Universität Helsinki, geb. 30. XII. 1892 in Viipuri (Finnland), gest. 8. XI. 1976 in Helsinki.

Rozenfel'd, Iosif L'vovič, Dr. chem., Professor für Korrosionsschutz im Institut für physikalische Chemie der Akademie der Wissenschaften der UdSSR in Moskau, geb. 22. VIII. 1914 in Satanov (Ukraine), gest. 31. VIII. 1981 in Moskau.

Helferich, Burckhardt, Dr. phil., Dr. rer. nat. h. c., em. o. Professor für Chemie an der Rheinischen Friedrich-Wilhelms-Universität Bonn, geb. 10. VI. 1887 in Greifswald, gest. 5. VII. 1982 in Bonn.

Das Ordentliche Mitglied der philologisch-historischen Klasse

Straub, Werner, Dr. phil., em. Professor mit Lehrstuhl für Psychologie an der Technischen Universität Dresden, geb. 14. VII. 1902 in Stuttgart, gest. 25. I. 1983 in Dresden.

Auswärtige Mitglieder der philologisch-historischen Klasse

Michałowski, Kazimierz, Dr. phil., Dr. phil. h. c., em. o. Professor für Mittelmeerarchäologie an der Universität Warschau, geb. 14. XII. 1901 in Tarnopol, gest. 1. I. 1981 Warschau.

Avanesov, Ruben Ivanovič, Dr. phil., Dr. phil. h. c., Professor für russische und slawische Sprachwissenschaft, dialektologisch-historische Phonologie und Theorie der Orthographie an der Lomonossow-Universität Moskau, geb. 14. II. 1902 in Šuša (Aserbaidschan), gest. 1. V. 1982 in Moskau.

Turner, Sir Eric Gardner, M. A., Dr. phil. h. c., em. o. Professor für Papyrologie an der Universität London, ehemals Präsident der Union Académique Internationale, geb. 26. II. 1911 in Sheffield, gest. 20. IV. 1983 in Inverness (Schottland).

EHRUNGEN

Nationalpreisträger der DDR für Wissenschaften und Technik

Ordentliche Mitglieder

Beckert, Herbert	1965
Bethge, Heinz	1967
Dietze, Walter	1973
Emons, Hans-Heinz	1970, 1982
Fanghänel, Egon	1983
Gersch, Manfred †	1958
Görlich, Paul	1954
Hiebsch, Hans	1982
Keller, Ott-Heinrich	1966
Krug, Herbert	1982
Lehmann, Edgar	1983
Lehmann, Nikolaus Joachim	1964
Lösche, Artur	1958
Markov, Walter	1961
Mothes, Kurt †	1953
Neumann, Werner	1973
Rammler, Erich	1951
Rathmann, Lothar	1972, 1983
Schwabe, Kurt †	1954, 1961
Strack, Erich	1960
Stubbe, Hans	1949, 1960
Uhlmann, Armin	1973
Werner, Ernst	1966
Wittich, Dieter	1981
Wolf, Friedrich	1958, 1966

Auswärtige Mitglieder

Bredt, Heinrich	1954
Erben, Johannes	1961
Hertwig, Paula †	1956
Hund, Friedrich	1949
Peek, Werner	1961

Träger des Vaterländischen Verdienstordens

Ordentliche Mitglieder

Bahner, Werner
Bethge, Heinz
Busch, Karl-Franz
Coblenz, Werner
Dietze, Walter
Emons, Hans-Heinz
Eßbach, Hasso
Fanghänel, Egon
Görlich, Paul
Lehmann, Edgar
Lehmann, Nikolaus Joachim
Lieberwirth, Rolf
Lösche, Artur
Markov, Walter
Möbius, Friedrich
Mothes, Kurt †
Müller, Fritz
Neumann, Werner
Oelßner, Wilhelm
Poppe, Eberhard

Rammler, Erich
Rathmann, Lothar
Schubart-Fikentscher, Gertrud
Schubert, Manfred
Schwabe, Kurt †
Strack, Erich
Straub, Werner †
Stubbe, Hans
Ullmann, Ernst
Werner, Ernst

Das auswärtige Mitglied

Hertwig, Paula †

Träger des Ordens „Banner der Arbeit"

Ordentliche Mitglieder

Czok, Karl
Fanghänel, Egon
Lehmann, Nikolaus Joachim
Mothes, Kurt †
Rathmann, Lothar
Schubert, Manfred
Schwabe, Kurt †
Straub, Werner †
Stubbe, Hans
Wolf, Friedrich

Hervorragende Wissenschaftler des Volkes

Ordentliche Mitglieder

Mothes, Kurt †
Rammler, Erich
Schwabe, Kurt †
Stubbe, Hans
Watznauer, Adolf

Das auswärtige Mitglied

Hertwig, Paula †

Verdiente Hochschullehrer der DDR

Ordentliche Mitglieder

Beckert, Herbert
Busch, Karl-Franz
Lösche, Artur
Markov, Walter
Schwabe, Kurt †
Rösler, Hans Jürgen
Träger, Claus
Werner, Ernst

Verdienter Bergmann der DDR

Das ordentliche Mitglied

Rammler, Erich

Verdienter Arzt des Volkes

Ordentliche Mitglieder

Dürwald, Wolfgang
Jordan, Herbert
Matzen, Peter Friedrich
Oelßner, Wilhelm

Verdienter Techniker des Volkes

Ordentliche Mitglieder

Busch, Karl-Franz
Görlich, Paul

Held der sozialistischen Arbeit

Ordentliche Mitglieder

Busch, Karl-Franz
Dürwald, Wolfgang
Schwabe, Kurt †

Medaille für Kämpfer gegen den Faschismus 1933—1945

Das ordentliche Mitglied

Markov, Walter

Verdienstmedaille der DDR

Ordentliche Mitglieder

Bethge, Heinz
Coblenz, Werner
Diesner, Hans-Joachim
Dörter, Klaus
Emons, Hans-Heinz
Freimuth, Ulrich
Hiebsch, Hans
Krug, Herbert
Lieberwirth, Rolf
Müller, Fritz
Neef, Ernst
Neumann, Werner
Paetzold, Roland †
Poppe, Eberhard
Rathmann, Lothar
Ricken, Ulrich
Rösler, Hans Jürgen
Růžička, Rudolf
Straub, Werner †
Träger, Claus
Werner, Ernst

Friedensmedaille des Friedensrates der DDR

Das ordentliche Mitglied

Diesner, Hans-Joachim

Das auswärtige Mitglied

Pée, Willem

Johann-Heinrich-Pestalozzi-Medaille

Ordentliche Mitglieder

Brüning, Eberhard
Czok, Karl
Dietze, Walter
Diesner, Hans-Joachim
Dudek, Gerhard
Eichler, Ernst
Große, Rudolf
Möbius, Friedrich
Müller, Joachim
Neubert, Albrecht
Rathmann, Lothar
Ricken, Ulrich
Rudolph, Kurt
Träger, Claus
Wittich, Dieter

Das auswärtige Mitglied

Peukert, Herbert

KOMMISSIONEN

Mathematisch-naturwissenschaftliche Klasse

Kommission für spezielle Umweltprobleme

7010 Leipzig, Goethestr. 3—5, Tel. 292886

Leiter: Dörter
Mitglieder: Beckert, Buchheim, Busch, Dörter, Freimuth, Görlich, Hiebsch, Jordan, E. Lehmann, Lieberwirth, Neef, Penzlin, Poppe, Ries, Schwabe †, Strack, D. Uhlmann, Watznauer, Wolf
Wiss. Sekretär: Dipl.-Archivar Gerald Wiemers

Strukturprobleme und Umweltaspekte des Wassers, insbesondere der therapeutisch nutzbaren Wässer im Süden der DDR

9200 Freiberg (Sachsen), Bernhard-von-Cotta-Str. 4, Tel. 512591

Leiter: Buchheim, Jordan, Watznauer
Wiss. Mitarbeiter: Dr. Manfred Klose, Dr. Gunter Kabisch, Dr. Ulrich Koch, Dr. Stephan Groß
Die in den Berichtsjahren 1981—1982 durchgeführten Arbeiten zur oben genannten Thematik schließen wiederum in jeder Hinsicht an die in den Vorjahren an, über die in den Jahrbüchern der Sächsischen Akademie der Wissenschaften *1975/76* (S. 51—55), *1977/78* (S. 51—54) und *1979/80* (S. 54—58) berichtet wurde.

a) Arbeiten zur Klärung der Struktur von Elektrolyten und Festkörpern mittels Raman-Spektrometrie und Neutronenstreuung

Im Rahmen der von K. *Schwabe* gelenkten Planthematik „Thermodynamische und kinetische Eigenschaften von Elektrolyten" des Forschungsplanes, die Korrosionsschutz und Materialeinsparung zum Ziel hat, wurden folgende Teilthemen, zum Teil in Kooperation mit Einrichtungen anderer sozialistischer Länder, bearbeitet:

1. Ramanspektrometrische Untersuchungen, insbesondere der Temperaturabhängigkeit der Wasserstoffbrückenvernetzung in selbstassoziierenden Flüssigkeiten (Wasser, Methanol). (In Zusammenarbeit mit dem Inst. f. chem. Kinetik und Verbrennung der Sibirischen Abtl. d. AdW d. UdSSR, Akademgorod/Novosibirsk)
2. Ramanspektrometrische Untersuchungen zur bevorzugten Solvatation der Ionen in ternären Lösungen $MgCl_2$-Methanol-Wasser. (Zusammenarbeit mit der Sektion Chemie der BA Freiberg, H.-H. *Emons*)
3. Ramanspektrometrische Untersuchungen der Komplexbildung in wässrigen und nichtwässerigen Zinkbromidlösungen. (Zusammenarbeit mit dem Zentralen Forschungsinstitut für Chemie der Ungarischen AdW Budapest)
4. Theoretische und experimentelle Untersuchungen zur Fermi-Resonanz in den Schwingungsspektren partiell deuterierter Tetramethylammoniumsalze sowie an der C—N-Schwingung des Azetonitrils.

5. Experimentelle Resultate von Röntgenstrahl-, Neutronen- und Elektronen-Diffraktions- und Absorptionsmessungen an Wasser wurden interpretiert. Die Resultate können verstanden werden, wenn der Struktur des Wassers eine zufallsbedingte tetraedrische Vernetzung der H_2O-Moleküle über H-Brücken zugrundegelegt wird.
6. Das Schwingungsspektrum von polykristallinen Tetraalkylammonium- (TAA-) Bromiden wurde durch die Analyse der inelastischen Neutronenstreuung bestimmt. Dabei konnte Mehrphononenanregung ausgeschlossen werden. Es wurden wichtige strukturelle Feinheiten aufgeklärt, z. B. betr. die Parallelorientierung der Wasserdipole an den unpolaren Alkylgruppen, die Nichtexistenz langlebiger Chlatrat-Käfige u. a.
7. Ramanspektrometrische Analysen von H_2O-DMSO und H_2O-$(SH_3)_2CO$-Gemischen zwecks Aussagegewinnung über Komplexbildung in Abhängigkeit von der Konzentration bei Zugabe von $AlCl_3$. (Zusammenarbeit mit Sektion Chemie der Bergakademie, H.-H. *Emons*)

Die Abfassung einer beim Akademie-Verlag projektierten Monographie über Mikrostruktur und -dynamik des Wassers (Dr. *Klose* in Zusammenarbeit mit Prof. Dr. *Naberukhin* — Akademgorod/Novosibirsk) gedieh bis nahe an den Abschluß. Ein erster Besuch mit Kolloquium bei der Forschungsstelle fand bereits im April 1981 statt.

Die Durchführung dieser Arbeiten war mit Auslandsaufenthalten von Dr. M. *Klose* bzw. Dr. G. *Kabisch* verbunden:

a) im April 1982 am Zentralen Forschungsinstitut f. Chemie der Ungarischen AdW in Budapest,
b) im Juni/Juli 1982 am Kernforschungszentrum der AdW der UdSSR in Dubna,
c) im November/Dezember 1982 am Institut f. chemische Kinetik und Verbrennung der UdSSR in Novosibirsk.

Über die Ergebnisse wurde von Dr. *Kabisch* bzw. von Dr. *Klose* auf folgenden Veranstaltungen mit Vorträgen berichtet:

1) Diskussionstreffen zur IR-Spektroskopie der KMU, Januar 1981
2) 3. Arbeitstagung über Ramanspektroskopie, Erfurt, Oktober 1981
3) Jahreshaupttagung der Chemischen Gesellschaft der DDR, Leipzig, Oktober 1981
4) Tagung „Theorie und Struktur der flüssigen Phase“, Rostock, Februar 1982
5) Kolloquium an der TU Miskolc (VRU), April 1982
6) Kolloquium im Labor für Neutronenforschung des Zentralen Kernforschungsinstitutes Dubna der UdSSR
7) Advanced Seminar on IR and Ramanspectrosc., TU Dresden, Oktober 1982
8) Physik-Kolloquium an der FSU Jena, Dezember 1982.

Zur Ausnutzung von zwei gleichen Zeiß-Raman-Spektrometern für Differenz-Spektrometrie konnte eine Anlage zu etwa 70% fertiggestellt werden.

Veröffentlichungen zur Thematik a1—a7:

1. G. Kabisch: Intermolecular Coupling of Bending Vibrations in Liquid Water, J. Molecular Struct. *77* (1981) 219
2. G. Kabisch: Ramanspektroskopische Untersuchungen an Wasser-Acetonitril-Gemischen, Z. phys. Chemie *263* (1982) 48
3. G. Kabisch, K. Pollmer: Hydrogen Bonding in Methanol-Organic Solvent and Methanol-Water-Mixtures as Studies by the ν_{CO} and ν_{OH} Raman Bands, J. Molecular Struct. *81* (1982) 35

4. G. Kabisch, G. Möbius: Raman Spectra of Selectively Deuterated Tetramethylammonium Ions. I. Methyl Deformation Vibrations, Spectrochimica Acta *38A* (1982) 1189
II. Fermi Resonance in the Methyl Stretching Region, Ebd *38A* (1982) 1195
5. G. Irmer, W.-D. Eisel, G. Kabisch: Einsatzmöglichkeiten einer modifizierten Variante eines Gitterdoppelmonochromators GDM 1000 für spezielle Ramanspektroskopische Untersuchungen Exper. Technik der Physik *30* (1982) 507
6. J. Fernandez-Bertram, B. La Seruz, K. Doerffel, K. Dathe, G. Kabisch: The Fermi Doublet $\nu_2 \leftrightarrow \nu_3 + \nu_4$ of CH_3CN as a Probe of Molecular Interactions, J. Molecular Struct. *95* (1982) 1
7. E. Kalman, I. Serke, G. Palinkas, G. Johannson, M. Maeda, G. Kabisch: Complex Formation in Aqueous $ZnBr_2$ Solutions Based on Electron and X-ray Diffraction and Raman Spectra, Z. f. Naturforschung, Reihe A (1982)

Wolfgang Buchheim

b) Geowissenschaftliche Arbeiten zum Quellschutz der Staatsbäder Bad Brambach und Bad Elster

Die Ergebnisse der in den Jahren 1981—82 im Raum von Bad Brambach durchgeführten Forschungsarbeiten lassen erkennen, daß drei Parameter für die Auslegung eines Schutzbezirkes für das Gebiet der Heilquellen von grundsätzlicher Bedeutung sind:

1. Das ^{222}Rn, und vor allem dessen Vorprodukte Ra und U, sind primär an die Granite der erzgebirgisch-fichtelgebirgischen Antiklinale gebunden. Das Radon, und in größerem Umfange dessen wasserlösliche Vorprodukte, werden an Zerrüttungszone des Granites frei und steigen längs Klüften im Granit und dessen Hüllgestein auf. Bei der kurzen Halbwertszeit des Radons ist anzunehmen, daß, will man nicht sehr große Aufstiegsgeschwindigkeiten in Rechnung stellen, der Transport nach oben in Form der gelösten Vorprodukte erfolgt. Die hohe Konzentration der „Radon-Quelle" selbst kann durch diesen Mechanismus nicht erklärt werden. Es wird vermutet, daß im Bereich der „Radon-Quelle" ein oberflächen-naher Konzentrator für die in gelöster Form vorliegenden Radon-Vorprodukte in Form humoser Substanzen oder oberflächenaktiver Mn- bzw. Fe-Hydroxide existiert.
2. Das im Quellbereich auftretende Kohlendioxid ist genetisch an den tertiären Magmatismus (Vulkanismus) gebunden. Die oberflächliche Gasaustritte sind an Klüfte lokalisiert. Das CO_2 kommt, neben seiner Bedeutung als Therapeutikum, quellmechanisch als mögliche Gasluft-Komponente für Radon bzw. für das mit gelösten Vor- und Folgeprodukten der Uranium-Zerfallsreihe angereicherten Quellwassers in Betracht.
3. Die Lage der „Radon-Quelle" in einem mit anmoorige Deckschichten erfüllten, beckenartigen Teile des Röthenbachtales bringt die Möglichkeit einer Kontamination des Heilwassers mit Oberflächenwasser mit sich. Kernphysikalische Untersuchungen deuten in dieser Richtung.

Aufgrund dieses Erkenntnisstandes wurden in den Berichtsjahren folgende Arbeiten durchgeführt:

a) Erfassung der wichtigsten hydrogeologischen Daten und des Einflusses des Wasserhaushaltes auf die Quellschüttung. Bemerkenswert ist einerseits das abnorm hohe Wasserrückhaltevermögen in den Deckschichten des Röthenbachtales, andererseits die unterschiedlich rasche Reaktionszeit der verschiedenen Heilquellen im Kurbereich auf meteorologische Einflüsse. Der Schluß auf defekte Quellfassungen ist naheliegend. Weiter ergab sich, besonders bei der stark gasführenden „Radon-Quelle" eine signifikante Abhängigkeit vom Luftdruck, ein Zeichen für die starke Beeinflußbarkeit des CO_2-Regimes durch äußere Ursachen.

b) Mit Unterstützung der Sektion Physik der Bergakademie Freiberg wurden Radon-Bodenluftuntersuchungen in der Umgebung der „Radon-Quelle" durchgeführt. Die Interpretation des gewonnenen Anomalienbildes soll durch später durchzuführende Untersuchungen mittels Festkörperdetektoren präzisiert werden.

c) Verweilzeit-Untersuchungen wurde angesetzt, um einen eventuellen Konzentrator (Siehe Punkt 1) zu lokalisieren. Dem gleichen Zwecke dienen Untersuchungen an Quellsintern.

Soweit sich übersehen läßt, haben die Ergebnisse der im Berichtsjahr 1981 durchgeführten Arbeiten die Richtigkeit der der Untersuchungskonzeption zugrunde liegenden Vorstellungen bestätigt. Mit den für 1983/84 vorgesehenen Arbeiten sollen die wissenschftlichen Unterlagen ergänzt und verfeinert werden und deren Umsetzung in die Praxis, der Festlegung eines Quellschutzbezirkes für das Quellsystem von Bad Brambach als der ersten Aufgabe der Arbeitsgruppe Brambach, in Angriff genommen werden.

Adolf Watznauer

c) Untersuchungen zum Fervor-Effekt

Die Untersuchungen sind als Grundlagenforschung zur Klärung der Beziehungen zwischen akratothermalen Wässern und deren Biozönose einzustufen. Sie haben die wichtigsten und bisher entweder gar nicht oder nur teilweise bzw. ungenügend berücksichtigten Parameter des Fervoreffektes in qualitativer und quantitativer Hinsicht präzisiert. Der Fervoreffekt ist systemtheoretisch als ein Komplexvorgang einzuordnen, der eine initiale Hemmung der Wurzelkeimung (= Fervoreffekt im engeren Sinne) mit einer sekundären Förderung des Sproßwachstums verbindet.

Im Berichtszeitraum wurden folgende Leistungen erbracht:

1. Studium der Einflüsse über die Spurenstoffe Bor (B) und Silizium (Si), die beim Autoklavierungsvorgang aus dem Glas der Untersuchungsgefäße herausgelöst werden: 0,03 ppm Si und 0,42 ppm B wirken der Keimhemmung entgegen, desgleichen 0,43 ppm Na (als Na_2CO_3).
2. Studium der Einflüsse des unterschiedlichen Füllungsgrades der Untersuchungsgefäße mit der Testflüssigkeit und damit unterschiedlicher Gehalte an Sauerstoff: Bei 50%iger Füllung der Gefäße ist der Sauerstoffgehalt des fervorisierten Wassers größer als der des bidestillierten Wassers.
3. Untersuchungen zur Modifizierung des Keimhemmeffektes der Wurzel durch Fervorisierung des Wassers in Foliebeutel: Diese Maßnahme führt zu einer Aufhebung des Keimhemmeffektes.
4. Die bisherigen Ergebnisse wurden in einer vorläufigen Übersicht zusammengefaßt. Weitere Sauerstoffbestimmungen sind noch erforderlich. Die gewonnenen Laborergebnisse wurden durch gezielte Überprüfungen an einer natürlichen Akratotherme abschließend vervollständigt (Jánské Lazně — ČSSR).

Die Untersuchungsreihe wurde mit dem 31. 12. 1982 abgeschlossen.

Herbert Jordan

Untersuchungen über die Wirkungsmechanismen von Neurohormonen

6900 Jena, Erbertsraße 1, Tel. 2 21 38-38/3 29

Leiter: Penzlin
Wiss. Mitarbeiter: Dr. sc. nat. Klaus Richter, Dr. Eckehard Baumann, Dr. Gustav-Adolf Böhm, Dr. Heiner Birkenbeil, Dr. Hermann Eibisch
WTA: Rita Leser, Rosemarie Meißner, Gisela Radtke
Sekretärin (halbtags): Inge-Dorothea d'Ambly

Die im Zeitraum 1981/82 durchgeführten Arbeiten stellen die logische Fortsetzung der erfolgreichen Bemühungen der Arbeitsgruppe zur Aufklärung hormonaler und neurohormonaler Steuer- und Regelmechanismen in Insekten dar. Die Untersuchungen haben das Ziel, auf der Grundlage genauer Kenntnisse der physiologischen und biochemischen Zusammenhänge Möglichkeiten eines gezielten Eingriffes aufzuzeigen.

Die Forschungen konzentrieren sich im Berichtszeitraum auf drei Schwerpunkte: 1. Auf die genauere Charakterisierung des Häutungshemmhormons der Krebse, 2. auf die Ecdysteroid-Bildung und -Ausschüttung und deren Steuerung bei Insekten und 3. auf die weitere Charakterisierung des Neurohormon D.

1. Das Problem des Häutungshemmhormons und der „Cephaldrüse" bei Krebsen

Seit über 40 Jahren wird bei den dekapoden Krebsen das Vorkommen eines Häutungshemmhormons (molt-inhibiting hormone, MIH) angenommen. Es soll im Medulla-terminalis-X-Organ-Sinusdrüsen-Komplex des Augenstieles gebildet und abgegeben werden und die Häutungsdrüse (Y-Organ) während des Zwischenhäutungsstadiums C in einem relativ inaktiven Zustand halten. Wenn am Ende des Zwischenhäutungsstadiums die MIH-Produktion abfällt, soll das Y-Organ aktiv werden und vermehrt Ecdysteroide ausschütten, wodurch die Häutung eingeleitet werden soll. Ausgangspunkt dieser Vorstellungen war die Beobachtung, daß man durch Augenstielentfernung die Zwischenhäutungsphase verkürzen und durch Reimplantation von Augenstielen, Sinusdrüsen oder Sinusdrüsenextrakten diesen Effekt wieder rückgängig machen kann. Demgegenüber zeigte sich aber, daß das Y-Organ nach seiner Isolierung aus dem Körper und Überführung in ein geeignetes Kulturmedium nicht die zu vermutende Steigerung seiner Ecdysonproduktion erkennen ließ. Weitere Zusatzhypothesen wurden entwickelt, die alle nicht befriedigen konnten. Es blieben sowohl die Natur als auch der Wirkungsmechanismus unklar.

Hier setzten unsere Untersuchungen an dem Flußkrebs *Orconectes limosus* ein. Die wesentlichen Ergebnisse waren: 1. Experimentell durch Augenstielentfernung ausgelöste Ecdysteroidproduktion der Y-Organe konnte — wenn auch nicht sehr eindeutig — durch zweimalige Injektion von Augenstielextrakten wieder gehemmt werden, nicht aber durch Injektion von an Sephadex G-25 aufgetrennten Fraktionen des Augenstielextraktes. 2. *In vitro* konnte die Ecdysteroidproduktion der Y-Organe durch Zugabe von Sinusdrüsen-Inkubationsmedium oder von Augenstielextrakten nicht signifikant gehemmt werden. 3. Weder die Implantation von Gehirnen aus intakten C-Tieren noch die Implantation von Gehirnen aus Tieren, bei denen 48 Stunden vorher die Augenstiele entfernt worden waren, führten zu einer Steigerung der Ecdysteroidbildung im Y-Organ.

Damit konnten wesentliche Befunde anderer Autoren zur Häutungsregulation bei den Krabben *Pachygrapsus* und *Menippe* an *Orconectes* nicht bestätigt werden. Die Untersuchungen haben nicht zu dem erhofften Ergebnis geführt, die Existenz und Funktion des MIH eindeutig zu belegen. Sie zeigen vielmehr, daß die Steuerung der Häutung bei Krebsen offenbar wesentlich komplexer abläuft als bis heute mit dem MIH-Konzept beschrieben wird. Die Arbeiten wurden aus Gründen der Konzentrierung des Potentials in der Gruppe auf die Analyse der neurohormonalen Steuermechanismen bei Insekten vorläufig eingestellt. Die erzielten Resultate wurden im Rahmen einer Diskussion alternativer Vorstellungen publiziert.

Ebenfalls zum Abschluß wurden die Untersuchungen zum Charakter der sog. „Cephaldrüse" beim Flußkrebs (*Orconectes limosus*) gebracht. Frühere Untersuchungen hatten zu der Vermutung geführt, daß ein umgrenzter Gewebekomplex im Kopf des Tieres als „akzessorisches Gewebe" anzusprechen sei, das zusätzlich zum Y-Organ Ecdysteroide in Abhängigkeit zu dem jeweiligen Häutungsstadium produziert. Weitere Untersuchungen zur Topographie und Histologie sowie radioimmunologische Befunde machten eine Revision dieser Vorstellungen notwendig. Es bestätigte sich zwar, daß das Gewebe rhythmische Veränderungen der Kerngröße der Mitoserate sowie des Gehaltes an bestimmten Zellen, den sog. semigranulären eosinophilen Zellen, im Zusammenhang mit dem Häutungszyklus zeigt, es erfolgt aber offenbar keine Ecdysteroid-Synthese. Das Gewebe muß nach den heutigen Erkenntnissen dem haemopoetischen System des Flußkrebses zugeordnet werden.

2. Die Ecdysteroid-Ausschüttung und deren Steuerung bei Insekten

Die Arbeiten zur immuncytochemischen Markierung und zur ultrastrukturellen Aufklärung der Ecdysteroidbildung und -sekretion konnten an der Prothorakaldrüse der Wachsmotte *Galleria mellonella* und am Y-Organ von *Orconectes* erfolgreich abgeschlossen werden.

Dazu mußten einige methodische Schwierigkeiten überwunden werden. Diese bestanden hauptsächlich darin, daß das Ecdyson als Steroid bei den herkömmlichen immuncytochemischen Verfahren der Fixierung und Einbettung zu einem großen Teil aus den Gewebeschnitten herausgelöst wird. Es wurde eine neue „pre-embedding"-Methode entwickelt, die es gestattete, das Ecdyson im Elektronenmikroskop sichtbar zu machen und zu lokalisieren. Das Wesen der Methode besteht darin, daß an Stelle des leicht löslichen Steroids das unlösliche Produkt der Peroxidasereaktion der Entwässerung und Einbettung unterworfen wird, um Dünnschnitte herzustellen. Die Markierungsreaktionen werden zuvor an Dickschnitten des fixierten Materials ausgeführt.

Mit dieser Methode untersuchte Prothorakaldrüsen von *Galleria* unterschiedlichen Aktivitätszustandes zeigten folgendes Bild der Ecdysonbildung und -freisetzung. Das Ausgangsmaterial der Ecdysonbiosynthese ist das Cholesterin, das in Lipidvakuolen gespeichert vorliegt. Die erste Immunreaktivität gegen das verwendete Anti-Ecdyson-Serum läßt sich im glatten endoplasmatischen Retikulum (SER) feststellen. Von diesem SER werden immunreaktive granuläre Strukturen abgeschnürt, die wahrscheinlich aus Ecdyson mit einem „Carrierprotein" bestehen. Diese sekretorischen Grana gelangen anschließend an die Zelloberfläche und werden dort durch Exocytose freigesetzt. Es gelang erstmalig der direkte Nachweis des Steroids in solchen Exocytosefiguren.

Im Y-Organ des Flußkrebses *Orconectes* verläuft die Bildung des Ecdysons in den Drüsenzellen offenbar etwas anders. Die stärkste Ecdyson-Immunreaktivität tritt in den Mitochondrien auf, die bei *Galleria* in keinem Fall markiert waren. Man kann zwar davon ausgehen, daß auch bei *Galleria* die Mitochondrien in die Steroidbiosynthese einbezogen sind, wahrscheinlich sind aber solche Ecdyson-Vorstufen in ihnen enthalten, die mit dem verwendeten Anti-Ecdyson-Serum nicht reagieren.

Diese Methode der ultrastrukturellen immuncytochemischen Markierung von Ecdyson soll zukünftig eingesetzt werden bei der genaueren Analyse der zellulären Vorgänge, im Zusammenhang mit der experimentellen Aktivierung der Prothorakaldrüse der Insekten.

Die Prothorakaldrüse steht sowohl unter hormonaler als auch neuronaler Kontrolle. Für den sog. Aktivationsfaktor, der die Ecdysonproduktion der Prothorakaldrüsen erhöht, soll ein brauchbarer Test ausgearbeitet werden, der dazu dienen soll, den Faktor genauer zu fassen. Dazu mußte eine *in vitro*-Kultur der Häutungsdrüsen ausgearbeitet und optimiert werden. Ein wesentlicher Fortschritt bestand darin, daß wir von einer gepoolten Sammelkultur zur *in vitro*-Kultur einzelner Drüsen übergehen konnten. Zur Bestimmung der Ecdysteroide wurde ein Radioimmunassay (RIA) ausgearbeitet. Eine direkte Bestimmung der Ecdysteroide ohne vorherige Extraktion scheint möglich und sich zu bewähren. Dadurch sinkt der Zeitaufwand des Tests erheblich.

Als Objekte dienen die hemimetabole Schabe *Periplaneta americana*, mit der wir in unserer Arbeitsgruppe die meisten Untersuchungen durchgeführt haben und die sich besonders leicht züchten und handhaben läßt und die Wachsmotte *Galleria mellonella* als Beispiel eines holometabolen Insektes. Einige Vergleichsuntersuchungen wurden auch an der Kohleule *Mamestra brassicae* durchgeführt. Eine wesentliche Aufgabe besteht zur Zeit darin, den günstigsten Zeitpunkt für die Stimulierung der Häutungsdrüsen als Ausdruck der Wirkung des Aktivationshormons herauszufinden. Da es sich wahrscheinlich um relativ kurzzeitige Hormoneffekte handelt, kommt dem genauen „timing" des Objektes eine besondere Bedeutung zu. Dabei erwies sich vorläufig *Galleria* als ein günstigeres Objekt im Vergleich zu *Periplaneta*. Eine weitere Aufgabe besteht noch darin, das geeignete Ausgangsmaterial für den Aktivationsfaktor — Gehirn oder Corpora cardiaca — herauszufinden. Die Untersuchungen zur Optimierung des Verfahrens werden fortgesetzt.

Eine nervöse Steuerung der Prothorakaldrüse erfolgt vom Prothorakalganglion aus. Anatomisch wurde die Innervation bei *Periplaneta* geklärt. Darauf aufbauend wurden elektrophysiologische Untersuchungen durchgeführt. Eine stationäre efferente Nervenaktivität geht vom Prothorakalganglion, wo auch die Somata des Prothorakaldrüsennerven liegen, aus und erreicht die Prothorakaldrüse. Diese Nervenaktivität unterliegt offenbar einem hemmenden Einfluß vom Unterschlundganglion aus, denn Durchtrennung der Konnektive zwischen dem Unterschlundganglion und den Thorakalganglien führt zum starken Anstieg der Aktivität im Prothorakaldrüsennerven (Abb. 1). Innerhalb eines Häutungsintervalles beginnt die Aktivität des Prothorakaldrüsennerves mit etwa dem 15. Tag nach der letzten Häutung anzusteigen und erreicht bis zum 20. Tag ein Maximum (Abb. 2). Offenbar steht dieser Anstieg der Nervenaktivität im Zusammenhang mit der Aktivierung der Ecdysteroid-Produktion in der Prothorakaldrüse, denn nach Durchtrennung des Prothorakalnerven vor dem 15. Tag unterbleibt der für den 15. bis 20. Tag charakteristische Anstieg der Ecdysteroid-Produktionsrate. Letzteres wurde mit Hilfe des Radioimmunassays für Ecdysteroide quantitativ verfolgt. Umgekehrt führt eine elektrische Reizung isolierter Prothorakaldrüsen über den Prothorakaldrüsennerven zu der erwarteten erhöhten Abgabe von Ecdysteroiden aus der Drüse, allerdings nur bei Drüsen nach der kritischen Periode am 15. Tag.

Die Sekretion des Aktivationshormons aus den lateralen neurosekretorischen Zellen der Pars intercerebralis im Protocerebrum über die Axone der Nervi corporis cardiaci II (Ncc II) ist mit einer elektrischen Aktivität der Nerven gekoppelt. Letztere zeigt ein deutliches Maximum am 15. Tag nach der letzten Häutung. Dieser Zeitpunkt fällt mit dem Beginn des Anstiegs der Ecdysteroidkonzentration in der Hämolymphe zusammen. Parallel mit dem weiteren Anstieg des Häutungshormon-Titers bis zur nächsten Häutung fällt die

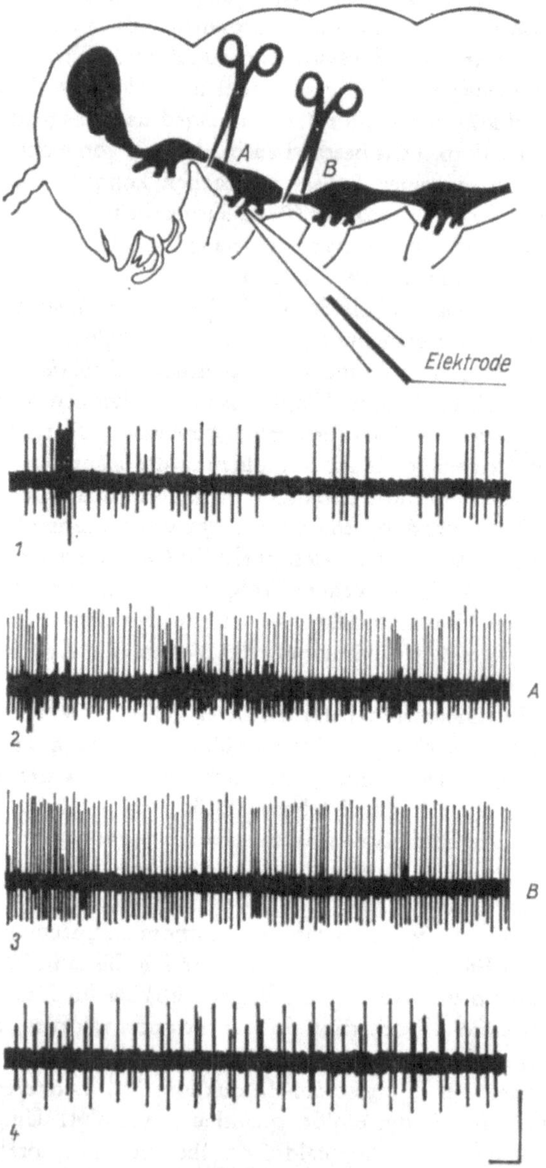

Abb. 1. Die efferente Aktivität im Prothorakaldrüsennerven von Periplaneta americana 1. unter normalen Bedingungen, 2. nach Durchtrennung beider Schlundkonnektive, 3. nach Durchtrennung beider Schlundkonnektive und der Konnektive zwischen dem 1. und 2. Thorakalganglion und 4. nach Durchtrennung der Konnektive zwischen dem 1. und 2. Thorakalganglion. Kalibration: 100 ms, 50 uV

Nervenaktivität im Ncc II wieder ab. Es konnte gezeigt werden, daß offenbar eine negative Feedback-Wirkung auf die Nervenaktivität im Ncc II und damit wahrscheinlich auf die Abgabe des Aktivationshormons durch das Ecdysteron ausgeübt wird. Dieses Steroid dämpft im Gegensatz zu Ecdyson und 7-Dehydrocholesterin dosisabhängig die Nervenaktivität im Ncc II, wenn das Gehirn mit dem Unterschlundganglion in Verbindung steht. Durchtrennung der Schlundkonnektive verhindert die Hemmwirkung, woraus geschlossen werden kann, daß das Ecdysteron seine neurodepressorische Wirkung über das Unterschlundganglion auf nervösem Wege ausübt.

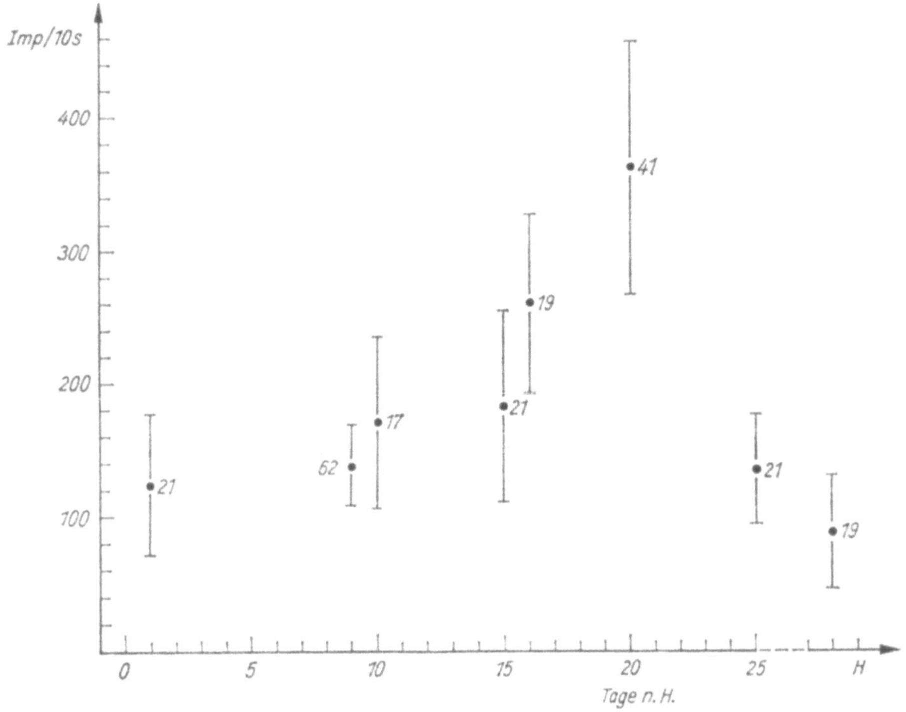

Abb. 2. Impulsfrequenz im Prothorakaldrüsennerven in Abhängigkeit vom Alter der Versuchstiere innerhalb eines Häutungsintervalles (n. H. = nach Häutung). Die Ziffern an den Mittelwerten geben die Anzahl der Messungen (n) an

3. Weitere Charakterisierung des Neurohormon D

Mit Hilfe chromatographischer Methoden und des biologischen Tests (Herztest) konnte in zwei weiteren Schabenarten (*Nauphoeta cinnaria* und *Leucophaea maderae*) Neurohormon D nachgewiesen werden. Demgegenüber unterscheiden sich die aus dem Seidenspinner *Bombyx mori* und den Sinusdrüsen des Flußkrebses *Orconectes limosus* extrahierten herzaktiven Substanzen vom Neurohormon D. Weiter konnte gezeigt werden, daß das Neurohormon D mit ziemlicher Sicherheit in den neurosekretorischen Zellen des Gehirns synthetisiert und in den Corpora cardiaca gespeichert wird.

Aus 5000 Paaren von Corpora cardiaca der Schabe *Periplaneta americana* wurde das herzaktive Peptid Neurohormon D isoliert. Die in vier Schritten erfolgte Auftrennung des Extraktes lieferte ca 20 µg eines ziemlich reinen Produktes, das weniger als 10%Verunreinigungen mit anderen Peptiden oder Aminosäuren aufwies. In den Mikrochromatogrammen des dansylierten Hydrolysats von Neurohormone D treten acht Hauptflecken von etwa gleicher Intensität auf. Mit der konventionellen Aminosäureanalyse wurden dieselben Aminosäuren gefunden. Es wird vermutet, daß das Neurohormon D folgende Aminosäuren enthält: Asp 2, Glu 1, Pro 1, Phe 1, Ser 1, Vol 1.

Mit dem Dansyl-Edman-Abbau konnte inzwischen folgende Aminosäuresequenz nachgewiesen werden: p Glu—Val—Asp—Phe— Die Sequenzanalyse soll im März in Berlin durchgeführt werden.

Durch HPTLC gelang kürzlich der Nachweis, daß es sich bei den herzaktiven Substanzen aus den Corpora cardiaca um eine Klasse eng verwandter Peptide handelt und nicht um eine einzige Substanz. Die Aminosäureanalyse eines Peptids mit geringer biologischer Aktivität als das Neurohormon D ergab eine dem Neurohormon D sehr ähnliche Zusammensetzung.

Literatur

Baumann, E. u. M. Gersch: Purification and identification of neurohormone D, a heart accelerating peptide from the corpora cardiaca of the cockroach Periplaneta americana. Insect Biochem. *12* (1982) 7—14.

Birkenbeil, H. u. M. Eckert: Untersuchungen zur Methodik des ultrastrukturellen immuncytochemischen Nachweises von Ecdysteroiden. Acta histochemica *71* (1982) 133—143.

Gersch, M.: Insect neurohormones as developmental regulators. Publ. Int. Conf. Regulation of Insect Development and Behaviour. Part *I*, Wrocław, pp. 1—16.

Gersch, M.: Zur Evolution des Hormonsystems im Tierreich. Abhandlungen SAW zu Leipzig, math.-nat. Klasse *54* (5). 1982.

Gersch, M., E. Baumann, H. Birkenbeil, G. Pass u. H. Penzlin: Die Wirkungsweise des herzaktiven Peptids Neurohormon D von *Periplaneta americana*. Zool. Jb. Physiol. *86* (1982) 17—33.

Gersch, M. u. G.-A. Böhm: Zur Problematik des „molt-inhibiting hormone (MIH)" von Decapoden (Crustacea). Zool. Jb. Physiol. *86* (1982) 293—308.

Gersch, M. u. K. Richter (Hrsg.): Das peptiderge Neuron. VEB Gustav Fischer Verlag, Jena 1981, 357 S., 95 Abb., 23 Tab.

Gündel, J., A. Müller, E. Müller u. M. Gersch: Zur Charakterisierung der Ionenverhältnisse an den Prothorakaldrüsenzellen von *Galleria mellonella* L. Zool. Jb. Physiol. *86* (1982) 34—44.

Gündel, J., A. Müller, E. Müller u. M. Gersch: Änderungen der Kaliumionenkonzentration als Ursache für die entwicklungsabhängigen Änderungen der Ruhepotentiale von Prothorakaldrüsenzellen von *Galleria mellonella*. Zool. Jb. Physiol. *86* (1982) 183—192.

Leubert, F., H. Eibisch, H. Kroschwitz u. H. Scheffel: Ecdysteroid-Biosynthese durch das Ovar von *Lithobius forficatus* (L.) (Chilopoda) Zool. Jb. Physiol. *86* (1982) 465—476.

Penzlin, H.: Beiträge im „Kompendium der Allgemeinen Biologie" (Hrsg.: E. Libbert), VEB Gustav Fischer Verlag, 4. neubearb. Aufl., Jena 1982.

Penzlin, H.: dasselbe, 1. russ. Aufl., Moskau „Mir" 1982.

Penzlin, H.: Beitrag „Julius Schaxel" im „Philosophen-Lexikon" (Hrsg.: E. Lange u. D. Alexander). Dietz-Verlag, Berlin 1982, S. 812—814.

Penzlin, H.: Manfred Gersch (1909—1981). Zool. Jb. Physiol. *86* (1982) 153—167.

Penzlin, H.: Manfred Gersch (Obituary). IBRO News *10* (4). 1982, p. 10.

Penzlin, H., H. Agricola, E. Eckert u. T. Kusch: Distribution of proctolin in the sixth abdominal ganglion of *Periplaneta americana* L. and the effect of proctolin in the ileum of mammals. Adv. Physiol. Sci. Vol. *22*: Neurotransmitters in Invertebrates (ed.: R. S. Rózsa). Akadémiai Kiadó Budapest 1981, pp. 525—535.

Richter, K.: On the role of peptides in synaptic transmission. Adv. Physiol. Sci Vol. 22: Neurotransmitters in Invertebrates (ed.: R. S. Rózsa). Akadémiai Kiadó, Budapest 1981, pp. 537—556.

Richter, K.: Reiz- und Bewegungsphysiologie. In: Lehrbuch der Biologie, Klasse 12, Volk und Wissen Verlag, Berlin 1981.
Richter, K. u. M. Gersch: Die elektrophysiologische Aktivität der Nervi corporis cardiaci I und II von *Periplaneta americana* in Beziehung zum Häutungszyklus. Zool. Jb. Physiol. *85* (1982) 412–425.

Heinz Penzlin

Beeinflussung von in vivo-Eiweißabbauvorgängen enzymantischer Art durch in der Umwelt eingesetzte Agenzien

4020 Halle (Saale), Hollystraße 1, Tel. 38296

Leiter: Prof. Dr. Harald Aurich
Wiss. Mitarbeiter: Dr. Peter Bohley
Wiss. Oberassistentin: Dipl.-Pharmazeutin Dr. Susanne Schaper (-Riemann)
Wiss. Assistentin: Chem.-Ing. Traudel Nötzel

Die Arbeitsgruppe der Sächsischen Akademie der Wissenschaften im Physiologisch-chemischen Institut der Martin-Luther-Universität Halle beendete zum 1. 9. 1981 ihre Tätigkeit. Im folgenden Text wird eine Zusammenfassung der von 1977 bis 1981 erarbeiteten Ergebnisse vorgelegt, die teilweise bereits in den regelmäßigen Berichten des Vizepräsidenten der Akademie und in den Jahrbüchern 1977 bis 1978 und 1979 bis 1980 veröffentlicht wurden sowie in einem Abschlußbericht vor der Kommission für spezielle Umweltprobleme der SAW im Juni 1982 vorgetragen wurden.

Alle Proteine lebender Zellen unterliegen kontinuierlichen Abbau- und Syntheseprozessen; ein derartiger ständiger Proteinumsatz konnte in zahlreichen Untersuchungen an Zellen verschiedener Organismen und unterschiedlicher Organe nachgewiesen werden (1, 2, 3).

Beim intrazellulären Proteinabbau in der Rattenleber kommt den Lysosomen eine wichtige Funktion zu (4, 5, 6). Diese Zellorganellen nehmen das abzubauende Material in Form von Autophagievakuolen (zelleigene Verbindungen enthaltend) oder Heterophagievakuolen (zellfremde Substanzen enthaltend) auf (7, 8). Proteine werden dann durch proteolytische Enzyme (Endo- und Exopeptidasen) zu Peptiden bzw. zu Aminosäuren abgebaut.

Von den bisher aus Rattenleber-Lysosomen isolierten und näher charakterisierten Endopeptidasen (Proteinasen) ist für Kathepsin L (eine Cysteinproteinase) und für Kathepsin D (eine Aspartatproteinase) eine wesentliche Beteiligung am intrazellulären Proteinabbau beschrieben worden (9, 10, 11). Diese Proteinasen können durch unterschiedliche Inhibitoren weitgehend spezifisch gehemmt werden. Anhand der gehemmten Aktivitäten können Aussagen über die Beteiligung dieser Proteinasen am Proteinabbau getroffen werden. Für einige Proteinaseinhibitoren vom Peptidaldehydtyp wurde eine therapeutische Wirkung bei der Hemmung des Wachstums von Tumoren nachgewiesen (12, 13). Andererseits können diese Inhibitoren zellschädigend wirken, indem sie die Integrität von Zellen und Zellorganellen beeinflussen.

Zu Beginn der Tätigkeit der Arbeitsgruppe gab es nur wenig Kenntnis über den Proteinabbau in den verschiedenen Zelltypen der Rattenleber (14, 15). Die Rattenleber besteht hauptsächlich aus Parenchymzellen (Hepatozyten) und Nicht-Parenchymzellen, letztere lassen sich in Kupffer'sche Sternzellen (Lebermakrophagen), Endothelzellen und Fettspeichernde Zellen untergliedern (16, 17). Die einzelnen Zelltypen sind morphologisch gut charakterisiert worden (16, 18), eine gründliche biochemische Untersuchung, z. B. hinsichtlich der Lokalisation und des Gehaltes bestimmter Enzyme in den verschiedenen Zellorganellen, befindet sich dagegen erst noch in den Anfängen (44). Von den lysosomalen Proteinasen war nur die Aktivität der Aspartatproteinase Kathepsin D in Parenchymzellen und Nicht-Parenchymzellen (welche als eine nicht differenzierte Fraktion gewonnen waren) mit einer allgemein gebräuchlichen, jedoch nicht völlig spezifischen Methode bestimmt worden (19). Über die Lokalisation und Aktivität von Kathepsin L in den verschiedenen Zelltypen war nichts bekannt.

Für die Arbeitsgruppe ergaben sich zunächst folgende Aufgaben:

1. Erarbeitung einer Methode zur Gewinnung von Parenchymzellen der Rattenleber. Kupffer'sche Sternzellen und Endothelzellen konnten uns in hinreichender Reinheit und Vitalität von der niederländischen Forschungsgruppe um Dr. Knook zur Verfügung gestellt werden.
2. Untersuchung der Hemmwirkung der von einer japanischen Forschungsgruppe (20, 21) aus Mikroorganismen isolierten und uns zur Verfügung gestellten Peptidinhibitoren: Antipain[1], Chymostatin[2], Elastatinal[3], Leupeptin[4] und Pepstatin[5] auf die Proteinasen in den Leberzellen.
3. Untersuchung der eventuell zellschädigenden Wirkung dieser Substanzen anhand der Überprüfung der Freisetzung zweier ausgewählter Enzyme:
   a) Lactatdehydrogenase (im Zytosol der Zellen lokalisiert)
   b) Glutamatdehydrogenase (mitochondriales Enzym).

Aus der Fülle der vorhandenen Literatur über methodische Varianten zur Isolierung der Hepatozyten wurde das Verfahren nach Seglen (22—25) ausgewählt, da allein dieser Autor sein methodisches Vorgehen anhand detaillierter Experimente begründet. Dabei wird die Leber *in situ* durch Perfusion mit einem Calcium-freien Puffer zunächst vom Blut befreit (Dauer: 3—5 Minuten). Dieser Schritt ist wichtig für die Entfernung von Proteinaseinhibitoren des Serums selbst, z. B. α_2-Makroglobulin (26) oder α_1-Antitrypsin (27). Daran schließt sich eine rezirkulierende Perfusion mit dem gleichen Puffer an, dem außerdem Kollagenase (0,05%ig) und Calcium zugesetzt sind (Dauer: 10—15 Minuten). Danach wird die Leber — die Zellen sind nur noch locker im Bindegewebe verhaftet — zerkleinert und durch ein Perlonsieb gerieben. Anschließend werden die Parenchymzellen von den Nicht-Parenchymzellen durch niedertourige Zentrifugation abgetrennt.

Die Ergebnisse der Untersuchungen der Hemmwirkung der unterschiedlichen mikrobiellen Proteinasehemmstoffe auf den Proteinabbau in radioaktiv markierten, lebensfähigen Hepatozyten wurden im Jahrbuch 1977—1978 ausführlich beschrieben (28). An dieser Stelle soll nur nochmals erwähnt werden, daß mit Chymostatin der stärkste Hemmeffekt (52% Hemmung des Proteinabbaus) erzielt werden konnte und daß durch Inkorporierung

[1] Antipain = S-1-Carboxy-2-phenylethyl-carbamoyl-L-arginyl-L-valyl-L-argininal
[2] Chymostatin = N-[(S)-1-Carboxy-2-phenylethyl]-carbamoyl-α-N-[2-iminohexahydro-4(S)-pyrimidyl]-S-glycyl-L-leucyl-L-phenylalaninal
[3] Elastatinal = N-[(S)-1-Carboxy-isopentenyl]-carbamoyl-α-[2-iminohexahydro-4(S)-pyrimidyl]-(S)-glycyl(S)-glutaminyl-(S)-alaninal
[4] Leupeptin = Mischung aus Propionyl- und Acetyl-L-leucyl-L-leucyl-L-argininal
[5] Pepstatin = [R]-L-Valyl-L-Valyl-statyl-L-alanyl-statin mit [R] = Acetyl-, Isovaleryl-, Caproyl- oder Isocaproyl- und Statin = 4-Amino-3-hydroxy-6-methyl-heptansäure

von Pepstatin in Liposomen (29) der Hemmeffekt dieser Verbindung auf maximal 25% erhöht werden konnte. In der letzten Zeit wurden unsere Ergebnisse mit den mikrobiellen Proteinaseinhibitoren auch von anderen Autoren bestätigt (30).

Wir konnten nachweisen, daß die Inhibitoren keinen zellschädigenden Einfluß hatten. Die Freisetzung von Lactatdehydrogenase- und Glutamatdehydrogenase-Aktivität während der Inkubation der Hepatozyten unterschied sich nicht zwischen Kontrollansätzen und Ansätzen mit Hemmstoffen.

Nun sollen im folgenden Ausführungen zur Spezifität und zur Selektivität der Wirkungsweise dieser Inhibitoren gemacht werden.

Der Peptidinhibitor Pepstatin hemmt spezifisch Aspartatproteinase-Aktivitäten, d. h. in den Leberzellen hauptsächlich Kathepsin D (31). Mit den anderen eingesetzten Inhibitoren vom Peptidaldehydtyp war es jedoch nicht möglich, die jeweils gehemmte Aktivität einer bestimmten Proteinase zuzuordnen: Diese Inhibitoren hemmen alle bisher bekannten Cysteinproteinasen, also neben Kathepsin L auch Kathepsin B und Kathepsin H (32) sowie das kürzlich entdeckte Kathepsin T (33) und ebenfalls auch Serinproteinasen (34). Somit sind die von uns erhaltenen Ergebnisse nur Hinweis darauf, daß in isolierten Hepatozyten Cysteinproteinasen maßgeblich am Proteinabbau beteiligt sind und daß dem Kathepsin D in diesem Zelltyp der Rattenleber hierbei eine geringere Rolle zukommt.

Erst der Einsatz des synthetischen Inhibitors Z-Phe-Phe-diazomethan[1] (35) ermöglichte eine spezifische Hemmung von Kathepsin L (36).

Wir entwickelten zwei Methoden, bei denen jeweils mit 5 µmol/l Z-Phe-Phe-diazomethan die Kathepsin L-Aktivität und mit 0,5 µmol/l Pepstatin die Aspartatproteinase-Aktivität (hauptsächlich Kathepsin D) in den verschiedenen Rattenleberzelltypen sowie in anderen Organen der Ratte und weiterer Tierspezies (Karpfen, Frosch, Taube) bestimmt werden konnten. Als Substrate dienten entweder nach Bohley u. Mitarb. (37) isolierte, radioaktiv markierte Rattenleberzytosolproteine oder nach Langner u. Mitarb. (38) präpariertes Azokasein, das zuvor mit Harnstoff denaturiert worden war. Details zu diesen Bestimmungsmethoden sind im Jahrbuch 1979—1980 beschrieben (39).

Mit beiden Methoden war es erstmals möglich, in isolierten Hepatozyten, Kupffer'schen Sternzellen und Endothelzellen Z-Phe-Phe-diazomethan-hemmbare Aktivität (Kathepsin L) zweifelsfrei zu bestimmen.

Aus den Hemmversuchen ergibt sich eine differente Verteilung der beiden Kathepsine D und L innerhalb der drei Leberzelltypen. Das zeigt sich an der Hemmung der proteolytischen Aktivität:

Inhibitor	Hepatozyten	Kupffer'sche Sternzellen	Endothelzellen
Z-Phe-Phe-diazomethan	40—50%	3— 10%	10—40%
Pepstatin	45—50%	80—100%	40—70%

Die starke Pepstatin-Hemmung in den Kupffer'schen Sternzellen deutet darauf hin, daß dieser Zelltyp besonders reich an Kathepsin D-Aktivität ist und bestätigt in dieser Hinsicht Befunde aus der Literatur (40—43). Der hohe Gehalt an Kathepsin D-Aktivität

[1] Z-Phe-Phe-diazomethan = Benzyloxycarbonyl-phenylalanyl-phenylalanyl-diazomethan

in den Kupffer'schen Sternzellen steht nach Huisman u. Mitarb. (9), Knook (43) und van Berkel (44) in engem Zusammenhang mit der bedeutenden Rolle, die diesem Zelltyp bei der Aufnahme und beim Abbau von Proteinen aus dem Blut zukommt. Kathepsin L ist in diesem Zelltyp nur sehr gering enthalten. Auch in den Endothelzellen, die eine große Schwankungsbreite in ihrer Hemmbarkeit aufweisen, ist die Verteilung dadurch charakterisiert, daß Kathepsin D offenbar einen größeren Anteil an der lysosomalen Proteolyse aufweist als Kathepsin L. In den Hepatozyten wird der gesamte Proteinabbau praktisch von den beiden untersuchten Kathepsinen etwa in gleichen Anteilen bestritten.

Die Untersuchungen der Homogenate aus Leber, Niere, Milz, Herz, Lunge (Kiemen), Hirn und Skelettmuskel von Karpfen, Frosch, Taube und Ratte ergab, daß alle diese Organe Pepstatin-hemmbare Aktivität (mit Harnstoff-denaturiertem Azokasein als Substrat) enthalten. In allen Organen, außer Herz, Hirn, Skelettmuskel und Lunge der Taube, konnte auch Z-Phe-Phe-diazomethan-hemmbare Aktivität nachgewiesen werden. Wir fanden, daß die Nieren von Karpfen, Frosch und Ratte besonders reich an letztgenannter Aktivität sind.

Weiterhin untersuchten wir verschiedene menschliche Tumore und Vergleichsgewebe, Ehrlich-Aszites-Tumorzellen von Mäusen sowie L-Zellen (transformierte Fibroblasten) mit ^{3}H- und ^{14}C-markierten Zytosolproteinen der Rattenleber als Substrat. In nahezu allen Tumoren fanden wir eine höhere Hemmung durch Pepstatin als durch Z-Phe-Phe-diazomethan. In den L-Zellen ermittelten wir ca. 50% Hemmung durch jeden der beiden Inhibitoren. Für Ehrlich-Aszites-Turmorzellen ergab sich ebenfalls eine Hemmung von 50% durch Pepstatin und von ca. 65% durch Z-Phe-Phe-diazomethan.

Für weiterführende Untersuchungen zur physiologischen Rolle von Kathepsin L und Kathepsin D empfiehlt sich demnach, die Organe, in denen wir eine hohe Hemmung durch Z-Phe-Phe-diazomethan bzw. Pepstatin gemessen haben, als Ausgangsmaterial für die Isolierung von Kathepsin L und Kathepsin D einzusetzen. An isolierten lebensfähigen Kupffer'schen Sternzellen und Endothelzellen und an den in jüngster Zeit von Knook u. Mitarb. (45) isolierten Fett-speichernden Zellen sind bisher noch keine Untersuchungen zum intrazellulären Proteinabbau unter *in-vivo*-ähnlichen Bedingungen vorgenommen worden. Für derartige Experimente an Kupffer'schen Sternzellen und Endothelzellen würde sich die verbesserte Isolierungsmethode von Praaning-van Dalen und Knook (46) anbieten.

Aufgrund der mit dem Tumoren erhaltenen Ergebnisse sollten Tumorzellen isoliert werden, um unter *in-vivo*-ähnlichen Bedingungen weitere Informationen über die im Vergleich zum Normalgewebe wahrscheinlich veränderten Proteinaseaktivitäten zu erhalten. Ein nächster Schritt hierzu wäre der Einsatz von in Liposomen inkorportiertem Pepstatin und Z-Phe-Phe-diazomethan.

Für die freundliche Überlassung der Inhibitoren Antipain, Chymostatin, Elastatinal, Leupeptin und Pepstatin danken wir Herrn Prof. H. *Umezawa*, Institute of Microbial Chemistry, Tokyo, und für die Überlassung von Z-Phe-Phe-diazomethan sei Herrn Prof. E. *Shaw*, Brookhaven National Laboratory, New York, gedankt.

Literatur

1. P. Bohley: Intrazelluläre Proteolyse. Naturwiss. *55* (1968) 211—217.
2. A. Goldberg u. A. C. St. John: Intracellular protein degradation in mammalian and bacterial cells: Part 2. Ann. Rev. Biochem. *45* (1976) 747—803.
3. H. Holzer u. P. C. Heinrich: Control of proteolysis. Ann. Rev. Biochem. *49* (1980) 63—91.
4. P. Bohley, H. Kirschke, J. Langner, S. Ansorge, B. Wiederanders u. H. Hanson: Intracellular protein breakdown. In: „Tissue Proteinases" (A. J. Barrett und J. T. Dingle, Hrsg.). North-Holland Publishing Co., Amsterdam, 1971, 187—219.

5. R. T. Dean u. A. J. Barrett: Lysosomes. Essays Biochem. *12* (1976) 1—40.
6. E. Holtzmann: Lysosomes: A Survey. Cell Biology Monographs, Vol. *3* (Wien—New York 1976) 134—151.
7. U. Pfeifer: Morphological aspects of intracellular protein degradation: Autophagy. Acta biol. med. germ. *40* (1981) 1619—1624.
8. P. Tulkens, Y. J. Schneider u. A. Trouet: Flow and shuttle of plasma membrane during endocytosis. Acta biol. med. germ. *36* (1977) 1681—1690.
9. W. Huisman, L. Lanting, H. J. Doddema, J. M. W. Bouma u. M. Gruber: Role of individual cathepsins in lysosomal protein digestion as tested by specific inhibitors. Biochim. Biophys. Acta *370* (1974) 297—307.
10. B. Wiederanders, S. Ansorge, P. Bohley, U. Broghammer, H. Kirschke u. J. Langner: Intracellulärer Proteinabbau. VI. Isolierung, Eigenschaften und biologische Bedeutung von Kathepsin D aus der Rattenleber. Acta biol. med. germ. *35* (1976) 269—283.
11. H. Kirschke, J. Langner, B. Wiederanders, S. Ansorge u. P. Bohley: Cathepsin L. A new proteinase from rat liver lysosomes. Eur. J. Biochem. *74* (1977) 293—301.
12. M. Hozumi, M. Ogawa, T. Sugimura, T. Takeuchi u. H. Umezawa: Inhibition of tumor genesis in mouse skin by leupeptin, a protease inhibitor from actinomycetes. Cancer Res. *32* (1972) 1725—1728.
13. T. Giraldi, C. Nisi u. G. Sava: Lysosomal enzyme inhibitors and antimetastatic activity in mouse. Eur. J. Cancer *13* (1977) 1321—1324.
14. M. F. Hopgood, M. C. Clark u. F. J. Ballard: Inhibition of protein degradation in isolated rat hepatocytes. Biochem. J. *164* (1977) 399—407.
15. P. O. Seglen: Protein degradation in isolated rat hepatocytes is inhibited by ammonia. Biochem. Biophys. Res. Commun. *66* (1975) 44—51.
16. A. Blouin, R. P. Bolender u. E. R. Weibel: Distribution of organelles and membranes between hepatocytes and nonhepatocytes in the rat liver parenchyma. A stereological study. J. Cell Biol. *72* (1977) 441—455.
17. D. L. Knook u. E. C. Sleyster: Separation of Kupffer and endothelial cells of the rat liver by centrifugal elutriation. Expl. Cell Res. *99* (1976) 444—449.
18. E. Wisse: Ultrastructure and function of Kupffer cells and other sinusoidal cells in the liver. In: „Kupffer Cells and Other Liver Sinusoidal Cells" (E. Wisse und D. L. Knook, Hrsg.). Elsevier/North-Holland Biomedical Press, Amsterdam 1977, 33—60.
19. D. L. Knook: Distribution of lysosomal enzyme activities between parenchymal and nonparenchymal cells from rat liver. Hoppe-Seyler's Z. Physiol. Chem. *355* (1974) 1217.
20. T. Aoyagi u. H. Umezawa: Structures and activities of protease inhibitors of microbial origin. In: „Proteases and Biological Control". (E. Reich, D. B. Rifkin und E. Shaw, Hrsg.), Cold Spring Harbor Lab. 1975, 429—454.
21. H. Umezawa: Protease inhibitors produced by microorganisms. Acta biol. med. germ. *36* (1977) 1899—1915.
22. P. O. Seglen: Preparation of rat liver cells. I. Effect of Ca^{2+} on enzymatic dispersion of isolated perfused liver. Expl. Cell Res. *74* (1972) 450—454.
23. P. O. Seglen: Preparation of rat liver cells. II. Effects of ions and chelators on tissue dispersion. Expl. Cell Res. *76* (1973) 25—30.
24. P. O. Seglen: Preparation of rat liver cells. III. Enzymatic requirements for tissue dispersion. Expl. Cell Res. *82* (1973) 391—398.
25. P. O. Seglen: Preparation of isolated rat liver cells. Meth. Cell Biol. *13* (1976) 29—83.
26. A. J. Barrett u. P. M. Starkey: The interaction of α_2-macroglobulin with proteinases. Characteristics and specificity of the reaction, and a hypothesis concerning its molecular mechanism. Biochem. J. *133* (1973) 709—724.
27. D. Johnson u. J. Travis: Inactivation of human α_1-proteinase inhibitor by thiol proteinases. Biochem. J. *163* (1977) 639—641.
28. H. Aurich: Jahrbuch Sächs. Akad. Wiss. zu Leipzig *1977—1978* (1980) 59—60.
29. J. Lasch, R. Koelsch, G. Brezesinski, V. Hermann, S. Riemann u. P. Bohley: Pepstatin- and

leupeptin-loaded liposomes: A tool in protein breakdown studies. Acta biol. med. germ. *36* (1977) 1829—1831.
30. K. Tanaka, N. Ikegaki u. A. Ichihara: Effects of leupeptin and pepstatin on protein turnover in adult rat hepatocytes in primary culture. Arch. Biochem. Biophys. *208* (1982) 296—322.
31. C. G. Knight u. A. J. Barrett: Interaction of human cathepsin D with the inhibitor pepstatin. Biochem. J. *155* (1976) 117—125.
32. H. Kirschke, J. Langner, S. Riemann, B. Wiederanders, S. Ansorge u. P. Bohley: Lysosomal cysteine proteinases. In: „Protein Degradation in Health and Disease", (J. Whelan and D. Evered, Hrsg.), Ciba Foundation Symposium No. 75, Elsevier Excerpta Medica North-Holland, Amsterdam 1980, 15—33.
33. E. Gohda, H. C. Pitot: Purification and characterization of a new thiol proteinase from rat kidney. Biochim. Biophys. Acta *659* (1981) 114—122.
34. H. Umezawa u. T. Aoyagi: Activities of proteinase inhibitors of microbial origin. In: „Proteases in Mammalian Cells and Tissues", (A. J. Barrett, Hrsg.), Amsterdam 1977, 637—662.
35. R. Leary u. E. Shaw: Inactivation of cathepsin B_1 by diazomethyl ketones. Biochem. Biophys. Res. Commun. *79* (1977) 926—931.
36. H. Kirschke u. E. Shaw: Rapid inactivation of cathepsin L by Z-Phe-Phe-CHN_2 and Z-Phe-Ala-CHN_2. Biochem. Biophys. Res. Commun. *101* (1981) 454—458.
37. P. Bohley, H. Kirschke, J. Langner, S. Ansorge u. H. Hanson: Intrazellulärer Proteinabbau. III. Intrazelluläre Verteilung des Zytosolproteinabbaues bei neutralem pH. Acta biol. med. germ. *27* (1971) 229—243.
38. J. Langner, A. Wakil, M. Zimmermann, S. Ansorge, P. Bohley, H. Kirschke u. B. Wiederanders: Aktivitätsbestimmung proteolytischer Enzyme mit Azokasein als Substrat. Acta biol. med. germ. *31* (1973) 1—18.
39. H. Aurich: Jahrbuch Sächs. Akad. Wiss. zu Leipzig *1979—1980* (1982) 63—64.
40. B. Arborgh, H. Glaumann, T. Berg u. J. L. E. Ericsson: Isolation of Kupffer-cell lysosomes with observation on their chemical and enzymic composition. Expl. Cell Res. *88* (1974) 279 bis 288.
41. Th. J. C. van Berkel, J. K. Kruijt u. J. F. Koster: Identity and activities of lysosomal enzymes in parenchymal and non-parenchymal cells from rat liver. Eur. J. Biochem. *58* (1975) 145—153.
42. A. C. Munthe-Kaas, T. Berg u. R. Seljelid: Distribution of lysosomal enzymes in different types of rat liver cells. Expl. Cell Res. *99* (1976) 146—154.
43. D. L. Knook: The role of lysosomal enzymes in protein degradation in different types of rat liver cells. Acta biol. med. germ. *36* (1977) 1747—1752.
44. Th. J. C. van Berkel: The role of non-parenchymal cells in liver metabolism. Trends Biochem. Sci. *4* (1979) 202—205.
45. D. L. Knook, A. M. Seffelaar u. A. M. De Leuw: Fat-storing cells of the rat liver. Their isolation and purification. Expl. Cell Res. *139* (1982) 468—471.
46. D. P. Praaning-Van Dalen u. D. L. Knook: Quantitative determination of *in vivo* endocytosis by rat liver Kupffer and endothelial cells facilitated by an improved cell isolation method. FEBS Letters *141* (1982) 229—232.

Prof. Dr. Harald Aurich

Psychologische Untersuchungen zur Leitungstätigkeit als sozialem Umweltfaktor der psychischen Gesunderhaltung der Werktätigen

6900 Jena, Universitätshochhaus Schillerstraße 19. O. G., Tel. 82/24219

Leiter: Hiebsch
Wiss. Mitarbeiter: Dr. phil. Dipl. Psych. Wolfgang Frindte, Dipl.-Psych. Ute Schumann

Die Arbeitsstelle hat 1981 hauptsächlich daran gearbeitet, das Manuskript zu psychologischen Fragen der Leitungstätigkeit fertigzustellen; es konnte zu Beginn des Jahres 1982 dem Verlag unter dem Titel „Psychologie für den Leiter" übergeben werden. Damit hat sie ein langfristig angelegtes Vorhaben verwirklicht, in welchem die Effekte der Leitungstätigkeit besonders unter dem Aspekt der psychischen Gesundheit und des „sozialen Wohlbefindens" (so die Gesundheitsdefinition der WHO) analysiert wurden. Damit kann das bisherige generelle Arbeitsthema als relativ abgeschlossen gelten. Deshalb haben sich im Berichtszeitraum, auch durch einen Wechsel in der personellen Besetzung der Arbeitsgruppe bedingt, die Akzente der Arbeit auf die mehr methodologisch orientierte Thematik verschoben, die bisher schon, wenn auch nur nebenbei, behandelt worden war. Herr *Frindte*, nunmehr wissenschaftlicher Arbeitsleiter, hat 1981 seine erste Phase der Untersuchungen zum Problem der „Modellierung von Verhandlungssituationen" abschließen können und als Dissertationsschrift für seine A-Promotion erfolgreich verteidigt. Hier handelt es sich um Vorarbeiten für die Entwicklung von Schulungs- und Trainingssystemen für Verhandlungskader, die von der Praxis sehr gefragt sind, gleichzeitig aber um eine dazugehörige methodologische Studie über die Möglichkeiten, reale Verhandlungssituationen mit Hilfe der mathematischen Spieltheorie zu modellieren. Der Bearbeiter konnte in seinen Untersuchungen zeigen, unter welchen Bedingungen solche scheinbar lebensfremden Simulationen erfolgreich durchgeführt werden können. Der Forschungsbericht liegt in der Arbeitsstelle vor.

Die neue Mitarbeiterin, Frau Dipl.-Psych. Ute *Schumann*, bearbeitet gegenwärtig ein mathematisch-statistisches Teilthema der Modellierungsproblematik, das gleichzeitig dem Forschungsschwerpunkt der Sektion Psychologie der FSU zugehört, der Erforschung von Urteilsprozessen über soziale Gegenstände. Das Thema beinhaltet einen kritischen Vergleich zwischen mehreren mathematischen Verfahren, vor allem den „functional measurement" von *Anderson* und Skalierungsverfahren, die zur Untersuchung der Informationsintegration im Gedächtnis verwendet werden. Es kann erwartet werden, daß diese und ähnliche Grundlagenuntersuchungen den noch recht unbekannten Prozeß der sozialen Urteilsbildung weiter erhellen können, so daß die für das tägliche Leben so bedeutsamen Urteile über Partner — ob innerhalb oder außerhalb der materiellen Produktion — durch geeignete Verfahren verbessert werden können, wobei wir besonders an Leiter denken. Auf diese Weise versucht die Arbeitsgruppe, und zwar in engster Kooperation mit der Sektion Psychologie der FSU, Grundlagen- und Anwendungsforschung miteinander zu verknüpfen.

Hans Hiebsch

Untersuchungen über Naturhaushalt und Gebietscharakter

8027 Dresden, Zellescher Weg 19, Tel. 4633275 und
8010 Dresden, Augustusstraße 2, Tel. 4955031

Leiter: Neef
Abteilungsleiter: Dr. rer. nat. Arnd Bernhardt
Wiss. Mitarbeiter: Dipl.-Geogr. Kart.-Ing. Joachim Bieler, Dr. rer. nat. Inge Hartsch, Dr. sc. nat. Klaus-Dieter Jäger, Dr. sc. nat. Karl Mannsfeld
WTA: Karin Kießling
Mitarbeiterin: Kart.-Ing. Evelin Schiller

Hydrobiologisches Laboratorium Neunzehnhain (Erzgeb.)

9341 Wünschendorf (Erzgeb.), Tel. Lengenfeld 393

Leiter: D. Uhlmann
Wiss. Mitarbeiter: Dr. rer. nat. Wolfgang Horn, Dr. rer. nat. Heidemarie Horn

I. Naturhaushalt und Gebietscharakter

Nach Abschluß der in den zurückliegenden Jahren erarbeiteten umfangreichen Forschungskomplexe „Landschaftskataster" und „Potentialeigenschaften chorischer Naturräume" kam es darauf an, die gewonnenen Erkenntnisse im weiteren Forschungsprogramm anzuwenden. Das schien in regionaler und thematischer Hinsicht vorteilhaft, wobei die Prozeßorientierung in der Dynamik des Landschaftswandels und die regionalen Studien nach Möglichkeit zu verbinden waren. Im anlaufenden Fünfjahrplan der Forschungsarbeit konnten zwei große Forschungskomplexe, die mehrere Jahre Arbeit erfordern, aus der Großzahl der möglichen in Angriff genommen werden.

Die 1979 publizierte Studie über Nebenwirkungen hatte das Ergebnis erbracht, daß die bisher etwas einseitig auf Strukturfragen ausgerichtete geoökologische Forschung dringend durch eine dynamische Betrachtungsweise ergänzt werden müsse, wobei vor allem die Prozesse des Landschaftswandels, die durch gesellschaftliche Aktivitäten von außen angeregt werden, im Vordergrund stehen. Die ständige Intensivierung solcher Eingriffe, vor allem chemischen Charakters, auf die Landschaft führt zu Umweltproblemen von hoher volkswirtschaftlicher Bedeutung. So heißt das eine Hauptthema „Exogene Landschaftsdynamik".

Das zweite Hauptthema hat regionalen Charakter. Es ist die „Naturraumtypenkarte der DDR", vom Forschungsverband beim Institut für Geographie und Geoökologie der Akademie der Wissenschaften insgesamt organisiert. Die Arbeitsgruppe der SAW hat das Blatt Dresden zu bearbeiten und zunächst für die Gestaltung der erforderlichen Musterblätter einschließlich Interpretationsbeispielen zu sorgen.

Der Forschungskomplex *„exogene Landschaftsdynamik"* beschäftigt sich mit dem anthropogen induzierten gezielten und ungewollten Landschaftswandel. Die im Berichtszeitraum aufgenommenen Arbeiten erbrachten bereits eine Fülle von Erkenntnissen, die, wenn auch im Einzelnen noch nicht abgerundet, so doch die Überschaubarkeit und Handhabbarkeit der außerordentlich komplexen Thematik abzeichnen. Als wesentliche und z. Z. in Arbeit befindliche Teilthemen sind zu nennen:

1. *Die historische Analyse des anthropogen ausgelösten Landschaftswandels.* Diesbezüglich schälen sich, nach dem bisherigen Erkenntnisstand, vier große Phasen mit revolutionierenden

Umbrüchen heraus, nämlich zwei vorindustrielle Phasen des Landesausbaues, in Mitteleuropa bis etwa um 1850, die mit der größten Biotopentfaltung verbunden sind, die industrielle Phase (etwa 1850 bis 1950/60) mit starker Inanspruchnahme und chemischer Belastung von begrenzten Teilterritorien und einigen Landschaftselementen (z. B. Fließgewässer), mit der eine erste merkliche Beeinflussung der Biotop-Vielfalt einhergeht, und schließlich die Phase der industriell-technischen Revolution, die eine generelle und starke Intensivierung und Inanspruchnahme fast des gesamten Territoriums sowie hohe chemische Belastungen mit sich bringt und gravierende und außerordentlich kurzfristige Landschaftswandel hervorruft, auf die die Biotopvielfalt bereits gegenwärtig mit einer empfindlichen und starken Reduktion reagiert.

2. *Die Analyse spezieller aktueller Bewirtschaftungsformen* unter dem Aspekt der von diesen ausgelösten Wirkungsketten. Unter Ausklammerung der von unseren Kooperationspartnern bearbeiteten Landschaftselemente werden unsererseits aus der Fülle der Objekte zunehmend solche ausgewählt, die eine große praktische Bedeutung haben. Als Arbeitsmethode dient die Fallstudie, die auf einen verallgemeinerungsfähigen und auf einen speziellen Teil orientiert. Im Berichtszeitraum konnte in diesem Sinne eine weitere Fallstudie „Intensivviehhaltung und Umland" zu einem vorläufigen Abschluß gebracht werden (Hartsch).

3. *Die Analyse der infolge unterschiedlicher Naturausstattung verschiedenartig ablaufenden Reaktionen und Nebenwirkungen gleicher Bewirtschaftungsformen.* Diesbezüglich wurde bis jetzt noch zu wenig gearbeitet, in der Praxis oftmals nur mittels empirischer Erfahrung. Gerade auf diesem Gebiet liegen aber große Reserven im Sinne einer „ökologischen Anpassung in der Produktion". Die Naturraumtypenkartierung wird als wesentliche Grundlage für die Bearbeitung dieses Themenkomplexes angesehen.

4. *Die Analyse der von der anthropogenen Inanspruchnahme des Territoriums induzierten Beeinflussung der wichtigsten „Medien"* (Atmosphäre, Wasser, Boden, Bios) besonders unter dem Aspekt des aktuellen Landschaftswandels. Hierbei gilt es, die vielfältigen komplexen Überlagerungen der von den einzelnen Bewirtschaftungsformen ausgehenden Impulse zu erfassen, großräumige generell gültige von kleinräumig begrenzten Effekten zu trennen, die naturräumlich differenzierten Wirkungen gleichartiger Belastungen (z. B. Puffervermögen) zu erfassen und schließlich akute Probleme, die schon in nächster Zukunft volkswirtschaftlich relevant, ja brisant werden können (wie z. B. Nitratanreicherung im Trinkwasser oder der „saure Regen"), vorrangig zu bearbeiten.

Der Forschungskomplex „*Naturraumtypenkarte der DDR*" im Rahmen des Kooperationsverbandes „Physische Geographie DDR" beinhaltet im Fünfjahrplan 1981—1985:

— die Erarbeitung einer gesamtterritorialen einheitlichen Kartierungsrichtlinie für Mikro- und Nanochoren und die kartographische Darstellung der Ergebnisse,
— die Schaffung von sieben Musterblättern aus verschiedenen Territorien der DDR mit ersten Interpretationsbeispielen für die praktische Verwertbarkeit bzw. Nutzanwendung der Ergebnisse.

Unsere Arbeitsgruppe ist in beide Planaufgaben integriert, und zwar in der unmittelbaren Mitarbeit an der Gesamtthematik und in der eigenständigen Bearbeitung eines der Musterblätter, nämlich des Musterblattes „Dresden".

Im Berichtszeitraum wurden drei Mitarbeiter unserer Arbeitsgruppe in speziellen Arbeitsgruppen der *Gesamtthematik* „Naturraumtypenkarte der DDR" einbezogen. Ihre Tätigkeit bestand zunächst in redaktioneller Arbeit, in gutachterlichen Stellungnahmen sowie in der Mitbeteiligung an einem G1-Bericht. Zur Überbrückung von Lücken in der Gesamtbearbeitung erstellten 1982 auf Wunsch des Auftraggebers zwei Mitarbeiter unserer Arbeitsgruppe Merkmalstabellen für die hydrologische und für die Reliefkennzeichnung von Naturraumtypen, wodurch ein Planverzug des Gesamtobjektes verhindert werden konnte.

Für die eigenständige Bearbeitung des *Musterblattes „Dresden"* wurde 1981 unter Einbeziehung von vier Kooperationspartnern eine Redaktionsgruppe ins Leben gerufen, deren erste Teilaufgabe darin bestand, bis 1982 die Naturraumkartierung (auf Mikrochorenbasis, teils auf Nanochorenbasis) abzuschließen. Dieses Ziel konnte trotz außerplanmäßiger Zusatzbelastungen erreicht werden. Auf rund 3000 km² wurden 267 Mikrochoren (incl. am Blattrand angeschnittene) kartiert, davon etwa 40% zudem bereits karteimäßig charakterisiert. Damit liegt eine flächendeckende Kartierung eines naturräumlich außerordentlich vielgestaltigen Teiles des Bezirkes Dresden vor, die eine wesentliche Grundlage für eine spätere Gesamtkartierung des Bezirkes sein wird.

Die geographische Strukturforschung ist die Basis für anwendungsorientierte regionale Forschung. Im Rahmen des Musterblattes Dresden sind für den laufenden Fünfjahrplan direkte Ableitungen von praxisrelevanten Interpretationskarten vorgesehen, wobei die Erkenntnisse der zurückliegenden „Naturraumpotentialforschung" mit integriert werden. Folgende Interpretationsbeispiele sind zunächst geplant:

- Eignung der Naturräume (Mikro- und Nanochoren) für die Ausbringung flüssiger Abprodukte (Gülle, Hausfäkalien)
- land- und forstwirtschaftliches biotisches Ertragspotential
- ein territorial begrenztes Komplexbeispiel Landschaftsdynamik.

Darüber hinaus bietet die Naturraumkartierung direkte Ansätze und Grundlagen für die Umsetzung der aus dem Forschungskomplex „aktuelle exogene Landschaftsdynamik" gewonnenen Erkenntnisse, insbesondere für die Reaktionsabläufe anthropogener Inanspruchnahme in verschieden gearteten Naturräumen, für Nachbarschaftswirkungen und interlandschaftliche Beziehungen (z. B. Flußeinzugs-, Rekreations-, Immissionsgebiete), wobei das Hauptaugenmerk gezielt auf Naturräume mit geringem Pufferungsvermögen, auf vorrangig zu beachtende Prozeßabläufe aber auch auf Landschaftsplanung und auf Reserven gerichtet wird.

Im Berichtszeitraum wurde, wie bisher, Wert darauf gelegt, Forschungsergebnisse zu publizieren. Es konnten über 20 Manuskripte (Abhandlungen, Aufsätze, Teilmanuskripte für Bücher, Bibliographien) gefertigt werden, wobei eine größere Anzahl derselben auf zusätzliche Anforderungen hin entstand und mehrere im RGW-Rahmen erschienen.

Auslandsreisen (IGU-working group „landscape synthesis" ČSSR 1981 und INQUA Moskau 1982), jeweils mit Vorträgen, und 24 wissenschaftliche Vorträge bzw. Kolloquien im Inland sowie diverse Gutachten im Berichtszeitraum und ständige Verpflichtungen von vier Mitarbeitern der Arbeitsgruppe in wissenschaftlichen Gremien zeugen von weiteren Aktivitäten, aber auch von der Anerkennung der Tätigkeit der Arbeitsgruppe. Hinzu kommt eine breite Palette von Öffentlichkeitsarbeit und Zusammenarbeit mit Praxisorganen, wobei letztere für die Forschungstätigkeit ein immanent notwendiger Bestandteil geworden ist.

Literatur

1. Forschungsberichte:

A. Bernhardt: Der physisch-geographische Beitrag zur Landschaftsdynamik. G 1-Studie 12/1981, IGG AdW DDR, 7 S.

H. Kugler, J. Bieler, E. Sandner u. a.: Grundsätze und Beispiele für die kartograph. Gestaltung der „Naturraumtypenkarte der DDR im mittleren Maßstab" (Projekt NTK) — Probleme, Lösungsansätze Aufgabenstellungen. — G1-Studie 11/1982, IGG AdW DDR u. MLU Halle, 28 S.

2. Forschungsmaterialien:

A. Bernhardt: Relieftypisierung für Mikrochoren— DDR Südteil. — Forschungsmaterial Nr. 10/82, IGG AdW DDR, Leipzig, 21 S.

3. Qualifikationsarbeiten:

K.-D. Jäger: Stratigraphische Zeugnisse für den Wandel von Klima und Landschaft im Jungquartär des östlichen Mitteleuropa (unter besonderer Berücksichtigung von Nebenwirkungen der Landnutzung im Holozän). — Diss. B, Ernst-Moritz-Arndt-Univ. Greifswald 1982.

4. Veröffentlichungen:

A. Bernhardt: Veränderungen im Landschaftsbild durch eine technische Neuerung — die Grasmähmaschine. In: Erzgebirgische Heimatblätter 1981, H. 3, S. 65—68.

A. Bernhardt: Geografičeskij aspekt Landšaftnogo planirovanija v GDR. In: Geoekologičeskie osnovy Landšaftnogo planirovanija, Praha 1981, S. 58—59.

A. Bernhardt, K.-D. Jäger: Zur aktuellen Landschaftsdynamik auf Intensivobstflächen. In: Abh. und Berichte d. Naturkundemuseums Görlitz Bd *54* (1981) Nr. 7, S. 83—87.

J. Bieler: Beschreibung und Analyse ausgewählter landschaftsbezogener Datensammlungen in der DDR. In: Hall. Jb. f. Geowiss. *6* (1981) S. 87—101.

J. Bieler, E. Sandner: Zur Konzeption geoökologischer Karten für die Landschaftsdiagnose und Landschaftsplanung. In: PGM *125* (1981) H. 1, S. 63—68 u. in: Geoekologičeskie osnovy Landšaftsnogo planirovanija, Praha 1981. S. 102—117 [russ.].

K.-D. Jäger: Die Internationale Arbeitsgemeinschaft für Paläo-Ethnobotanik (IAP) und ihr V. Symposium in Halle/Saale 1980. In: Ethnogr.-archäolog. Z. *22* (1981) S. 486—492.

K.-D. Jäger: Stratigraphische Belege für Klimawandlungen im mitteleuropäischen Holozän. In: Zeitschr. f. Geolog. Wissenschaften *10* (1982) H. 6, S. 799—809.

K.-D. Jäger: On the Chronostratigraphical Subdivision of the Holocene in Central Europe — A Review of Actual Problems. In: Striae *16* (1982) S. 80—83.

K.-D. Jäger, V. Lozek: Environtmental conditions and land cultivation during the Urnfield Bronze Age in central Europe. In: A. F. Harding (Hrsg.), Climatic Change in Later Prehistory, Edinburgh 1982. S. 162—178.

J. Mangerud, H. J. B. Birks, K.-D. Jäger: Chronostratigraphical Subdivisions of the Holocene: A review. In: Striae *16* (1982) S. 1—6.

D. Kopp, K.-D. Jäger, M. Succow: Naturräumliche Grundlagen der Landnutzung am Beispiel des Tieflandes der DDR. Berlin 1982, 339 S., 8 Beil.

K. Mannsfeld: Landeskulturelle Auswirkungen moderner Agrarproduktion an Beispielen aus dem Westlausitzer Hügelland. In: Wiss. Abh. d. Geogr. Ges. d. DDR *15* (1981) S. 179—191.

K. Mannsfeld: Results of geoecological investigations of natural potentialities as foundation to planning and management of the landscape systems. In: Symposiumsband der IGU-working group „landscape synthesis", Smolenice 1981. S. 53—61.

K. Mannsfeld: Naturräumliche Erkundung und Ordnung am Beispiel von Westlausitzer Platte und Hügelland. In: Hall. Jb. f. Geowiss. *7* (1982) S. 112—119.

K. Mannsfeld: Die westlausitzer Landschaft als Forschungsgegenstand der Geographie. In: Mus. d. Westlausitz *6* (Kamenz 1982) S. 5—20.

K. Mannsfeld u. a.: Kennzeichnung und Kartierung von Naturraumtypen im mittleren Maßstabsbereich. In: Wiss. Mitt. IGG AdW DDR, Leipzig, Sonderheft 1, 1982, 152 S.

Ernst Neef

Die natürliche Reaktionsbreite des Talsperren-Ökosystems bei weitgehend unveränderter Nährstoff-Fracht wurde als Funktion der wesentlichsten äußeren und inneren Einflußgrößen weiter untersucht. Die regelmäßig durchgeführten Untersuchungen an der Saidenbachtalsperre und ihrem Einzugsgebiet führten zu neuen Erkenntnissen hinsichtlich der Wechselwirkungen von Nährstoffen, hydrophysikalischen Faktoren, planktischen Primärproduzenten und Konsumenten. Der erreichte Kenntnisstand über die Beeinflussung der Wasserqualität durch das Einzugsgebiet und seine Nutzung war z. T. Gegenstand eines Grundsatzreferates auf dem vom Internationalen Institut für Angewandte Systemanalyse (IIASA) in Laxenburg, Österreich, gemeinsam mit UNESCO veranstalteten Workshop „Control of Eutrophication" (Uhlmann 1982). Er bildet auch eine Grundlage für die Mitarbeit bei der Herausgabe des „International Manual on Eutrophication Control". Die gemeinsam mit der Forschungsrichtung „Hydrologie" an der Saidenbachtalsperre und ihrem Einzugsgebiet durchgeführten Untersuchungen sind ein Bestandteil des DDR-Beitrages zum Programm „Man and Biosphere", Projekt MAB 5 (Horn et al. 1983). Zur Limnologie von tropischen Talsperren wurden einige vergleichende Untersuchungen durchgeführt (Uhlmann, Benndorf u. Pankow 1982).

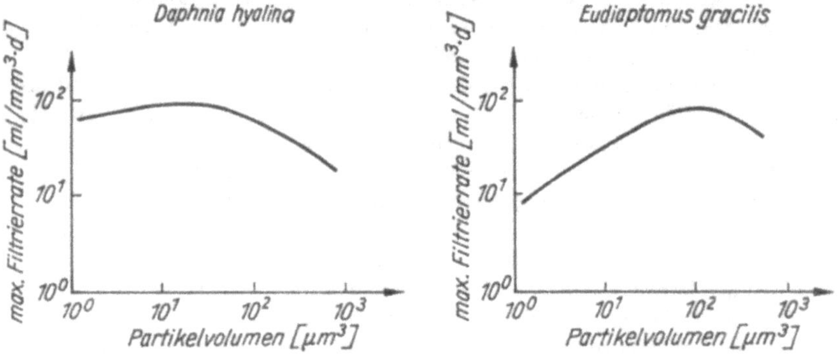

Abhängigkeit der maximalen Filtrierrate zweier dominierender Zooplankter vom Partikelvolumen der gefressenen Phytoplankter

Die Stoffbilanzen erwiesen in den letzten Jahren einen deutlich erhöhten Austrag von Phosphor- (o-PO_4, Gesamtphosphor) und Stickstoffverbindungen (NO_3—N) aus dem Einzugsgebiet. Die Ursachen dafür sind im gestiegenen Lebensstandard (Abwasseranfall) und in der verstärkten Ausbringung von organischem Dünger (Gülle) zu suchen. Das im Vergleich zum Orthophosphat im Boden relativ mobile Nitrat weist bezüglich der Stoff-Frachten eine deutliche Niederschlagsabhängigkeit aus. Das zeigt sich, auf Grund des starken Wasserdurchsatzes der Talsperren und der geringen Eliminationsleistung in den Gewässern, sogar noch im Jahresmittel der NO_3-Konzentration des Wasserkörpers.

Die Arbeitsgruppe organisierte mit Unterstüzung des Hydrobiologischen Laboratoriums Neunzehnhain der TU Dresden eine Arbeitstagung „Sekundärproduktion", auf der u. a. die Beeinflussung der planktischen Nahrungskette mit dem Ziel einer Verbesserung der Wasserbeschaffenheit (Biomanipulation) zur Diskussion stand.

Es wurden Untersuchungen über die Höhe der planktischen Primärproduktion durchgeführt (Langer u. Horn 1984). Die mit Hilfe der ^{14}C-Inkorporation erzielten Ergebnisse lieferten wesentliche Einblicke in die Dynamik, den Stoffumsatz und die trophische Feinstruktur der Freiwasserregion.

Zooplankton (W. Horn)

Neben der Erfassung der jahreszeitlichen und vertikalen Unterschiede der Biomasse standen ausgewählte Untersuchungen zur Kausalanalyse des Zooplankton-Massenwechsels im Vordergrund der Arbeiten. Den Schwerpunkt bildeten dabei die Experimente und Freilandbeobachtungen zur Futterselektivität. Gegenwärtig ist erst sehr wenig über die Nutzung unterschiedlicher Futterarten bei unterschiedlichen mengenmäßigen Proportionen bekannt. Eine zu undifferenzierte Betrachtung der Futterkomposition führt schnell zu Fehleinschätzungen mit weitreichenden Folgen, so zu einer Überbewertung der potentiell erzielbaren Sekundärproduktion. Dies führt z. B. im Falle der biologischen Rohwasseraufbereitung oder der Biomanipulation (siehe Benndorf et al., 1982) zu ungerechtfertigt hohen Erwartungen in die Filterleistung des Zooplanktons. Die bisher gewonnenen Ergebnisse zeigen, daß der Rückgang der Fruchtbarkeit der Daphnien im Sommer in wesentlichem Umfang auf ein zu geringes nutzbares Futterangebot zurückzuführen ist und nicht nur eine Folge des größenselektiven Fraßdruckes der Räuber darstellt. Den kleinen Phytoplanktern und den Bakterien muß deshalb eine stärkere Aufmerksamkeit geschenkt werden.

Eine wesentliche Ursache für das Nebeneinanderexistieren filtrierender Zooplankter konnte aufgeklärt werden: diese vermögen unterschiedliche Partikelspektren zu nutzen.

So ist *Daphnia hyalina* in der Lage, kleine Partikel wesentlich effektiver aufzunehmen als z. B. *Eudiaptomus gracilis*.

Das gewonnene Datenmaterial und die erzielten Ergebnisse wurden in das „Seasonal Succession Project" der „Plankton Ecology Group" (PEG) einbezogen. Es handelt sich hierbei um eine Gemeinschaftsaufgabe von INTECOL und SIL (International Association of Limnology). Im speziellen Fall sollen die saisonalen Veränderungen des Planktons in unterschiedlichsten Gewässern in weltweitem Maßstab auf allgemeine Gesetzmäßigkeiten zurückgeführt werden.

Phytoplankton (H. Horn)

Die achtjährige kontinuierliche Erfassung der Phytoplanktonbiomasse der Talsperre Saidenbach ermöglichte den Abschluß der Untersuchungen zur Biomassedynamik in Abhängigkeit von hydrophysikalischen und meteorologischen Einflußgrößen (Horn, 1983a).

Einige wichtige Ergebnisse seien im folgenden kurz erwähnt:

— Die Phytoplanktonbiomasse folgt in jedem Jahr dem gleichen Grundmuster: Unter Eis ermöglichen die niedrigen Temperaturen und Lichtintensitäten nur in den seltensten Fällen eine stärkere Phytoplanktonentwicklung. Im Frühjahr, während der Vollzirkulation, findet in der Regel die bedeutendste Massenentwicklung statt, wobei häufig die Kieselalge *Asterionella formosa* dominiert. Darauf folgt ein unterschiedlich langes Klarwasserstadium, bedingt durch den Aufbau einer thermischen Schichtung, den Nährstoffmangel und das Aufkommen der Crustaceen. Im Sommer entwickeln sich vor allem Grünalgen, denen für ein optimales Wachstum allerdings die Nährstoffe fehlen. Im Spätsommer oder Herbst schließt sich wieder eine umfangreiche Kieselalgen-(*Fragilaria*-) Massenentwicklung an. Gelegentlich kann es noch im Spätherbst zu einem verstärkten Wachstum von *Asterionella formosa* kommen, welches aber mit einsetzender Winterstagnation sofort abbricht.

— Die Frühjahrsmassenentwicklung, in deren Verlauf die höchsten Biomassekonzentrationen erreicht werden, bildet sowohl für den Stoffhaushalt als auch für die Bewirtschaftung der Trinkwasser-Talsperren eines der wichtigsten Ereignisse. Die auslösenden Momente sind vor allem in der Konstellation der hydrophysikalischen Faktoren zu sehen (Horn u. Paul, 1984). Optimale Turbulenzverhältnisse sind eine der wesentlichsten Bedingungen für eine zeitige und starke Frühjahrsmassenentwicklung.

— Den Hauptanteil der Phytoplanktons bestreiten meistens weniger als 10 Arten. Taxonomische Probleme konnten vor allem mit Hilfe tschechischer Spezialisten im Rahmen von jährlichen Weiterbildungsveranstaltungen gelöst werden.

— Sehr viel aussagekräftiger als statische Konzentrationswerte sind die Änderungen der Biomasse bzw. deren Geschwindigkeitsbeiwerte (Änderungsraten, siehe Jahresbericht 1979/80). Deren Abhängigkeit von Art und Jahreszeit, Temperatur und Licht wurden genauer untersucht. Aufgrund der großen Zahl an Meßdaten konnten sogar für die durch eine Vielzahl sich überlagernder Einflußfaktoren „gestörten" Freilandbeobachtungen signifikante Beziehungen gefunden werden.

— Die Auswertung der Kurzfristuntersuchungen zeigt deutlich die starke Abhängigkeit der Darstellung des jahreszeitlichen Massenwechsels von der Probeentnahmehäufigkeit (Horn, 1984b).
Für eine amplituden- und phasentreue Erfassung sind im Winter mindestens 3—4 Wochen, vom Frühjahr bis Herbst wenigstens 2 Wochen Abstand notwendig. Für die Bestimmung der tatsächlichen Größe der Änderungsraten muß in der warmen Jahreszeit die Untersuchungsfrequenz noch weiter erhöht werden. Die Ergebnisse zeigen, daß die jeweilige Probeentnahmestrategie stets im Zusammenhang mit dem Untersuchungsziel, der Jahreszeit und dem Gewässertyp stehen sollte.

Literatur

Autorenkollektiv (u. Mitarbeit von W. Horn): Einbeziehung speichergütewirtschaftlicher Bedingungen für Trinkwassertalsperren in das Langfristbewirtschaftungsmodell Mulde mit dem Ziel der Minimierung von Trinkwasseraufbereitungskosten. NVE 24/80, WWD Dresden 1980, 17 S., 19 Anlagen.

J. Benndorf, F. Recknagel u. W. Horn: Das dynamische ökologische Modell SALMO zur Steuerung der Wasserbeschaffenheit in Standgewässern. Wiss. Z. TU Dresden *31* (1982) 219—227.

H. Horn: Aspekte des Phytoplanktonmassenwechsels in den Jahren 1975—80 unter besonderer Berücksichtigung des Einflusses meteorologischer Faktoren. — Diss. Fak. Bau-, Wasser- und Forstwesen TU Dresden. 1984a.

— The effects of sampling intervals on phytoplankton growth and loss values derived from seasonal phytoplankton biomass variation in an artificial lake. — Int. Revue ges. Hydrobiol. *68* (1984b) 111—119.

— u. L. Paul: Interaction of light climate, mixing depth and phytoplankton growth during the vernal circulation. — Int. Revue ges. Hydrobiol. *69* (1984) [im Druck].

W. Horn, U. Grünewald, G. Wernecke u. H. Horn: Ökosystemstruktur und Wasserbeschaffenheit von benachbarten Trinkwassertalsperren in Abhängigkeit von Stoff- und Wasserhaushalt der Einzugsgebiete. Fortschrittsbericht Koordinierungstagung MAB-5 Projekt, Klink, 11.—15. 4. 1983.

I. Langer u. W. Horn: Untersuchungen zu ökophysiologischen Parametern und Leistungen von Planktonpopulationen in der Talsperre Saidenbach. — Limnologica *15* (1984) 143—148.

D. Uhlmann: Evaluation of Strategies for Controlling Eutrophication of Lakes and Reservoirs. — Int. Revue ges. Hydrobiol. *67* (1982) 821—835.
—, J. Benndorf u. H. Pankow: A note on Thermal and Oxygen Stratification and Phytoplankton Composition in Some Reservoirs in Tamil Nadu and Kerala, India. — Int. Revue ges. Hydrobiol. *67* (1982) 63—84.

Dietrich Uhlmann

Biologisches Alter

7010 Leipzig, Philipp-Rosenthal-Str. 27, Tel. 397558/397596

Leiter: Ries
MTFA: Erika Schmidt

Das Hauptziel des Forschungsvorhabens ist die Ausarbeitung und Anwendung von Methoden zur Bestimmung des biologischen Alters von Menschen. Als biologisches Alter wird der Zustand des Organismus zu einem bestimmten Zeitpunkt des Lebens unter Berücksichtigung physischer, psychischer und sozialer Merkmale verstanden. Für die Erfassung dieser Größe eignen sich Testbündel, die auf die Analyse funktionell wichtiger Areale des Menschen abzielen.

Im Berichtszeitraum wurde ein derartiges Methodenspektrum entwickelt und erprobt. Insgesamt wurde eine Referenzpopulation von 367 Personen (195 Frauen, 172 Männer) aller Altersgruppen getestet. Die bisher vorliegenden Ergebnisse lassen erkennen, daß die gewählte Testbatterie den Anforderungen entspricht. Auf der Grundlage der Befunde konnten altersabhängige Normwerte festgelegt werden, die als Grundlage für die Erfassung des biologischen Alters geeignet sind.

Bei den Untersuchungen handelt es sich um klinisch-experimentelle Studien und somit um eine anwendungsorientierte Forschung. Das Verfahren ermöglicht Analysen der Leistungsfähigkeit bestimmter Kollektive und Personen, z. B. bei Erreichung des Rentenalters und kann in dieser Hinsicht als Entscheidungshilfe für den weiteren beruflichen Einsatz wirksam werden.

Teilergebnisse der Arbeitsgruppe wurden auf nationalen und internationalen Tagungen vorgetragen. Im Dezember 1982 hatte der Arbeitsgruppenleiter den Auftrag, als Konsultant der Weltgesundheitsorganisation in Kuba den dort tätigen gerontologischen Forschungsgruppen Methoden zur Erfassung des biologischen Alters zu empfehlen.

Werner Ries

Carnitinesterwirkung

7010 Leipzig, Liebigstraße 16, Tel. 7164479

Leiter: Strack
Wiss. Oberassistent: Dr. Heinz Löster
Med.-techn. Fachassistentin: Silvia Koch

Das Arbeitskollektiv des Forschungsvorhabens „Wirkungen von Carnitinester auf den physiologischen und pathologischen Stoffwechsel sowie auf den Tumorstoffwechsel" besteht aus Prof. Dr. Dr. E. Strack als Leiter der Arbeitsgruppe, Dr. rer. nat. H. Löster als Chemiker, S. Koch als MTFA, sowie vom Bereich Medizin der KMU Dr. rer. nat. H. Seim als Biologe und B. Chieu als Chemielaborantin.

Die Arbeitsgruppe bearbeitete im Berichtszeitraum folgende Schwerpunkte:

1. Synthesen, Reinigung und analytische Charakterisierung von Carnitin, seinen Homologen und Derivaten.
2. Stoffwechsel und Funktion von L(—)- und D(+)-Carnitin, ihren Vorstufen und Abbauprodukten in Mikroorganismen, Säugern und im Menschen; Anwendung von L(—)-Carnitin in der Humanmedizin.

1. Die chemische Synthese des L(—)-Carnitins und seiner Derivate, sowie die Synthese radioaktiver Carnitinderivate, ihre Isolierung, Reinigung und analytische Charakterisierung bildeten die materiellen Voraussetzungen unserer Untersuchungen.

^{14}C-markiertes Carnitin muß in seinen getrennten optischen Isomeren eingesetzt werden, wenn es für physiologisch-chemische Untersuchungen verwendet wird, weil L(—)- und D(+)-Carnitin verschiedene Katabolite bilden und eine unterschiedliche Pharmakokinetik haben. Eine Racematspaltung von ^{14}C-markiertem DL-Carnitin ist ohne große Verluste an Aktivität praktisch nicht durchführbar, so daß die Synthese der beiden Isomeren über die Vorstufe des Norcarnitins durchgeführt wurde.

Die Isolierung des Nor-L(—)- und des Nor-D(+)-carnitins aus dem Reaktionsgemisch gelang durch Ionenaustauschchromatographie an Dowex 1×2 AG und die Charakterisierung der Substanzen durch Bestimmung ihrer Konstanten und die Auswertung der Spektren (IR, NMR, UV und MS) (1).

Aus dieser Vorstufe wurden die beiden optischen Isomeren L(—)- und D(+)-[methyl-^{14}C]Carnitin mittels ^{14}C-Methyljodid optisch definiert dargestellt und durch Ionenaustauscherpassage über SBK und Merck IV gereinigt.

In Abhängigkeit von der Aktivität, den Lagerungsbedingungen und der Lagerungszeit unterliegen die ^{14}C-markierten Carnitine und ihre Derivate einer radiolytischen Selbstzersetzung. Nach längeren Untersuchungen, zunächst die Gesamtheit der Radiolyseprodukte durch verschiedene Ionenaustauscherkombinationen abzutrennen und dann die einzelnen Substanzen nachzuweisen, gelang die Trennung durch Ionenaustauschchromatographie mittels des stark sauren Kationenaustauschers Dowex 50 $W \times 8$ (200—400 mesh) und Gradientenelution mit Salzsäure (0—2 mol/l). Die abgetrennten Radiolyseprodukte wurden durch kombinierte Dünnschichtchromatographie/Autoradiographie untersucht und die Quantität durch Flüssigkeitszintillationszählung gemessen. Die beiden wichtigsten Radiolyseprodukte, Acetonyltrimethylammonium und β-Methylcholin, konnten durch die gleichen Methoden identifiziert und durch die Darstellung von Derivaten (2,4-Dinitrophenylhydrazon und n-Butyrylester) charakterisiert werden. Diese beiden Radiolyseprodukte waren insofern von gesteigertem Interesse, weil beide in der Literatur bisher ausschließlich als physiologische Produkte und zwar als Reaktionsprodukte der Carnitin-Dehydrogenase und Carnitin-Decarboxylase beschrieben worden waren. Der Nachweis von β-Methylcholin als Abbauprodukt von L(—)-Carnitin ist ein Irrtum und vermutlich auf die Verwendung von radiolysiertem ^{14}C-markierten Carnitin zurückzuführen.

Um die Möglichkeiten eines massenspektrometrischen Carnitinnachweises zu untersuchen, wurde das Fragmentierungsverhalten von Carnitin und von 14 seiner Derivate erforscht. Wegen des salzartigen Charakters dieser Verbindungen ist eine normale Verdampfung der Substanzen im Einlaßsystem des Massenspektrometers nicht möglich und der Ionisierung sind deshalb zeitlich unkontrolliert verlaufende thermische Reaktionen vorgelagert. Aus den Fragmentierungsmustern der einzelnen Substanzen wurden drei Hauptpyrolysereaktionen mit nachfolgender Fragmentierung der gebildeten Pyrolyseprodukte erkannt. Die Verbindungen haben in den unteren Massenbereichen gleiche Fragmente, so daß für eine massenspektrometrische Bestimmung vorwiegend die höheren Massenzahlen interessant sind, deren Intensität aber mit steigender Massenzahl stark sinkt. Für die Bestimmung des Carnitins bei Anwesenheit anderer endogener Trimethylammoniumverbindungen ist eine vorangehende Abtrennung des Carnitins erforderlich, an welcher noch gearbeitet wird.

2. Drastischer Abfall der L-Carnitinkonzentration im Organismus führt zu Carnitinmangelsyndromen (2), so daß die Regulation des Carnitinspiegels im Blut oder Gewebe gegenwärtig international intensiv bearbeitet wird. Während zur Biosynthese zahlreiche Arbeiten vorliegen, war bisher wenig über den katabolen Carnitinstoffwechsel bekannt. In den letzten Jahren konnten zwei Stoffwechselwege von uns nachgewiesen werden, über die das L(—)-Carnitin abgebaut wird (3; 4):

a) Spaltung der C—N-Bindung des Carnitins, wobei Trimethylamin gebildet wird und
b) Reduktion des L(—)-Carnitins zu γ-Butyrobetain.

a) Zur detaillierten Untersuchung der C—N-Spaltung des Carnitins nutzten wir als relativ einfaches Modell das Bakterium *Acinetobacter calcoaceticus* 69/V, das auf L(—)-Carnitin als einziger C-Quelle wachsen kann (Kooperation mit dem Bereich Biochemie der Sektion Biowissenschaften). Unter Einsatz von [methyl-^{14}C]Carnitin und weiteren ^{14}C-markierten strukturverwandten Trimethylammoniumverbindungen charakterisierten wir das TMA-bildende Enzym im zellfreien Extrakt. Es ist membrangebunden und läßt sich durch verschiedene Detergenzien solubilisieren, was eine weitergehende Reinigung ermöglicht (5; 6). Es handelt sich um ein durch Wachstum auf Carnitin induzierbares Enzym, das sowohl L- und D-Carnitin als auch γ-Butyrobetain angreift, jedoch nicht Cholin oder Glycinbetain. Der verwendete Bakterienstamm wird inzwischen auch von einer US-amerikanischen Gruppe als Modell zum Studium des Carnitinstoffwechsels eingesetzt, wobei die Bildung von Trimethylamin aus den Carnitinisomeren oder γ-Butyrobetain voll bestätigt wurde. (7).

b) Der reduktive Stoffwechsel des Carnitins und endogener Carnitinderivate wurde an drei Vertretern der Enterobakterien getestet, wobei sich grundlegende Gemeinsamkeiten (den Carnitinstoffwechsel betreffend) aber auch Spezies — spezifische Unterschiede (speziell zur Cholinverwertung) ergaben. *Proteus vulgaris* kann Cholin als C-Quelle verwerten, wobei Trimethylamin freigesetzt wird, während *Salmonella typhimurium* und *Escherichia coli* das Cholin nicht angreifen. Alle drei Bakterien-Arten reduzieren L(—)-Carnitin und die physiologischen Derivate (Acetyl-, Decanoyl- und Tetradecanoyl-L(—)-carnitin) zu γ-Butyrobetain, wenn auch quantitative Unterschiede bestehen (8—10). Bei allen drei Bakterienarten war die Reduktion des Carnitins mit der signifikanten Förderung des anaeroben Wachstums verbunden. Durch Zugabe von Glucose oder terminalen Elektronenacceptoren der Atmungskette, wie Nitrat oder Trimethylaminoxid, wurde die Reduktion unterbrochen. Mit Ribose oder Inosinmonophosphat als zusätzliches Substrat wurde dagegen die stärkste Carnitinreduktion registriert, verbunden mit höchster Wachstumsstimulation, so daß Verwertungsstudien in definierten Minimalmedien möglich wurden (11). Die Ergebnisse führten zu dem Postulat, daß aus L(—)-Carnitin zunächst durch eine Carnitin-Hydro-Lyase Wasser abgespalten wird und danach eine Crotonobetain-Reduktase das intermediäre Crotonobetain zum γ-Butyrobetain hydriert. Der 2. Schritt war für die Wachstumsstimulation verantwortlich. Die Carnitinreduktion kann bei mikrobieller Fehlbesiedlung des Dünndarms oder Bakteriämie an der Entstehung von Carnitinmangelzuständen beteiligt sein.

c) Durch enzymatische Carnitinbestimmung mit der Carnitin-Acetyl-Transferase nach der DTNB-Methode wurde das L(—)-Carnitin im Blut von Patienten erfaßt (12). Mit Hilfe dieser Methode wiesen wir die Carnitindepletion bei Nieren-insuffizienten Patienten nach, die im Dialysezentrum der KMU (Medizinische Klinik der KMU, Dr. Achenbach) behandelt wurden. Als niedermolekulare Aminosäurederivate werden sowohl L(—)-Carnitin (MM 161,2) als auch das quantitativ wichtigste endogene Carnitinderivat, das Acetyl-L(—)-carnitin (MM 203,2), dem Blut durch den Dialysator entzogen. Während der vierstündigen Dialyse sinkt die Konzentration an freiem Carnitin im Ultrafiltrat der Patienten von durchschnittlich 27,9 μmol/l auf 4,5 μmol/l (n = 8), das gesamte säurelösliche Carnitin von 31,8 μmol/l auf 15,3 μmol/l. Die Normalwerte gesunder Blutspender liegen bei 54,9 bzw. 61,1 μmol/l Serum (n = 11) (12—14). Der Wiederanstieg der Carnitinkonzentration im Serum nach Beendigung der Dialyse, der durch verstärkte Biosynthese und/oder Auswaschung aus den Geweben möglich wird, war bei einigen Patienten nur sehr schwach ausgeprägt. Für diejenigen Patienten, bei denen ein chronisch niedriger Carnitinspiegel nachgewiesen wurde, stellten wir das L(—)-Carnitin für die Substitutionstherapie bereit.

Die enzymatische Carnitinbestimmung ermöglichte es uns, den behandelnden Ärzten diagnostische Hilfe bei Fällen von Hyperlipoproteinämien und Lipidspeichermyopathien zu geben (Kinderkliniken der KMU Leipzig und der FSU Jena).

d) Der Einsatz des L(—)-Carnitins in der Therapie von Hypertriglyceridämien stellt eines der neuesten Anwendungsgebiete dar. In interdisziplinärer Kooperation mit der Abteilung Klinische Chemie und Laboratoriumsdiagnistik und dem Institut für Pharmakologie und Toxikologie der KMU wurden zu dieser aktuellen Problematik mehrere langfristige tierexperimentelle Testserien begonnen, in denen die Wirkungen des Carnitins auf Saccharose-induzierte Hypertriglyceridämien bearbeitet werden.

In vitro-Untersuchungen zur Aktivität der Post-Heparin-Lipase im Serum gesunder Probanden ergaben, daß die Freisetzung von Fettsäuren aus Triglyceriden durch L(—)-Carnitinzugabe im Konzentrationsbereich von 100 μmol—5,0 mmol/L nicht signifikant gesteigert wird (15).

e) Für Fälle mit L(—)-Carnitinmangel erhielten die Kliniken für Innere Medizin und die Neurologische Klinik der KMU je 100 g L(—)-Carnitin zur Substitutionstherapie. Mehrere Forschungsgruppen an der AdW der DDR (Institut für Wirkstofforschung; Zentralinstitut für Herz- und Kreislauf-Regulationsforschung, Bereich für Herzinfarktforschung) und an auswärtigen Universitäten wurden mit den für die Lösung von eigenständigen Forschungsvorhaben notwendigen Substanzen unterstützt. Isolierte Hepatozyten reagieren auf Carnitinzugabe mit gesteigerter β-Oxidation, wobei auch die Metabolisierung der Decansäure betroffen war (Institut für Pathologische Biochemie der FSU Jena) (16).

f) Die Verwertung von Erdölrückständen durch Mikroorganismen hat große Bedeutung für die Industrie und den praktischen Umweltschutz (Kooperation mit der Sektion Biowissenschaften, Bereich Biochemie). Während die Förderung der mitochondrialen β-Oxidation der eukaryontischen Zelle durch L(—)-Carnitin gesichertes Gedankengut der Biochemie ist, stellte die Wachstumsstimulation von Alkan-verwertenden Bakterien durch L(—)-Carnitin und seine Derivate ein wissenschaftlich interessantes aber auch stark praxisrelevantes Ergebnis dar (17, 18). Als geschwindigkeitsbestimmender Schritt für die Assimilation von langkettigen Kohlenwasserstoffen wird die vor dem Abbau der Fettsäuren liegende Alkanoxidation, speziell die Hydroxylation angesehen. Da die Wachstumsstimulation der Alkan-verwertenden Bakterien offensichtlich nicht über die Carnitin-Palmitoyl-Transferase realisiert wird, sollen gezielte Untersuchungen über die beteiligten Transportprozesse zur Klärung der Problematik beitragen.

Weitere spezifische und medizinisch einsetzbare Wirkungsweisen des L-Carnitins und seiner Derivate sind nachweisbar, die bei intensiver Bearbeitung neue Anwendungsbereiche sichtbar machen.

Literatur

1. Löster, H., H. Seim und E. Strack: Synthese der optischen Isomeren des [methyl-^{14}C]Carnitins über L- bzw. D-3-Hydroxy-4-dimethylaminobutyrat für Stoffwechseluntersuchungen im Tierkörper. 5. Gemeinschaftstagung der Gesellschaft für Experimentelle Medizin der DDR, 16.—18. 11. 1981, Berlin.
2. Engel, A. G.: Possible causes and effects of carnitine deficiency in man. In: „Carnitine Biosynthesis, Metabolism, and Functions." by R. A. Frenkel und J. D. McGarry (eds.), Academic Press, New York 1980. S. 217—285.
3. Strack, E.: Jahrbuch SAW *1979—1980* (Berlin 1982) S. 74—80.
4. Seim, H.: Neuere Ergebnisse zu Stoffwechsel, Funktion und klinischer Applikation des Carnitins. In: Biochemie-Informationen 1983, H. 1, S. 9—19.
5. Seim, H., H. Löster, R. Claus, H.-P. Kleber und E. Strack: Splitting of the C—N bond in carnitine by an enzyme (trimethylamine forming) from membranes of *Acinetobacter calcoaceticus*. In: FEMS Microbiology Letters *15* (1982) S. 165—167.
6. Claus, R., H. Seim, H. Löster, E. Strack und H.-P. Kleber: Spaltung der C—N-Bindung im Carnitin durch ein Enzym aus Membranen von *Acinetobacter calcoaceticus*. 14. Jahrestagung der Biochem. Gesellschaft der DDR. Neubrandenburg 1982.
7. Miura-Fraboni, J., H.-P. Kleber und S. Englard: Assimilation of γ-butyrobetaine, and D- and L-carnitine by resting cell suspensions of *Acinetobacter calcoaceticus* und Pseudomonas putida. In: Arch. Microbiol. *133* (1982) S. 217—221.
8. Seim, H., H. Löster, R. Claus, H.-P. Kleber und E. Strack: Stimulation of the anaerobic growth of *Salmonella typhimurium* by reduction of L-carnitine, carnitine derivatives and structure-related trimethylammonium compounds. In: Arch. Microbiol. *132* (1982) S. 91—95.
9. Seim, H., H. Löster, R. Claus, H.-P. Kleber und E. Strack: Formation of γ-butyrobetaine and trimethylamine from quaternary ammonium compounds structure-related to L-carnitine and choline by *Proteus vulgaris*. In: FEMS Microbiol. Letters *13* (1982) S. 201—205.
10. Seim, H., H. Löster und H.-P. Kleber: Reduktiver Stoffwechsel des L-Carnitins und strukturverwandter Trimethylammoniumverbindungen in *Escherichia coli*. In: Acta biol. med. germ. *41* (1982) S. 1009—1018.
11. Seim, H., H. Löster, H.-P. Kleber und E. Strack: Bildung von γ-Butyrobetain aus L-Carnitin bei *Escherichia coli* durch Dehydratation und Hydrierung. 14. Jahrestagung der Biochem. Gesellschaft der DDR, Neubrandenburg 1982.
12. Seim, H., H. Achenbach, H. Löster und E. Strack: Entstehung von sekundärem L-Carnitin-Mangel während chronischer Hämodialyse. 5. Gemeinschaftstagung der Gesellschaft für Experimentelle Medizin der DDR, Berlin 1981.
13. Achenbach, H., H. Seim, H. Löster und E. Strack: Zum Verhalten verschiedener L(—)-Carnitinfraktionen im Plasma unter chronischer Hämodialysebehandlung. 2. Arbeitstagung der AG „Konservative Therapie der Niereninsuffizienz" mit internationaler Beteiligung, Lindow/Mark 1982.
14. Achenbach, H., H. Seim, H. Löster und E. Strack: Zur Bedeutung des Carnitins im gestörten Fettstoffwechsel bei Dialysepatienten. 5. Fortbildungstagung über Nephrologie, Görlitz 1982.

15. Sittner, W.-D., V. Richter, F. Rassoul, O. Beenken, H. Seim und H. Löster: Die Beeinflussung des Lipoproteinmetabolismus durch Carnitin. 22. Jahrestagung der Gesellschaft für Pharmakologie und Toxikologie der DDR, Neubrandenburg 1982.
16. Schulze, H.-P., W. Hühn und R. Dargel: Untersuchungen zur Regulation des Fettsäurestoffwechsels isolierter fetaler Leberzellen der Ratte. 14. Jahrestagung der Biochem. Gesellschaft der DDR, Neubrandenburg 1982.
17. Kleber, H.-P., R. Claus, H. Seim und E. Strack: Verfahren zum Züchten von Bakterien. WP C 12K/234 317; AT 23. 10. 1981.
18. Seim, H., R. Claus, E. Strack und H.-P. Kleber: Growth stimulation of alkane-utilizing bacteria by trimethylammonium compounds. Leipziger Biotechnologiesymposium 1982.

Erich Strack

Reinigung von Abwässern mit Hilfe von Adsorbentien

4020 Halle (Saale), Schloßberg 2, Tel. 28621

Leiter: Wolf
Wiss. Mitarbeiter: Dr. Sabine Lindau, Dr. Magdalene Weise, Dipl.-Chemiker Helmut Dietze
WTA: Friederike Frahm, Ingeborg Schwab

Im Berichtszeitraum führte die Arbeitsgruppe Halle der SAW unter dem allgemeinen Aspekt der Lösung von Umweltschutzproblemen wissenschaftliche Untersuchungen zu folgenden Themen durch:

1. Sorption von Wasserinhaltsstoffen an organophilisierten Schichtsilikaten vom Magadiit-Typ
2. Fixierung von Heterocyclen an Schichtsilikaten des Magadiit-Typ
3. Untersuchungen zum Wasserstoffperoxidzerfall in Gegenwart von Magadiit unterschiedlicher Ionenbeladungsformen
4. Untersuchungen zur Phenoladsorption an Ionenaustauschern auf Altreifenbasis
5. Anfertigung und Auswertung einer Literaturrecherche zum Sirotherm-Prozeß

Zu 1. Unter Zugrundelegung der Untersuchungsergebnisse von Cowan und White[1], die Alkylammoniummontmorillonite als mögliche Sorbentien für die Abwasserreinigung, speziell für die Phenolentfernung aus Abwässern, vorschlagen, wurden durch n-Alkylammonium- bzw. n-Alkylpyridiniumionen modifizierte und damit organophilisierte Magadiite zur Entfernung von nichtionischen Tensiden, Huminsäuren und Phenolen aus wässrigen Lösungen eingesetzt.

Durch den Einsatz der Organo-Schichtsilikate (als Adsorbentien zur Wasserreinigung) konnte bei den ausgewählten Substratmolekülen folgende Ergebnisse erzielt werden:

1. Nichtionosche ÄO-Addukte

Unmodifizierter Na-Magadiit erbringt aus einer wässrigen Nonylphenylpolyglykolätherlösung (Nonylphenol + 12 Mol ÄO, $c_{NP12} = 50$ mg/l, Adsorbatvolumen 100 ml, Adsorbenseinwaage entsprechend 1g wasserfreiem Produkt) einen Reinigungseffekt von 18%.

[1] Cowan, C. T., D. White: Adsorption by Organo-Clay-Complexes I Proceedings of the 9 th National Clay Conferences pp. 459—467, Pergamon Press, New York (1962)

Bei Einsatz von Cetyltrimethylammonium$^+$-Magadiit* bzw. Hexadecylpyridinium$^+$-Magadiit** erhöhen sich, unter vergleichbaren Versuchsbedingungen, die Reinigungseffekte auf 75 und 99%.

2. *Huminsäuren*

Bei Einsatz der organophilisierten Magadiite als Huminsäuresorbentien ergab sich, daß gegenüber reinem Na^+- und H^+-Magadiit, welche Huminsäuren aus wässrigen Lösungen nicht sorbieren, mit CTA^+-Magadiit Reinigungseffekte von 40% und mit HP^+-Magadiit Reinigungseffekte von 70% aus wässrigen Lösungen (c_{HS} = 25 mg/l, Sorbatvolumen 100 ml, Adsorbenseinwaage entsprechend 1 g wasserfreiem Produkt) erzielt werden konnten.

3. *Phenole*

Für die Substrate Phenol, p-Nitrophenol und p-Chlorphenol, die aus wässrigen Lösungen an H^+- und Na^+-Magadiit nicht sorbiert werden, konnten bei Einsatz von HP^+- und CTA^+-Magadiiten die folgenden Beladungshöhen (in m Mol Phenol/g wasserfr. Adsorbens) erreicht werden.
In Tabelle 1 sind die erhaltenen Ergebnisse zusammengefaßt.

Tabelle 1: Sorption von Phenolen an organophilisierten Magadiiten

Adsorbens	Ionenbeladungsform	Substrat	Beladungshöhe [mMol/g]
Magadiit	HP^+	p-NO_2-Phenol	0,65
Magadiit	CTA^+	p-NO_2-Phenol	0,65
Magadiit	HP^+	p-Cl-Phenol	0,6
Magadiit	CTA^+	p-Cl-Phenol	0,6
Magadiit	HP^+	Phenol	0,35
Magadiit	CTA^+	Phenol	0,35

Wie aus Tabelle 1 ersichtlich, sinken die Beladungshöhen vom Substrat p—NO_2-Phenol zum Phenol. Zwischen der CTA^+- und HP^+-Beladungsform besteht kein Unterschied in der Aufnahmekapazität für die ausgetesteten Phenole.

Röntgenographische Untersuchungen der mit den Substraten beladenen Organo-Schichtsilikate ergaben, daß die Sorbatmoleküle nur an der durch die Modifizierungsreaktion vergrößerten äußeren Oberfläche sorbiert werden.

Ein Publikationsentwurf über die bei der Bearbeitung dieser Problematik gewonnenen Ergebnisse ist in Vorbereitung!

Zu 2. Im Zusammenhang mit der aktuellen Problematik derFixierung und gesteuerten Wiedergabe von Wirkstoffen und Pflanzenschutzmitteln auf silikatischen Trägern unter-

* HP^+ = Hexadecylpyridinium-
** CTA^+ = Cetyltrimethylammonium-

suchten wir, inwieweit der Heterocyclus 3(5)-Methylpyrazol [3(5)-MP], welcher als Denitrifikator in der Landwirtschaft Einsatz findet, an Schichtsilikaten vom Magadiit-Typ sorbiert bzw. intercaliert und wieder desorbiert werden kann.

Im Ergebnis der vorläufigen Untersuchungen konnten folgende Erkenntnisse gewonnen werden:

1. Synthetischer Magadiit in der Na-Ionenbeladungsform ist nicht in der Lage im Kontakt bei Zimmertemperatur mit der reinen 3(5)-Methylpyrazollösung Moleküle der heterocyclischen Verbindung in den Zwischenschichten zu intercalieren.

Bringt man dahingegen Magadiit in der H-Ionenbeladungsform bei Raumtemperatur in reines 3(5)-Methylpyrazol ein, kann röntgenographisch eine Schichtaufweitung von 1,3 nm auf 1,5 nm beobachtet werden, die für eine Intercalation der organischen Substanz in den Zwischenschichtraum des Silikates spricht.

2. Sorptionsuntersuchungen des 3(5)-MP aus verdünnten wässrigen Lösungen (bis 5 g 3(5)-MP/l) an Na^+- und H^+-Magadiit inform von Sorptionsisothermen ergaben Beladungshöhen von 15 mg 3(5)-MP/g Na^+-Magadiit und 45 mg/g H^+-Magadiit. Die Sorption der 3(5)-MP-Moleküle erfolgte hierbei, wie aus Röntgenaufnahmen ersichtlich, nur an der äußeren Oberfläche der Schichtsilikate.

3. Kinetische Untersuchungen zur 3(5)-MP-Sorption aus verdünnten wässrigen Lösungen zeigten, daß die Oberflächensorption des 3(5)-MP an H^+-Magadiit nur geringe Zeiten zur Gleichgewichtseinstellung (Zeiten 1 h) benötigt.

4. Versuche zur Desorption des mit 3(5)-MP beladenen H^+-Magadiit ergaben, daß mit H_2O bei Zimmertemperatur eine vollständige Regeneration möglich ist.

Unter dynamischen Bedingungen sind zur Regenerierung von 1 g mit 3(5)-MP beladenem H^+-Magadiit (Beladungshöhe 45 mg/g) ca. 200 ml H_2O erforderlich. Der Regenerierungseffekt nach Durchfluß von 100 ml Regeneriermittel beträgt dabei bereits 75%.

Zu 3. Dem Einsatz silikatischer Verbindungen in Waschmitteln wird derzeit große Bedeutung geschenkt, da zumindest ein teilweiser Ersatz des Phosphates möglich erscheint, obwohl wie aus der Literatur ersichtlich, ein gleichzeitiger Einsatz von Peroxiden und Silikaten nicht problemlos ist.

Aus diesem Grunde wurde der Zerfall von wässrigen Wasserstoffperoxidlösungen unter verschiedenen Reaktionsbedingungen in Gegenwart von synthetischen Magadiit (einem Schichtsilikat mit den Eigenschaften eines schwach sauren Ionenaustauscherharzes) in den Ionenbeladungsformen H^+, Na^+ und Ca^{++} untersucht.

Im Ergebnis der Arbeiten konnte gezeigt werden, daß die Ionenformen H^+, Na^+ und Ca^{++} keine katalytische Wirkung auf die Zersetzung des Peroxides in reiner wässriger, in Ca-haltiger (4,5°; 9°; 18° dH) wässriger und in Ca^{++}-, Mg^{++}- (Verhältnis 80 : 20) haltiger (GWH 4,5°; 9°; 18° dH) wässriger Suspension besitzen. Durch die Zugabe von Schwermetallionen (inform ihrer Salze $NiCl_2$, $Co(NO_3)_2$, $FeCl_3$) zur Suspension, trat wie zu erwarten, eine strake bis spontane Zersetzung ($Co^{++} > Ni^{++} > Fe^{+++}$) des Peroxides für die Ionenformen des Na^+- und Ca^{++}-Magadiits ein. Nur die in den Suspensionen gebildeten amorphen Schwermetallhyroxide sind, wie mehrfach in der Literatur beschrieben, für den Zerfall des Peroxides verantwortlich. Die Bildung der Hydroxide ist auf den pH-Wert der Suspensionen (Na^+-Form: pH = 7,8, Ca^{++}-Form: pH = 8,1) zurückzuführen. Die unter gleichen Bedingungen untersuchten Suspensionen der Ionenform des H^+-Magadiits (pH = 2,3) zeigt keine Zersetzung.

Der Zerfall des Wasserstoffperoxides erfolgte, wie kinetische Messungen zeigten, nach einem Zeitgesetz 1. Ordnung.

Zu 4. In Weiterführung unserer Untersuchungen zur Phenoladsorption an Anionenaustauschern auf Altreifenbasis testeten wird die Ursache der hohen Phenolaufnahmekapazität anhand der Verteilung der funktionellen Gruppen im Austauscherkorn, da deren Anwesenheit die Quellbarkeit und damit die Adsorptionskapazität bestimmt.

Als Untersuchungsmethoden verwendeten wir die Elektronenmikroskopie und die Elektronenstrahl-Mikroanalyse. Die 1. Methode erlaubt die Untersuchung der Oberflächenbeschaffenheit der Proben, während die 2. Aussagen über die Elementverteilung innerhalb der Ionenaustauscherpartikel gestattet.

Die Untersuchungen wurden mit folgenden Ergebnissen abgeschlossen:

1. Die Umsetzung der Altreifengranulate mit blättchenförmiger Oberflächenstruktur mittels Chlormethylierung und nachfolgender Aminierung führt zum Herauslösen von Füllstoffpartikeln und aufgrund dessen zu einer stark zerklüfteten Oberflächenstruktur. Die Ionenaustauscher weisen keine Porosität auf.
2. Durch Elektronenstrahl-Mikroanalyse konnte anhand der Elementverteilung von Chlor anschaulich sichtbar gemacht werden, daß die funktionellen Gruppen ($-N(CH_3)_3^+Cl^-$) eine gleichmäßige Verteilung über den Querschnitt der Proben aufweisen. Das Vorhandensein der funktionellen Gruppen im gesamten Austauscherkorn verursacht eine starke Quellung der Ionenaustauscher in wäßrigen Lösungen (Wassergehalt = 50%) und damit die hohe Aufnahmekapazität der Anionenaustauscher auf Altreifenbasis für Phenole (Aufnahmekapazität: Phenol 1,2 mMol/g; p-Chlorphenol 2,4 mMol/g; p-Nitrophenol 2,2 mMol/g).
3. Nachteilig für die Anwendung der Anionenaustauscher auf Altreifenbasis wirkt sich die schlechte Sorptionskinetik aus. Die Untersuchungsbefunde lassen den Schluß zu, daß die zur Einstellung des Adsorptionsgleichgewichtes notwendigen langen Zeiten aufgrund der gehemmten Diffusion der Adsorbatmoleküle durch die nichtporöse Matrix zu den Adsorptionsplätzen zustande kommt. Der Einsatz der Anionenaustauscher auf Elastomerenbasis erscheint deshalb dort sinnvoll, wo lange Verweilzeiten der Abwässer in den Reinigungsanlagen vorhanden sind.

Zu 5. Der Sirotherm-Prozeß ist ein australisches Verfahren zur Wasserentsalzung unter Verwendung von Ionenaustauschern, das dadurch gekennzeichnet ist, daß die salzbeladenen Ionenaustauscherharze mit heißem Wasser, anstelle von Regenerierchemikalien, regeneriert werden. Es kann dort kostengünstig angewendet werden, wo salzhaltiges Grund- oder Brackwasser (max. Salzkonzentration 3000 ppm) für Trinkwasserzwecke oder als Industriebrauchwasser teilentsalzt werden soll.

In Auswertung der Literaturrecherche zum Sirotherm-Prozeß ergaben sich für uns folgende Überlegungen und Aufgabenstellungen:

1. Synthese von Plum-Pudding-Ionenaustauscherharzen durch Einkapselung von schwachsauren und schwachbasischen Powdex-Ionenaustauscherharzen in eine vernetzte Polyvinylalkoholmatrix, bzw. in Styren-Divinylbenzen-Matrices.
2. Einkapselung anorganischer Ionenaustauscher bzw. Adsorbentien, wie Molsiebe und Schichtsilikate in organische Polymere, wobei die Matrix durch basische Gruppen funktionalisiert werden soll.
3. Einsatz der unter 2. genannten Adsorbentien zur Entfernung von toxischen Stoffen aus Abwässern.
4. Synthese von bipolaren schwachsauren/schwachbasischen Ionenaustauscherharzen durch Umsetzung von chlormethyliertem Styren-Divinylbenzen-Copolymerisat mit Thioglykolsäure und Dimethylamin.

5. Austestung der unter 4. genannten amphoteren Ionenaustauscherharze hinsichtlich ihres Salzaufnahmevermögens und ihrer thermischen Regenerierbarkeit sowie der beim Austauschprozeß auftretenden Atmungsdifferenz.

Erste Arbeiten zu den aufgeführten Punkten wurden 1982 begonnen und werden im Hinblick auf die seit längerem feststehenden Zielstellung unserer Arbeitsgruppe weitergeführt.

Friedrich Wolf

Kommission für J. C. Poggendorff, Biographisch-Literarisches Handwörterbuch der exakten Naturwissenschaften

7010 Leipzig, Goethestr. 3—5, Tel. 28 10 81

Vorstitzender: Neef
Mitglieder: Beckert, Buchheim, Keller, Lösche, Schwabe †, Wollgast
Leiter der Redaktion von Band VIIb: Dr. Lebrecht Weichsel (7010 Leipzig, Beethovenstr. 6, Tel. 3 91 33 10, App. 84, 88, 89)
Leiter der Redaktion „Mathematik“: Dipl.-Math. Heidi Kühn (7010 Leipzig, Goethestr. 3—5, Tel. 7 19 73 24)
Leiter der Redaktion „Physik“: Dr. Rainer Lochmann (bis 31. VIII. 1983)
Wiss. Mitarbeiterinnen: Dipl.-Germ. Marta Fischerová, Dipl.-Chem. Margot Köstler, Dipl.-phil. Winnifred Schenk
Bibliothekarin: Gudrun Scheibe
Techn. Assistentin: Lona Meischner
Forschungsfacharbeiterinnen: Ingrid Döller, Gertraude Großkopf, Johanna Henschel, Ruth Keitel, Annelies Körner (bis 31. V. 1983)

Redaktion von Band VIIb

In den Jahren 1981 und 1982 sind die Lieferungen 1 und 2 des 7. Teilbandes erschienen. Für die Lieferung 3 wurden die Korrekturfahnen gelesen, das Manuskript der Lieferung 4 befindet sich in der Druckerei zum Satz. Das Ende 1982 vollständig vorliegende Manuskript der Lieferung 5 befindet sich in der redaktionellen Schlußbearbeitung; mit dieser Lieferung wird der 7. Teilband bis „Sn“ abgeschlossen werden. Die Mitarbeiter der Redaktion haben Mitte 1982 mit der Zusammenstellung der Manuskripte für den 8. Teilband begonnen.

In wachsendem Maße wird die Redaktion von Institutionen und Privatpersonen des In- und Auslandes um fachbezogene biographische und bibliographische Auskünfte gebeten. Eine prompte und gewissenschafte Beantwortung solcher Anfragen wird als wichtige Öffentlichkeitsarbeit betrachtet, die die Popularität des Werkes weiter fördert und auf der Basis gegenseitiger Hilfe die eigene Redaktionsarbeit unterstützt.

Redaktion „Mathematik“

Nach umfangreichen Vorarbeiten konnte im Oktober 1982 die endgültige vollständige Namenliste für den Hauptteil des Werkes erstellt werden. Alles darüber hinaus bereits gesammelte Material zu Mathematikern des behandelten Zeitraumes soll in einem Anhang festgehalten werden, der sich auf biographische Kurzangaben beschränkt und lediglich Literaturhinweise gibt, während der Hauptteil — wie in den bisherigen Bänden — der Kurzbiographie eine vollständige Bibliographie folgen läßt. Mit der Durchsicht der ersten Referateblätter für die Zusammenstellung dieser Bibliographien wurde begonnen.

1982 wurde das restliche nachgelassene Material von Prof. *Salié* in Karteiform gebracht und so alphabetisch nutzbar gemacht.

Darüber hinaus wurde das gesammelte Material aus der Fachpresse etc. ergänzt und aktualisiert und die Kartei wichtiger biographischer Nachschlagewerke großer Bibliotheken auf den neuesten Stand gebracht.

Redaktion „Physik“

Die Studie „Der Poggendorff: Analyse—Wertung—Perspektive“ wurde planmäßig im Januar 1983 anläßlich des 125. Jahrestages der Herausgabe des 1. „Poggendorff“-Bandes abgeschlossen. Die Studie zeigt die Bedeutung des Werkes für wissenschaftsgeschichtliche Forschungen auf, leitet aus der Analyse seiner selbst wie auch im Vergleich zu Werken ähnlichen Anliegens die relevanten Wandlungen und Tendenzen in der wissenschaftlichen Welt ab.

Ernst Neef

Philologisch-historische Klasse

Historische Kommission

7010 Leipzig, Goethestr. 3—5, Tel. 7197329

I. Personalstand

Leiter: Coblenz
Stellvertretender Leiter: Czok
Beisitzer: Dr. phil. Hans Eberhardt
Mitglieder: die ordentlichen Mitglieder der Philologisch-historischen Klasse: Coblenz, Czok, Diesner, Eichler, Forberger, Große, Lehmann, Lieberwirth, Markov, Schubart-Fikentscher, Werner, Wollgast; weitere Fachgelehrte (§ 3 der Arbeitsordnung vom 22. 1. 1973): Dr. phil. Friedrich Beck, Dozent Dr. phil. habil. Karlheinz Blaschke, Dr. phil. Dietmar Debes, Dr. phil. Hans Eberhardt, Dr. phil. Reiner Groß, Prof. Dr. phil. Gerhard Heitz, Prof. Dr. sc. theol. Dr. phil. h. c. Helmar Junghans, Dipl.-Hist. Manfred Kobuch, Prof. Dr. phil. habil. Ernst-Heinz Lemper (seit 11. 12. 1981), Prof. Dr. phil. habil. Dr.-Ing. Hans-Joachim Mrusek, Prof. Dr. phil. habil. Erich Neuß († 28. 12. 1982), Prof. Dr. phil. Paul Nowotny, Dr. phil. Horst Schlechte, Prof. em. Dr. phil. habil. Max Steinmetz, Dr. phil. Manfred Unger, Prof. Dr. sc. phil. Hans Walther.
Wiss. Sekretärin: Dipl.-phil. Elisabeth Lea
Wiss. Mitarbeiterin: Dipl.-Germ. Angelika Monden (seit 1. 8. 1982)
Wiss. Mitarbeiterin: Dipl.-Hist. Iris Pohlenz (seit 1. 4. 1982)
Wiss.-technische Mitarbeiterin: Irmintrud Kölling (seit 16. 3. 1981)

II. Unternehmungen

1. *Bibliographie der Sächsischen Geschichte*
Bibliographie zur Geschichte der Stadt Dresden (in Verbindung mit der Sächsischen Landesbibliothek)

Leiter: Dr. phil. Dietmar Debes

2. *Akten und Briefe zur Kirchenpolitik des Herzogs Georg von Sachsen*

Bearbeiterin: Dr. phil. Elisabeth Werl

3. *Politische Korrespondenz des Herzogs und Kurfürsten Moritz von Sachsen*

Leiter: Prof. Dr. sc. theol. Dr. phil. h. c. Helmar Junghans
Bearbeiter: Dr. theol. Johannes Herrmann, Dr. sc. phil. Günther Wartenberg, Ingeborg Herrmann, Dipl.-theol. Dorothea Kriewald

4. *Historischer Atlas von Sachsen*

Leiter: Lehmann
Bearbeiter: Dozent Dr. phil. habil. Karlheinz Blaschke (unter Mitwirkung kartographischer Fachkräfte)

5. Quellen und Forschungen zur Sächsischen Geschichte

Dozent Dr. phil. habil. Karlheinz Blaschke und Prof. Dr. sc. phil. Hans Walther

6. Jahrbuch für Regionalgeschichte

Leitung und Redaktion: Czok

7. Codex Diplomaticus Saxoniae

Hauptteil 1, Bd. 3: Urkunden des Markgrafen von Meißen und Landgrafen von Thüringen.
1196—1234, Registerband
Leiter: Dipl.-Hist. Manfred Kobuch
Bearbeiter: Dr. phil. Elisabeth Boer und Dipl.-Hist. Manfred Kobuch

8. Erschließung der Handschriftenbestände im Archiv der Franckeschen Stiftungen in Halle

Leiter: Lieberwirth
Bearbeiter: Dr. theol. Bernd Stephan

III. Fortgang der Arbeiten

1. *Sitzungen*

Im Mittelpunkt der Sitzungen standen die Diskussionen um Konzeptionen neuer Unternehmungen und wissenschaftliche Beiträge mit folgenden Themen:

a) Die Entwicklung revolutionär-demokratischer Staatsorgane in den nordwestsächsischen Kreisen 1945/46. Referent: Dr. phil. Manfred Unger, Direktor des Staatsarchivs Leipzig (27. 3. 1981).
b) Erfurt in der Geschichte Thüringens vom 8.—12. Jahrhundert. Referent: Dr. phil. Hans Eberhardt, Archivdirektor i. R., Weimar (11. 12. 1981).
c) In einer Sonderveranstaltung gemeinsam mit dem Lehrstuhl Regionalgeschichte der Karl-Marx-Universität Leipzig sprach Herr Prof. Dr. Bob Scribner, Department of Historical and Literary Studies Portsmouth Polytechnic, über „Fahrende Leute in Deutschland im 16. Jahrhundert — Zur Definition einer Subkultur" am 1. 4. 1982.
d) Beteiligt war die Kommission am Leipziger regionalgeschichtlichen Kolloquium über „Tendenzen gegenwärtiger bürgerlicher Landesgeschichtsschreibung in der BRD am Beispiel von Gesamtdarstellungen und Handbüchern". Referent: Dr. Karl-Heinz Hajna, Forschungsstelle für Regionalgeschichte am ZIG der AdW der DDR (16. 12. 1982).
e) Ein zweitägiges Kolloquium zum Thema „Das Kurfürstentum Sachsen an der Wende vom 17. zum 18. Jahrhundert" wurde anläßlich des 250. Todestages August des Starken gemeinsam mit der Gesellschaft für Heimatgeschichte beim Kulturbund der DDR und der Historiker-Gesellschaft der DDR für den 1. und 2. Februar 1983 unter maßgeblicher Beteiligung von Referenten aus den Reihen unserer Kommission vorbereitet.

Vorbereitet und später auch vorgelegt wurde eine Konzeption für eine einbändige Geschichte Sachsens, die in das Arbeitsprogramm der Historischen Kommission 1981 aufgenommen worden war.
Redaktion: Czok als Leiter, Dr. phil. Groß und Dr. phil. Unger.

Das Autorenkollektiv aus zehn Fachwissenschaftlern bildete einen Arbeitsausschuß, der bisher viermal zur Beratung zusammentrat, dabei die Gliederung bestätigte, die Themenbereiche koordinierte und die Vorlagen der Karten und Bildbeilagen absicherte.
Als Vertreter des Böhlau-Verlages nahm beratend Herr Sturm teil.
Ein Manuskript von Werner Steube „Häuserbuch der Stadt Plauen 1506—1844" wurde von der Kommission nach Vorlage der Gutachten unserer Mitglieder Dr. phil. habil. Blaschke und Dr. phil. Unger für den Druck in den Quellen und Forschungen zur sächsischen Geschichte aufgenommen.

2. Sächsische Bibliographie

Bibliographie zur Geschichte der Stadt Dresden

Zum 775. Stadtjubiläum konnte gemeinsam mit der Sächsischen Landesbibliothek und als deren Druckerzeugnis die Bibliographie zur Geschichte der Stadt Dresden mit den Bänden 1—4 der Öffentlichkeit zugängig gemacht werden. Die restlichen Bearbeitungen werden im nächsten Berichtszeitraum unter denselben Bedingungen veröffentlicht.

3. Akten und Briefe zur Kirchenpolitik des Herzogs Georg von Sachsen

Die gesamte Arbeit ist im Sommer 1982 in mehreren Exemplaren nach dem endgültigen Abschluß der Historischen Kommission übergeben worden und wird im Staatsarchiv Dresden bis zum Druck aufbewahrt. Zur Zeit wird ein zusätzliches Register erarbeitet.

4. Politische Korrespondenz des Herzogs und Kurfürsten Moritz von Sachsen

Der 4. Band konnte im Berichtszeitraum abgeschlossen werden, dazu die entsprechenden Register. Die Hauptaufmerksamkeit galt der Zuordnung der Regesten und der Verifizierung aller Orts- und Personennamen. Auch für den letzten Band ist die Zuordnung der erarbeiteten Regesten in Auswertungsgruppen erfolgt.

5. Historischer Atlas von Sachsen

Im Laufe der bisherigen Erarbeitung sind bis zum Andruck 19 Kartenblätter fertiggestellt worden, in der neuen, notwendigen Schwarzweiß-Konzeption weitere 9, dazu zeichnerische Vorarbeiten für 4 Themenbereiche und 3 handgezeichnete Entwürfe. Zu den letzten gehören eine Ämterkarte um 1750, eine Übersicht über die Inhaber der Grundherrschaften um 1750 und die Ämterkarte von 1861. Erfreulicherweise können die vorliegenden Unterlagen für die „Sächsische Geschichte" (Siehe Punkt 10) genutzt werden.

6. Quellen und Forschungen zur sächsischen Geschichte

Der Aufnahme des Plauener Stadtbuches in die Reihe wurde von der Kommission zugestimmt (s. o.).

7. Jahrbuch für Regionalgeschichte

1981 erschien Band 8, 1982 Band 9. Die Manuskripte für den Band 10 wurden dem Verlag Hermann Böhlaus Nachfolger, Weimar, fristgemäß 1982 übergeben.

8. Codex Diplomaticus Saxoniae

Vom Hauptteil I mit Urkunden der Markgrafen von Meißen und Landgrafen von Thüringen von den Anfängen bis 1379/80, für den 4 Bände vorgesehen sind, sind die ersten 3, die die Zeit bis 1234 betreffen, ziemlich abgeschlossen.

9. Erschließung der Handschriftenbestände im Archiv der Franckeschen Stiftungen in Halle

Die wichtigsten Arbeiten konnten nach kurzer Unterbrechung 1981 wieder aufgenommen werden. Die Ausarbeitung der Kurzbiographie steht unmittelbar vor dem Abschluß.

10. Sächsische Geschichte

Die Vorarbeiten zu dem kurzfristig zu erarbeitenden Überblickswerk konnten abgeschlossen werden (s. o.). 1984 werden die Grundmanuskripte der vorgesehenen zehn Teilabschnitte einschließlich Karten und Abbildungen vorgelegt.

11. Sonstiges

Mitglieder der Kommission waren in vielen Fällen zur Begutachtung regionalgeschichtlicher Arbeiten herangezogen worden und stellten sich auch oft zur Förderung solcher Unternehmungen zur Verfügung.

Werner Coblenz

Sprachwissenschaftliche Kommission

7010 Leipzig, Goethestr. 3—5, Tel. 28 10 81

Leiter: Große
Stellv. Leiter: Neubert
Beisitzer: Prof. Dr. Heinz Mettke
Mitglieder: Prof. Dr. phil. Werner Bahner, Prof. Dr. phil. Ernst Eichler, Prof. Dr. phil. Wolfgang Fleischer, Prof. Dr. phil. Hans Hiebsch, Prof. Dr. phil. Gotthard Lerchner, Prof. Dr. phil. Heinz Mettke, Prof. Dr. phil. Albrecht Neubert, Prof. Dr. phil. Rudolf Růžička, Prof. Dr. phil. Heinz Schuster-Šewc, Prof. Dr. phil. Hans Walther, Prof. Dr. phil. Ernst Werner
Wiss. Sekretär: Dr. Gunter Bergmann

Althochdeutsches Wörterbuch

7010 Leipzig, Goethestr. 3—5, Tel. 71 97 App. 326

Leiter: Große
Leiter der Arbeitsstelle: Dr. Heinrich Götz
Wiss. Mitarbeiter: Dr. Siegfried Blum, Dr. Sybille Blum, Dr. Rolf Heller, Dr. Ingeborg Köppe, Dipl.-phil. Bernhard Langer, Dr. Ernst Otto

Brandenburg-Berlinisches Wörterbuch

1086 Berlin, Leipziger Str. 3/4, Tel. 2 23 63 96

Leiter der Arbeitsstelle: Dr. Joachim Wiese
Wiss. Mitarbeiter: Dipl-phil. Annemarie Wiese, Dr. sc. Teodolius Witkowski
Wiss.-techn. Assistentin: Ingelore Weise

Mecklenburgisches Wörterbuch

2530 Rostock-Warnemünde, Seestr. 15, Tel. Rostock 5 83 44 bis 5 83 47

Leiter der Arbeitstelle: Dr. Jürgen Gundlach
Wiss. Mitarbeiter: Dr. Eva-Sophie Dahl, Dipl.-phil. Erika Krackow (bis 31. 8. 81), Dr. Christian Rothe
Wiss.-techn. Assistentin: Liesel Eschenburg (seit 1. 5. 82)
Angestellte: Getrud Fröhlich
Mitarbeiterin im Honorarvertrag: Dipl.-phil. Erika Krackow (seit 1. 9. 81)

Pommersches Wörterbucharchiv

2200 Greifswald, R.-Petershagen-Allee 1

Verwaltung des Archivs: Dr. Renate Herrmann

Thüringisches Wörterbuch

6900 Jena, Universitätshochhaus, 8. Etage, Tel. 8 22 41 38, 8 22 48 52

Leiter der Arbeitsstelle: Dr. Karl Spangenberg
Wiss. Mitarbeiter: Dr. Heinz Rosenkranz
Sachbearbeiterin: Hertha Rädlein
Wiss. Assistentin: Susanne Wiegand (seit 1. 9. 82)

Wörterbuch der obersächsischen Mundarten

7010 Leipzig, Goethestr. 3—5, Tel. 7 19 73 38, 7 19 73 25

Leiter der Arbeitsstelle: Dr. Gunter Bergmann
Wiss. Mitarbeiter: Dipl.-phil. Ingrid Eichler, Dr. Dagmar Helm, Dipl.-phil. Lothar Wezel, Dipl.-phil. Hartmut Wittkowski, Dipl.-phil. Ingrid Wittkowski
Mitarbeiterin im Honorarvertrag: Dr. Isolde Neumann
Wiss. Mitarbeiter am Siebenbürgisch-Sächsischen Wörterbuch: Dr. Helmut Protze

Forschungen zum gesellschaftspolitischen Wortschatz

Leiter: Bahner, Neubert
Wiss. Mitarbeiter: Dr. Eberhard Fischer, Dipl. Sprachm. Beate Herting, Dipl.-Germ. Knut Noke, Dr. phil. Christina Schäffner
Wiss. Techn. Mitarbeiterin: Evelyn Österreich

Sprachwissenschaftliche Kommission

Die Sprachwissenschaftliche Kommission trat regelmäßig zu Beratungen zusammen. Die Arbeitspläne aller ihr zugehörenden wissenschaftlichen Institutionen lagen ihr zur Begutachtung und Genehmigung vor. Die Kontrolle über ihre Einhaltung erfolgte jeweils am Jahresende. Die Pläne wurden an allen Arbeitsstellen erfüllt oder übererfüllt. Der sozialistische Wettbewerb wurde weitergeführt und gab wesentliche Impulse zur Intensivierung der Arbeiten.

In ihrer Sitzung am 4. 5. 82 nahm die Kommission einen Bericht ihres Leiters über die Arbeiten am Atlas Linguarum Europae (ALE) entgegen: Das Material zum 1. Fragebuch liegt aus allen Ländern vor; Band I mit den Karten 1—30 ist im Manuskript fertig. Vom 20.—23. 4. 83 tagte das Redaktionskollegium des ALE in Leipzig bei der SAW.

Althochdeutsches Wörterbuch

Im Berichtszeitraum wurde mit den Artikeln *fora* mit *bifora*, *biforan* und *furi* mit *bifuri* die Arbeit für den dritten Band auch im Bereich der sog. „Kleinwörter" abgeschlossen. Es konnte zur Ausarbeitung für den vierten Band (Buchstabe H, *hera*) übergegangen werden.

Bei den Appellativen wurde die Bearbeitung des vierten Bandes mit der Ausarbeitung von rd. 920 Artikeln im Buchstaben G fortgesetzt. Dabei wurden die von uns erprobten Kürzungsmöglichkeiten angewendet, soweit es die Beleglage zuließ. Zusammen mit den noch rd. 620 Artikeln im F liegen damit derzeit etwa 1540 Artikel druckfertig vor.

Zum Druck gegeben wurden eine Doppellieferung im zweiten Band (II, 3/4) und eine Doppellieferung im dritten Band (III, 14/15).

Erschienen ist im Berichtszeitraum die Doppellieferung III, 12/13. Sie enthält 478 Artikel und führt bis zum Beginn von *folgên*.

Brandenburg-Berlinisches Wörterbuch

Im Berichtszeitraum wurden die Lieferungen II/7 und II/8 im Manuskript erarbeitet. Publiziert wurden die Lieferungen II/5—6 und II/7. Die Bearbeitung der alphabetischen Folge ist damit bis in den Buchstaben K gelangt.

Mecklenburgisches Wörterbuch

1981 erschienen die 59. und 60. Lieferung als zweite und dritte des 7. Bandes, 1982 die 61. Lieferung als vierte des 7. Bandes. Das Manuskript der 62. und 63. Lieferung wurde fertiggestellt.

Das vorhandene Belegmaterial wurde kontinuierlich durch die Übernahme weiteren Wortgutes aus dem sprachlichen Nachlaß Richard *Wossidlos* und durch Exzerpte aus neu publizierter Mundartliteratur und volkskundlichem Schrifttum ergänzt.

Pommersches Wörterbucharchiv

Das Pommersche Wörterbucharchiv wurde durch neue Quellen (Mundartliteratur, historisches Wortgut, Verschriftlichung von Tonbandtexten) weiter ergänzt.

Die seit 1978 auf der Materialgrundlage des Pommerschen Wörterbucharchivs erscheinende Reihe „Plattdeutsch von A—Z" in der Bezirksausgabe der Ostsee-Zeitung von Dr. R. *Herrmann* wurde fortgesetzt (Januar 1983 bei Buchstabe V).

Thüringisches Wörterbuch

Mit der Publikation der Lieferungen 10, 11 im Jahre 1981 sowie 12, 13, 14 im Jahre 1982 wurde Band V (Buchstaben R—S mit 1778 Druckspalten) abgeschlossen. Zur Veröffentlichung für 1983 eingereicht sind die Lieferungen 1 und 2 (Bd VI); als Mskr.-Fassung liegt die Lieferung 3 zur Publikation für 1984 vor. Fortgesetzt wurden Exzerptionen aus mundartkundlichem Schrifttum sowie das Zeichnen von Sprachkarten.

Wörterbuch der obersächsischen Mundarten

Die Arbeiten am Wörterbuchmanuskript wurden planmäßig weitergeführt. Im Berichtszeitraum wurde der Abschnitt „meschant — oft" ausgearbeitet. Er umfaßt etwa 130 Druckspalten.

Im Frühjahr 1981 erschien als Band 78 der „Linguistischen Studien": „Wörterbuch der obersächsischen Mundarten — Konzeption und Probeartikel" im Umfang von 130 Seiten. Am 17./18. 12. 81 fand mit dem Leiter der Kommission und Vertretern aller dialektologischen Arbeitsstellen der DDR und des Akademie-Verlages eine weiterführende Diskussion darüber statt.

Bei der künftigen Arbeit wird es darum gehen, Möglichkeiten zu finden, die Arbeitseffektivität durch Straffung und Konzentration auf das Wesentliche zu erhöhen, so daß die gegenwärtig beschäftigten Mitarbeiter das Gesamtwerk zu Ende führen können.

Der Buchstabe M- des Siebenbürgisch-Sächsischen Wörterbuches ist fertiggestellt und mit der Bearbeitung des Buchstabens N- begonnen worden.

Wortatlas der städtischen Umgangssprache

Im Berichtszeitraum sind nach Durchsicht aller beantworteter Fragebögen der rund 300 Städte 61 Karten gezeichnet worden. Die Verzettelung von mundartlicher oder umgangssprachlicher Literatur ist fortgesetzt und mit der sprachgeographischen, sprachhistorischen und soziolinguistischen Kommentierung der Karten ist begonnen worden.

Forschungen zum gesellschaftspolitischen Wortschatz

Die Arbeitsgruppe wurde 1982 neu gegründet. Ihre Aufgabe ist die linguistische Erforschung ausgewählter Bereiche des gesellschaftspolitischen Wortschatzes des Deutschen, Englischen und Französischen. Besonderer Akzent liegt dabei auf der Ermittlung und Anwendung einzelwortübergreifender Methoden der Beschreibung und Erklärung, wie sie speziell in text- und übersetzungswissenschaftlichen Arbeiten entwickelt wurden. Eine weitere Grundlage bildet die soziolinguistische Bestimmung des untersuchten Wortmaterials. Mit dem komplexen Forschungsansatz sollen die bisherigen begrenzten Ergebnisse lexikologischer Darstellung des gesellschaftlichen Wortschatzes überwunden werden. Zugleich wird ein Beitrag zum relativen Platz des ideologierelevanten Wortschatzes in einer allgemeinen Sprachtheorie sowie seiner Rolle im Übersetzungsprozeß angestrebt.

Ein Ende 1982 abgeschlossener erster Forschungsbericht referiert über die Möglichkeit vorrangig textlinguistischer Ansätze zur Wortschatzerfassung.

Schriftenreihe

Deutsch-Slawische Forschungen zur Namenkunde und Siedlungsgeschichte, begründet von Theodor Frings und Rudolf Fischer, hrsg. von Rudolf Fischer und Rudolf Große bis Nr. 26, dann von: Ernst Eichler, Wolfgang Fleischer, Rudolf Große, Albrecht Neubert und Hans Walther Nr. 33: Isolde Neumann, Obersächsische Familiennamen II. Die Familiennamen der Stadtbewohner in den Kreisen Oschatz, Riesa und Großenhain bis 1600, Berlin 1981. Nr. 34: Klaus-Dieter Gansleweit, Untersuchungen zur Namenkunde und Siedlungsgeschichte der nordöstlichen Niederlausitz, Berlin 1982.

Rudolf Große

ZUSCHÜSSE

Es werden Zuschüsse geleistet für die Veröffentlichungen des Thesaurus Linguae Latinae.

Für die Unternehmungen innerhalb der *Union Académique Internationale* ist für das Corpus Vasorum Antiquorum Prof. Dr. Eberhard Paul zuständig.

Das Corpus Vasorum Antiquorum Leipzig

Die Bearbeitung der attisch rotfigurigen Keramik des Antikenmuseums der Karl-Marx-Universität Leipzig wurde 1981/82 weitergeführt.

Das Manuskript des dritten Bandes des Corpus Vasorum Antiquorum Leipzig, das alle Gefäßtypen der attisch rotfigurigen Keramik bis auf die Trinkschalen enthält, wurde überarbeitet. Dabei machte es sich nötig, den Katalog mit Nachweis von Inventarnummern, Herkunft, Erwerbung, Angabe der technischen Daten und vor allem die vollständige Bibliographie jedes einzelnen Stückes nach einem einheitlichen System und verbindlichen Sigel- und Abkürzungsverzeichnissen zusammenzustellen. Für den beschreibenden Text ergaben sich Korrekturen, besonders bei der Interpretation der Bildinhalte sowie der Maler- bzw. Werkstattzuschreibung. Neue Ergebnisse der Vasenforschung wurden — soweit sie durch Literaturbeschaffung oder persönliche Kontakte zugänglich gemacht werden konnten — eingearbeitet.

Geblieben ist ein kleiner Rest von namentlich stark fragmentierten Gefäßen und Scherben, der sich bisher einer über die Fixierung der Entstehungszeit hinausgehenden stilistischen Einordnung entzogen hat. Mangelhafter Zugang zu Vergleichsstücken erschwert die Arbeit.

Die Anleitung der Restaurierungsarbeiten sowie der fotografischen Aufnahmen erfolgte weiterhin in Zusammenarbeit mit den eingearbeiteten Fachkräften, so daß auch für die technische Aufbereitung des Bildmaterials nur noch wenige Lücken offengeblieben sind, die im Laufe des Jahres 1983 geschlossen werden können.

Die Vorarbeiten für den vierten Band des CVA Leipzig mit einem Teil der attisch rotfigurigen Keramik haben begonnen.

Prof. Dr. Eberhard Paul

SITZUNGEN 1981 UND 1982

Mathematisch-naturwissenschaftliche Klasse

16. Januar 1981

Vortrag von Herrn Ries: „Studien zum biologischen Alter", erschienen in den Sitzungsberichten der math.-nat. Klasse, Band 116 (1982) H. 1.

Vorgelegt werden Schriften von: Wolfgang Buchheim, Klaus Dörter, Ulrich Freimuth, Manfred Gersch, Paul Görlich, Ernst Neef, Wilhelm Oelßner, Kurt Schwabe, Erich Strack, German Stepanovič Ždanov.

6. Februar 1981

Vortrag von Herrn Emons: „Zur effektiven Nutzung heimischer Mineralsalze."

Vorgelegt werden Schriften von: Hermann Berg, Walter Krug, Kurt Mothes, Benno Parthier, Rudolf Sachsenweger, Adolf Watznauer.

6. März 1981

Vortrag des ausw. Mitgliedes, Herrn Benetin: „Mathematisches Modell des Wachstums wirtschaftlicher Kulturen und seine Ausnutzung in der quantitativen Auswertung der Bewässerungswirkung zwecks Steigerung der Ernteerträge", erschienen in den Sitzungsberichten der math.-nat. Klasse, Band 116 (1983) H. 4.

Vorgelegt werden Schriften von: Paul Görlich, Erich Rammler, Hans Stubbe, Dietrich Uhlmann.

15. Mai 1981

Ansprache des ausw. Mitgliedes, Herrn Karšulin über die internationale Zusammenarbeit mit der Akademie.

Vorgelgt werden Schriften von: Karl-Franz Busch, Klaus Dörter, Hans-Heinz Emons, László Fejes Tóth, Erich Strack.

12. Juni 1981

Vortrag von Herrn Sachsenweger: „Augenunabhängige optosensorische Wahrnehmungsformen", erschienen in den Sitzungsberichten der math.-nat. Klasse, Band 116 (1983) H. 2.

Vorgelegt werden Schriften von: Klaus Dörter, Herbert Jordan, Erich Rammler, Werner Ries, Rudolf Sachsenweger, Kurt Schwabe.

9. Oktober 1981

Vortrag von Herrn Berg: „Elektrische Feldwirkungen auf Zellen und Zellstoffwechsel."

4. Dezember 1981

Vortrag von Herrn Watznauer: „Die Bedeutung des Radons in der Umweltproblematik", erschienen in den Sitzungsberichten der math.-nat. Klasse, Band 116 (1983) H. 7.

Vorgelegt werden Schriften von: Hermann Berg, Klaus Dörter, Hans-Heinz Emons, Manfred Gersch, Ott-Heinrich Keller, Kurt Mothes, Ernst Neef, Kurt Schwabe, Dietrich Uhlmann.

15. Januar 1982

Vortrag von Herrn Wolf: „Chemische Technologie und Umweltschutz."
Vorgelegt werden Schriften von: Klaus Dörter, Wolfgang Dürwald, Heinz Penzlin, Hans Jürgen Rösler, Joachim-Hermann Scharf, Armin Uhlmann.

5. Februar 1982

Vortrag von Herrn Parthier: „Der Beitrag der Molekularbiologie zur Evolutionserkenntnis", erschienen in den Sitzungsberichten der math.-nat. Klasse, Band 116 (1983) H. 6.
Vorgelgt werden Schriften von: Herbert Beckert, Egon Fanghänel, Herbert Jordan, Kurt Mothes, Werner Ries, Dietrich Uhlmann.

5. März 1982

Vortrag von Herrn Dörter: „Einige Aspekte zum landeskulturellen Nutzen des Meliorationswesens", erschienen in den Sitzungsberichten der math.-nat. Klasse, Band 117 (1984) H. 1.
Vorgelegt werden Schriften von: Manfred Gersch, Herbert Jordan, Joachim-Hermann Scharf, Dietrich Uhlmann, Adolf Watznauer.

7. Mai 1982

Vortrag von Herrn Buchheim: „Die Komplementarität nach Niels Bohr — physikgeschichtliche Episode oder universelle Erkenntnisform?", erschienen in den Sitzungsberichten der math.-nat. Klasse, Band 117 (1984) H. 6.
Vorgelegt werden Schriften von: Egon Fanghänel, Paul Görlich, Herbert Jordan, Joachim-Hermann Scharf, Dietrich Uhlmann.

4. Juni 1982

Vortrag von Herrn Freimuth: „‚Synthetische Lebensmittel' — Ergebnisse und Probleme."
Vorgelegt werden Schriften von: Klaus Dörter, Herbert Krug.

8. Oktober 1982

Vortrag von Herrn Jordan: „Zur funktionellen Normalität des Menschen", erschienen in den Sitzungsberichten der math.-nat. Klasse, Band 117 (1984) H. 3.
Vorgelegt werden Schriften von: Hermann Berg, Klaus Dörter, Wolfgang Dürwald, Egon Fanghänel, Ulrich Freimuth, Herbert Jordan, Rudolf Sachsenweger, Joachim-Hermann Scharf, Manfred Schubert, Kurt Schwabe, Hans Stubbe, Dietrich Uhlmann.

3. Dezember 1982

Vortrag von Herrn Lösche: „Physik tiefer Temperaturen."
Vorgelegt werden Schriften von: Klaus Dörter, Erich Rammler, Hans Jürgen Rösler, Joachim-Hermann Scharf, Kurt Schwabe.

16. Januar 1981

Vortrag von Herrn Wittich: „Thomas S. Kuhns Ideen zur Wissenschaftsentwicklung — Anliegen, Quellen und Resultate.“

Vorgelegt werden Schriften von: Lieselotte Blumenthal, Eberhard Brüning, Karl Czok, Hans-Joachim Diesner, Ernst Eichler, Rudolf Große, Rolf Lieberwirth, Friedrich Möbius, Joachim Müller, Werner Neumann, Kurt Rudolph, Rudolf Růžička, Claus Träger, Ernst Werner, Siegfried Wollgast.

6. Februar 1981

Vortrag von Herrn Möbius: „Liturgische Nutzung und architektonische Symbolik des feudalen Kirchenbaues.“

Vorgelegt werden Schriften von: Hans-Joachim Diesner, Gerhard Dudek, Ernst Eichler, Johannes Erben, Joachim Müller, Claus Träger, Siegfried Wollgast.

6. März 1981

Vortrag von Herrn Neumann: „Das funktionelle Wechselverhältnis von Vokalität und Instrumentalität als kompositionstechnisches Grundphänomen, dargestellt am Schaffen Johann Sebastian Bachs“, erschienen in den Sitzungsberichten der phil.-hist. Klasse, Band 123 (1982) H. 3.

Vorgelegt werden Schriften von: Eberhard Brüning, Walter Dietze, Jaques Droz, Edgar Lehmann, Manfred Mayrhofer, Friedrich Möbius, Joachim Müller, Kurt Rudolph, Claus Träger, Sir Eric Gardner Turner, Ernst Werner, Siegfried Wollgast.

15. Mai 1981

Vortrag von Herrn Mitchell: „Sociolinguistic and stylistic dimensions of an Umgangssprache, with special reference to the Educated Spoken Arabic of Egypt and the Levant“, erschienen in den Sitzungsberichten der phil.-hist. Klasse, Band 123 (1984) H. 6.

Vortrag von Frau Blumenthal: „Über eine Handschrift von Schillers ‚Don Carlos‘.“

Vorgelegt werden Schriften von: Veselin Beševliev, Werner Coblenz, Viktorija N. Jarceva, Edgar Lehmann, Zofia Lissa, Werner Neumann, Rudolf Růžička, Kurt Tackenberg, Claus Träger, Otto Vossler.

12. Juni 1981

Vortrag von Herrn Czok: „Über Traditionen sächsischer Landesgeschichte“, erschienen in den Sitzungsberichten der phil.-hist. Klasse, Band 123 (1983) H. 4.

Vorgelegt werden Schriften von: Eberhard Brüning, Werner Coblenz, Ernst Eichler, Rudolf Große, Werner Neumann, Claus Träger.

9. Oktober 1981

Vortrag von Herrn Růžička: „Sprachwissen und Sprachkunst“, erschienen in den berichten der phil.-hist. Klasse, Band 124 (1983) H. 4.

4. Dezember 1981

Vortrag von Herrn Rudolph: „Wellhausen als Arabist“, erschienen in den Sitzungsberichten der phil.-hist. Klasse, Band 123 (1983) H. 5.

Vorgelegt werden Schriften von: Werner Bahner, Karl Bischoff, Karl Czok, Walter Dietze, Rudolf Große, Rolf Lieberwirth, Friedrich Möbius, Joachim Müller, Werner Neumann, Kurt Rudolph, Gertrud Schubart-Fikentscher, Claus Träger, Ernst Ullmann, Siegfried Wollgast.

15. Januar 1982

Vortrag von Herrn Rathmann: „Aktuelle Probleme der Dritten Welt: Die Disparität zwischen Zentrum und Peripherie."

Vorgelegt werden Schriften von: Werner Coblenz, Hans-Joachim Diesner, Ernst Eichler, Hermann Heimpel, Joachim Müller, Claus Träger, Siegfried Wollgast.

5. Februar 1982

Vortrag von Herrn Forberger: „Zum Bild Johann Friedrich Böttgers und der Meißner Porzellanmanufaktur in der Sächsischen Manufakturgeschichte", erscheint in den Sitzungsberichten der phil.-hist. Klasse, Band 125 (1985) H. 4.

Vorgelegt werden Schriften von: Rolf Lieberwirth, Walter Markov, Werner Neumann, Claus Träger, Ernst Ullmann, Siegfried Wollgast.

5. März 1982

Vortrag von Herrn Hiebsch: „Methodologische Probleme der Psychophysiologie bei der Systemanalyse menschlicher Handlungen", erschienen in den Sitzungsberichten der phil.-hist. Klasse, Band 124 (1984) H. 1.

Vorgelegt werden Schriften von: Eberhard Brüning, Hans-Joachim Diesner, Ernst Eichler, Rudolf Große, Walter Markov, Siegfried Wollgast.

7. Mai 1982

Vortrag von Herrn Coblenz: „Zum Burgenbau und zur Burgfunktion im bronzezeitlichen Mitteleuropa."

Vorgelegt werden Schriften von: Walter Dietze, Joachim Müller, Albrecht Neubert, Werner Neumann, Claus Träger, Ernst Ullmann.

4. Juni 1982

Vortrag von Herrn Bahner: „Kontinuität und Diskontinuität in der Herausbildung der romanischen Sprachwissenschaft", erschienen in den Sitzungsberichten der phil.-hist. Klasse, Band 124 (1983) H. 3.

Vorgelegt werden Schriften von: Eberhard Brüning, Karl Czok, Hans-Joachim Diesner, Ernst Eichler, Rudolf Forberger, Hermann Heimpel, Siegfried Morenz, Siegfried Wollgast.

8. Oktober 1982

Vortrag von Herrn Diesner: „Frühe pragmatische Geschichtsschreibung", mußte wegen Krankheit des Referenten entfallen.

Vorgelegt werden Schriften von: Kurt Aland, Werner Bahner, Eberhard Brüning, Rudolf Große, Friedmar Kühnert, Friedrich Möbius, Albrecht Neubert, Kurt Rudolph, Claus Träger, Siegfried Wollgast.

3. Dezember 1982

Vortrag von Herrn Lehmann: „Thematische Karten als Kommunikations- und Erkenntnismittel", erscheint in den Sitzungsberichten.

Vorgelegt werden Schriften von: Karl Czok, Gerhard Dudek, Ernst Eichler, Edgar Lehmann, Werner Peek, Kurt Rudolph, Ernst Ullmann, Siegfried Wollgast.

Öffentliche Gesamtsitzungen

10. April 1981

Ansprache des Präsidenten, Herrn Bahner, Bericht des Vizepräsidenten, Herrn Lehmann, über die Arbeiten beider Klassen, — Vortrag des Herrn Werner: „Sultan Mehmed der Erorberer und die Epochenwende im 15. Jahrhundert", erschienen in den Sitzungsberichten der phil.-hist. Klasse, Band 123 (1982) H. 2.

13. November 1981

Ansprache des Präsidenten, Herrn Bahner. — Vortrag des Herrn Busch: „Grundwasserbeeinflussung und Grundwasserschutzmaßnahmen."

16. April 1982

Ansprache des Präsidenten, Herrn Bahner, Bericht des Vizepräsidenten, Herrn Lehmann, über die Arbeiten beider Klassen, — Vortrag des Herrn Neubert: „Diskurs über den Diskurs. Neue Denkanstöße in der Sprachwissenschaft", erschienen in den Sitzungsberichten der phil.-hist. Klasse, Band 124 (1983) H. 2.

19. November

Ansprache des Präsidenten, Herrn Bahner. — Vortrag des Herrn Keller: „Die Zahl", erscheint in den Sitzungsberichten der math.-nat. Klasse, Band 117 (1985) H. 5.

ANSPRACHE DES PRÄSIDENTEN, HERRN BAHNER

bei der öffentlichen Gesamtsitzung am 10. April 1981

Unsere diesjährige öffentliche Frühjahrssitzung führen wir einen Tag vor einem Ereignis durch, das uns als Bürger der Deutschen Demokratischen Republik unmittelbar berührt und dessen Verlauf wir mit großer Aufmerksamkeit verfolgen werden. Morgen beginnt in Berlin der X. Parteitag der Sozialistischen Einheitspartei Deutschlands, der für die weitere Entwicklung unserer Republik von grundlegender Bedeutung ist. Er wird maßgebliche Beschlüsse und vorwärtsweisende Orientierungen bringen und den Wissenschaftlern unseres Landes erneut hohe verpflichtende Aufgaben stellen. Bereits die Vorbereitungen darauf sind dadurch deutlich gekennzeichnet, daß Wissenschaftler, wissenschaftliche Kollektive und Institutionen, gleich anderen Werktätigen in den verschiedensten Bereichen der Volkswirtschaft, zahlreiche erkenntnisfördernde wie auch die Überführung in die gesellschaftliche Praxis beschleunigende Initiativen entfaltet haben und erfolgreich bestrebt sind, noch höhere Leistungen zu erzielen.

Auch die Sächsische Akademie der Wissenschaften reihte sich mit ihren speziellen Forschungsstellen in diese Massenbewegung ein. Heute vormittag wurden der Arbeitsgruppe „Thüringisches Wörterbuch" und dem Leiter der Arbeitsstelle „Wörterbuch der obersächsischen Mundarten", Herrn Dr. *Bergmann*, die vom Generalsekretär des ZK der SED unterzeichnete Ehrenurkunde in Anerkennung und Würdigung hervorragender Leistungen im sozialistischen Wettbewerb zu Ehren des X. Parteitages überreicht.

Der sich in raschem Tempo vollziehende wissenschaftlich-technische Fortschritt wird nur dann den weiteren Fortgang der Menschheit in entscheidendem Maße fördern, wenn er mit dem sozialen Fortschritt eng verknüpft ist, in einem wechselseitigen Zusammenhang steht. Mehr denn je kommt es in unserer Zeit darauf an, die wissenschaftlichen Erkenntnisse zum Wohle der Menschen zu nutzen, jeden antihumanen Mißbrauch energisch abzuwenden. Nur in Zeiten des Friedens und im Dienste des Friedens vermag die Wissenschaft sich allseitig und fruchtbar zu entwickeln und ihrem humanistischen Grundanliegen zu entsprechen.

Der Wunsch und die Sehnsucht der Völker nach einer Welt des Friedens fanden in der Literatur, Kunst und Philosophie schon sehr früh in vielfältigen Formen beredten Ausdruck. In den ältesten literarischen Zeugnissen der Inder, Chinesen und Perser wurden ebenso wie in neueren Werken zahlreicher Autoren der europäischen und außereuropäischen Literaturen das Unglück und die Verwerflichkeit des Krieges angeprangert wie auch der Segen des Friedens gepriesen. Niemals konnte sich in den genannten Literaturen unangefochten die Auffassung behaupten, daß Kriege schicksalhaft und überdies Gelegenheit zu besonderer menschlicher Bewährung seien. Maßgebliche Philosophen und hervorragende Denker vom Altertum bis in unsere Zeit hassen den Krieg und träumen von einer Zukunft im Frieden. Im Krieg erblickten sie eine auszumerzende Geißel der Menschheit.

Allein durch die Kriege in neuerer Zeit wurden nicht nur Millionen von Menschen vernichtet und kulturelle, zivilisatorische Werte zerstört, sondern auch unermeßliche materielle Ressourcen vergeudet. So wurde beispielsweise errechnet: Hätten die im 2. Weltkrieg für die Zerstörung und Vernichtung aufgebrachten Mittel für kulturelle Zwecke Verwendung gefunden, wäre es möglich gewesen, den Kindern der ganzen Welt eine Oberschulausbildung zuteil werden zu lassen, für sämtliche Familien der Welt Häuser mit einem Wohnraum von fünf Zimmern zu bauen sowie für je 5000 Bewohner unseres Planeten ein Krankenhaus zu errichten.

Angesichts der Tatsache, daß sich die Menschheit in den nächsten Jahrzehnten in wachsendem Maße mit brisanten globalen Problemen konfrontiert sieht, die weltweit nicht nur durch die menschliche Kreativität und Erfinderkraft allein gemeistert werden können, sondern vor allem auch eine sinnvolle Nutzung der vorhandenen Ressourcen erfordern, kommt jedes Wettrüsten einer ungeheueren Vergeudung von anderswo dringendst benötigten Mitteln gleich.

Für viele Experten steht es außer Zweifel und in der UNESCO wird von progressiven Kräften seit Jahren mahnend darauf hingewiesen, daß in zahlreichen Entwicklungsländern mehrere globale Probleme nicht nur äußerst akut sind, sondern auch nur dann wirklich erfolgreich in Angriff genommen werden können, wenn in solidarischer Weise von vielen anderen Völkern beträchtliche Mittel, die bisher für Zwecke der Rüstung Verwendung gefunden haben, dafür aufgebracht werden. Hinzu kommt noch die immer wieder Entsetzen und Empörung auslösende Tatsache, daß heute Massenvernichtungsmittel und Waffensysteme, insbesondere neue Raketenkernwaffen, vorhanden sind, mit denen die gesamte Menschheit ausgelöscht werden kann.

Es erfüllt uns deshalb mit tiefer Sorge, daß sich gegenwärtig eine neue Etappe des Wettrüstens abzuzeichnen scheint. Mit allen Mitteln zur Erhaltung des Friedens beizutragen, dem Wettrüsten energisch Einhalt zu gebieten, ist sicherlich das Gebot der Stunde. Wir begrüßen aus diesem Grund wärmstens die konstruktiven Vorschläge, die der XXVI. Parteitag der KPdSU zur Festigung des Friedens und zur Zügelung des Wettrüstens der Weltöffentlichkeit unterbreitet hat.

Mit vollem Recht hat der Generalsekretär der KPdSU gefordert, daß die Völker die Wahrheit darüber erfahren müssen, welche verheerenden Folgen ein Kernwaffenkrieg für die Menschheit hätte, und den Vorschlag unterbreitet, ein internationales Komitee zu bilden, das vor Augen führen sollte, wie lebensnotwendig es ist, die nukleare Katastrophe abzuwenden. Das Engagement aller Wissenschaftler ist hier dringend vonnöten. Mehr denn je kommt es heute gerade unter diesem Blickpunkt auf die gesellschaftliche Verantwortung eines jeden Wissenschaftlers an.

ANSPRACHE DES PRÄSIDENTEN, HERRN BAHNER

bei der öffentlichen Gesamtsitzung am 13. November 1981

Die Sächsische Akademie darf es sich zur hohen Ehre anrechnen, daß sie in ihren Reihen stets Mitglieder hatte, die auf die Entwicklung ihres Fachgebiets eine weltweite Wirkung ausübten und maßgeblich zum wissenschaftlichen Erkenntnisfortschritt beitrugen. Heute sei daran erinnert, daß am 2. Dezember dieses Jahres nicht nur Physiker und Elektrotechniker in aller Welt, sondern auch die Regierung unseres Staates gemeinsam mit den Wissenschaftlern der DDR des 100. Geburtstages von Heinrich Barkhausen dankbar und in gebührender Weise gedenken werden. Heinrich Barkhausen, der als Ordentliches Mitglied unserer Akademie angehörte, hat auf dem Gebiet der Physik, vor allem der Elektronenphysik, wesentlich neue Erkenntnisse geliefert und außerdem die gesamte Entwicklung der Schwachstromtechnik entscheidend beeinflußt.

Dieser in Bremen geborene Gelehrte war bereits im Alter von 30 Jahren, nach erfolgreichem Studium der Physik in Berlin, München und Göttingen und einer Tätigkeit in der Industrieforschung, als Ordinarius für Schwachstromtechnik auf den ersten Lehrstuhl dieser Art in Deutschland an die Technische Hochschule Dresden berufen worden. Er hat diesen Lehrstuhl bis zu seiner Emeritierung innegehabt und verstarb am 20. Februar 1956 im Alter von 75 Jahren in Dresden.

Heinrich Barkhausen kann als einer der Physiker gelten, die ihre physikalische Ausbildung in einer einmaligen Weise auf praktische Probleme angewendet und gleichzeitig die Grundlagen der Elektronenphysik maßgeblich gefördert haben. Schon im Jahre 1919 gelang Barkhausen eine grundlegende Entdeckung in bezug auf die Magnetisierung von magnetischen Festkörpern, die zur Kenntnis des strukturellen Aufbaues dieser Körper wesentlich beigetragen hat. Durch den sogenannten Barkhauseneffekt, bei dem die sprunghafte Änderung der Magnetisierung charakteristisch ist, konnten wesentliche Beiträge zur Orientierungsabhängigkeit der magnetischen Bezirke erzielt werden. Die Entwicklung der Elektronenröhren und die Kenntnis über die dabei ablaufenden Vorgänge hat Barkhausen wesentlich bereichert, besonders durch die Auffindung des Rückkopplungsprinzips. Damit hat er die Anwendung der Elektronenröhren als Verstärker und ihren Einsatz in der gesamten Schwachstromtechnik mitgestaltet. Sein vierbändiges Werk über Elektronenröhren, das sich durch eine außerordentliche Systematik und Klarheit der Darstellung auszeichnet, ist in viele Sprachen übersetzt worden und verschaffte ihm Weltruf.

Aus seiner Schule gingen zahlreiche Elektrotechniker hervor, die sowohl in der Industrie als auch im Hochschulbereich auf den verschiedensten Gebieten der Schwachstromtechnik große Erfolge erzielt haben. Er wurde von seinen Schülern nicht nur wegen seiner Fähigkeit, komplizierte physikalische und technisch-physikalische Probleme klar darzustellen, hochgeschätzt, sondern auch wegen seiner persönlichen Integrität und seiner Bescheidenheit. Vielen von ihnen gab er wichtige Hinweise, die sie später in ihrem eigenen Arbeitsbereich verwertet und daraus neue physikalische Erkenntnisse und technische Entwicklungen abgeleitet haben. Mit seinem Ideenreichtum hat Barkhausen auch vielen anderen

Wissenschaftlern an der TH Dresden wertvolle Anregungen gegeben, die bis in das Gebiet der Elektrochemie reichten.

In den Annalen der neueren Wissenschaftsgeschichte ist unbedingt zu vermerken: Heinrich Barkhausen übte maßgeblichen Einfluß auf die gesamte Entwicklung der Elektrotechnik bis zur heutigen Elektronik aus und steuerte ebenso wesentliche Beiträge zur Entwicklung der Elektroakustik bei.

Heinrich Barkhausen, der auch Mitglied der Akademie der Wissenschaften der DDR war, gehörte zahlreichen wissenschaftlichen Gesellschaften an und erhielt aus allen Teilen der Welt hohe Ehrungen. Die Sitzungen unserer Akademie bereicherte er in bemerkenswerter Weise durch seine anregenden und immer das Wesentliche der Problematik herausschälenden Diskussionsbeiträge. Die Sächsische Akademie der Wissenschaften wird seiner in Dankbarkeit gedenken.

Die grundlegenden Beschlüsse und vorwärtsweisenden Orientierungen des X. Parteitages der Sozialistischen Einheitspartei Deutschlands haben allen Wissenschaftlern unserer Republik hohe verpflichtende Aufgaben gestellt. Ohne Zweifel haben in unserem Land die Förderung der Wissenschaft und die gesellschaftliche Verantwortung der Wissenschaftler eine neue Dimension erlangt. Dem Fortschritt in der Wissenschaft wird für die weitere Entwicklung unserer sozialistischen Gesellschaft, für die Erhöhung des materiellen und geistig-kulturellen Lebensniveaus aller Werktätigen eine ganz außerordentliche Bedeutung beigemessen. Mehr denn je ist auch das bedingungslose Engagement für den Frieden angesichts der gegenwärtigen internationalen Entwicklung zu einem vordringlichen Erfordernis für alle Wissenschaftler geworden.

Für alle wissenschaftlichen Einrichtungen ist auf dem X. Parteitag als Hauptaufgabe formuliert worden, eine noch größere Effektivität und eine noch höhere Qualität in der Forschungsarbeit zu erreichen, das fortgeschrittenste internationale Niveau als Maßstab zu nehmen und dieses mitzubestimmen.

Es zeichnet sich deutlich ab, daß für die Wissenschaftler vielfach nur durch interdisziplinäres Zusammenwirken die volle Wahrnehmung der gesellschaftlichen Verantwortung ermöglicht wird. Da die wissenschaftlichen Zielstellungen wegen ihres zunehmend komplexen Charakters immer stärker auf die Erkenntnis der vielseitigen Wechselwirkungen zwischen Natur und Gesellschaft sowie zwischen den einzelnen gesellschaftlichen Bereichen ausgerichtet werden müssen, erwachsen daraus übergreifende, vielschichtige Aufgaben, die nur durch interdisziplinäre Arbeit zu lösen sind. Es versteht sich von selbst, daß dadurch an die Leitung und Organisation der betreffenden wissenschaftlichen Arbeiten wie auch an die Fähigkeit und Bereitschaft der einzelnen Mitarbeiter zum engen interdisziplinären Zusammenwirken noch höhere Anforderungen gestellt werden.

Über die arbeitsteiligen Prozesse in den einzelnen Wissenschaftsdisziplinen hinaus bleibt durch die interdisziplinäre Ausrichtung der Blick auf das Ganze erhalten. Damit ist die Möglichkeit gegeben, tiefere Einsichten in die zu erzielenden bzw. gewonnenen wissenschaftlichen Ergebnisse zu erlangen und deren Auswirkungen und beabsichtigte Nutzung klarer zu erkennen. Zweifellos muß heute mehr denn je bei wissenschaftlichen Entdeckungen die Frage gestellt werden, welche voraussichtlichen Auswirkungen diese auf die verschiedenen Bereiche des gesellschaftlichen Lebens haben können, welche sozialen, ökonomischen und politischen Aspekte es jeweils zu beachten gilt. Die von den Wissenschaftlern zu tragende gesellschaftliche Verantwortung tritt dabei in ihrem ganzen Ausmaß hervor.

Wenn es um die Bestimmung der gesellschaftlichen Verantwortung des Wissenschaftlers geht, darf ferner keinesfalls die Mitwirkung an den sich vollziehenden Bildungsprozessen in der Gesellschaft ausgeklammert werden. Die Wissenschaft durchdringt heute in unserem

Land alle Bereiche unseres gesellschaftlichen Daseins: die materielle Produktion, die sozialen Beziehungen und das geistig-kulturelle Leben. Zwischen Wissenschaft und Bildung existiert ein sehr enger wechselseitiger Zusammenhang, der auch den Forscher verpflichtet, sich im Rahmen seiner Möglichkeiten gezielt an der Verbreitung wissenschaftlicher Kenntnisse zu beteiligen. Daß die schulische Ausbildung auf den verschiedenen Stufen einen wissenschaftlichen Charakter tragen muß, hat sich seit langem als Einsicht durchgesetzt. Ebenso wird immer deutlicher sichtbar, daß die ständige Weiterbildung in den verschiedensten Berufen zu den gesellschaftlichen Erfordernissen zählt, die wachsender Aufmerksamkeit bedürfen.

Die Mitglieder und Mitarbeiter der Sächsischen Akademie der Wissenschaften sind tatkräftig bemüht, von ihren jeweiligen Möglichkeiten her verantwortungsbewußt zur erfolgreichen Bewältigung der vor der Wissenschaft unseres Landes stehenden Aufgaben in der Forschung, in der Bildung und in der Gestaltung des kulturell-geistigen Lebens effektiv beizutragen. So handelt es sich für uns bei der Beschäftigung mit dem wissenschaftlich-kulturellen Erbe nicht um ein liebevolles Sichversenken in die Vergangenheit, um etwas Museales schlechthin. Vielmehr sind wir darum bemüht, umfassend in die damit jeweils verknüpften wissenschafts- und kulturhistorischen Prozesse einzudringen, das Verhältnis von Tradition und Neuerung aufzuhellen und die Dialektik von Historizität und Aktualität bei den jeweiligen Problemkomplexen herauszuarbeiten.

Die Sächsische Akademie der Wissenschaften wird im nächsten Jahr den 250. Geburtstag des bedeutenden Germanisten, Linguisten und Kulturhistorikers Johann Christoph Adelung zum Anlaß nehmen, um über die Entwicklung der Sprach-, Literatur- und Geschichtswissenschaften um die Wende vom 18. zum 19. Jahrhundert ein dreitägiges Kolloquium mit internationaler Beteiligung vom 25. bis 28. Oktober 1982 durchzuführen. Mit Adelung sind wissenschafts- und kulturgeschichtlich in erster Linie folgende Tatsachen verknüpft:

1. Durch sein vielbändiges „Grammatisch-kritisches Wörterbuch der Hochdeutschen Mundart", das in Leipzig erstmals in den Jahren 1774—1786 und in zweiter Auflage von 1793—1801 erschien, kommt Johann Christoph Adelung das Verdienst zu, als erster moderner Lexikograph der deutschen Sprache zu gelten.
2. Mit seinen zahlreichen Abhandlungen zur Grammatik, Stilistik und Orthographie trug er wesentlich dazu bei, die Normen unserer nationalen Literatursprache zu festigen. Seine erstmals 1781 erschienene „Deutsche Sprachlehre", die er im Auftrag des Ministers Zedlitz für die preußischen Schulen verfaßt hatte, kam bis 1816 auf sechs Auflagen und wurde auch ins Lateinische und Französische übersetzt. Große Beachtung fand ebenso sein 1782 erschienenes zweibändiges Werk „Umständliches Lehrgebäude der Deutschen Sprache".
3. Mit Adelungs sprachreformerischen Bemühungen hing drittens die für die damalige deutsche Sprach- und Literaturentwicklung charakteristische wie aufschlußreiche Kontroverse über den Charakter des Hochdeutschen zusammen, die dieser Gelehrte und Publizist polyhistorischen Zuschnitts 1782 durch einen Aufsatz in seinem „Magazin für die Deutsche Sprache" ausgelöst hatte. Vor allem seine Behauptung, daß die deutsche Hochsprache mit der Sprache der sogenannten höheren Stände Obersachsens identisch sei, rief erboste Kritiker aus verschiedensten Lagern und Richtungen auf den Plan.
4. Auf kulturgeschichtlichem Gebiet trat Adelung ebenfalls mit bemerkenswerten Beiträgen hervor. Die Sprache war seines Erachtens „der erste und wichtigste Schritt zur Kultur". Und in der Geschichte einer Sprache erblickte er das sicherste Mittel, „den

Fortschritt eines Volkes in den Sitten, Fertigkeiten und Kenntnissen von einem Jahrhunderte zu dem andern zu zeigen". Besonders interessierte sich Adelung für die Verbindungen zwischen Wirtschaft und Kultur, betrachtete er doch die Verfassung und das Recht eines Staates als weitgehend abhängig von den bestehenden wirtschaftlichen Verhältnissen. Zweifellos gehörte er zu der Reihe jener Historiker, die im 18. Jahrhundert Ansätze einer materialistischen Geschichtsauffassung entwickelten.

5. In die Geschichte der allgemeinen Sprachwissenschaft ging Adelung vor allem durch das zwischen 1806 und 1817 erschienene vierbändige Werk „Mithridates oder allgemeine Sprachenkunde" ein. Es bot damals den umfassendsten Überblick über die Sprachen der Erde und faßte den jeweiligen wissenschaftlichen Kenntnisstand vor der Herausbildung der historisch-vergleichenden Sprachwissenschaft zusammen. In der Anordnung war es allerdings noch stark der Ethnographie verpflichtet.

Um die historische Bedeutung und den wissenschaftlichen Stellenwert der in Deutschland um die Wende vom 18. zum 19. Jahrhundert hervortretenden linguistischen Ideen und Bestrebungen zu ermitteln, ist es zweifellos notwendig, auch den Blick auf ähnliche Entwicklungen in anderen europäischen Ländern zu richten. Es gab auf diesem geistig-kulturellen Gebiet teilweise rege Wechselbeziehungen zwischen einzelnen europäischen Ländern, da sich nicht nur der internationale Kommunikationskreis verbreiterte, sondern ebenso ähnliche gesellschaftliche Bedürfnisse aufkamen. Hier zeichneten sich übergreifende historisch-gesellschaftliche Prozesse ab, die sich in den einzelnen Ländern je nach den Voraussetzungen und Gegebenheiten nur in unterschiedlicher Weise artikulierten.

Die in sich differenzierte Aufklärungsbewegung, welche auf ein diesseitsbetontes Weltverständnis aus war, eine antifeudale Stoßrichtung zeigte und mit den vom Bürgertum getragenen nationalen Emanzipationsbestrebungen eng zusammenhing, nahm sich in den einzelnen europäischen Ländern praktisch wie theoretisch der herangereiften linguistischen Probleme ab. Diesen Bestrebungen lag die Überzeugung zugrunde, daß sich Sprachpflege und öffentliches Wirken gegenseitig bedingten. Um breite Kreise mit den neuen Ideen vertraut zu machen, tat es not, in der Muttersprache und verständlich zu schreiben. Die eigene Volkssprache mußte für alle Lebensbereiche so ausdrucksfähig gestaltet werden, daß sie als Vermittlungsfaktor der Bildung voll aktionsfähig sein konnte. Hierbei bedurfte es einheitlicher sprachlicher Normen, und ebenso galt es, die Voraussetzungen für den Erwerb dieser Normen zu schaffen.

In sprachtheoretischer Hinsicht standen im Mittelpunkt der in der zweiten Hälfte des 18. Jahrhunderts geführten Erörterungen das Verhältnis von Sprache und Denken, der wechselseitige Zusammenhang von Sprache und Gesellschaft und das Problem sprachlicher Universalien und einzelsprachlicher Spezifik. Der voranschreitende Säkularisierungsprozeß führte zu anthropologischen Fragestellungen, bei denen nicht auf sprachwissenschaftliche Kenntnisse und Gesichtspunkte verzichtet werden konnte.

Da die in der ersten Hälfte des vergangenen Jahrhunderts aufkommende historisch-vergleichende Sprachwissenschaft dann in der Zielstellung und Methodik eine entscheidende Zäsur brachte, stellten Adelungs sprachwissenschaftliche Bemühungen eine Art Abschluß des vorangehenden Entwicklungsabschnittes dar. Sie wurden in der Folgezeit nur noch mit den Maßstäben der neuen Richtung gemessen und oftmals global verworfen. Erst als im Verlauf der weiteren Entwicklung auch bestimmte Schwächen oder Einseitigkeiten der historisch-vergleichenden Sprachforschung von neueren Richtungen ins Blickfeld gerückt wurden, änderte sich die Einstellung zu den linguistischen Bestrebungen im 18. Jahrhundert und damit teilweise auch zu Adelungs Wirken. Von besonderer wissenschaftsgeschichtlicher Bedeutung ist in diesem Zusammenhang, daß sich gerade für jenen Zeitabschnitt um die Wende vom 18. zum 19. Jahrhundert aufgrund der besonderen gesamtgesellschaftlichen wie auch geistigen und wissenschaftlichen Konstellation ausgezeichnete Anknüpfungspunkte bieten, um das grundlegende Verhältnis von Kontinuität und Diskontinuität näher zu untersuchen und daraus generelle Schlußfolgerungen abzuleiten. Wie in nur wenigen wissenschaftsgeschichtlichen Perioden läßt sich hier durch eingehendere Studien verfolgen, wie auf den erwähnten Gebieten eine Entwicklungsetappe relativer Beständigkeit durch eine Phase der Diskontinuität abgelöst wird.

Die sprachwissenschaftlichen Bemühungen Adelungs enthielten soziolinguistische, sprachpolitische und sprachpflegerische Überlegungen und Ansatzpunkte, die bald durch die neue Richtung der historisch-vergleichenden Sprachwissenschaft als irrelevant erachtet wurden und dann meist unbeachtet blieben. Im Vorwort zu seiner 1819 veröffentlichten *Deutschen Grammatik* polemisierte Jacob Grimm gegen alle sprachreformerischen Bestrebungen der Grammatiker und erklärte diese spöttisch für null und nichtig. Die im 18. Jahrhundert und in seiner Zeit erschienenen Sprachlehren verwirft er nicht nur als pedantisch, sondern auch als schädlich, da durch deren Gebrauch die freie Entfaltung des Sprachvermögens bei den Kindern gestört würde. Jacob Grimm, dessen Hauptziel es war, die sprachlichen Formen und Lautungen möglichst auf ihre ältesten Stufen zurückzuführen, hielt den Verfassern der reformerisch orientierten Sprachlehren entgegen: „Jeder Deutsche, der sein Deutsch schlecht und recht weiß, d. h. ungelehrt, darf sich, nach dem treffenden Ausdruck eines Franzosen, eine selbsteigene, lebendige Grammatik nennen und kühnlich alle Sprachmeisterregeln fahren lassen."

Die moderne Sprachwissenschaft teilt eine solches noch bei den Junggrammatikern nachwirkende Auffassung nicht mehr. Schon die im 20. Jahrhundert postulierte uneingeschränkte Anerkennung der synchronischen Sprachbetrachtung läßt dies nicht zu. Nicht zufällig erklärte der Prager Linguistenkreis seit dem Ende der zwanziger Jahre mit seinen antipositivistischen Zielstellungen die Probleme der Sprachkultur zu einer sprachwissenschaftlichen Aufgabe. Vor allem aber haben in neuester Zeit sozio- und kommunikationslinguistische Gesichtspunkte dazu geführt, daß die Bedeutung der Sprache für gesellschaftliche Organisationsprozesse und Herrschaftsverhältnisse deutlicher ins Blickfeld gerückt wird.

Für die sozialistische Gesellschaft steht ebenfalls das Problem der Sprachkultur. Welcher Stellenwert den Bemühungen um eine sozialistische Sprachkultur in unserem gesellschaftlichen Leben zukommt, ergibt sich allein schon daraus, daß die Sprache als Vermittlungsfaktor in fast allen Bereichen der gesellschaftlichen Praxis eine wichtige Funktion hat. In besonderem Maße gilt das für jene Tätigkeitsbereiche, in denen die Sprache mit Prozessen der Bewußtseins- und Verhaltensentwicklung, mit Bildungs- und Erziehungsprozessen oder sprachlich formulierten künstlerischen Äußerungen verbunden ist. Aber auch für zahlreiche Formen der Gestaltung sozialer Beziehungen zwischen den Menschen trifft dies zu. Die aus der aktiven Teilnahme an der Gestaltung unseres gesellschaftlichen Lebens resultierenden Anforderungen an die geistig-sprachlichen Fähigkeiten beziehen sich sowohl auf rezeptive wie auch auf produktive Sprachbeherrschung.

Letztlich gilt es mehr zu beherrschen als die Normen der Literatursprache. Es geht um das Verfügen über umfangreiche Register situations- und zweckangemessener sprachlicher Mittel und Verfahren. Die noch häufig anzutreffende Meinung, daß Sprachliches ja schließlich nur die Form sei, es aber auf den Inhalt abkomme, bedarf zweifellos der Korrektur. Sprachliches als Komponente des Sozialverhaltens ist niemals bloße Form.

Eine grundlegende Aufgabe und in mehrfacher Hinsicht Voraussetzung für wirksame sprachkulturelle Aktivitäten überhaupt ist die Förderung eines öffentlichen Sprachbewußtseins. Dabei kommt es darauf an, Leistungsmöglichkeiten der Literatursprache auf verschiedenste Weise immer wieder bewußt zu machen. Ebenso gehört dazu sicherlich ein auf die Sprache bezogenes und durch sie mit begründetes sozialistisches Geschichtsbewußtsein. Die Verwurzelung der Sprache in der sozialökonomischen Entwicklung der Menschheit und besonders des eigenen Volkes tritt bei der Reflexion über zahlreiche, vor allem lexikalische Besonderheiten immer wieder in Erscheinung.

Meine Ausführungen möchte ich nicht schließen, ohne nochmals besonders zu unterstreichen, daß eine vorrangige Aufgabe weiterhin darin besteht, die verschiedenen Zugänge zur Literatursprache auf vielfältige Weise zu erleichtern. Dies sollte auf sehr verschiedenen Ebenen erfolgen. Hierbei tragen alle Einrichtungen unseres Bildungswesen eine besonders hohe Verantwortung.

ANSPRACHE DES PRÄSIDENTEN, HERRN BAHNER

bei der öffentlichen Gesamtsitzung am 16. April 1982

Der Zeitpunkt unserer heutigen öffentlichen Sitzung bietet sich geradezu dafür an, ein bestimmtes Datum aus den Annalen unserer Akademie hervorzuheben und damit im Zusammenhang einer wissenschaftlichen Persönlichkeit zu gedenken: Vor einhundert Jahren, am 3. April 1882, wurde unser ehemaliges ordentliches Mitglied Hermann August *Korff* geboren. Er war langjähriger Ordinarius für Geschichte der neueren deutschen Literatur an der hiesigen Universität und ein prominenter Goetheforscher. Der einhundertste Geburtstag dieses feinsinnigen Interpreten der Goetheschen Dichtung fällt bezeichnenderweise in ein Jahr, in dem aus gegebenem Anlaß der wohl größte deutsche Dichter in besonderem Maße geehrt und gewürdigt wird. Es entspricht von jeher den Prinzipien sozialistischer Kulturpolitik, daß die progressiven Traditionen des historischen und kulturellen Erbes erschlossen, gepflegt, lebendig erhalten und für die Bewältigung der Gegenwartsaufgaben genutzt werden. Die Aneignung des Erbes schließt dabei stets die kritische Auseinandersetzung ein und sollte die Wechselbeziehungen von Historizität und Aktualität überzeugend hervortreten lassen.

Hermann August *Korff* versuchte in seinem ab 1923 erschienenen vierbändigen Hauptwerk „Geist der Goethe-Zeit“ eine Gesamtdarstellung der deutschen Literatur und Philosophie in der durch die Französische Revolution entscheidend geprägten Epoche des Umbruchs zu geben. Dieses in seiner gedanklichen Konsequenz und im Aufzeigen übergreifender Zusammenhänge bemerkenswerte Opus enthielt bei allen geistesgeschichtlichen Konstruktionen eine eindeutige Absage an lebensphilosophische Enthistorisierung, positivistische Werkanalyse und chauvinistisch-mystischen Romantikkult. Es stellte ein Plädoyer für den klassischen Humanitätsgedanken in einer Zeit dar, in der zahlreiche Germanisten an deutschen Universitäten in beträchtlichem Maße irrationalistischen Strömungen anhingen, chauvinistische Positionen begründen halfen und sich teilweise zu völkischer Blut- und Boden-Mystik verstiegen. Unser Mitglied Claus *Träger* hat unlängst nicht nur auf diesen Aspekt hingewiesen und eingehend dargelegt, welche deutlichen Grenzen die von *Korff* befolgte geistesgeschichtliche Methode im Hinblick auf die konkret geschichtliche Lebensproblematik jener Umbruchsepoche sichtbar werden ließ, sondern zugleich darauf aufmerksam gemacht, wie sehr *Korffs* achtunggebietende Synthese, vom Kopf auf die Füße gestellt, ihren anregenden Stellenwert beim von der Literaturwissenschaft zu erbringenden konzeptionellen Neuaufbau jener Epochenproblematik zu behaupten vermag. (Vgl. Studien zur Erbetheorie und Erbeaneignung, Leipzig 1981, S. 258ff.)

Die Beschäftigung mit dem historischen und kulturellen Erbe erfordert das Eindringen in die damit jeweils verknüpften historischen und kulturellen Prozesse. Nur so gelingt es, dieses Erbe besser zu verstehen, es in seiner Bedeutsamkeit für uns zu fassen. Vom sozialökonomischen Gesamtprozeß menschheitsgeschichtlicher Entwicklung her ergibt sich stets eine fundierte Grundlage, um den Bogen von der Vergangenheit zur Gegenwart schlagen zu können. *Hegel* unterstrich in seinen „Vorlesungen über die Geschichte der

Philosophie" mit Recht: „In der Tat aber, was wir sind, sind wir zugleich geschichtlich . . . Der Besitz an selbstbewußter Vernünftigkeit, welcher uns, der jetzigen Welt, angehört, ist nicht unmittelbar entstanden und nur aus dem Boden der Gegenwart gewachsen; sondern ist dies wesentlich in ihm, eine Erbschaft und näher das Resultat der Arbeit, und zwar der Arbeit aller vorhergegangenen Generationen des Menschengeschlechts."

Eine wichtige Aufgabe der Sächsischen Akademie der Wissenschaften besteht zweifellos darin, das historische und kulturelle Erbe des sächsisch-thüringischen Raumes erschließen zu helfen, es zu einem lebendigen Bestandteil des geistig-kulturellen Lebens unserer sozialistischen Gesellschaft werden zu lassen. Viele Bürger unseres Landes besichtigen Bauwerke und Kunstdenkmäler in den genannten Gebieten, sind so mit dem historischen Erbe unmittelbar konfrontiert und möchten etwas erfahren über die Entstehung dieser in die Gegenwart ragenden Zeugnisse der Vergangenheit sowie über die damaligen geschichtlichen Verhältnisse. Außerdem sind viele daran interessiert, die Geschichte ihrer engeren Heimat näher kennenzulernen. Diese Momente haben gewiß dazu beigetragen, der Regionalgeschichte größere Aufmerksamkeit als bisher zu schenken. Das Geschichtsbewußtsein stellt ja einen unverzichtbaren Bestandteil des gesellschaftlichen Bewußtseins der Bürger dar. Und der berechtigte Optimismus des Sozialismus beruht schließlich geschichtsphilosophisch auf der bisherigen historischen Entwicklung, auf dem Prozeßcharakter der Menschheitsgeschichte.

Die Geschichte eines Territoriums, dessen sind sich die Historiker der DDR bewußt, kann nur dann umfassend aufgehellt werden, wenn auch der Bezug auf die übergreifenden Zusammenhänge mit der jeweiligen Welt- und Nationalgeschichte erfolgt. Durch die Verknüpfung der Regionalgeschichte mit den Prozessen der National- und Universalgeschichte vermag der Gefahr begegnet zu werden, daß einzelne Gebiete und Ereignisse der Territorialgeschichte durch lokalpatriotischen Eifer ungerechtfertigt überhöht werden. Zugleich aber läßt sich auch zeigen, daß aus der Entwicklung eines für die Geschichte unseres Volkes so zentralen Territoriums wie Brandenburg-Preußen nicht automatisch auf die Entwicklung anderer Territorien in der deutschen Geschichte geschlossen werden darf.

Sachsen spielte in wechselnder territorialer Gestalt eine bedeutende, wenn auch sich wandelnde politische Rolle in der deutschen Geschichte. Es stellte einen Territorialstaat dar, in dem die einzelnen Etappen der sozialökonomischen Entwicklung eine charakteristische Ausprägung erfuhren und bedeutende Leistungen auf politischem, wirtschaftlichem und kulturellem Gebiet vollbracht wurden, die die deutsche Geschichte mitprägten, ohne daß dabei Sachsen immer zu den politisch führenden Mächten gehörte. Eine Geschichte Sachsens sollte die Stellung dieses Landes in den Wechselwirkungen von regionaler, nationaler und internationaler Entwicklung in der deutschen Geschichte sichtbar machen und seine internationale Ausstrahlung in den einzelnen Zeiträumen und auf den verschiedensten Gebieten des gesellschaftlichen Lebens beleuchten. Getragen von der Historischen Kommission unserer Akademie wird unter diesen Gesichtspunkten bis Ende 1984 ein Abriß der Sächsischen Geschichte erarbeitet werden, der zweifellos schon seit einiger Zeit ein kulturpolitisches Desiderat darstellt. Wir sind der Auffassung, daß es nicht nur notwendig ist, die traditionellen Unternehmungen zur sächsischen Landesgeschichte fortzuführen und gewichtige langfristige Forschungsvorhaben zur sächsischen Geschichte in Verbindung mit konzeptionellen Vorarbeiten zu projektieren, sondern auch davon überzeugt, daß wir als Institution eine besondere gesellschaftliche und wissenschaftliche Verpflichtung haben, die Herausgabe einer für einen breiten Leserkreis bestimmten Sächsischen Geschichte zu übernehmen. Dieser Gesamtüberblick wird von der Ur- und Frühgeschichte bis zu unserer sozialistischen Gesellschaftsordnung reichen und den Perioden sächsischer Geschichte ganz spezielle Beachtung schenken, die im Zusammenhang mit der deutschen und internationalen Entwicklung von besonderer Bedeutung waren.

Von der Regionalgeschichte her ergeben sich viele Berührungspunkte zur Dialektologie, die an der Sächsischen Akademie der Wissenschaften ebenfalls eingehend betrieben wird, allerdings vorrangig auf die Abfassung von Mundartwörterbüchern ausgerichtet ist. Diese Wörterbuchunternehmungen erfassen, ordnen, beschreiben und deuten Sprachmaterialien, die für die Sprachgeschichtsschreibung wie auch für kulturhistorische und soziolinguistische Fragestellungen von Gewicht sind und darüber hinaus, vielfach in Verbindung mit volkstümlichen Sitten und Gebräuchen, beredte Zeugnisse überlieferter Volkskultur bestimmter Territorien darstellen. Es ist nicht zu übersehen, daß die Dialektologie durchaus einen ihr gemäßen Forschungsgegenstand hat, bei dem der räumliche Faktor, die Diatopie, wie es in der modernen Terminologie der Linguistik heißt, eine maßgebliche Rolle spielt. Doch zeichnet sich zugleich immer deutlicher ab, daß die Befunde der Dialektologie dazu angetan sind, stärker in die Siedlungs- und Sozialgeschichte der jeweiligen Territorien eingebettet zu werden. Und im Hinblick auf die gegenwärtige sprachliche Situation dürften die Ergebnisse der dialektologischen Forschung eine wesentlich tiefgreifendere Dimension erhalten, wenn sie zur Klärung wichtiger soziolinguistischer Probleme in übergreifende Aufgaben einrücken.

Meine Ausführungen möchte ich nicht schließen, ohne erneut auf die uns wohl alle tief bewegende Frage der Erhaltung des Friedens kurz einzugehen. Mehr denn je ist es dringend geboten, die Entfesselung eines atomaren Krieges zu verhindern, sich der drohenden Gefahr einer Vernichtung unseres Kontinents mit aller Kraft zu widersetzen. Gerade die Wissenschaftler, die besonders ermessen können, welche katastrophalen Folgen ein atomares Inferno haben wird, sind in einer solchen Situation aufgerufen, ihre Stimme deutlich hörbar zu erheben. Vor wenigen Monaten haben die Präsidenten der Akademien der sozialistischen Länder anläßlich einer Beratung in Sofia zu diesem äußerst brennenden Problem unserer Gegenwart Stellung genommen und sich mit einem Aufruf an die Wissenschaftler der Welt gewandt, dem wir unsere volle Unterstützung geben. Mit Recht wird darin gefordert, sich gegen die Politik der Konfrontation, des Wettrüstens und des Rückfalls in die Zeiten des kalten Krieges zu wenden. Die Wissenschaftler werden darin aufgerufen, sich einzusetzen für die Verteidigung der Menschheitswerte und eines dauerhaften Friedens. Echte Sicherheit wird es nur dann geben, wenn es eine ungeteilte Sicherheit für alle Staaten ist, die sich auf internationale Vereinbarungen und Übereinkommen über Rüstungsbegrenzung und -reduzierung, auf das Verbot und die Beseitigung von Massenvernichtungsmitteln gründet. Wir teilen die Überzeugung dieses Aufrufs: Der Krieg in unserer Zeit ist vermeidbar. Der Frieden setzt sich jedoch nicht im Selbstlauf durch. Er muß engagiert geschützt und verteidigt werden.

ANSPRACHE DES PRÄSIDENTEN, HERRN BAHNER

bei der öffentlichen Gesamtsitzung am 19. November 1982

In diesem Monat haben wir in der Deutschen Demokratischen Republik zusammen mit den Völkern der Sowjetunion den 65. Jahrestag der Großen Sozialistischen Oktoberrevolution in gebührender Form begangen. Erneut sind wir uns bewußt geworden, daß die russische Oktoberrevolution von 1917 eine epochale Wende einleitete, die wohl die tiefgreifendste gesellschaftliche Umwälzung in der bisherigen Menschheitsgeschichte darstellt.

Mit der durch den Roten Oktober eingeleiteten geschichtlichen Entwicklung hat auch die soziale Dimension der Wissenschaft eine völlig neue Ausrichtung erfahren. Die Wissenschaft im Sozialismus dient dem gesellschaftlichen Fortschritt, wird umfassend für das Wohl des Volkes eingesetzt, erweist sich als ein ganz entscheidender Faktor für die weitere Erhöhung des Lebensniveaus der Bevölkerung. Erst im Sozialismus vermag das wirklich eingelöst zu werden, was einst der Philosoph Johann Gottlieb *Fichte* speziell von dem Gelehrten forderte, nämlich alle seine Kenntnisse und Fähigkeiten in den Dienst der Gesellschaft zu stellen, die Menschen mit ihren wahren Bedürfnissen sowie den Mitteln, dieselben zu befriedigen, bekannt zu machen, und hierbei nicht nur den „jetzigen Standpunkt" zu beachten, sondern auch den, „wohin das Menschengeschlecht nunmehr schreiten muß".

In diesem Sinne erblickt die Sächsische Akademie der Wissenschaften eine ihrer Aufgaben darin, das im sächsisch-thüringischen Raum situierte wissenschaftlich-kulturelle Erbe für unsere sozialistische Gegenwart zu erschließen und so zur Gestaltung des kulturell-geistigen Lebens in der Deutschen Demokratischen Republik einen wirksamen Beitrag zu leisten. Der 250. Geburtstag des bedeutenden, vor allem in Leipzig und Dresden tätig gewesenen Germanisten, Publizisten und Kulturhistorikers Johann Christoph *Adelung* am 8. August dieses Jahres war für unsere Akademie deshalb ein begründeter Anlaß, vom 25.—28. Oktober eine internationale Tagung über die Entwicklung der Sprach-, Literatur- und Geschichtswissenschaften in Deutschland um die Wende vom 18. zum 19. Jahrhundert durchzuführen. Auf dieser Tagung wurde von verschiedenen Ebenen aus das publizistische und wissenschaftliche Wirken *Adelungs* beleuchtet und als Glied eines übergreifenden Prozesses in der Dialektik von Historizität und Aktualität begriffen. Hierbei ergaben sich unter Beachtung der historischen Komplexität und der damaligen gesellschaftlichen Widersprüche auch interessante Aspekte für eine sozialistische Sprachkultur.

Mehr denn je tritt heute die gesamtgesellschaftliche Funktion unserer nationalen Literatursprache, auch Hochsprache oder Standardsprache genannt, hervor. Und ein wesentliches Ziel sozialistischer Sprachkultur besteht ja darin, Voraussetzungen dafür zu schaffen daß diese Standardsprache, in Übereinstimmung mit den sich verändernden kommunikativen Bedürfnissen unserer gesellschaftlichen Entwicklung, wirklicher Gemeinbesitz wird und bleibt. Der Formierungsprozeß einer nationalen Literatursprache bildet in der Geschichte einer Einzelsprache einen ganz entscheidenden Abschnitt. Wie wir wissen, ist unsere Hochsprache historisch im Zusammenhang mit der Herausbildung der bürgerlichen

Nation entstanden. Martin *Luther*, dessen herausragende geschichtliche Bedeutung und weitreichendes Wirken im nächsten Jahr aus Anlaß seines 500. Geburtstages in vielfältiger Form gewürdigt werden, erwies sich hier als ein höchst bedeutsamer Wegbereiter. *Luthers* in der Volkssprache wurzelnde Sprachgewalt, die in der Bibelübersetzung, den Streitschriften und den Liedern des Reformators ihren charakteristischen Ausdruck fand, verhalf dem Ostmitteldeutschen in der weiteren Herausbildung einer einheitlichen Standardsprache zum entscheidenden Durchbruch.

Gegen Ende des 18. Jahrhunderts erlangte dann unsere Hochsprache die nötige Polyfunktionalität und ihre volle literarische Ausprägung. Johann Christoph *Adelung*, der bereits *Luthers* maßgebliche Rolle in diesem Prozeß von den geschichtlichen Gegebenheiten her erfaßte, trug mit seinen zahlreichen Abhandlungen zur Grammatik, Stilistik und Orthographie wesentlich dazu bei, die sich im Verlauf des 18. Jahrhunderts abzeichnenden Normen unserer nationalen Literatursprache zu festigen. Außerdem darf er das Verdienst für sich in Anspruch nehmen, als erster moderner Lexikograph unserer Hochsprache zu gelten. Sein mehrbändiges „Grammatisches kritisches Wörterbuch der Hochdeutschen Mundart“, das in Leipzig erstmals in den Jahren 1774 bis 1786 erschien, wurde nachweislich von *Goethe*, *Schiller*, *Wieland* und anderen hervorragenden Vertretern der klassischen deutschen Literatur benutzt, auch wenn sie *Adelungs* Auffassung nicht teilten, daß das Hochdeutsche mit dem Sprachgebrauch der herrschenden und bildungstragenden Schichten Obersachsens identisch sei. *Adelung* schuf schließlich das erste synchrone Bedeutungswörterbuch der neueren deutschen Sprache und vollbrachte damit die gleiche Leistung wie die Französische Akademie für das Neufranzösische mit ihrem 1694 erschienenen Wörterbuch und wie Samuel *Johnson* für das neuere Englisch mit seinem 1755 erstmals veröffentlichten „Dictionary of the English Language“. *Adelung* bereitete damit maßgeblich einer modernen Lexikographie den Weg, die um eine adäquate Beschreibung des deutschen Wortschatzes bemüht ist, indem sie bestimmte, sich als nützlich erwiesene Traditionen fortführt und zugleich modernen Anforderungen zu entsprechen sucht.

Für die moderne Lexikographie besteht eine wesentliche Aufgabe darin, so weitgehend wie möglich die strukturellen Beziehungen zwischen den lexikalischen Elementen, die semantischen Vereinbarkeitsbeziehungen zwischen den Wörtern anzudeuten. Hier ist sie allerdings über einzelne Ansätze noch nicht hinausgekommen. Es gilt vor allem, die zahlreichen, durch die sprachwissenschaftliche Forschung noch vermehrten Informationen über eine als Stichwort angeführte lexikalische Einheit von der lautlichen über die grammatische Ebene bis hin zur soziolektalen Kennzeichnung übersichtlich und benutzerfreundlich darzubieten. Keinesfalls darf übersehen werden, daß die gängigen Bedeutungswörterbücher einen breiten nichtlinguistischen Benutzerkreis haben. Bei Wörterbuchartikeln verfehlt daher eine in speziell linguistischen Studien übliche Ausdrucksweise bei aller Exaktheit und Ökonomie im Ausdruck ihren Zweck. Sicherlich gibt es verschiedene Arten von Wörterbüchern, je nach Zweck und Adressat. Dennoch wissen wir relativ wenig über die Benutzer der einzelnen Typen von Wörterbüchern, welche Interessen und Erwartungen sie jeweils haben, welches Wissen bei ihnen vorausgesetzt werden kann. Aus diesem Grund plädieren einige Linguisten dafür, Untersuchungen darüber anzustellen, wer welche Wörterbücher zu welchem Zweck benutzt. Aus solchen Untersuchungen würden sich zweifellos nützliche Anhaltspunkte ergeben, die eine wichtige orientierende Hilfsfunktion bei der Ausarbeitung einzelner Wörterbücher spielen könnten.

Mit der modernen wissenschaftlich-technischen Entwicklung stellt sich für die auf eine Standardsprache bezogene moderne Lexikographie immer gebieterischer das Problem, ein ausgewogenes Verhältnis zum Fachwortschatz zu finden. In den Wörterbüchern der

Hochsprache können bestenfalls nur Teile von Fachwortschätzen lexikographisch erfaßt werden. Dies darf sich aber nicht nur auf das beschränken, was unmittelbar in die Allgemeinsprache hineinreicht.

In jüngerer Zeit haben sich völlig neue Fachbereiche herausgebildet, von denen inzwischen auch einzelne lexikalische Elemente in die Allgemeinsprache eingedrungen sind. Zugleich nimmt die fachsprachliche Terminologie in diesen und weiteren sich zunehmend differenzierenden Fachbereichen der Wissenschaft und Technik Dimensionen an, die in quantitativer Hinsicht weit den Wortschatz der Allgemeinsprache übertreffen und nur in speziellen fachsprachlichen Lexika noch erfaßt werden können. Porep und Steudel verzeichneten beispielsweise in ihrem 1974 erschienenen Werk „Medizinische Terminologie" zirka 80000 Namen für Medikamente, 10000 zur Bezeichnung von Körperteilen, Organen und Organteilen, Namen zur Bezeichnung von Organfunktionen und 60000 für Krankheitsbezeichnungen, Untersuchungsverfahren und Operationsmethoden. Die Fachsprache der Chemie besteht aus zirka 2 Millionen Wörtern. Mit rund 1 Million Begriffen hat man es in der Nachrichten- und Datentechnik und ihren Anwendungsgebieten zu tun. Demgegenüber nimmt sich der Wortschatz der Hochsprache mit seinen regionalen, sozialen und stilistischen Varianten ziemlich bescheiden aus. Das sechsbändige „Wörterbuch der deutschen Gegenwartssprache" enthält rund 85000 Stichwörter. Bei einem Gebildeten wird der aktive allgemeinsprachliche Wortschatz auf 10000 veranschlagt, während der passive Wortschatz des Betreffenden ein mehrfaches davon umfassen kann. Theodor Storm, so wurde herausgefunden, verwendete 22500 verschiedene Wörter in seinem gesamten literarischen Werk. Und der Wortschatz *Goethes* beläuft sich nach seinem umfangreichen Opus auf zirka 80000 verschiedene Lexeme.

Mit Recht wird in neuerer Zeit hinsichtlich des Fachwortschatzes dahingehend unterschieden, ob es jeweils um eine fachinterne, eine interfachliche oder eine fachexterne Kommunikation geht. Innerhalb der naturwissenschaftlichen und technischen Fächer haben sich präzise Terminologien herausgebildet, erweist sich eine Normierung als unbedingt geboten, bestehen in einzelnen Disziplinen bestimmte Nomenklaturen mit jederzeit fortsetzbaren Reihenbildungen. Zwar tauchen hier zuweilen kommunikative Schwierigkeiten auf, doch sind sie überhaupt nicht vergleichbar mit denen, die immer wieder in der interfachlichen Kommunikation auftreten. Mit der zunehmenden Spezialisierung haben nämlich ursprünglich identische Termini einen verschiedenen Bedeutungsgehalt erlangt. Teilweise wurden auch bestimmte Termini aus einem anderen Fach übernommen, aber durch den neuen Stellenwert in einem anderen Fach semantisch verändert. Die interfachliche Kommunikation stößt immer wieder auf terminologische Probleme, die erst einer Klärung bedürfen, ehe es zu einer fruchtbaren Kooperation kommen kann. Gerade die sich notwendigerweise verstärkende interdisziplinäre Zusammenarbeit aber erfordert eine reibungslose Kommunikation zwischen den beteiligten Partnern. Daran läßt sich ermessen, welche Bedeutung der weiteren Klärung dieser Problematik zukommt.

Die fachexterne Kommunikation, der Dialog zwischen Fachleuten und Laien, berührt unmittelbar die Allgemeinsprache, weist auf eine Übergangszone zwischen fachgebundener Terminologie und gängiger Wortmünze in einer breiten Öffentlichkeit hin. Zutreffend hat man in jüngster Zeit hervorgehoben, daß es sich bei den einzelnen Fachwortschätzen nicht nur um Terminologien handelt, sondern auch spezifische Kommunikationssituationen mit von Belang sein können. So lassen sich nach neueren Studien für eine Reihe von Fachbereichen drei Schichten feststellen: 1) die eigentliche Wissenschaftssprache, d. h. die jeweilige Theoriesprache, die Fachterminologie; 2) die Werkstattsprache, d. h. die alltägliche fachinterne Verständigung mit nicht so streng definierten Fachwörtern und nur Eingeweihten verständlichen Fachjargonismen; 3) die Verbreitungssprache, d. h. diejenige, die den Kontakt zur breiten Öffentlichkeit herzustellen hat, das Bindeglied zur Laienwelt darstellt. Diese dritte Schicht wirkt immer wieder in den Wortschatz der Allgemeinsprache hinein. Sie enthält die Umsetzungsstufen von der fachsprachlichen Feststellung eines Sachverhalts zur verständlichen Darlegung für den Nichtfachmann. Sie kann zwar vielfach nicht darauf verzichten, fachsprachliche Wörter einzuführen, doch bringt sie meist in mehr oder weniger angemessener Form die hierzu erforderlichen Erklärungen mit.

Sprachliche Verständlichkeit erweist sich stets als Grundlage der Kommunikationsbeziehungen. Kommt es hier zu Schwierigkeiten, tun sich trotz des Gebrauchs derselben Sprache gewisse Barrieren auf, die Unbehagen hervorrufen. Zuweilen macht sich derjenige, der seinem Partner nicht terminologisch zu folgen vermag, dadurch Luft, daß er das ihm Übermittelte als Kauderwelsch oder Fachjargon bewertet. Eine von Neologismen und fremdsprachlichen Termini besonders angereicherte Ausdrucksweise setzt sich leicht einem solchen Tadel aus.

Die Geschichte mancher modernen Literatursprache wies Phasen auf, in der verschiedene Strömungen mit unterschiedlichen Reformprogrammen der weiteren Entwicklung der Hochsprache eine bestimmte Richtung zu geben versuchten. Dies schlug sich im praktischen Sprachgebrauch der Publizisten und Schriftsteller des betreffenden Zeitraums nieder und führte zu zahlreichen Varianten sowie zu nicht immer der Verständlichkeit dienenden Neuerungen diverser Prägung. Manche Zeitgenossen fürchteten um die Verständlichkeit der sich formierenden nationalen Literatursprache und verglichen diesen Zustand mit der in der Bibel dargestellten babylonischen Sprachverwirrung. Die biblische Legende vom Turmbau zu Babel und das über die darin sich manifestierende menschliche Hybris verhängte göttliche Strafgericht, welches die einstige sprachliche Einheit des Menschengeschlechts zerstört und die Vielzahl der Sprachen hervorgerufen habe, spielten in den Betrachtungen über den Ursprung und die Vielfalt der Sprachen bis in das 18. Jahrhundert hinein eine beträchtliche Rolle. Dabei kam es zu unterschiedlichen Deutungen auf dem Boden eines mittelalterlich-theologischen Weltbildes. Die von *Augustin* und anderen Kirchenvätern vorgenommene Exegese der Sprachverwirrung von Babel, in der die Entstehung der jeweils durch eine besondere Sprache charakterisierten Völker mit biblischer Genealogie verknüpft wurde, wirkte über Jahrhunderte nach. Bis in die frühe Neuzeit hinein wurde sie in historiographischen, ethnographischen und philosophisch-theologischen Traktaten thematisiert. Dante *Alighieri*, der wohl bedeutendste Dichter Italiens, ging in seinem Traktat über die Dichtkunst in der Muttersprache, „De vulgari eloquentia", darauf ein und gab hierzu eine für seine Zeit originelle Deutung. Er leitete die durch die babylonische Sprachverwirrung neuentstandenen Völkersprachen von den Sondersprachen der einzelnen am Turmbau beschäftigten Handwerkergruppen her. Und so folgerte *Dante*: „Denn nur denen, die in derselben Tätigkeit vereinigt waren, blieb die gleiche Sprache, nämlich allen Baumeistern eine, allen Steinrollern eine, allen, die die Steine bearbeiteten, eine, und so geschah es mit den einzelnen Arbeitern." Auch in seiner von hoher dichterischer Gestaltungskraft zeugenden „Divina Commedia" nahm er auf diese biblische Legende Bezug. Nimrod, der als Gründer des babylonischen Reiches galt und diesen gewaltigen, göttlichen Zorn hervorrufenden Turm habe erbauen lassen, wurde von Dante gleichsam als Rädelsführer in den untersten Kreisen der Hölle angesiedelt.

Im 31. Gesang des Inferno läßt Dante von ihm durch *Vergils* Mund sagen:

„der Nimrod ist's, durch dessen Unterfangen
nicht eine Sprache nur die Menschen reden.
So lassen wir ihn; sprechen wär umsonst,
denn ihm ist jede Sprache wie die seine
den andren ist, da niemand sie verstehen kann." (V. 77—81)

So erfolgt jede sprachliche Änderung umsonst. Nimrods Worte vermag niemand zu verstehen. Er ist zur Kommunikationsunfähigkeit verdammt und erhält damit die höchste Strafe von den am Turmbau Beteiligten zugemessen.

Erst mit der sich seit dem 16. Jahrhundert bei einzelnen Denkern abzeichnenden weltimmanenten Betrachtungsweise der allgemeinen Sprachprobleme, die dann auf wesentlich breiterer Front durch die Aufklärungsbewegung entwickelt wurde und den Boden für eine wissenschaftliche Erfassung dieser Phänomene maßgeblich vorbereiten half, verlor die Geschichte von der babylonischen Sprachkonfusion den ihr einst zugeschriebenen Zeugniswert. Dennoch wurde sie weiter in der Welt der Metaphern und Symbole gebraucht. Sie ist das Sinnbild des sprachlichen Nichtverstehens: Der Mensch hat zwar die Gabe der Rede, doch seine Äußerung wird von seinem Mitmenschen nicht verstanden und begriffen. Auf der anderen Seite soll damit aber auch angedeutet werden, daß die menschliche Sprache nur in Einzelsprachen faßbar ist, die allgemeine menschliche Sprachfähigkeit nicht einen gemeinsamen Code einschließt.

Schon *Leibniz* erblickte eine wesentliche Aufgabe darin, im Bereich der Wissenschaften eine klare, deutliche und präzise Sprache zu erreichen. Denn, so folgerte er, „es hängt von uns ab, die Bedeutungen, wenigstens in der Sprache der Wissenschaft, festzulegen und sich darüber zu einigen, um diesen Turm von Babel zu zerstören." Von der logischen Analyse der Inhalte des Denkens her suchte er für die Zeichengebung nach neuen Wegen. Damit griff er in die Erörterung einer weit in die Antike zurückreichenden Problematik ein: Die Frage nach Charakter und Wert des Zeichens, insbesondere des sprachlichen Zeichens, war ja immer wieder gestellt worden, wenn es um das vielschichtige Verhältnis von Sprache und Erkenntnis, um die Beziehungen zwischen Sprache, Denken und Realität ging. Die sprachlichen Zeichen zeugen vom kommunikativen wie auch kognitiven Charakter der Sprache. Sie üben eine vermittelnde Funktion aus, meinen sie doch etwas, was sie nicht selber sind. *Hegel* hat dies in seiner „Enzyclopädie der Wissenschaften" plastisch zum Ausdruck gebracht (§ 457, Abs.): „Das Zeichen muß für etwas Großes erklärt werden. Wenn die Intelligenz etwas bezeichnet hat, ist sie mit dem Inhalt ihrer Anschauung fertig geworden und hat dem sinnlichen Stoff eine ihm fremde Bedeutung zur Seele gegeben." Der Name stimmt nicht mit der damit bezeichneten Sache überein, wohl aber mit der Sache „wie sie im Reich der Vorstellung gilt". Seine Lautung ist kein unmittelbares Indiz für seine Bedeutung. Der Wortklang als solcher sagt nichts über den Wortsinn. Den einzelnen Wortklängen, den Formativen, sind vielmehr nur mittelbar über das sprachliche System bestimmte Bedeutungen zugeordnet. Im Gegensatz zum sprachlichen Zeichen deutet ein Symbol mindestens andeutungsweise mit dem, was es an sich bedeutet, noch auf das Gemeinte hin.

Für ältere Epochen war es kennzeichnend, daß bestimmte Buchstaben als Sinnbild für geheime Kräfte fungierten. Von der Annahme ausgehend, daß in der Welt alles in einer geheimnisvollen Beziehung zueinander stehe, erhielten Buchstaben, Zahlen, Maße, Gewichte usf. symbolische Bedeutungen zugesprochen. Wie unser ehemaliges Mitglied Franz *Dornseiff* in seiner erstmals 1922 erschienenen Abhandlung „Das Alphabet in Mystik und

Magie“ nachwies, stammte die Buchstabenmystik aus dem Orient. Im griechischen Altertum fand sie bei den Pythagoreern dadurch eine charakteristische Ausprägung, daß diese zwischen Noten, Zahlen und Buchstaben unmittelbare Verbindungslinien herstellten. Pythagoras machte die bemerkenswerte Entdeckung, daß die musikalische Tonhöhe von der Länge der tönenden Saite abhängig ist. Diese Erkenntnis gab damals dem naturwissenschaftlichen Denken maßgebliche Impulse. Indem die Töne als verkörperte Zahlen aufgefaßt wurden, gelang es, qualitative Unterschiede auf quantitative zurückzuführen. Die Musik bedeutete eine Klang gewordene Zahl. Die Zahl aber erschien den Pythagoreern als das fundamentale Element des Kosmos. Es symbolisierte die Vernunft. Die Pythagoreer ordneten die Grammatik unter Musik ein, waren doch die Schriftzeichen für sie zugleich Zeichen für die Zahlen wie für die Musiknoten. Deshalb vermuteten sie auch in der Form, der Anzahl und dem unterschiedlichen Charakter der Buchstaben Hinweise auf kosmische Bedeutungen. Zwischen den Grundelementen der Musik und denen der Sprache meinten sie Analogien zu entdecken, die von übergeordneten kosmischen Zusammenhängen künden würden. Beispielsweise brachten sie die Tatsache, daß es im Griechisch-Ionischen 24 Buchstaben gibt, in einen Zusammenhang mit der gleichen Anzahl der Töne auf bestimmten Blasinstrumenten, den sogenannten Auloi. Ebenso konnte es für sie kein Zufall sein, daß die 7 ionischen Vokale auf die im griechischen Kult und Mythos heilige Zahl 7 hinwies.

Dieses Ineinander von Buchstaben- und Zahlenmystik war ebenfalls häufig in der Welt des christlichen Mittelalters anzutreffen, wobei insbesondere die Kabbala, eine jüdische Religionsphilosophie, hinter einzelnen Schriftzeichen und Zahlen göttliche Offenbarungen zu entdecken glaubte. Die biblischen Zahlen insbesondere boten immer wieder Anlaß zu Spekulationen. Das dahinter vermutete Geheimnis wurde auf vielfache Weise zu deuten gesucht, um eine heilsgeschichtliche Relevanz für den Menschen sichtbar zu machen.

Bis in die Anfänge des Zeitalters der Aufklärung hinein spielte diese Buchstaben- und Zahlenmystik in der schöngeistigen Literatur eine nicht zu übersehende Rolle. Wie in der bildenden Kunst, der Architektur oder Musik erblickte auch die Dichtung des Mittelalters und der frühen Neuzeit in den Zahlen nicht nur ein ordnendes Prinzip, sondern zugleich Möglichkeiten, Bezüge auf eine höhere Ordnung anzudeuten. Die Zahlen dienten als Bedeutungsträger und ergaben das, was gewöhnlich als Zahlensymbolik gekennzeichnet wird. Zugleich fungierten sie in einer literarischen Schöpfung als Aufbau- und Gliederungselemente, stellten damit das Gerüst für Zahlenkompositionen dar. Das wohl namhafteste dichterische Werk der europäischen Literaturen des späten Mittelalters bietet ein außerordentlich beeindruckendes Beispiel dafür, wie sehr geniale Dichtung mit Zahlensymbolik und Zahlenkomposition verwoben sein konnte. Wir meinen *Dantes* „Göttliche Komödie“, die nach neuesten Forschungsergebnissen „von der einzelnen Silbe über Vers, Terzine, Gesang, Aufbaustufe und Cantice bis hinauf zum Gesamtumfang auf Zahlenmaß beruht“. (Vgl. Manfred *Hardt*, Die Zahl in der Divina Comedia, Frankfurt a. M. 1973, S. 319) Durch die Zahlenform sollte der Bezug zur Wahrheit und zum als göttlicher Schöpfung begriffenen Sein nachdrücklich hervorgehoben und zugleich jener von dem Kirchenvater Augustin betonte ästhetische Aspekt dokumentiert werden, wonach das Schöne zahlenhaft aufgebaut und angeordnet sei.

Dantes „Göttliche Komödie“, die das gesamte mittelalterlich-christliche Denken in höchst poetischer Schau zusammenfaßt, erweist sich gerade durch ihre Zahlensymbolik und die damit eng verknüpfte Zahlenkomposition als ein genau geplantes, bis ins Detail durchdachtes dichterisches Werk. Das Wechselverhältnis zwischen Wörtern und Zahlen im Text der „Divina Commedia“ bedeutet dabei nichts Ausgeklügeltes, der Dichtung

Abträgliches. Es schmälert nicht die bis in die kleinste dramatische Szene oder erhabenste lyrische Partie spürbare dichterische Kraft. Anordnungen und Funktionen der Zahlen erweisen sich in *Dantes* Dichtung vielmehr als konstitutive Elemente des Aufbaus.

Für Zahlensymbolik ist heute natürlich in unserem Weltbild kein Platz mehr. Doch ihr dichterischer Gebrauch ist damit nicht absolut ausgeschlossen. Die Zahlen fungieren nunmehr nahezu ausschließlich als Zeichen für Rechenwerte, allerdings in bemerkenswert vielfältiger Weise, wie es der folgende Vortrag von Herrn *Keller* über die Zahl zeigen wird.

BERICHT DES VIZEPRÄSIDENTEN, HERRN EDGAR LEHMANN, ÜBER DEN STAND DER ARBEITEN DER AKADEMIE

Erstattet in der öffentlichen Sitzung am 10. April 1981

Die Öffentlichkeit hat einen berechtigten Anspruch darauf, zu erfahren, was die Sächsische Akademie der Wissenschaften treibt, welche Aufgaben sie als ein wissenschaftliches Zentrum höherer Ordnungsstufe und individueller Prägung im Rahmen ihres gesellschaftlichen Grundauftrages im Berichtszeitraum von November 1979 bis März 1981 zu erfüllen vermochte. Es sind nicht selten komplizierte Sachverhalte, über die zu berichten ist. Sie sind schwierig zu veranschaulichen — denn immer weiter geht der Vorstoß vieler Disziplinen in die Abstraktion, in die Bereiche des nur noch durch Anwendung mathematisch-rechnerischer Methoden Erfaßbaren.

Das, woraus die SAW ihre Kräfte zieht, wird am deutlichsten sichtbar im Wirken ihrer in Kommissionen zusammengefaßten Arbeitsgruppen. Auf sie allein beschränkt sich der Bericht. Das heißt, daß viele das Wesen der Akademie kennzeichnende Wirksamkeiten ausgeklammert bleiben — wegweisende Plenarvorträge der Akademiemitglieder zum Beispiel, viele Veröffentlichungen von wissenschaftlichem Gewicht, ja auch die Arbeiten der Kommissionen selbst —, die meist mehrmals im Jahre zur Erörterung von Grundfragen ihrer Entwicklung zusammenzukommen pflegen.

Wie die Ergebnisse der Arbeitsgruppen als Glieder der Kommissionen im Einzelnen zeigen werden, wird das Einschränkende, die Tatsache, daß es sich um relativ kleine Forschungskollektive handelt, durch eine bemerkenswerte Besonderheit ausgeglichen. Im scheinbar ruhigen Windschatten der großen Wissenschaftseinrichtungen unseres Staates nämlich, aber eng mit ihnen verbunden — nicht zuletzt durch die personelle Vereinigung des Präsidenten unserer Akademie als gleichzeitigem Vizepräsidenten der AdW der DDR, versucht die Akademie die in ihren Mitgliedern zur Reife gelangenden Ideen nicht in hochfliegende Ambitionen umzusetzen, sondern in nüchterner Einschätzung ihrer Kraft und ihrer Grenzen bestmöglich zu verwirklichen. Die Akademie weiß sich in solchem eigenständigen Arbeitsstil verwoben in die Wünsche und Leistungen von Generationen wie in die unserer sozialistischen Gegenwart.

Blickt man insgesamt auf die Arbeitsergebnisse, so wird offensichtlich, wie schwierig es ist, einen scharfen Trennungsstrich zwischen reiner und angewandter Forschung zu ziehen. Immer gibt es einen Punkt, an dem sich das theoretisch Entworfene und im Labor oder im philologisch-historischen Bereich auf vielstufigen Lösungswegen Erarbeitete dem Beweis stellen muß. Bei aller Bemühung um ein ausgewogenes Verhältnis zwischen Grundlagenwissenschaft und praktischer Spezialisierung fördert die Akademie — in bestimmten Fällen — wissenschaftliche Unternehmungen auch dann, wenn sie zunächst die Züge scheinbar zweckfreier, das heißt nicht auf aktuelle Tagesanforderungen unmittelbar gerichteter Forschungen annehmen. Hauptbedingung ist, daß die Forschungsarbeiten von Anbeginn mit den Hauptrichtungen des in den Staatsplänen verankerten wissenschaftlichen Leistungsstrebens in Einklang stehen. Das schließt eine bestimmte Risikobereitschaft der Leiter der Arbeitsgruppen ein! Wie in jeder Natur- und Gesellschaftswissenschaft spielt dabei der Faktor Zeit zusammen mit einer möglichst großen Flexibilität in der Auswertung von Ideen und Teilergebnissen eine bedeutende Rolle! Wissenschaftliches Wagnis zu übernehmen, heißt, den zeitlichen Vorlauf- bzw. Verzögerungsaspekt klar zu sehen, bewußt in die Rechnung zu stellen und sich keinesfalls von der präzisierten langfristigen Zielstellung durch andere als volkswirtschaftlich und wissenschaftlich wirklich fundierte Argumente abdrängen zu lassen. Selbstverständlich appelliert eine solche Verfahrensweise an das hohe Verantwortungsbewußtsein aller Akademiemitglieder und ihrer Mitarbeiter, das der Minister für Wissenschaft und Technik voraussetzen kann.

Als prägnante Beispiele für das Vordringen in wissenschaftliches Neuland, das ja für jede wirkliche Grundlagenforschung kennzeichnend ist, sei zunächst auf einige naturwissenschaftliche Arbeitsergebnisse, an erster Stelle auf die auch in diesem Zusammenhang aufschlußreichen Untersuchungen von Herrn *Gersch* und seinen Mitarbeitern über die „Wirkungsmechanismen von Neurohormonen von Insekten" gewiesen. Herrn *Gersch* gelang mit seiner Arbeitsgruppe einer der ersten experimentellen Hinweise auf die mögliche Beteiligung des Ecdysteron an der häutungsbezogenen Modulation von Verhaltensmustern der Insekten. Als herausragendes Ergebnis sind die Isolierung, Reinigung und Charakterisierung des herzaktiven Faktors der Schabe *Periplaneta americana*, des Neurohormons D, zu nennen. In einem komplizierten, unterschiedliche Techniken einsetzenden 4-Stufen-Trennverfahren konnte der Charakter der Substanz als eine aus 8 Aminosäuren aufgebaute organische Verbindung, nämlich als Octopeptid, nachgewiesen werden.

Die Thematik der von Herrn *Gersch* geleiteten Untersuchungen führte von ersten Forschungsideen über eine große Zahl experimentell gesicherter Teilergebnisse zu grundlegenden Einsichten in die Steuerung physiologischer Prozesse durch das Nerven- und Hormonsystem der Insekten. Abgesehen von dem Wert der gewonnenen Erkenntnisse für das Verstehen allgemeiner biologischer Zusammenhänge, auch des Evolutionsgeschehens, sind sie eine Voraussetzung, um später die Lösung von praktischen, volkswirtschaftlich in ihrer Tragweite sehr hoch zu veranschlagenden Spezialfragen zu ermöglichen, wie zum Beispiel die Problematik von Reaktionen des Insektenkörpers gegen Insektizide. Das Forschungsrisiko, das vor mehr als zwei Jahrzehnten eingegangen wurde, ist allein schon durch viele bedeutende Teilergebnisse voll gerechtfertigt, ja reichlich belohnt, wann auch immer das große Ziel aufgrund weiterer Forschungsansätze erreicht sein wird.

Nicht unerwähnt bleibe, daß die Leistungen des Themenkollektivs Prof. *Gersch* vor dem Rat der zuständigen HFR und in Anwesenheit von Vertretern der volkswirtschaftlichen Nutzerbereiche voll anerkannt und die Entwicklung und der erfolgreiche Einsatz eines Radioimmunoassays für Ecdysteroide hervorgehoben wurde.

Es ist naheliegend, die an Insekten als Naturobjekten gebundenen Untersuchungen von Herrn *Gersch* mit den Forschungen in eine Sichtebene zu stellen, die von Herrn Prof. *Aurich* mit einer vormals unter Leitung von Herrn *Hanson* stehenden Arbeitsgruppe der SAW im Physiologisch-Chemischen Institut der Martin-Luther-Universität über die Beeinflussung von Eiweißabbauvorgängen an Säugetieren durchgeführt werden. Bei aller, auch für die Arbeitsgruppen der SAW kennzeichnenden Spezialisierung ist nicht zu übersehen, daß in der Tiefe, unter anderem durch die Anwendung exakter biochemischer Arbeitsmethoden, z. B. von Trennverfahren, sich Gemeinsamkeiten zu erkennen geben. Ähnlich wie an der Steuerung der Entwicklung der Insekten verschiedene Hormone beteiligt sind, so übernehmen hier die Rolle der Aktivation bestimmte Enzyme, also katalytisch wirkende Proteine, die u. a. in den lebenden Zellen von Säugetieren für den Stoffwechsel synthetisiert werden. Die Untersuchung der Wirkungsweise spezifischer Hemmstoffe beim intrazellulären Abbau von Eiweiß in Säugetieren wird dadurch erschwert, daß mehrere Enzyme an diesem Prozeß teilnehmen, daß die Enzyme mengenmäßig überdies unterschiedlich verteilt sind und teilweise mittels unterschiedlicher Mechanismen wirksam werden. Herr Prof. *Aurich* machte die Untersuchung der differenzierten Hemmung der beteiligten Enzyme zum Hauptgegenstand der in seiner Arbeitsgruppe fortgesetzten Grundlagenforschung. Mit einem synthetischen Hemmstoff — dem Diazomethylketon-Derivat — gelang es, die biologische Aktivität der zu den proteolytischen Enzymen gehörenden Cysteinproteinase, die offenbar die dominierende Rolle im intrazellulären Proteinabbau spielt, spezifisch zu hemmen und ihre Präsenz in einer Vielzahl untersuchter Zelltypen nachzuweisen.

Herr Prof. *Aurich* beabsichtigt, sich der Tumorforschung zuzuwenden. Das weist in eine Richtung der Grundlagenforschung, in der die Sächsische Akademie der Wissenschaften auf dem Gebiet physiologischer und biochemischer Lebensprozesse in schöpferischem Kontakt zwischen Naturwissenschaftlern und Medizinern, insbesondere durch die bedeutenden Forschungsleistungen des Herrn *Strack*, auch im Berichtszeitraum erfolgreich war. Herr *Strack* führte in vielen Versuchsreihen seine Untersuchungen über die Wirkung von L-Carnitin weiter, — einer für den Zellstoffwechsel wichtigen Verbindung, die ein charakteristischer Bestandteil des Muskelgewebes ist. Aus der Untersuchung des L-Carnitins und bestimmter strukturverwandter, im Tier- und auch im Pflanzenreich weitverbreiteter Amine, der Betaine, ergaben sich neue Betrachtungsweisen über ihren Umbau und ihre Nutzung. Folgende Ergebnisse ragen heraus: 1. Radioaktives ^{14}C-markiertes Carnitin, das für Studien seines Umsatzes im Tierkörper benutzt wird, zersetzt sich autoradiolytisch, abhängig von Aktivität und Lagerzeit. Die dabei entstehenden Nebenprodukte führten bei der Deutung der Analysen zu irrigen Anschauungen. Man übersah, wie Herr *Strack* nachwies, daß diese Nebenprodukte das wirkliche Verhalten des natürlichen L-Carnitins im tierischen Stoffwechsel überdecken. Herr *Strack* zeigte, daß das gefundene Acetonyltrimethylammonium kein natürliches Produkt ist, sondern vorwiegend aus dem unphysiologischen D-Carnitin entsteht.

Von großer Bedeutung wurde daher der experimentell von Herrn *Strack* und seinen Mitarbeitern erbrachte Beweis, daß ein Enzym, das im Schrifttum häufig erwähnte β-Methylcholin, offenbar nicht existiert, sondern mit dem erwähnten Acetonyltrimethylammonium verwechselt wurde.

Vermutlich hat die Vorstellung, daß das β-Methylcholin durch seinen Azetylester die normalen Reizvorgänge im Herzen stören könnte, die Mediziner zunächst von der Erprobung des L-Carnitins abgehalten, obgleich schon seit längerem eindeutige positive Wirkungen von L-Carnitin bei verschiedenen Herzstörungen wie Arrhythmien, anginösen Beschwerden und verminderter Leistungsfähigkeit nachgewiesen werden konnten. Ein weiteres Hemmnis für die Kliniker war gewiß der hohe Industriepreis des L-Carnitins. Herr *Strack* hat indessen Verfahrenswege vorgeschlagen, mittels derer die Herstellungskosten erheblich gesenkt werden konnten. Zur Zeit wird begonnen, die Wirkung von L-Carnitin am menschlichen Herzen klinisch in großem Umfang zu studieren.

Der lebende Mensch ist Gradmesser für die Richtigkeit biologisch-medizinischer, chemischer und physikalischer Erkenntnisse auch in der von Herrn *Ries* geförderten Alternsforschung. Die Wechselwirkung zwischen naturwissenschaftlicher Forschung und Medizin, ohne die, wie der Hinweis auf Herrn *Stracks* Arbeiten erneut demonstrierte, kaum ein wissenschaftlicher Fortschritt erzielt werden kann, ist in den Untersuchungen von Herrn *Ries* gekennzeichnet durch die Beobachtung bestimmter physischer und psychologischer Merkmale des Allgemeinzustandes eines Organismus, nämlich des biologischen Alters eines Menschen zu einem bestimmten Zeitpunkt. Seine Messung ist von gravierender Bedeutung. Herr *Ries* entschied sich bei der Bestimmung des biologischen Alters für den Einsatz von Testbatterien im Sinne einer multifaktoriellen Analyse des Organismus. Im

Berichtszeitraum wurde ein derartiges Verfahren unter Einsatz von physischen und psychometrischen Methoden entwickelt. Die Untersuchung von 160 Personen eines Leipziger Großbetriebes (VEB GISAG) hat die Brauchbarkeit des Verfahrens bewiesen. Die Untersuchungen werden mit dem Ziel einer Standardisierung fortgesetzt.

Die Beschaffenheit des biologischen Alterns ist auf viele Ursachen zurückzuführen. Eine besondere Bedeutung hat die Verbindung mit dem Sozialen. Ein Blick auf die Entwicklungsländer spricht vernehmlich und aufrüttelnd zu uns. Nehmen wir aber uns selbst, die Sächsische Akademie, in ihrer disziplinär und altersmäßig so verschiedenen Zusammensetzung zum Beispiel, so enthüllen sich die positiven Aspekte des körperlichen und psychischen Gesundheitszustandes, und insbesondere des Alterns, wohl am wirkungsvollsten in der Zugehörigkeit zu einer dynamischen geistigen Gemeinschaft, in der der Wille und die Fähigkeit zur Leistung und Verantwortlichkeit immer erneut gesteigert wird.

Die bisher angeführten Arbeitsergebnisse zeigen, in welch starkem Ausmaß sich die Akademie mit Lebensgrundlagen-Forschungen befaßt. Sie sind in einer großen, bisher von Herrn *Neef*, seit Herbst des vergangenen Jahres von Herrn *Dörter* geleiteten „Kommission für spezielle Umweltprobleme“ zusammengefaßt. Herr *Dörter* entwickelte vor wenigen Wochen seine Vorstellungen, wie auf der Basis gemeinsamer wissenschaftlicher Grundhaltungen und in Fortsetzung der einzelnen bisher bearbeiteten Spezialaufgaben die Kommission weitere konstruktive Beiträge zum Prozeß der territorialen Umgestaltung durch veränderte Technologien und andere gesellschaftliche Einwirkungen bei gleichzeitiger Sicherung der Umweltqualität leisten könnte.

In diesem Sinne sei zunächst auf die Ergebnisse der von Herrn *Wolf* geleiteten Arbeitsgruppe „Reinigung von Abwässern mit Hilfe von Adsorbentien“ gewiesen. Herr *Wolf* unterwarf mit seiner Arbeitsgruppe unter anderem auf der Grundlage unkonventioneller Überlegungen technisch und wirtschaftlich wichtige Abfallsubstanzen dem Experiment mit dem Ziel, 1. starkbasische Ionenaustauscher auf der Basis des Sekundärrohstoffes Altreifengummi für die Phenolentfernung aus Gewässern als preiswerte Adsorbentien einzusetzen, 2. oberflächenaktive Stoffe „durch nichtionische Polymeradsorber zu entfernen“, 3. holzstoffhaltige Substanzen aus wässrigen Lösungen durch makroporöse schwachbasische Anionenaustauscherharze zu sorbieren. Die Bedeutung dieser Arbeiten für einen chemisch-technologisch abzusichernden Umweltschutz ist offenkundig. Wieder sind es Ergebnisse von Grundlagenforschungen, — in diesem Falle Erkenntnisse über einzelne Ad- und Desorptionsstufen —, die Voraussetzungen für einen erfolgreichen Überführungsprozeß sind.

Nicht chemisch-technologische, sondern ihr Komplement, biologische, mittelbar technologische Probleme sind es, die Anlaß von Untersuchungen der von Herrn D. *Uhlmann* geleiteten Arbeitsgruppe „Limnologie der Talsperren“ sind. Durch die quantitative Erfassung der vorherrschenden Gattungen des Phyto- und Zooplanktons mit Hilfe eines automatischen Muster-Erkennungs- und Bildverarbeitungs-Systems wird in diesem Arbeitsbereich das Qualitative, vor allem die jahreszeitlich zu beobachtende Biomasse-Entwicklung genau bestimmt. Ihre Untersuchung ist für die Planung und energiesparende Betriebsweise der Wasseraufbereitungsanlagen sehr wichtig. Durch Kombination von Freilanduntersuchungen und Laborexperimenten wurde eine wesentlich vertiefte Einsicht in die Filterleistung und Populationsdynamik des Zooplanktons als Voraussetzung für künftige Maßnahmen der Bestandsregulierung erreicht. Ferner wurde die Entwicklung eines dynamischen ökologischen Vorhersagemodells gefördert. Der gegenwärtige Stand der Kenntnis über die intrabiozönotischen Wechselbeziehungen und ihrer Simulation durch dieses Modell läßt bereits bestimmte Verallgemeinerungen im Hinblick auf die Vorhersage der Wasserbeschaffenheit in anderen Talsperren zu.

Der systematischen Befragung der Natur der Gewässer dienen auch, jedoch konzentriert insbesondere auf die therapeutisch nutzbaren Wässer im Süden der DDR, speziell Bad Brambachs, die Forschungen der Arbeitsgruppe Freiberg der SAW. Induktive experimentelle Untersuchungen sowie tektonische und hydrologische Erkundungen im Gelände sind in Form von fünf in sich selbständigen, kleinen Arbeitskollektiven in einem gemeinsamen Forschungsunternehmen zusammengefaßt. Die Untersuchungen haben auch im Berichtsjahr zur Erweiterung der bisher erkannten Zusammenhänge und ihrer Nutzung für den optimal zu sichernden Ablauf der Heilquellennutzung als eine der wichtigsten Voraussetzungen für eine psychisch und physisch wirksame Kurtherapie beigetragen. Folgende Ergebnisse wurden im Berichtszeitraum erzielt:

1. Die tektonisch-hydrologische Erkundung des Quellgebietes von Bad Brambach wurde durch eine umfassende Kartierung auf Hg- (Quecksilber)-Spurengehalte unter Leitung von Herrn *Watznauer* in Verbindung mit γ(Gamma)-Strahlendosimetrie auf einer Profillinie von rund 20 km mit insgesamt 800 Probenahmen in Gang gesetzt.
2. Die Bodenluft-Ausströmung, untersucht unter Leitung von Herrn *Buchheim*, — in Kooperation mit der Sektion Physik der Bergakademie, konnte durch Einführung neuer Strahlungsdetektoren auf Festkörperbasis wesentlich genauer erfaßt werden. Ihre Testung in der unmittelbaren Umgebung der Radonquelle von Bad Brambach bewies die relativ enge Lokalisierung des Radon-Austritts.
3. Unterstützt wurden diese Untersuchungen durch eine unter Leitung von Herrn *Gersch* stehende Arbeitsgruppe, die sich mit mikrobiologischen Methoden der Flora und Fauna in der nächsten Umgebung der (Radon)Quellen von Bad Brambach zuwendete.
4. In dem von der Forschungsgruppe gegründeten und zum Zentrallabor für Raman-Spektroskopie an der Bergakademie weiterentwickelten Laser-Labor wurde unter Leitung von Herrn *Buchheim* und von Herrn *Schwabe* mit ramanspektroskopischen Untersuchungen an Elektrolytlösungen in gemischten Lösungsmitteln begonnen, während unter anderem die experimentellen Arbeiten zur Neutronensteuerung an polykristallinen Proben durch Publikation abgeschlossen werden konnten. Fortgeführt wurden Untersuchungen an Tetramethylammonium in polykristallinen Zustand und in wässriger Lösung mit dem Ziel des Korrosionsschutzes — als Teilthema einer von Herrn *Schwabe* geleiteten, großen Forschungsrichtung.

In dem breiten Spektrum verschiedenartiger, letzten Sinnes mit dem Dienst an der Gesundheit des Menschen verbundenen Forschungen sei besonders auf die für die Quellwasser-Problematik wichtigen Untersuchungen von Herrn *Jordan* gewiesen, die die Wirkung von erhitztem (Quell-) Wasser auf Keimprozesse von Pflanzensamen zum Inhalt haben. Es erwies sich, daß der als „Fervorisierung" des Wassers bezeichnete Vorgang als ambivalent hinsichtlich des Wachstums von Wurzel und Sproß aufzufassen ist. Herrn *Jordans* medizinisch gerichtete Forschungen beschränkten sich im übrigen keineswegs auf seine Mitarbeit an dieser speziellen Problematik, sondern bezogen sich im Blick auf die Entwicklung der gesamten Kommission auf grundlegende Fragen zur „Rangordnung von Umweltproblemen".

Im Unterschied zur Bearbeitung spezieller geophysikalischer, chemischer, biologischer und medizinischer Umweltaspekte am Beispiel therapeutisch genutzter Wässer fragt die unter Leitung von Herrn *Neef* stehende Arbeitsgruppe „Naturhaushalt und Gebietscharakter" im ökologischen Sinn nach den sich wandelnden Wechselwirkungen der natürlichen Agentien mit den gesellschaftlichen Faktoren. Nicht in einseitig kausalem Denken, sondern in dem, was *Heisenberg* „Komplexdenken“ nannte, werden die durch technische Einwirkungen immer komplizierter gewordenen territorialen Umweltstrukturen in ihrer Statik und Dynamik aufgeklärt. Teile der räumlichen Totalität, des „Zusammenbestehenden im Raum“, wie Alexander *von Humboldt* es bezeichnete, ihres synergetischen räumlichen Zusammenwirkens, wie wir heute sagen würden, sind Objekte der mit neuem methodischen Instrumentarium und neuen, von Herrn *Neef* theoretisch begründeten Forschungsansätzen an ihre Aufgaben herangehenden Bearbeiter. An sich wertfreie Naturgrößen wurden so aufbereitet, daß sie in ökonomische Systeme transponiert und ökonomisch bewertbar gemacht werden können. Folgende Ergebnisse sind hervorzuheben: 1. die Staatsplanaufgabe „Bestimmung von partiellen und komplexen Potentialeigenschaften für chorische Naturraumeinheiten“ konnte unter Federführung der Arbeitsstelle (Arbeitsleiter: Dr. Arnd *Bernhardt*) zum Abschluß gebracht werden. Es wurde methodisch der Weg für die Territorialplanung freigelegt, aufgrund zuverlässiger und aussagefähiger Unterlagen die Eignungsunterschiede verschiedener Naturräume und Naturraumtypen bei Standort- und Nutzungsentscheidungen zu berücksichtigen. Ferner wurde zur Erreichung eines wichtigen Teilabschnitts in der systematisierenden chorischen Naturraumforschung, einer Gemeinschaftsaufgabe der Geographen der DDR, beigetragen, die ihren Niederschlag in der „Kennzeichnung und Kartierung von Naturraumtypen im Maßstab 1:100000“, — einschließlich eines „Rahmenkatalogs chorischer Naturraumtypen DDR“ fand.

Eine Hauptaktivität der Arbeitsgruppe galt umfassenden Forschungen auf dem Gebiet der exogenen Landschaftsdynamik. Die 1979 als Band 52 über dieses Thema erschienene SAW-Abhandlung fand positive Aufnahme im sozialistischen und kapitalistischen Ausland ,— und hoch war das Interesse von Organen der Praxis wie der Wissenschaft an den ersten Fallstudien. Für einen 300 km^2 großen Teil des Dresdener Testgebietes konnte eine differenzierte Naturraumerkundung, eine Flächennutzungsanalyse und eine beispielhafte komplexe Bearbeitung naturraumabhängiger Potentialeigenschaften chorischer Räume abgeschlossen werden.

Die Akademie übernahm allezeit Aufgaben, die die Kräfte eines Einzelnen weit übersteigen und mitunter so groß sind, daß sie Generationen überdauern. So fühlte sich die Akademie schon vor dem II. Weltkrieg berufen, in klarer Sicht auf die Tragweite und Schwierigkeit ihres Entschlusses jenes bekannte, heute weltweit gerühmte und von Gelehrten des ganzen Erdkreises durch Zuarbeit unterstützte Standardwerk weiterhin auf dem wissenschaftshistorisch aktuellen Stand zu halten, das Johann Christian Poggendorff 1863 in einem ersten Wurf abgeschlossen hatte: das „Biographisch-literarische Handwörterbuch der exakten Naturwissenschaften“. Die Akademie erwies sich besonders seit 1949, als sie eine eigene Redaktion für den zum wissenschaftlichen „Begriff“ gewordenen „Poggendorff“ bildete, nicht nur berufen, sondern befähigt zur Fortführung des großen Anliegens, und zwar durch die Gewissenhaftigkeit und den persönlichen Einsatz der gegenwärtig unter der Leitung von Herrn Dr. *Weichsel* stehenden Redaktion und durch die in der von Herrn *Neef* geführten Poggendorff-Kommission mitwirkenden Akademie-Mitglieder, von denen sich Herr *Beckert* besonders des Bereiches Mathematik, Herr *Lösche* des Bereiches Physik und bisher besonders Herr *Schwabe* und Herr *Strack* des Bereiches Chemie annehmen.

Viel hat sich seit dem ersten Erscheinen in der redaktionellen und editorischen Technik geändert. Ein solches Werk, zugleich einzigartiges Spiegelbild der historischen Entwicklung der Naturwissenschaften, wächst aus eigenem Gesetz im Umfang wie im Inhalt nicht unabhängig von den Wandlungen der wissenschaftlichen und gesellschaftlichen

Gesamtentwicklung. In Wechselwirkung mit der explosionsartigen Zunahme des im Poggendorff zu verzeichnenden Schrifttums ergab sich auf Anregung und Initiative des um die Förderung der Arbeiten am Poggendorff hoch verdienten, der Akademie durch den Tod entrissenen Herrn Prof. *Salié* die Notwendigkeit, an die Stelle der vereint in alphabetischer Reihenfolge aufgeführten Bibliographien bedeutender Mathematiker, Physiker und Chemiker disziplingebundene Einzelbände zu setzen. Im Berichtszeitraum konnten die Manuskripte für die Lieferungen 1 und 2 des 7. Teilbandes (VII b) satzfertig — die Buchstaben *Ra* —*Rus* umfassend — der Druckerei übergeben werden, während für die Herausgabe in neugestalteter Form, also in einem speziellen Mathematiker-Band, unter der redaktionellen Leitungsassistenz von Frau Dipl.-Math. Heidi *Kühn* die von Herrn Prof. *Salié* hinterlassenen umfänglichen Materialien aufbereitet und ergänzt werden konnten. Für den Band Physik wurde unter der redaktionellen Leitungsassistenz von Herrn Dr. R. *Lochmann* mit der Erarbeitung einer Liste der in die Bibliographie aufzunehmenden Physiker begonnen. Der „Poggendorff" offeriert sich im Titel als Handwörterbuch der „exakten" Wissenschaften. Die ständig steigende Zahl von Wissenschaften, die ihre Aussagen durch das Messen von Werten kontrollfähiger machen, bezeichnen sich fast sämtlich als exakt. Noch fehlt bezeichnenderweise die Biologie als eine Zentralwissenschaft unseres Jahrhunderts vollends — von den Geo- und Kosmoswissenschaften ganz zu schweigen. Die auf den Vorgang des Messens bezogene Kategorisierung ganzer Wissenschaften als exakt läßt keine Schlüsse auf Wert, Bedeutung und Richtigkeit der jeweils erzielten Erkenntnisse zu.

Unter solchem Gesichtspunkt ist ein Blick auf die Forschungsthemen der unter Leitung von Herrn *Hiebsch* stehenden Arbeitsstelle „Psychologie" aufschlußreich. Herr Hiebsch widmete sich den Besonderheiten verschiedener psychischer Verhaltensweisen des Menschen im unmittelbaren Kontakt mit anderen Menschen und konnte das einer mathematisch-numerischen Behandlung offenkundig zugängliche Thema „Abbildungen von dyadischen Realsituationen auf spieltheoretische Modellsituationen" zum Abschluß bringen. Herr *Hiebsch* konnte auf dem Weltkongreß der Psychologen die erzielten Ergebnisse in einem Einzelvortrag vorstellen. In welchem Maß Reserven in der Leitungstätigkeit ausgeschöpft werden können, zeigte eine weitere, ebenfalls kurz vor dem Abschluß stehende Arbeit der Gruppe über die „Modellierung von Verhandlungssituationen". Psyche und Emotion gehören zum Wesen des Menschen. Es besteht kein Zweifel, daß die Anwendung des jetzt verfügbaren, unter Einsatz messender Methoden gewonnenen Wissens der Psychologie erhebliche, sich gesellschaftlich günstig auswirkende Konsequenzen zeitigen kann, — wenn der Initiative des Einzelnen wie ganzer Kollektive nicht durch persönliche Ignoranz Hemmnisse in den Weg gelegt werden, die die Produktivität der Arbeitsprozesse sehr beeinträchtigen können.

Die gesunde, konsequent zu fördernde Fortschrittsaktivität, die nach den Beobachtungen der modernen Psychologie leicht einem scheinbar zeitlosen Rausch an der Gegenwärtigkeit verfällt, bedarf der bewußten, in der SAW allezeit zielgerichteten Pflege eines immer präsenten, aber mitunter zu gering eingeschätzten Bestandteiles ihres Aufgabenbereiches, nämlich der Zeit, der Geschichte. Als „Ablauf" eines naturgesetzlichen Prozesses spielt der Faktor Zeit in den Bereichen der Mathematisch-Naturwissenschaftlichen Klasse, die seit Oktober des vergangenen Jahres — in Nachfolge von Herrn *Neef* — von Herrn *Beckert* geleitet wird, immer eine bedeutende Rolle. Mehr der Einfügung von gesellschaftlichen Grundwerten und der ihnen immanenten Zukunftschancen in die verschiedenen historisch gerichteten, also nicht nur an exakt zu messenden Zeitabläufen orientierten Forschungen gelten dagegen die Aktivitäten der bis zum Oktober 1980 von Herrn *Große* und seitdem von seinem Nachfolger, Herrn Sekretar *Brüning*, geleiteten Philologisch-Historischen Klasse. Das auf das Hier und Heute beider Klassen als Organen übergeordneter Größenordnung gerichtete Geschichtsbewußtsein stützt sich mittelbar auch auf die in den Kommissionen konzentrierten Vorgänge. Die Arbeiten der unter der umsichtigen Leitung von Herrn *Große* stehenden „Sprachwissenschaftlichen Kommission" seien als Beispiel für die Beziehungen zwischen Geschichte und Gegenwart angeführt. So gab die von Herrn Dr. *Götz* geleitete und durch eigene ergänzende Publikationen geförderte Redaktion des „Althochdeutschen Wörterbuchs" auch im Berichtszeitraum manches Beispiel für ihre kulturgeschichtlich bedeutsamen germanistisch-philologischen Leistungen.

Ausgangspunkt der althochdeutschen Forschungen sind bekanntlich nur sporadisch überlieferte Texte. Groß ist der Spielraum ihrer Deutbarkeit. Von der Gruppe konnten die diffizilen Ausarbeitungen für den 3. Band des „Althochdeutschen Wörterbuches" abgeschlossen werden, der insgesamt 17 Lieferungen mit rund 2900 Artikeln umfassen wird, nämlich die Buchstaben E und F über das deutsche Wortgut in der Zeit vom 8. bis 11. Jahrhundert. Bei aller Achtung gegenüber der Grundkonzeption für das „Althochdeutsche Wörterbuch" als das grundlegende, nach Vollständigkeit, Ausführlichkeit und Leistungsvermögen einmalige Wörterbuch unserer ältesten deutschen Sprache, das die Entwicklung des Deutschen aus dem Germanischen unter dem Einfluß des Lateinischen freilegt, wird versucht werden, ohne wesentlichen Substanzverlust eine erhebliche Beschleunigung der Arbeiten durch Komprimierung des überlieferten Materials zu erreichen.

In den Mundarten-Wörterbüchern der SAW begegnen uns ähnliche, jedoch keineswegs gleichartige Sprachphänomene und -probleme. In ihnen sind die zeitlichen Veränderungen der Sprache bis in die Gegenwart hinein verfolgbar. In ihnen wird eine lebendige Kontinuität durch eine viel größere Menge erhaltener Text- bzw. Wortzeugnisse sichtbar. Das Belegnetz ist in allen von der Sprachkommission verantworteten Mundarten-Wörterbüchern relativ dicht geknüpft. Ich darf mich unter dem Druck der Redezeit darauf beschränken, folgendes hervorzuheben: In allen Mundarten-Wörterbüchern liegt außer ihrer sprachhistorisch großen Bedeutung für sehr viele wissenschaftliche Problembereiche ein einzigartiges Material offen — für die Geschichte der Literatur und der Medizin, für die Technik und das Bauwesen, für die Naturwissenschaften wie für die Wirtschaft und die Siedlung. Welche Hilfe vermag nicht allein eine sprachwissenschaftlich fundierte Namensforschung für die Siedlungs- und Bevölkerungsgeschichte zu leisten! Was sich aus der Begrenzung des begrifflich Kontrollierbaren z. B. aus dem „Wörterbuch der Obersächsischen Mundarten", — um diese, unter der Leitung von Herrn Dr. *Bergmann* stehende Arbeitsgruppe als repräsentativ für andere Mundarten-Wörterbücher zuvörderst anzuführen —, herauslösen läßt, das dient ebenso wie die anderen Wörterbücher durchaus auch der gegenwärtigen, ganz andersartigen Wirklichkeitserfahrung, weil die Mundart als sprachliches Gestaltungsmittel das Unmittelbare im Verhältnis des Menschen zum Menschen sinnfällig zum Ausdruck bringt. Die bloße Feststellung, daß der Abschnitt *„Mal — Merser"* des Obersächsischen Mundarten-Wörterbuches fertiggestellt werden konnte, beleuchtet nur schwach die im Berichtsjahr erfüllte Leistung. Es muß in diesem Zusammenhang auf die rege wissenschaftliche Publikationstätigkeit Dr. *Bergmanns* sowie die Arbeiten von Frl. Dr. *Helm* am Manuskript des mittelalterlichen Epos „Karl und Galia" und eine kurz vor der Veröffentlichung stehende Arbeit von Frl. Dr. *Neumann* im Rahmen der von der SAW geförderten Reihe „Deutsch-slawische Forschungen zur Namenskunde und Siedlungsgeschichte" gewiesen werden.

In ähnlicher Weise veröffentlichte der Leiter der Arbeitsstelle „Thüringisches Wörterbuch", Herr Dr. K. *Spangenberg* — Jena, verschiedene Untersuchungsergebnisse, erschloß zusätzliche Forschungspotenzen durch engen Kontakt mit der Friedrich-Schiller-Universität Jena, und vermochte — übrigens im Rahmen des Wettbewerbsprogramms der Gewerkschaftsgruppe zu Ehren des X. Parteitages — die Redaktion der Lieferung 12 und 13 des V. Bandes mit den Buchstaben *R—S* fertigzustellen, während vom „Brandenburgisch-Berlinischen Wörterbuch", von dem mehr als ein Drittel des Gesamtwerkes im Druck vorliegt, unter Leitung von Herrn Dr. J. *Wiese* die Ausarbeitung der Buchstaben G, H und I abgeschlossen werden konnten, während ferner Herr Dr. J. *Gundlach*, der Leiter der Arbeitsstelle „Mecklenburgisches Wörterbuch", die 3. Lieferung des 7. Bandes, die bis zum Stichwort „Ohr" führt, bewältigte — und dies wiederum neben einer starken Öffentlichkeitsarbeit und wissenschaftlicher Vortragstätigkeit über die niederdeutsche Mundart. Schließlich ist unter der Leitung von Herrn Dr. *Protze* die umfangreiche Materialsammlung für einen „Wortatlas der städtischen Umgangssprache" aufgrund einer nahezu lückenlos beantworteten Fragebogenaktion abgeschlossen worden — und dies neben der Weiterarbeit am „Siebenbürgisch-Sächsischen Wörterbuch" bis zum Buchstaben *K*.

Die Gesamtheit philologischer Mundartenforschungen findet gegenwärtig einen sachgerechten Widerhall in einem großen internationalen Unternehmen, der Bearbeitung des „Atlas Linguarum Europae", dem europäischen Dialektatlas, in dem das sinnenhaft Mundartliche aus der jeweiligen regionalen Situation heraus unter Beteiligung von DDR-Philologen die scharfen Konturen des Stofflich-Visuellen annimmt. Die Mundarten-Forschungen der Akademie weisen auch in diesem Atlas auf eine weite Zeitspanne zurück. Sie tragen zur Vertiefung des Geschichtsbewußtseins bei.

Aus der Vielfalt der Linien, die in der sächsischen Geschichte zu einem faszinierenden Geflecht verbunden sind, können mit den Mitteln und Kräften der SAW nur wenige herausgelöst werden. Es ist die von Herrn *Coblenz* zielbewußt geleitete „Historische Kommission", die diese Aufgabe mit großem Engagement zu erfüllen sucht. Die bereits 1896 begründete, früher eigenständige, seit 1956 in die Akademie eingefügte Kommission wendete sich auf ihrer von Akademiemitgliedern und zugewählten, fachkompetenten Persönlichkeiten getragenen Wirkungsebene auch im Berichtszeitraum der Aufgabe zu, Einsichten zu erschließen, die uns mit dem früher oft nicht Beachteten, nicht selten sogar Negierten aufgrund eines strengen Quellenstudiums und dessen Aufbereitung vertraut machen. Es mag zunächst etwas losgelöst vom Leben unserer Zeit scheinen, wenn zu berichten ist, daß vom „Codex Diplomaticus Saxoniae" vom Hauptteil 1, der Band 3, „Urkunden der Markgrafen von Meißen und Landgrafen von Thüringen, 1196—1234" erarbeitet wurde, daß die archivalische Erschließung der „Akten und Briefe zur Kirchenpolitik des Herzogs Georg von Sachsen" im wesentlichen beendet werden konnte, daß die Durchsicht des Druckmanuskriptes für Band 4 der „Politischen Korrespondenz des Herzogs und Kurfürsten Moritz von Sachsen" weiterhin gefördert wurde, daß die „Bibliographie zur Geschichte der Stadt Dresden" noch vor ihrem Jubiläum im Juni dieses Jahres im Buchhandel vorliegen wird und daß vom „Historischen Atlas von Sachsen", einem als Fundamentalwerk angelegten kartographischen Unternehmen über das Gebiet des ehemaligen Kursachsen neue Bearbeitungen zur Verwaltungsgliederung vorliegen. Diese unter der Leitung von Herrn Dr. *Blaschke* stehenden historisch-kartographischen Arbeiten erscheinen, zum mindesten zunächst, in Form von Einzelpublikationen. An ihnen sind viele Mitarbeiter als Autoren beteiligt, und sie werden, nicht zuletzt, von dem Leiter der Historischen Kommission, Herrn *Coblenz*, durch umsichtige und kritische Stellungnahmen gefördert.

Alle diese Arbeiten stehen keineswegs im Dienste einer bloßen historischen Retrospektive. Sie sind Voraussetzungen dafür, historische Phänomene und die von ihnen getragenen Persönlichkeiten allseitig zu analysieren, nach den Maßstäben ihrer Zeit zu beurteilen und frei von unwissenschaftlichen Einseitigkeiten in das Blickfeld unserer sozialistischen Gegenwart zu stellen. Revolutionen, — Ereignisse von epochalen Ausmaßen — wie die Französische Revolution des Jahres 1789 oder die russische des Jahres 1917, haben wie Walter *Markov* neben anderen bedeutenden Historikern einer weiten wissenschaftlichen Weltöffentlichkeit auf der Basis tiefgreifender Untersuchungen unter den verschiedensten Blickrichtungen vor Augen führte, große Aktualität bis mitten in unsere Gegenwart hinein. Wir empfinden täglich ihre Dynamik.

In der vordersten Frontlinie gegen das, was Karl *Marx* das Versinken in die Geschichtslosigkeit nannte, stehen zur Zeit in der Historischen Kommission die von Herrn *Czok* bearbeiteten Jahrbücher für Regionalgeschichte, von denen Band 7 erschien und Band 8 sich im Druck befindet. Die Regionalgeschichte ist unverzichtbarer Teil der allgemeinen Geschichte. Sie ist gewiß auch ein Beitrag zur Pflege des progressiven Kulturerbes. Sie ist aber noch mehr eine oft unterschätzte Triebkraft, historische Gesamtzusammenhänge aus der unmittelbaren Lebenswirklichkeit konkret und differenziert zu erfassen. Die Bedeutung regionalhistorischer Arbeiten wird in vollem Ausmaß verständlich, wenn man sich vergegenwärtigt, daß sie nach dem wissenschaftlichen Selbstverständnis ihrer Bearbeiter niemals beim regionalen Faktum stehen bleiben darf, sondern es in seiner Beziehung zum Ganzen der historischen Bewegung in neuer Bestimmtheit sichtbar machen muß. Beide Ansätze, die reichhaltige landesgeschichtliche, geographisch relevante Forschung, die den Ursachen für die Veränderungen von Raumstrukturen nachgeht, wie die allgemeine Ordnung historischer Phänomene verstehen die Zeit und den Raum als Prozeß. Sie fassen die Region nicht nur als Gewordenes, sondern zugleich als ein sich ständig Veränderndes, als Werdendes auf.

Von einem gleichsam höher gelegenen Standort aus läßt sich die wechselnde, immer sehr große Bedeutung der Kategorie „Zeit“ in ihrer Zuordnung zu bestimmten Prozessen in der Natur als Ablauf wie in der Gesellschaft als historische Bewegung deutlich wahrnehmen. Die Arbeitsleistungen einer Gelehrten Gesellschaft wie der SAW fügen sich in den Strom von vielen Tausenden anderer Kräfte, die unsere Kultur gestalten. Sie wollen sich als nützlich erweisen im Rahmen einer allgemeinen und gezielten Grundlagenforschung, als tragfähig für die optimale Gestaltung der unmittelbaren Lebenswirklichkeit auf der Grundlage genauer Beobachtung, objektiver Anschauung und des Wissens um die Unsicherheitsfaktoren, die auf jedem Lösungswege eines wissenschaftlichen Problems erkannt und eliminiert sein wollen.

BERICHT DES VIZEPRÄSIDENTEN, HERRN EDGAR LEHMANN, ÜBER DEN STAND DER ARBEITEN DER AKADEMIE

Erstattet in der öffentlichen Sitzung am 16. April 1982

Der Standort, von dem aus ich über die Arbeitsleistungen der Akademie auf der Grundlage sehr umfänglicher und detaillierter Angaben seitens der Herren Kommissions-Vorsitzenden und Arbeitsstellenleiter zu berichten habe, ist durch das Bemühen gekennzeichnet, bei aller Aufgliederung in spezielle Themengruppen das Gesamt-Phänomen „Sächsische Akademie der Wissenschaften" in eine informative Sicht zu stellen. Die Stärken und Schwächen einer Akademie pflegen sich im Wandel der Generationen, besonders aber in unserer Zeit bedeutend veränderter gesellschaftlicher Wertvorstellungen umzuverteilen. So stehen die bekannten Umweltprobleme, die die Akademie schon längst vor ihrer öffentlichen Diskussion in ihr Blick- und Arbeitsfeld spannte, in einer eigenen Institution zur Bearbeitung an, — in der von 1971 bis 1980 von Herrn *Neef*, seit 1980 von Herrn *Dörter* geleiteten „Kommission über spezielle Umweltprobleme".

In den 9 Arbeitsgruppen dieser Kommission handelt es sich ohne Ausnahme um anwendungsorientierte Grundlagenforschungen. Dem Primat, das in ihnen der Theoriebildung zukommt, kann im Rahmen der im Mittelpunkt des Berichts stehenden Analysenergebnisse nur andeutend entsprochen werden. Auch manch anderer Verzicht muß hingenommen werden: So kann über verschiedene, mehr randlich betreute Untersuchungen der Akademie wie ihre auf neuer Quellengrundlage von Herrn Archivar *Wiemers* und Frau *Lea* zu erarbeitende Geschichte, wie das mittellateinische Wörterbuch oder wie das Corpus Vasorum Antiquorum aus Zeitgründen überhaupt nicht berichtet werden. Selbst über das in einer eigenen Kommission von Herrn *Neef* geleitete, unter der bewährten und erfahrungsreichen Redaktionsregie von Herrn Dr. *Weichsel* stehende „Handwörterbuch der Naturwissenschaften", das nach seinem Begründer und ersten Bearbeiter kurz als „der Poggendorff" bezeichnet wird und international eine auch in hohen Exportzahlen sich ausdrückende bedeutende Stellung einnimmt, — selbst über dieses große Bio-Bibliographische Standardwerk kann nur summarisch gesagt werden, daß die Bearbeitung des Mathematiker-Bandes vornehmlich durch Fräulein Dipl.-Mathematikerin *Kühn* unter Anleitung von Herrn *Beckert* sowie einige Vorarbeiten zum Physikerband durch Herrn Dr. *Lochmann* planmäßig gefördert werden konnte. Es sei lediglich hinzugefügt, daß im Berichtsjahr die Poggendorff-Kommission, Präsident und Präsidium sich mehrfach mit Grundfragen beschäftigten, wie der Sicherung der Aktualität des Poggendorff, der wissenschaftlich zu verantwortenden Auswahlkriterien, der Autopsie bei der Literaturauswertung sowie einer von Herrn Dr. *Lochmann* vorgeschlagenen Nutzung computergestützter Literaturrecherchen. Gewiß aber noch schwieriger hinzunehmen als diese äußerst reduzierten Angaben ist der völlige Verzicht, über das Plenum als dem lebensvollen Kern der Akademie überhaupt etwas auszusagen. Denn die Charakterisierung dieses wichtigsten Kommunikations- und Konzentrationszentrums der Akademie würde gewiß einprägsam verdeutlichen, daß die Akademie nach Maßgabe ihrer Mittel und Möglichkeiten die dankbar hingenommene Förderung wahrhaftig verdient, die ihr von Partei und Staat gewährt wird, — daß sie vor allem in vollem Einklang mit den Grundsätzen sozialistischen Wollens und

Handelns flexibel genug ist, um den so wesentlichen Freiraum für die wissenschaftliche Kreativität ihrer Mitglieder und Mitarbeiter offenzuhalten.

Schließlich sei eine den Gesamtbericht berührende, auch auf beide Klassen, — die von Herrn *Beckert* geleitete Mathematisch-Naturwissenschaftliche Klasse wie die von Herrn *Brüning* geführte Philologisch-Historische Klasse — bezügliche Bemerkung vorweggenommen: Das Ganze einer Erscheinung — und so auch das Ganze einer Akademie — ist von den Teilen her nicht erfaßbar. Es kann nur von jenen großen zeitverhafteten Ideen her verstanden und ergriffen werden, die in Abhängigkeit von gesellschaftlichen Prozessen entstehen und auf die methodologische Ebene der Teilbereiche durch den Hinweis auf neue Ziele oder durch die Entdeckung von Widersprüchen, Fehlern oder auch Forschungslücken gleichsam von oben her einwirken. Man denke als Beispiel an den ursprünglich rein biologischen Begriff der Lebensgemeinschaft, der sich zu der anthropozentrischen Idee einer den Menschen und seine Handlungen einschließenden Sozio- und Geoökologie weitete. Der Schwerpunkt des Berichtes wird auf den Teilen liegen, auf den Leistungen der einzelnen Arbeitsgruppen. Die Frage lautet: was wurde, um mit der „Kommission über spezielle Umweltprobleme" zu beginnen, im Berichtszeitraum vom Herbst 1980 bis zum Frühjahr 1982 konkret geleistet?

Zunächst sei über jene Jenenser Arbeitsgruppe berichtet, die ihr national und international hochangesehener Leiter, Manfred *Gersch*, der der Akademie durch den Tod jäh entrissen wurde, zu bedeutenden wissenschaftlichen Erfolgen führte. Unter dem Forschungsthema „Wirkungsmechanismen von Neurohormonen bei Krebsen und Insekten" verbergen sich methodisch und experimentell tief durchdachte Analysen im Rahmen von Grundlagenforschungen, die mit der Umweltforschung in Zusammenhang stehen, ohne daß diese Seite der ungemein schwierigen, biologisch-zoologischen Zielstellung von Herrn *Gersch* plakativ in den Vordergrund gestellt wurde.

Herrn *Gersch* gelang es, — einer von ihm erarbeiteten neuen Ideenkonzeption folgend — nachzuweisen, daß im Gegensatz zu den meisten Organismen, deren Wachstum sich kontinuierlich vollzieht, bei den Gliederfüßlern (Arthropoden) eine Diskontinuität besteht, die eng mit der Häutung als einem aus verschiedenen Phasen bestehenden vielfältigen Wachstumsprozeß bzw. Wachstumszyklus verbunden ist. Ein zweiter Problemkreis innerhalb des Hauptthemas bezieht sich auf die chemische Strukturaufklärung eines Neuropeptids von Insekten, das sogenannten Neurohormon D — einer aus Aminosäuren aufgebauten organischen Verbindung. Es handelt sich um das dritte Peptid-Insektenhormon überhaupt, dessen Struktur erkannt werden konnte. Als herausragende Leistung der Forschungsgruppe erschien die erste umfassende, deutschsprachige Monographie über das gesamte Gebiet der peptigerden Neurokrinie (Herausgeber Prof. Dr. H. *Gersch* und Dr. K. *Richter*) unter Mitarbeit aller Wissenschaftler der Forschungsgruppe zusammen mit einigen anderen Autoren. In das Werk sind die durch komplizierte Laboruntersuchungen abgesicherten theoretischen Grundvorstellungen Manfred *Gerschs* als ein fester Bestandteil eingegangen. Herr *Penzlin*, ein enger Mitarbeiter von Manfred *Gersch*, wurde vom Präsidenten mit der Leitung der Forschungsgruppe betraut, die im November 1981 zum vierten Mal den Titel „Kollektiv der sozialistischen Arbeit" erhielt.

Die biologische Wirklichkeit ist nur partiell, nicht in ihrer Totalität zu begreifen. So führte auch Herr D. *Uhlmann* seine Forschungsgruppe „Limnologie der Trinkwassertalsperren" unter einem eigenen biologischen Partialaspekt, nämlich der Simulation und Manipulation von Gewässer-Ökosystemen, näher an das Ziel einer praktisch höchst wirksamen Biotechnologie und Ökotechnik heran. Vor wenigen Tagen erst zeigte Herr D. *Uhlmann* in einem eindrucksvollen Vortrag im Rahmen eines Festkolloquiums für unser verehrtes Mitglied, Herrn *Busch*, in welcher volkswirtschaftlich bedeutenden Weise die Hydrobiologie als Grundlagenforschung ihre Erfahrungen und Erkenntnisse der Ökologie zur nützlichen Auswertung reichen kann. In den Talsperren stehen ja anthropogene Organismengemeinschaften mit den Einzugsgebieten der Flüsse in engstem Zusammenhang. Ausgehend von der Leitidee der biologischen Ökologie, dem Zentralbegriff der Biozönose, wurde die partielle Aufklärung der an dem Lebensprozeß in den Talsperren beteiligten chemischen und biologischen Prozesse wesentlich vertieft. Spezielle Erkenntnisfortschritte wurden bei der Kausalanalyse der intrabiozönotischen Wechselbeziehungen in der Saidenbachtalsperre erzielt, besonders im Hinblick auf die Filterleistung des Zooplanktons und den jahreszeitlichen Massenwechsel von Phytoplankton sowie bei der Nutzung des ökologischen Simulationsmodells Salmo für die optimale Wassergütebewirtschaftung von Standgewässern. Die Anwendung der von der Arbeitsgruppe erarbeiteten Ergebnisse führte zur Einsparung hoher Investitionsmittel, z. B. durch die Erarbeitung der günstigsten Bewirtschaftungsstrategie für die Talsperre Ohra, durch die Vorhersage des Phytoplanktonwachstums im Stausee Muldenstein zwecks Sicherung der Wasserversorgung des VEB Filmfabrik Wolfen und durch die Kombination von Abwasserteichen mit landwirtschaftlichen Speicherbecken auf der Grundlage einer neu entwickelten Bemessungsgleichung.

Die Ökologie, diese schwierig abgrenzbare, heute den Menschen einschließende Umwelt-Kernwissenschaft, verfügt bei weitem noch nicht über alle die Kennwerte, die sie zur Bewältigung ihrer Probleme benötigt. In umgekehrter Blickrichtung wie in den bisher berührten biologischen Bereichen werden — gleichsam als Vorstufe zu umwelt-ökologischen Komplexstudien — durch die von Herrn *Wolf* geleitete Arbeitsgruppe spezielle Untersuchungen der „Synthese und Anwendung neuartiger Adsorbentien" durchgeführt. Der auch hier bestehende Vorrang theoretischer Überlegungen zielt auf den Einsatz praktisch wirksamer Methoden, die der Sicherung der Lebensbedingungen der Bevölkerung besonders in den Ballungsgebieten dienen. Die chemisch-technischen Arbeiten der Arbeitsgruppe sind auf die Funktion mineralogischer und organisch-chemischer, im Wasser gelöster oder schwebender schädlicher Substanzen gerichtet. Es sind nicht zuletzt diese „Fremdstoffe", die die Territorialplanung und alle am Gesamtkomplex „Umwelt" interessierten Natur- und Gesellschaftswissenschaften dazu anregen, die von den Geographen in das Zentrum ihrer Untersuchungen gestellte naturräumliche Mikrodimension als eine immer stärker ins Gewicht fallende Größenordnung zu erkennen, zumal wenn Fragen der komplexen Bewertung landschaftsumwandelnder Prozesse anstehen.

Die Testung der Absorbentien dient neben dem Umweltschutz zugleich der wissenschaftlichen Grundlagenforschung auf dem Gebiet des Ionenaustausches und der Sorptionsprozesse. So wurde unter dem Aspekt der vorrangigen Ausnützung von Sekundärrohstoffen der Einsatz von alten Autoreifen als Material für die Herstellung von Ionenaustauschersorbentien und als Ausgangsprodukt für die Adsorbenssynthese mit Erfolg überprüft.

Den von Herrn *Wolf* und seiner Gruppe mittels elektronischer und anderer Separationsverfahren gewonnenen Erkenntnissen seien die geophysikalischen, geologischen und medizinischen Arbeitsleistungen gegenübergestellt, die die Herren *Buchheim*, *Jordan* und *Watznauer* mit ihren Arbeitsgruppen unter der Generalbezeichnung „Strukturprobleme des Wassers, insbesondere von therapeutisch nutzbaren Wässern im Süden der DDR" erzielten. Durch die Intensivierung der Beobachtungen und den Einsatz geophysikalischer Meßmethoden, mithin durch die engste Berührung dieser Forschergruppe mit ihrem Gegenstand, der natürlichen Struktur des Geländes, hat sich der von Herrn *Watznauer* konzipierte umfassende Forschungsansatz als sehr wirksam und dem komplexen Charakter der Untersuchungen als angemessen erwiesen. Aus der Sicht der Geologie durch Herrn *Watz-*

nauer, der Geophysik durch Herrn *Buchheim* und der Balneologie durch Herrn *Jordan* werden die Arbeitsergebnisse einer Art Differential-Diagnose zugeführt. Die experimentelle Einkreisung im Labor in Verbindung mit Geländeerkundungen zielt auf die Klärung der Grundwasserverhältnisse und ihrer Beeinflussung durch Oberflächenwasser (im Bereich der Quellen) mittels Einsatz einer $^3H/^{14}C$-Kartierung sowie auf eine systematische Erfassung des Radon-Gehaltes im Gebiet von Bad Brambach. Dies geschieht nicht zuletzt unter dem Aspekt therapeutischer Maßnahmen, um die Möglichkeit der Eixstenz eines geologischen Konzentrators für Radon zu erkunden und die Voraussetzungen für die Anlage eines engeren Schutzbezirkes der Radonquelle sowie einer äußeren Begrenzung des gesamten Quellbezirkes zu schaffen. Es sei daran erinnert, daß schon 10 Jahre nach der Entdeckung der Radioaktivität des Thoriums durch Marie *Curie* kurz vor der Jahrhundertwende (1898) die Wässer Sachsens auf Radioaktivität und ihren Zusammenhang mit bestimmten geologisch-tektonischen Verhältnissen untersucht wurden. Die Arbeitsgruppe verfügt, historisch gesehen, unter anderem über einen 1966 bis 1968 geschaffenen Vorlauf des früher eigenständigen Instituts für theoretische Physik und Geophysik der Bergakademie Freiberg, das Herr *Buchheim* leitete. Wenn in der seit 1974 bestehenden dreigliedrigen Arbeitsgruppe der SAW unter anderem Strukturprobleme des Wassers und wässriger Lösungen nicht zuletzt im Hinblick auf eine Förderung der Elektrolytforschung mit dem Ziel der Materialeinsparung und des Korrosionsschutzes durch Herrn *Schwabe* erfolgreich betrieben werden konnten, so ist dies auf einen engen Kontakt mit dem aus dem genannten Institut hervorgegangenen Wissenschaftsbereich Theoretische Physik der Sektion Physik der Bergakademie Freiberg zurückzuführen. Das von der SAW 1966 ins Leben gerufene Laser-Ramon-Labor wird gegenwärtig als zentrale, multivalent nutzbare Einrichtung der Bergakademie und von Magnifizenz *Strzodka* aufrechterhalten. Ein Dank für die Unterstützung an Magnifizenz *Strzodka* (Bergakademie Freiberg) sei in diesem Zusammenhang ausgesprochen und zugleich auf die im Einzugsbereich der SAW wirkenden, in anderer Weise ihre Aufgaben und Ziele fördernden Universitäten und Hochschulen ausgedehnt — insbesondere Magnifizenz *Rathmann* (KMU), Magnifizenz *Knöner* (TU Dresden) und Magnifizent *Bolk* (Fr.-Schiller-Universität Jena) sowie Magnifizenz *Isbaner* (Martin-Luther-Universität Halle—Wittenberg).

Um der Frage näher zu kommen, in welcher Weise das natürliche radioaktive Radon sich auf die umgebenden Stätten organismischen Lebens, auf Biozönosen und Biotope, auswirkt, setzte die Arbeitsgruppe von Herrn *Jordan* ihre Grundlagenforschungen über die Modifizierung des Keimeffekts von Pflanzenwurzeln sowie über Sauerstoffbestimmungen fort. Die Arbeiten haben im theoretisch übergreifenden Sinn die wichtigsten, bisher nur ungenügend berücksichtigten Parameter des sogenannten Fervoreffektes, eines Komplexvorganges, der eine initiale Hemmung der Wurzelkeimung mit einer sekundären Förderung des Sproßwachstums verbindet, wesentlich schärfer als in der bisherigen Forschung zu bestimmen vermocht. Die Fervorbedingungen und ihre Folgen für Kurpatienten enthüllen die bekannte, aber oft übersehene Sachlage, daß Stoffe der Natur, wie das radioaktive Gas Radon, nicht als gleichbedeutend mit „ungefährlich“ wegen seiner natürlichen Herkunft eingeschätzt werden dürfen.

Die Verbindung von Laborarbeit und klinischer Testung kennzeichnet in noch höherem Maße die Forschungsarbeiten von Herrn *Strack* und seines gegenwärtigen Haupt-Mitarbeiters, Herrn Dr. *Löster*. An die Stelle des Elements Radon als Ausgangsbasis für die Forschungen tritt hier ein komplizierter organisch-chemischer Stoff, das Carnitin, das den Ablauf chemischer Umsetzungen im Zellgewebe, besonders in der Muskulatur von Mensch und Tier beeinflußt. Es ist auch für den Außenstehenden faszinierend, wissenschaftshistorisch zu verfolgen, welche Irrwege in der internationalen Carnitin-Forschung eingeschlagen wurden bis Herr *Strack* bereits in den 30er Jahren, aufgrund eigener theoretischer Vorstellungen und neu von ihm entwickelter Methoden, Schritt um Schritt den Weg zu bedeutenden Forschungsergebnissen freilegte.

Die von Herrn *Strack* geleitete Arbeitsgruppe wandte sich zunächst der Aufgabe zu, das L-Carnitin und seine Ester chemisch rein darzustellen. Dies gelang, — und damit war die Grundbedingung erfüllt, eine große Zahl von Wirkungen, unter anderem im Fettsäurehaushalt, zu klären. Untersuchungen des katabolen Stoffwechsels von L(—), bzw. D(—)-Carnitin sowie ihrer Vor- und Abbauprodukte in Mikroorganismen und im Säugetierkörper standen auf einer komplizierten, langen Forschungsstrecke im Vordergrund. An Versuchstieren und an Patienten wurde eine quantitative Bestimmung des L(—)-Carnitins in Körperflüssigkeiten und Geweben durchgeführt, für die im letzten Jahr eine enzymatische, in der Humanmedizin inzwischen bewährte Analysenmethode angewendet wurde.

Inhalt und Tragweite dieser von Anbeginn anwendungsorientierten Untersuchungen, deren hohe wissenschaftliche und zugleich volkswirtschaftliche Bedeutung international stark beobachtet und anerkannt wurde, kann nur angedeutet werden. Dies gilt auch für die ebenfalls klinisch gebundenen Untersuchungen der unter Leitung von Herrn *Ries* stehenden Forschungsgruppe „Biologisches Alter".

Grundlagenforschungen sind historisch veränderlich. In dem relativ jungen Forschungsbereich der Akademie, der den Zustand des menschlichen Organismus zu einem bestimmten Zeitpunkt des Lebens zum Inhalt hat, ist zunächst die testmäßige Erfassung bestimmter physischer und psychischer Merkmale wesentlich. Im Berichtszeitraum wurde von Herrn *Ries* ein Methodenspektrum entwickelt und an 367 Versuchspersonen aller Altersgruppen überprüft. Anschließend ist die Einbeziehung biochemischer Methoden aus dem Bereich der experimentellen Gerontologie vorgesehen. Die bisher erzielten klinisch-experimentellen Ergebnisse ermöglichen Analysen der Leistungsfähigkeit bestimmter Kollektive und Einzelpersonen, z. B. bei Erreichung des Rentenalters, oder werden als Entscheidungshilfen für den beruflichen Einsatz wirksam. Die speziellen Untersuchungen von Herrn *Ries* gehen von dem breiten Fundament der allgemeinen inneren Medizin aus. Der Einklang mit dem Menschen als einer biologisch-psychischen Einheit wird nicht aus den Augen verloren. Erfahrungen und Untersuchungen besagen, daß mindestens 70% der Werktätigen über das Rentenalter hinaus berufstätig sein könnten. Der Schlüssel zu Erfolgen liegt auch hier im Aufbau und Ausbau komplexer Analysen, die zur Erkenntnis von Gesetzmäßigkeiten im Kampf gegen Schadeinflüsse — nicht zuletzt auch psychischer Art — führen. Ich entnehme einem Aufsatz von Herrn *Ries* den Hinweis, daß Guiseppe Verdi seine weltberühmte Oper „Othello" (1887) im 74. Lebensjahr vollendete und 6 Jahre später, 1893, mit seinem strahlend-heiteren Meisterwerk „Falstaff" die musikbeflissene europäische Öffentlichkeit überraschte. Diese Feststellung gewinnt an Gewicht, wenn bedacht wird, daß in der DDR schon 1975 die mittlere Lebenserwartung für männliche Personen 69 und für weibliche 74 Jahre betrug.

Medizinische Aufgaben pflegen mit sozialpsychologischen Fragestellungen in enger Beziehung zu stehen. Spätestens seit den 30er Jahren wurde es üblich, fast alle Verhältnisse im öffentlichen und privaten Leben psychologisch, also reflektiert zu betrachten. Was man im Gegensatz zur experimentellen Psychologie der *Wundtschen* Schule früher lediglich subjektiv gewertet hatte, wird heute in steigendem Maße versucht, einer im Grunde physikalisierenden, quantitativen Beurteilung zu unterwerfen. Die Jenenser, unter Leitung von Herrn *Hiebsch* stehende, Arbeitsgruppe „Psychologie" konzentrierte ihre Haupttätigkeit auf die praxisorientierte Auswertung sozial-psychologischer Erkenntnisse für die Effektivität der sozialistischen Leitungstätigkeit. Eine weitere Thematik zielt auf die Verwendung und Nutzung experimenteller Methoden zur Erforschung komplexer sozialer und zwischenmenschlicher Beziehungen.

Die Reduktion des psychischen Geschehens auf Ursache-Wirkungs-Beziehungen zwischen psychischen Funktionen und Arbeitsprozeß zeigt, daß die Psychologie die psychophysischen Vorgänge als außerordentlich schwierig zu erfassende Tatbestände der Physiologie zum mindesten zunächst unberücksichtigt läßt. Die Arbeitsleistung erschöpft sich gewiß nicht in der Rationalisierung der Produktionstechnologie.

Nur Teilbereiche eines psychologisch definierten Komplexes sind mit angemessenen, eigens ersonnenen Methoden erfaßbar. Auch in anderen Wissenschaften, der Geographie zum Beispiel, können Faktoren, die im Zusammenwirken eine psychologische Wirkung auslösen, spezielles Forschungsanliegen sein — gleichsam als Nebeneffekt einer physiognomischen, auf das Ganze eines Phänomens zielenden Untersuchung. Es ist nicht zu leugnen, daß sich in bestimmten Ausschnitten der Erdhülle Einzelerscheinungen durch ihr augenscheinliches Zusammenspiel zu einem Gesamteindruck vereinigen können. Im schwankenden Sprachgebrauch steht hierfür das leicht hingenommene, psychisch bewegende Wort „Landschaft" bereit. Besonders in der Schönen Literatur und in den bildenden Künsten pflegt man mit dem schwebenden Begriff Gebiete treffend zu kennzeichnen, in denen Natur, Wirtschaft und Geschichte zu idealen Ganzheiten verbunden zu sein scheinen. Das Wort Landschaft lebt heute als wissenschaftlich definierter Ausdruck vorwiegend in adjektivischer Form, z. B. in Prägungen wie Landschaftsökologie oder Kulturlandschaft, weiter. Darin spiegelt sich jener wissenschafts-historisch bedeutsame Wandel, den Herr *Neef* mit anderen Geographen einleitete und gegenwärtig mit seiner Arbeitsgruppe „Naturhaushalt und Gebietscharakter" bereits einer neuen Entwicklungsstufe zugeführt hat. Die Ideen, mit denen in der Geoökologie mit neuer Sicht und neuer Methodik an die Probleme der Landeserkundung herangegangen wird, waren von Anbeginn auf eine quantitative und qualitative, durch Geländearbeiten fundierte Grundlagenforschung orientiert. Die Untersuchungen zielten auf anwendungsorientierte Beiträge zur Steuerung territorialer Entwicklungen und zur Umweltproblematik. Die Arbeiten galten der Analyse und Synthese von Naturraumeinheiten sowie der Aufgabe, bestimmte gesellschaftliche Anforderungen an die anthropogen ohnehin stark veränderten Natureinheiten durch die Ergebnisse ökologisch-ökonomischer Strukturforschungen erfüllen zu helfen.

In den letzten Jahren vollzog sich eine sich schon längst ankündigende Schwerpunktverlagerung von der Strukturforschung auf die physisch-geographische Prozeßforschung. Sie kulminierte im vergangenen Jahre, in dem überdies eigenverantwortlich die Erarbeitung des Musterblattes Dresden einer Naturraumtypenkarte im Maßstab 1:100000 mit Interpretationsbeispielen in Angriff genommen wurde. Unter den zahlreichen Veröffentlichungen der Arbeitsgruppe, die eng mit dem von Professor *Lüdemann* geleiteten Institut für Geographie und Geoökologie der AdW und dort mit dem von Professor Dr. G. *Haase* geleiteten Bereich „Physische Geographie" zusammenarbeitet, ragt die Arbeit von Herrn K. *Mannsfeld* über „Landschaftsanalyse und Ableitung von Naturraumpotentialen" sowic von Dr. A. *Bernhardt* über „Intensivobstanlagen, ihre Exodynamik und Nachbarschaftsbeziehungen" hervor. Im Vordergrund der Forschungen standen ferner — in Verbindung mit Praxisorganen des Inlandes sowie wissenschaftlichen Institutionen des sozialistischen und nichtsozialistischen Auslandes — Flächennutzungsprobleme an Hand eines großräumigen Testgebietes, geoökologisch orientierte Umweltforschungen und wesentliche Leistungsbeiträge zur internationalen Quartärforschung.

Der Prozeßcharakter, der statische Strukturerfassungen voraussetzt, verdeutlicht die

Rolle der Veränderlichkeit, die als Hauptoperator in den naturwissenschaftlichen Unternehmungen der Akademie wirksam ist. Geographisch-ökologische ebenso wie etwa die ganz andersartigen biologisch-evolutionären Arbeiten, über die beispielsweise jüngst Herr *Parthier* im Plenum referierte, öffnen uns einmal mehr die Augen dafür, daß Strukturen und Mechanismen die reale In- und Umwelt nur vereinfacht und nur als Teilerscheinungen, nicht als Ganzes zu erschließen vermögen. Der Historiker dagegen kann den Blick zunächst auf das Ganze und von dort auf die Teile richten. Das Herausarbeiten der gesellschaftlichen Dimension der Zeit, das als bloßer Prozeßablauf in naturwissenschaftlichen Untersuchungen legitim ist, bezeichnet jenen Punkt, an dem sich die philologisch-historischen Arbeitsgruppen wohl am stärksten von den naturwissenschaftlichen Arbeitsstellen der Akademie unterscheiden. Es ließe sich dies am Beispiel der Arbeitsleistungen der von Herrn *Coblenz* weitschauend geleiteten Historischen Kommission verdeutlichen. Die für den Bericht zugemessene Zeit verbietet dies. Ich vermag lediglich auf die Bedeutung der von dem Herrn Präsidenten bereits erwähnten Regionalen Geschichte Sachsens weisen, deren Vorbereitung von Herrn *Czok* zusammen mit einigen Mitgliedern der Historischen Kommission zielstrebig in Angriff genommen wurde, ferner auf folgende kontinuierlich fortgesetzte Arbeiten: auf die Erschließung der reichen historischen Quellen der früheren sächsischen Länder, insbesondere der von Herrn *Coblenz* selbst und seinen Mitarbeitern untersuchten Urzeit und Frühgeschichte, auf den Abschluß der Arbeiten über die „Politische Korrespondenz des Herzogs und Kurfürsten Moritz von Sachsen" — als einer Quellenedition von europäischem Rang, auf den „Codex Diplomaticus Saxoniae", auf die „Akten und Briefe zur Kirchenpolitik des Herzogs Georg von Sachsen", auf die Fertigstellung des Manuskriptes für das Häuserbuch der Stadt Plauen als Band 10 der „Quellen und Forschungen zur Sächsischen Geschichte", vor allem auf das bereits bis zum 8. Band fortgeschrittene, von Herrn *Czok* redigierte, sehr günstig aufgenommene „Jahrbuch für Regionalgeschichte" und schließlich die Edition von Bibliographien zur Geschichte der Städte Leipzig, Dresden und Karl-Marx-Stadt. Zwischen der sozialen, nicht sichtbaren, aber durch das geschriebene Wort erfaßbaren Umwelt und der räumlich sichtbaren oder historisch rekonstruierten Wirklichkeit bestehen Wechselbeziehungen. Beide sind nie abgeschlossen. Sie verändern sich ständig.

Die Geschichte erschließt die Gegenwart als Teil eines historischen Ganzen aus den Quellen. Die ohnehin mit Unsicherheitsfaktoren belastete Quellenforschung würde höchst unzulänglich bleiben, wenn das alles übergreifende Ganze aus den Augen verloren würde, d. h. wenn die Geschichte nicht als einheitlicher dialektischer Prozeß verstanden wird. Es geht um ein klares geschichtliches Bewußtsein über unsere Zeit und Zukunft, über den Sozialismus und den Frieden. Eben weil unsere Beziehung zur Geschichte von Aufgaben in unserer sozialistischen Gegenwart und Zukunft bestimmt ist, müssen wir, wie gewiß jede Generation, die Quellen über Gesamtzusammenhänge im Geschichtsablauf befragen, neu intepretieren und, wo es angängig ist, veröffentlichen, was sich ja in die Tradition der „Historischen Kommission" fast nahtlos fügt. Hauptsache ist, daß die Quelleneditionen geeignet sind, qualitative Veränderungen der Produktionsverhältnisse in helles Licht zu setzen, indem sie immer wieder von neuem durchdacht und ausgeschöpft werden. Das Geschichtsdenken erfährt in den naturwissenschaftlich wie in den philologisch-historisch arbeitenden Gruppen der Akademie gegenwärtig eine Aufwertung — nicht zuletzt wohl aus dem Selbstbewußtsein jeder wissenschaftlich basierten, perspektivisch arbeitenden Forschung heraus.

Ich wende mich unter solchem Gesichtspunkt der äußerst abzukürzenden Berichterstattung über die Arbeitsleistungen der von Herrn *Große* geleiteten „Sprachwissenschaftlichen Kommission" zu, über deren Bedeutung Herr Präsident *Bahner* ja in klaren, skizzenhaften Strichen schon ein Bild entwarf.

Sprache ist Widerschein des Lebens. Sie ist wie die Geschichte wandelbar. Sie prägt als historische Kategorie das Denken. Im Blick auf die Mundarten-Wörterbücher werden wichtige Elemente der Sprache als Bewußtseins- und Denkformen sichtbar. Wie der Vortragende unserer heutigen Öffentlichen Sitzung, Herr *Neubert*, in einem Referat vor dem Plenum der AdW der DDR bemerkte, besteht ein unmittelbarer Zusammenhang zwischen historischen Ereignissen und sprachlichem Reflex. Ohne die Anwendung historischer Verknüpfungsprinzipien würde wohl die harte linguistisch-philologische Kleinarbeit an den Wörterbüchern, die ja keinesfalls bloße Stoffsammlungen sind, nicht zu den auch für den Berichtszeitraum nachweisbaren Erfolgen gelangt sein. Die Mundartenforschung hilft als Grundlagenforschung Gesetzlichkeiten in der Sprachentwicklung aufzuspüren. Im Berichtszeitraum fanden Diskussionen über die Materialauswahl, die Artikelgestaltung und Bedeutungserklärung zuletzt im Rahmen einer Arbeitstagung statt, zu der Herr *Große* alle Mitarbeiter an den Dialektwörterbüchern im Dezember 1981 in den Räumen der Akademie zusammengeführt hatte.

In den Mundartwörterbüchern wird bis in die kleinsten Bedeutungsträger der Sprache, die Wörter, vorgestoßen. Altes, nicht selten nur noch in der Mundart greifbares Sprachgut wird in erster Linie für Sprachhistoriker, Soziolinguisten, Siedlungsforscher und Volkskundler erschlossen und in seinen Geltungsbereichen bestimmt. In solchem Sinn gelang es der unter Leitung von Dr. *Wiese* stehenden Arbeitsgruppe „Brandenburg-Berlinisches Wörterbuch" etwa die Hälfte des bis 1984 abzuschließenden Gesamtwerkes zu meistern. Auch das konkrete Sprachgut der „Obersächsischen Mundarten" und seine Einfügung in die internationale Dialektforschung vermittelt, wie der Leiter der gleichnamigen Arbeitsgruppe, Herr Dr. *Bergmann*, bemerkte, tiefe Einblicke in die Sprachgeschichte und Landesgeschichte. Herr Dr. *Bergmann* konnte im Frühjahr 1981 mit seinen Mitarbeitern einen Band der Buchreihe „Linguistische Studien" unter dem Titel „Konzeption und Probeartikel des Wörterbuches der Obersächsischen Mundarten" — neben der termingerechten Weiterführung der Arbeiten am Wörterbuchmanuskript vorlegen.

Das „Mecklenburgische Mundartenwörterbuch", das die Sprache von 1250 bis heute unter eingehender Berücksichtigung von Volks- und Landeskunde zum Inhalt hat, nähert sich mit der 62., im Manuskript vorliegenden Lieferung seiner Vollendung. Die Arbeiten am „Thüringischen Wörterbuch" verliefen trotz erheblicher personeller Schwierigkeiten planmäßig: zwei weitere Lieferungen konnten druckreif gemacht werden. Die thüringische, unter Leitung von Herrn Dr. *Spangenberg* stehende Arbeitsgruppe, die ihre Aufmerksamkeit besonders auch auf die Lebensweise der Werktätigen in den letzten beiden Jahrhunderten als Ausdruck der allgemeinen volkssprachlichen Entwicklung legte, widmete sich überdies der Untersuchung der Umgangssprache in 5 Kreisstädten (im Bezirk Suhl) als Pilotstudie für ein Forschungsprojekt des Zentralinstituts für Sprachwissenschaften der AdW der DDR. In noch stärkerem Ausmaß wendete sich die von Herrn Dr. *Protze* geleitete Arbeitsgruppe „Siebenbürgisch-Sächsisches Wörterbuch" — neben der Erfassung des sprachlichen Kulturgutes der deutschen Minderheit in der Rumänischen Sozialistischen Volksrepublik — Sprachproblemen der Gegenwart durch Arbeiten am „Atlas der städtischen Umgangssprache" zu. Wortgeographische Veränderungen zum Teil großen Ausmaßes wurden durch die Karte als Forschungsmittel veranschaulicht und als Beiträge zur Erkenntnis der sprachlichen Dynamik am Beispiel der Sprachsituation in 300 Städten erarbeitet. Es ist auch unter dem Aspekt geographischer Relevanz wesentlich, zu sehen, wie sich offenkundig das Schwergewicht philologisch-historischer Arbeiten allmählich von der Sprachfläche in die Zentren sprachlicher Ausgleichsbewegungen verlagert und vorzugsweise dort neue eigene sich unter dem Einfluß der sozialistischen Lebensweise gesetzmäßig entwickelnde Züge angenommen hat. Der Weg, auf dem man sprachlicher Entwicklung in die Tiefe der Vergangenheit folgen kann, ist schmal. Er führt schließlich über die Brücke lateinischer Texte in einen Bereich, in dem die frühesten Zeugnisse der deutschen Sprache etwa vom Jahr 750 an aufspürbar sind. Es ist das althochdeutsche Sprachgut, das im wesentlichen aus den Zeilen, die an den Rand lateinischer Texte als „Glossen" eingetragen wurden, erforscht wird. Breit ist das — noch von dem verehrten Altpräsidenten der Akademie, Theodor *Frings*, gelegte — Fundament, auf dem die Aufgaben der von Herrn Dr. *Götz* geleiteten Arbeitsgruppe „Althochdeutsches Wörterbuch" erfüllt werden. Die Arbeitsergebnisse des Jahres 1981 rechtfertigen das erfolgreiche Bemühen um eine komprimiertere Darstellung, um Kürzungen und um die Einführung von Doppellieferungen, ohne den von *Frings* bestimmten Charakter der Grundlagenforschung dieses einzigartigen Großwörterbuches qualitativ zu verändern.

Können die komplizierten, die ganze Forscherpersönlichkeit fordernden Arbeiten in einer Zeit bestehen, in der die Naturwissenschaftler — und nicht nur diese — in steigendem Maße die Sprache der Mathematik vorziehen, weil, von der Schönheit der mathematischen Formel abgesehen, unsere nüchterne, häufig als bloßes Kommunikationsmittel genutzte Verkehrssprache einfach nicht mehr trifft — und ständig ohnehin an Anschaulichkeit verliert?

Zwischen die Schriftsprache und die ständig zurückgehende Mundart schob sich die Umgangssprache, in der manche Sprachform teils als emotionell geprägtes Mundartrelikt, teils als Entlehnung oder auch als Neuformung aus den verschiedensten hochsprachlichen Bereichen weiterlebt. Der historische Prozeß kennt auch hier kein Zurück. In jedem Wort, das gesprochen oder geschrieben wird — kann es sich um einen ungeahnt weit wirkenden Ausdruck handeln, wenn es aus dem eigenen, wissenschaftlichen oder künstlerischen Leben heraus treffend gewählt oder neu geprägt ist. Denn die Sprache ist wie die Geschichte nicht nur Überlieferung. Sie ist nicht selten Start, immer wieder neuer Anfang. Daher liegt in den Mundarten-Wörterbüchern über das rein Sprachwissenschaftliche hinaus ein reicher Stoff bereit für den Zugriff der verschiedensten Wissenschaften. Es sei in diesem Zusammenhang auf die von Herrn *Eichler* zusammen mit anderen, in der Historischen Kommission wirkenden Slawisten (wie Herrn Prof. *Walter*) gewiesen, die aus Orts-, Flur- und Personennamen bedeutende historische Zeugnisse für ökonomische, soziale und kulturelle Veränderungen erschlossen.

Auch im Bereich der sprachwissenschaftlichen Arbeiten sehen wir das schon mehrmals erwähnte Prinzip wirksam: an das Erfahren des Ganzen reicht die Sprache nur sehr unzulänglich heran. Sie erfaßt immer nur Teile der Wirklichkeit. Und dennoch, das handfeste, klare Wort, die Sprache schlechthin, in Jahrhunderten gewachsen und geformt, ist ein unverzichtbarer Teil unseres geistig-kulturellen Erbes im Gesamtzusammenhang der Geschichte, unserer Gegenwart und Zukunft.

Ich schließe mit einem Zitat aus der gedruckt vorliegenden Ansprache, die das verehrte Mitglied der Akademie, der Germanist Joachim *Müller*, an seinem 75. Geburtstag im Rahmen einer ihm zu Ehren durchgeführten Festveranstaltung im Juli des vergangenen Jahres in Jena hielt. In dem gerafften, eindrucksvollen Rückblick auf seine „Wanderungen mit Goethes Faust" steht in Anknüpfung an Goethes bekanntes Wort, „daß der Mensch, er sei auch wer er mag, ein letztes Glück und einen letzten Tag" erfahre, folgender Satz: „Aber die Wissenschaft ist immer ein Kollektiv von Denkenden und Forschenden (Goethe sah sich zuweilen selbst als Kollektiv), für die Wissenschaft gibt es kein letztes Glück einer vollen Befriedigung, keinen letzten Tag, an dem ein letztes Wort über eine Sache gesprochen wird, solange Menschen leben, denken und tätig sind." Das gilt auch für jegliche der ernsten wissenschaftlichen Bemühungen der Kommissionen und Arbeitsgruppen unserer Sächsischen Akademie der Wissenschaften, über die ich zu berichten hatte.

VERÖFFENTLICHUNGEN DER AKADEMIE IN DEN BERICHTSJAHREN

Jahrbuch 1979—1980. Berlin 1982. 272 S., 10 Taf. und 7 Abb. im Text

Mathematisch-naturwissenschaftliche Klasse

Sitzungsberichte

Band 114

Heft 4: Benno Parthier: Die cytologische Symbiose am Beispiel der Biogenese von Zellorganellen. 1981. 29 S., 16 Abb., 2 Tab.

Heft 5: Friedrich Wolf, Sonja Eckert, Magdalene Weise, Sabine Lindau: Untersuchungen zur Synthese und Anwendung bipolarer Ionenaustauscherharze. 1980. 12 S., 6 Tab.

Heft 6: Herbert Jordan: Balneoklima — Eine Zielstellung im Mensch-Umwelt-Konzept. 1981. 25 S., 8 Abb., 1 Tab.

Band 115

Heft 1: Hermann Berg: Wilhelm Ostwald — Erkenntnisse über die Biosphäre. 1981. 36 S., 7 Abb., 3 Tab.

Heft 2: Klaus Dörter: Aphorismen zur Qualität des Bewässerungswassers. 1981. 32 S., 11 Abb., 11 Tab.

Heft 3: Paul Görlich: Die geschichtliche Entwicklung des wissenschaftlichen Gerätebaus und seine zukünftige Bedeutung. 1981. 36 S.

Heft 4: Wolfgang Buchheim: Albert Einstein als Wegbereiter nachklassischer Physik. 1981. 29 S.

Heft 5: Herbert Krug: Die Technologie der Brikettierung von Weichbraunkohle im Lichte der Verfahrenstechnik und der besseren Nutzung dieses Energieträgers. 1982. 26 S., 10 Abb.

Heft 6: Ernst Neef: Der Verlust der Anschaulichkeit in der Geographie und das Problem der Kulturlandschaft. 1981. 33 S.

Band 116

Heft 1: Werner Ries: Studien zum biologischen Alter. 1982. 27 S., 10 Abb.

Abhandlungen

Band 54

Heft 4: Hermann Berg: Der Formenwandel einer DNA-Doppelhelix in Lösung, an der Elektrode und seine molekaluarbiologische Bedeutung. 1981. 45 S., 40 Abb., 3 Tab.

Heft 5: Manfred Gersch: Zur Evolution des Hormonsystems im Tierreich. 1982. 33 S., 6 Abb., 12 Tab.

Band 55

Heft 1: Herbert Jordan: Aug' um Ohr: Goethes Zugang zur Musik. 1982. 39 S., 4 Abb.

Philologisch-historische Klasse

Sitzungsberichte

Band 121

Heft 4: Kurt Rudolph: Antike Baptisten. Zu den Überlieferungen über frühjüdische und -christliche Taufsekten. 1981. 40 S.

Heft 5: Claus Träger: Lessing — Kritik und Historizität. 1981. 34 S.

Heft 6: Albrecht Neubert: Zu einigen aktuellen Problemen der lexikalischen Semantik. 1981. 20. S.

Band 122

Heft 1: Joachim Müller: Der vierte Akt im zweiten Teil von Goethes „Faust". Aktion und Bezüge. 1981. 26 S.

Heft 2: Gerhard Dudek: Lew Tolstoi — Künstlerische Entdeckung und ästhetische Herausforderung. 1981. 20 S.

Heft 3: Zsigmond Telegdi: Ein Beitrag zur Lehre vom sprachlichen Zeichen. 1981. 36 S.

Heft 4: Rolf Lieberwirth: Eike von Repchow und der Sachsenspiegel. 1982. 50 S.

Heft 5: Ernst Eichler: Ergebnisse der Namenforschung im deutsch-slawischen Raum. 1982. 48 S.

Heft 6: Siegfried Wollgast: Die Philosophie in Deutschland von der Reformation bis zur Aufklärung — Hauptetappen und Tendenzen. 1982. 59 S.

Band 123

Heft 1: Eberhard Brüning: Sinclair Lewis und die endgültige Emanzipation der amerikanischen Literatur. 1982. 25 S.

Heft 2: Ernst Werner: Sultan Mehmed der Eroberer und die Epochenwende im 15. Jahrhundert. 1982. 71 S.

Heft 3: Werner Neumann: Über das funktionale Wechselverhältnis von Vokalität und Instrumentalität als kompositionstechnisches Grundphänomen. 1982. 30 S.

Abhandlungen

Band 69

Heft 4: Onomastica Slavogermanica XIII. Herausgegeben von Ernst Eichler und Hans Walther. Redaktion: Johannes Schultheis. 1981. 150 S.

Bnad 70

Heft 1: Kurt Rudolph: Der mandäische „Diwan der Flüsse". 1982. 70 S., 25 Abb., davon 23 auf 18 Taf.

Heft 2: Wolfgang Thiele: Die semantisch-syntaktische Beschreibung von Ursache-Wirkung-Beziehung in englischen Texten. 165 S.

VERÖFFENTLICHUNGEN VON AKADEMIEMITGLIEDERN IN DEN JAHREN 1981 UND 1982

Mathematisch-naturwissenschaftliche Klasse

Beckert, Herbert: The Initial Value Problem for the General Dynamic Equations in Nonlinear Elasticity Theory. In: ZAMM *62* (1982) S. 357–369.

– The Solution of the Initial Value Problem for the General Dynamic Equations in Nonlinear Elasticity under Damping Conditions, Proceedings Equadiff 5 Bratislava = Teubner Texte Bd *47* (Leipzig 1982) S. 37–40.

– [Nachr.] Robert König 11. 4. 1885–10. 7. 1979. In: Jahrbuch SAW *1979–1980* (Berlin 1982) S. 228–230.

– [Mithrsg.] 100 Jahre Mathematisches Seminar der Karl-Marx-Universität Leipzig. Hrsg. u. Vorw. mit Horst Schumann. Berlin 1981. 340 S. u. zahlreiche Abb.

– Leon Lichtenstein. Ebda S. 207–217.

– Ernst Hölder und die Mathematische Physik. Ebda S. 245–252.

– Walter Schnee. Ebda S. 202–206.

Benetin, Ján: Mathematical Model of Productive Plant System. In: Acta Fytotechnica, Univers. *XXVII* (Nitra 1981) S. 221–245.

– u. D. Hússka, I. Okenko, J. Pružinsky: Determination of the Quantitative – Statistical Characteristics of the Soil Water Balance Conponents, Wodohsspodársski Tschassopiss [Wasserwirtschaftliche Zeitschrift] *29* (Bratislava 1981) Nr. 3, S. 241–255.

– Mathematisches Model des Wasserregiones des Bodens. *I* (Bratislava 1981) 29, S. 1–13 [slowak.].

– u. V. Halek, I. Radtschenko: Methods used in the prediction and control of the groundwater regime in basins adjacent to large rivers, Improvements of Long Term Prediction of Variations in Groundwater Resources and Regimes Due to Human Activity Proceedings of the Exeter Symposium, IAHS Publ. *1982*, no. 136, S. 9–23.

– u. J. Tomlain, V. Novák: The Study of Evapotranspiration in Czechoslovakia. National Report. European Geophys. Society, Univers. of Leeds. Bratislava 1982. 40 S.

– u. J. Schutor: Die Bestimmung der Infiltrationseigenschaften des Bodens und seiner hydrophysikalischen Charakteristiken mit Hilfe des experimentellen Apparates für künstlichen Regen. Tagungsbericht KAPG Projekt No. 17.: Die Messungen der Parameter des Bodenwasserregimes der Vegetation und der Atmosphäre über dem Boden, ÚSTAV Hydrológie a Hydrauliky – Slovenská Akadémia vied, Bratislava 1982. S. 45–53 [russ.].

– Die zeitgenössischen Aspekte der Lösung, des Ausbaues und der Ausnutzung der wasserwirtschaftlichen und Meliorationssysteme in der agronomischen Landschaft. In: Sammelband der Konferenz: „Vodohospodárske úpravy polnohospodársky využívaných pód". ČSVTS-Žilina-Košice 1982. S. 3–20 [slowak.].

– Die Lösung und die Realisierung der wasserwirtschaftlichen Aufbereitungen in der Agrarlandschaft. In: Věstník ČSAZ *XXIX* (1982) S. 351–355 [slowak.].

– Komplexität der Lösung, der Aufbereitung und Ausnutzung der Ostslowakischen Tiefebene. In: Sborník referátov Československej akadémie zěmědelskej. Praha 1981. S. 17–28 [slowak.].

Berg, Hermann: Der Formenwandel einer DNA-Doppelhelix in Lösung, an der Elektrode und seine molekularbiologische Bedeutung. Berlin 1981. 45 S. (= Abh. SAW Bd 54, H. 4).

– Wilhelm Ostwald – Erkenntnisse über die Biosphäre. Berlin 1981. 34 S. (= Sitzungsber. SAW, math.-nat. Kl. Bd 115, H. 1).

Berg, Hermann u. G. Horn, W. Ihn, U. Luthardt: Interaction of Anthracycline Antibiotics with Biopolymers Part V. Polarographic Behavior and Complexes with DNA. In: Bioelectrochemistry and Bioenergetics *8* (1981) S. 537–553.
— u. G. Horn: Potential induced compaction of adsorbed polyelectrolytes at electrode surfaces. Part II. A model for the π-state of DNA. In: Bioelectrochemistry and Bioenergetics *8* (1981) S. 167–178.
— H. Weber, W. Förster, H. Berg, H. E. Jacob: Parasexual hybridization of yeasts by electric field stimulated fusion of protoplasts. In: Current Genetics *4* (1981) S. 165–166.
— H. Weber, W. Förster, H.-E. Jacob, H. Berg: Microbiological implications of electric field effects. III. stimulation of yeast protoplast fusion by electric field pulses. In: Z. Allgem. Mikrobiologie *21* (1981) H. 7, S. 555–562.
— Y. M. Yevdokimov, V. I. Salyanov, H. Berg: Two modes of longrange orientation of DNA beses realized upon compaction. In: Nucleic Acid Research *9* (1981) H. 3, S. 743–752.
— H. Hanschmann u. H. Berg: Electron exchange and photoreduction of NAD^+ and $NADP^+$. In: Bioelectrochemistry and Bioenergetics *8* (1981) S. 71–79.
— H.-E. Jacob, W. Förster, H. Berg: Microbiological implications of electric field effects. II. Inactivation of yeast cells and repair of their cell envelope. In: Z. Allgem. Mikrobiologie *21* (1981) S. 225–233.
— Biological implications of electric field effect. Part V. Fusion of blastomeres and blastocysts of mouse embryos. In: Bioelectrochemistry and Bioenergetics *9* (1982) S. 223–228.
— Molecular biological implications of electric-field effects. In: studia biophysica *90* (1982) S. 169–176.
— Photodynamische und elektrische Effekte bei Biopolymeren und Membranen. Tagungsbericht IX. Jenaer biophysikochem. Symposium. In: Informationsblatt der Gesellschaft für physikalische und mathematische Biologie der DDR, *4* (1982) S. 7–10.
— Ist Erfolg in der Forschung organisierbar? In: Spectrum *13* (1982) H. 5, S. 14–15.
— u. G. Horn, W. Ihn: Electrochemical reduction pathways of anthracycline antibiotics. In: The Journal of Antibiotics *35* (1982) S. 800–805.
— u. G. Horn, J. Flemming: Dynamic properties of the polyanion DNA in the adsorbed layer at the HMDE. In: „Dynamic aspects of Biopolyelectrolytes and Biomembranes", Editor: Fumio Oosawa, Kodansha' Elsevier press, Tokyo 1982, S. 181–184.
— G. Horn, W. Ihn, H. Berg: Coulometrische Reduktion an Anthracyclin-Antibiotika. Abstract zu Vortrag der AG Elektrochem. Analysemethoden-Coulometrische Analyse 27. 10. 1982, Reinhardsbrunn. In: Mitteilungsblatt der Chem. Ges., Beiheft 58, S. 20.
— W. I. Salyanov, I. M. Evdokimov, H. Berg: Anthracycline-induced changes in space organization of DNA molecules. In: Antibiotiki *12* (1982) S. 38–42.
— E. Bauer, W. Förster, F. A. Gollmick, H. Schütz, E. Stutter, A. Walter, H. Berg: Equilibrium and kinetic investigations of interaction of anthracycline antibiotics with DNA. In: studia biophysica *87* (1982) H. 2/3, S. 207–208.
— H.-E. Jacob, F. Siegmund, E. Bauer, H. Berg, P. Mühlig: Fusion of plant protoplasts by dielectrophoresis and electric field pulse technique. In: Abstract und Poster auf dem Jenaer Symposium IX, 20.–25. 9. 1982.
— u. A. Kurischko, R. Freund: Electrical stimulated fusion in mouse zygotes. Ebda.
— u. E. Bauer, D. Berg, W. Förster, M. Hamann, H.-E. Jacob, A. Kurischko, P. Mühlig, H. Weber: Cell fusion by electrical field impulse. Ebda.

Blinc, Robert: u. Fanny Milia, V. Ruter, S. Žumer: Spin-Lattice Relaxation Via Phasons in a Multi-Soliton Lattice. In: Phys. Rev. Letters *48* (1982) S. 47–50.
— I. Muševič, B. Žekš, R. Blinc, Th. Rasing, R. Wyder: Phase Diagram of a Ferroelectric Chiral Smectic Liquid Crystal Near the Lifshitz Point. In: Phys. Rev. Letters *48* (1982) S. 192–195.
— A. Chaves, R. Blinc, J. Seliger, S. Žumer: NMR Lineshape in an Incommensurate Multi-Soliton Lattice. In: J. Mag. Res. *46* (1982) S. 146–151.

Blinc, Robert u. Inga P. Aleksandrova, S. Alaor Chaves, Fanny Milia, V. Rutar, J. Seliger, B. Topič, S. Žumar: NMR Lineshape and Phase Soliton Effects in Incommensurate Rb_2ZnCl_4. In: J. Phys. C. Solid State Phys. *15* (1982) S. 547–563.
– Double Resonance, v „Nuclear Resonance in Solids“. In: Proceedings of the Vth AMPERE International Summer School and Symposium, Rhodos, Greece, Sept. 1978, F. Milia Ed., published 1982, p. 1–60.
– V. Rutar, Fanny Milia, B. Topič, R. Blinc, Th. Rasing: ^{87}Rb Nuclear Magnetic Resonance Evidence for Solitons and Phasons in Rb_2ZnBr_4. In: Phys. Rev. B *25* (1982) S. 281–289.
– G. M. Ribeiro, L. V. Gonzaga, S. Alaor Chaves, R. Gazzinelli, R. Blinc, P. Cevc, P. Prelovšek, N. I. Silkin: Spontaneous Symmetry Breaking and the Local Freeze-Out in Tl^{2+}-Doped KH_2AsO_4. In: Phys. Rev. B. *25* (1982) S. 311–318.
– L. Barbič, I. Kocuvan, R. Blinc, G. Lahajnar, P. Merljak, I. Zupančič: The Determination of Surface Development in Cement Pastes by Nuclear Magnetic Resonance. In: J. Amer. Ceram. Soc. *65* (1982) S. 25–31.
– V. Rutar, R. Blinc, Marija Vilfan, A. Zann, J. C. Dubois: ^{13}C NMR Study of Molecular Ordering in a Discotic Columnar Mesophase. In: J. de Physique *43* (1982) S. 761–765.
– M. I. Burgar, R. Blinc, M. M. Pintar, L. W. Reeves: Proton Spin Relaxation in the Rod Micelles of Type ICM Meso-Phases. In: Mol. Cryst. Liqu. Cryst. *84* (1982) S. 245–253.
– u. B. Ložar, V. Rutar, S. Žumer: Critical Slowing Down of Fluctuations at the Paraelectric-Incommensurate Phase Transition in Rb_2ZnCl_4. In: Solid State Cummun. *42* (1982) S. 679–681.
– L. V. Gonzaga, J. F. Sampaio, G. M. Ribeiro, S. AlaorChaves, R. Gazzinelli, R. Blinc: Evidence for Dynamical Charge Compensation in Tl^{2+} Doped KH_2PO_4 Obtained by ESR. In: J. of the Phys. Soc. of Japan *51* (1982) S. 540–544.
– The Soft Mode in H-Bonded Ferroelectrics Revisited. In: Croatica Chemica Acta *55* (1982) S. 7–13.
– u. B. Žekš: Proton-Lattice Interactions and the Soft Mode in KH_2PO_4. In: J. Phys. C: Solid State Phys. *15* (1982) S. 4661–4670.
– u. P. Prelovšek: Electron Spin-Lattice Relaxation Anomaly and the Local Pseudo Freeze-out of Impurity Dynamics in H-Bonded Ferroelectrics. In: Solid State Cummun. *42* (1982) S. 893 bis 896.
– A. Levstik, R. Blinc: Dielectric Constant of Rochelle Salt in a Magnetic Field and Vibronic Theory of Ferroelectricity. In: Ferroelectrics Letters *44* (1982) S. 51–53.
– S. Dalal Naresh, R. Blinc, P. Prelovšek, A. H. Reddoch: EPR Evidence for Local Pseudo Freeze out of Impurity Dynamics in KH_2PO_4 Type Ferroelectrics and Antiferroelectrics. In: Solid State Commun. *43* (1982) S. 887–890.
– P. Prelovšek, R. Blinc: Spin Glass Phase in Mixed Ferroelectric-Antiferroelektric Hydrogen Bonded Systems. In: J. Phys. C: Solid State Phys. *15* (1982) S. L 985–L 990.
– R. Kind, R. Blinc, H. Arend, P. Muralt, J. Slak, Gervais Chapuis, K. Schenk, B. Žekš. In: Phys. Rev. A *26* (1982) S. 1816–1819.
– P. Muralt, R. Kind, R. Blinc, B. Žekš: Incommensurate-Reentrant High-Symmetry Phase Transition in a Layer-Structure Perovskite. In: Phys. Rev. Letters *49* (1982) S. 1019–1022.
– Phase Transitions in Incommensurate Ferroelectrics-Solitons and Phasons. In: Physica Scripta T*1* (1982) S. 138–141.

Buchheim, Wolfgang: Albert Einstein als Wegbereiter nachklassischer Physik. Berlin 1981. 29 S. (= Sitzungsber. der SAW, math.-nat. Kl. Bd 115, H. 4).
– Aus der Antrittsvorlesung von Max Weidig am 17. Juni 1911 an der Bergakademie. In: Z. f. Physiotherapie *33* (1981) H. 4, S. 219–222.
– Bad Brambach und die Bergakademie. In: Die Hochschulstadt, Jg. *1981*, Nr. 11.

Budevski, Evgeni Bogdanov: V. Bostanov, E. Budevski, G. Staikov: Role of Screw-Dislocations in Electrolytic Crystal Growth. In: Faraday Symposium, Nr. 12, Southampton, Engl., 1977.

Budevski, Evgeni Bogdanov, G. Staikov, K. Juttner, W. J. Lorenz, E. Budevski: Metallionenadsorption auf elektrolytisch gewachsenen (111) und (100) Silbereinkristallflächen. In: Electrochim. Acta *23* (1978) S. 319.

— K. Juttner, W. J. Lorenz, G. Staikov, E. Budevski: Metallionenadsorption und kathodische Metallabscheidung. I. Thallium und Bleiabscheidung auf (111) und (100) Silbereinkristallflächen. Ebda S. 741.

— G. Staikov, W. J. Lorenz, E. Budevski: Unterpotentialadsorption und kathodische Abscheidung von Thallium und Blei auf (100) und (111) Silbereinkristallflächen. In: Comm. Dept. Chem., Bulg. Acad. Soc. *11* (1978) S. 474.

— u. G. Staikov, V. Bostanov, G. Angelov: Growth Behaviour of Crystal Faces in Presence of Screw-Dislocations. Ebda S. 467.

— J. P. van der Eerden, D. Kashiev, W. J. Lorenz, E. Budevski: Mean Field Theory and Monte-Carlo Simulation of Multisite Adsorption. In: Surface Science *82* (1979) S. 364.

— u. G. Staikov, V. Bostanov: Nucleation Phenomena in Electrocrystallization. In: Proceedings of the 32-nd International Meeting of the French Society in Physical Chemistry, Lyon, Sept. 1979.

— u. V. Bostanov, G. Staikov: Electrocrystallization. In: Annual Review of Materials Science vol. *10* (1980) S. 85.

— G. Staikov, W. Obretenov, V. Bostanov, E. Budevski, H. Bort: Current Transients for the Electrolytic Growth of Crystal Faces, Intersected by Screw-Dislocations. In: Electrochimica Acta *25* (1980) S. 1619—1623.

— u. I. Iliev, R. Varbev: Zink-Luft-Elemente mit hohem Energievorrat. Probleme und Einsatzmöglichkeiten. In: Z. phys. Chemie *261* (Leipzig 1980) S. 716.

— V. Bostanov, W. Obretenov, G. Staikov, D. K. Roe, E. Budevski: Rate of Crystal Growth by 2D Nucleation in the Case of Electrocrystallization of Silver. In: Journal of Crystal Growth *52* (1981) S. 761.

— R. Kvachkov, A. Yanakiev, C. N. Poulieff, I. Balkanov, P. D. Yankulov, E. Budevski: Effect of the Starting Al_2O_3 and of the Method of Preparation on the Characteristics of Li-Stabilized B″-Al_2O_3 Ceramics. In: Journal Mater. Sc. *16* (1981) S. 2710.

— P. D. Yankulov, G. Staikov, E. Budevski: Mechanical Quality Control of B-Alumina Membranes Using Acoustic Emission. In: Journal Mater. Sc. *16* (1981) S. 3510—3512.

— R. Kvachkov, A. Yanakiev, C. N. Poulieff, P. D. Yankulov, S. Rashkov, E. Budevski: Two-Step Continuous Sintering Schedules for B″-Al_2O_3 Ceramics. In: Solid State Ionics *7* (1982) S. 151—155.

— R. Kvachkov, A. Yanakiev, C. N. Poulieff, I. Balkanov, P. D. Yankulov, E. Budevski: Authors reply to Comments on „Effect of the Starting Al_2O_3 and of the Method of Preparation on the Characteristics of Li-Stabilized B″-Al_2O_3 Ceramics". In: Journal Mater. Sc. 1982. S. 3673—3674.

Busch, Karl-Franz: Prof. Dr.-Ing. Gerhard Engelke zum 60. Geburtstag. In: Wasserwirtschaft — Wassertechnik *30* (Berlin 1980) H. 8.

— Prof. Dr. rer. nat. habil. Joachim Kaeding zum 60. Geburtstag. In: Wasserwirtschaft — Wassertechnik. Ebda.

— Beitrag 15: Wasserwirtschaft. In: Bautechnische Berechnungstafeln für Ingenieure. Hrsg. v. H. Pörschmann, 17. Aufl. Leipzig 1981. S. 15. 1.—15. 3. 2.
1982, 18. Aufl. Leipzig 1982.

— [Hrsg.] Probleme der Sozialistischen Umweltgestaltung. In: WZ TU Dresden *30* (1981) H. 1, S. 115—221.

— u. D. Lauterbach: Die Bedeutung der Migrationsforschung für den Schutz und die intensive Nutzung der Trinkwasserressourcen. In: Neue Bergbautechnik *11* (Leipzig 1981) H. 10, S. 569 bis 573.

— [Hrsg.] Probleme der Sozialistischen Umweltgestaltung. In: WZ TU Dresden *31* (1982) H. 3, S. 133—214.

— Beherrschen wir unsere Umwelt, oder beherrscht uns die Umwelt? Einige Gedanken zur Umweltproblematik. In: Bauplanung — Bautechnik *36* (Berlin 1982) H. 8, S. 339—341.

Dörter, Klaus: Einsatz von industriellen Abprodukten in der Landwirtschaft (Einführung). In: Tagungsber. Akad. Landwirtsch.-Wiss. DDR, Berlin 1981, Nr. 185, S. 3–4.
— Der Einsatz von Industriewasser in der industriemäßigen Pflanzenproduktion. Ebda S. 5–11.
— M. Pretzschel, G. Böhme, K. Dörter, M. Dauderstädt: Einige Aspekte zu den Aufgaben und Möglichkeiten der Verbesserung der technologischen Eignung der Böden im Bereich der AIV (P) Querfurt. In: Zusammenarbeit von Wissenschaft und Produktion in der Agrar-Industrievereinigung Pflanzenproduktion Querfurt bei der Intensivierung der Pflanzenproduktion mit Hilfe des wissenschaftlich-technischen Fortschritts — Ergebnisse, Erfahrungen, Verallgemeinerungen —. Hrsg.: Rat des Bez. Halle, Abt. Land- und Nahrungsgüterwirtschaft und AIV (P) Querfurt, 1981, S. 33–37.
— u. W. Isbaner: Ergebnisse der wissenschaftlichen Zusammenarbeit zwischen der AIV (P) Querfurt und der Sektion Pflanzenproduktion der Martin-Luther-Universität unter dem Aspekt der Vorbereitung der V. Hochschulkonferenz. In: II. Konferenz für Wissenschaft u. Technik der AIV Pflanzenproduktion Querfurt. Hrsg. Min. f. Hoch- u. Fachschulwesen der DDR, Projektrat. Berlin 1981, S. 56–74.
— H. Schoppe, K. Dörter, V. Anders: Zur Problematik von Erosionen an Böschungen und erste Hinweise über Maßnahmen zu ihrer Verhinderung im Rahmen der Tagebaurestlochgestaltung. In: Neue Bergbautechnik Jg *11* (Berlin 1981) H. 1, S. 48–51.
— Aphorismen zur Qualität des Bewässerungswassers. Berlin 1981. 31 S. (= Sitzungsber. SAW, math.-nat. Kl. Bd 115, H. 2).
— [Rez.] Ecology of a Subarctic Mire (Ökologie eines subarktischen Moores). Hrsg. Mats Sonesson, Stockholm 1980. In: Arch. Acker- u. Pflanzenbau u. Bodenkunde *25* (1981) H. 6, S. 381 bis 382.
— M. Pretzschel, G. Böhme, K. Dörter, M. Altermann, A. Robe: Ergebnisse der Verbesserung der technologischen Eignung der Ackerstandorte (LPG Rothenschirmbach). In: Kooperation *16* (1982) H. 2, S. 75–77.
— [Hrsg.] Beitrag der Meliorationen zur effektiven Bodennutzung. 35 Jahre Kulturtechnik — Meliorationswesen an der Martin-Luther-Universität Halle—Wittenberg. In: Kongress- u. Tagungsberichte der Martin-Luther-Universität, Wiss. Beiträge *1982*/30 (S. 32), Halle 1982, 120 S.
— Überblick zur Entwicklung der Kulturtechnik und des Meliorationswesens von 1947–1982 an der Martin-Luther-Universität Halle—Wittenberg. Ebda S. 6–18.
— Beziehungen zwischen landwirtschaftlichen Meliorationen und Landeskultur. Ebda S. 19–25.
— Einige Zusammenhänge zwischen Meliorationswesen und Landeskultur. In: Sitzungsber. Akad. Wiss. der DDR *6 N* (1982) S. 22–48.

Dürwald, Wolfgang: Gerichtliche Medizin. Leipzig 1981. 321 S., 139 Abb. u. 21 Tab.
— V. Hofmann, A. Du Chesne, W. Göhler, W. Dürwald, Sabine Dörfel, Christine Jäckel, W. Reimer, Editha Vogt u. U. Zschau: Blutgruppenverteilungen bei Männern und Frauen im Norden und Süden der DDR. In: Dt. Gesundheitswesen *36* (1981) H. 38, S. 1582–1591.
— Th. Krause, W. Dürwald u. W. Göhler: Frequenz- und Familienuntersuchungen im Blutgruppensystem der Esterase D im Raum Leipzig. Ebda S. 1594–1597.
— Aspekte der Begutachtung aus der Sicht der gerichtlichen Medizin. Ebda *37* (1982) H. 17, S. 783–785.
— Zur gerichtsmedizinischen Zusammenarbeit verschiedener Länder im Katastrophenfall. In: Acta Medicinae Legalis et Socialis. Vol. *32* (1982) S. 1053–1056.
— Ethical problems of the intensive care of children. In: Journal of Pediatric Association of Yugoslavia. Vol. *24* (Zagreb 1981) Supplement 1.

Emons, Hans-Heinz u. P. Hellmold, G. Bräutigam, H. Holldorf, H. Martens: Technische Anorganische Chemie. 2., durchgesehene Aufl. Leipzig 1981. 365 S., 148 Abb., 122 Tab., 1 Beilage.
— u. W. Voigt: Zur Chemie geschmolzener Salze. Berlin 1981. 39 S., 26 Abb., 6 Tab. (= Sitzungsber. AdW der DDR, 15 N, 1981).

Emons, Hans-Heinz u. Heidelore Voigt: Mineralsalze — Natürliche Rohstoffquelle der DDR (URANIA im Funk). Hrsg. vom Präsidium der URANIA. Berlin 1981. 43 S., 21 Abb. 3 Tab.

— Beziehungen zwischen Struktur und Eigenschaften konzentrierter Elektrolytlösungen — Grundlagen zur Gewinnung anorganischer Salze. In: Grundlagenforschung und angewandte Forschung, dem Wirken Kurt *Schwabes* gewidmet. Berlin 1981. 21 S., 12 Abb., 5 Tab. (= Sitzungsber. AdW der DDR, 19 N, 1981).

— u. Eva-Maria May: Untersuchungen an Systemen aus Salzen und gemischten Lösungsmitteln. XXIV. Das System Magnesiumchlorid-Aceton-Wasser. In: Z. anorg. allg. Chem. *473* (1981) S. 203—207.

— u. K. Pollmer: Untersuchungen an Systemen aus Salzen und gemischten Lösungsmitteln. XXV. Über den Einfluß von $MgCl_2$ auf Aceton-Wasser-Gemische. Ebda S. 208—214.

— u. A. König: Untersuchungen zur kalten Zersetzung von Carnallit. In: Freiberger Forschungshefte, Reihe A, A *628* (1981) S. 61—68.

— u. A. König: Untersuchungen zur Kornvergröberung bei der kalten Zersetzung von Carnallit. Ebda S. 69—78.

— u. R. Pahlitzsch: Zur Bestimmung von Induktionszeiten bei der Kristallisation von Carnallit. Ebda A *654* (1981) S. 99—106.

— u. R. Pahlitzsch: Untersuchungen zum Stoffübergang bei der Kristallisation von künstlichem Carnallit mit Hilfe von Radionukliden. Ebda S. 107—116.

— u. A. König: Untersuchungen zur gezielten Beeinflussung der Korngröße des Zersetzungs-KCl bei der kalten Zersetzung von Carnallit. Ebda S. 117—120.

— u. G. Bräutigam, Ingrid Günther: Zur Reaktion von Aluminium mit Schwermetallchloriden in Salzschmelzen. In: Z. anorg. allg. Chem. *472* (1981) S. 205—212.

— u. G. Bräutigam, Ingrid Günther: Zur Chlorierung von Aluminium in Salzschmelzen durch Halogenaustausch mit Blei(II)chlorid. Ebda S. 213—216.

— u. W. Horlbeck, D. Kießling: Dampfdruckmessungen und massenspektrometrische Untersuchungen der Gasphase über Alkalimetallchloriden und -bromiden. In: Z. Chem. *21* (1981) S. 416—417.

— u. A. I. Demidov, W. Horlbeck: Vjazkost' i plotnost' rastvorov sistem chromovyj angidrid-voda. In: Z. prikl. chim. *54* (1981) S. 1168—1169.

— u. R. Beck, H. Holldorf: Untersuchungen ausgewählter Isothermen des quinären Systems Na^+, K^+, Mg^{2+}/Cl^-, $SO_4^{2-}//H_2O$ im Bereich der Natriumchlorid-Carnallit-Sättigung. In: Freiberger Forschungshefte, Reihe A, A *628* (1981) S. 7—18.

— u. R. Beck, H. Holldorf: Die Polytherme des quinären Systems Na^+, K^+, Mg_4^{2+}/Cl^-, $SO_4^{2-}//H_2O$ im Bereich der Natriumchlorid-Carnallit-Sättigung. Ebda S. 19—30.

— u. Heidelore Voigt, F.-W. Wollny: Untersuchungen zur Zersetzung von Carnallit an Einzelkörpern. Ebda S. 31—50.

— u. Heidelore Voigt, F.-W. Wollny: Untersuchungen zur Carnallitzersetzung bei Einsatz von Körnerkollektiven. Ebda S. 51—60.

— u. K. Pollmer, H. Seidel: Beiträge zum System Na^+, K^+, Mg^{2+}/Cl^-//Aceton-Wasser. Ebda S. 99—122.

— u. St. Groß, K. Koch, J. Pilot, H.-J. Rösler: Untersuchungen zur Sauerstoffisotopenverteilung bei der Eindunstung und Salzabscheidung am Beispiel binärer und ternärer Mineralsalzsysteme. Ebda Reihe C, C *360* (1981) S. 75—83.

— u. St. Groß, K. Koch, J. Pilot, H.-J. Rösler: Issledovanie provedenija izotopov kisloroda pri isparenii i osazdenij solej na primere dvojnoj i trojnoj ravnovecnych sistem. In: Akademija Nauk SSSR, Sibirskoe otdelenie, isdatel'stvo „Nauka", Novosibirsk 1981. S. 28—33.

— u. H. Keune, H.-H. Seyfarth: Chemical Microscopy. In: Wilson & Wilson's Comprehensive Analytical Chemistry, Volume *XVI*, Elsevier Scientific Publishing Company, Amsterdam, Oxford, New York 1982. 327 S., 90 Abb., 120 Tab. u. 25 Übersichten.

— u. G. Bräutigam, P. Hellmold, H. Holldorf, R. Kümmel, H. Martens: Grundlagen der Technischen Anorganischen Chemie. Frankfurt am Main, Berlin, München, Aarau, Salzburg 1982. 444 S., 160 Abb., 130 Tab.

Emons, Hans-Heinz, Antrittsrede zur feierlichen Investitur. In: Neue Bergbautechnik *12* (1982) S. 681–686.
– Abfälle–Rohstoffe. Einige Probleme zu stoffwandelnden Prozessen. Berlin 1982. 32 S. (= Sitzungsber. AdW der DDR, 11 N, 1982).
– Some problems of technical mass crystallization. In: Kompendium, University of Oslo, Institute of Chemistry, 1982, 27 S.
– Physico-chemical properties of molten salts and concentrated electrolyte solutions. In: Kompendium, NTH, Institute of Inorganic Chemistry, University of Trondheim, 1982, 34 S.
– u. S. Ziegenbalg: Positions and trends in the development of acid processes for aluminia production. In: Kompendium, University of Oslo, Institute of Chemistry, 1982, 41 S.
– u. J. Fischer: Modifizierung chemischer Praktikumsaufgaben – ein Mittel zur Steigerung der Effektivität im Hochschulunterricht. In: Das Hochschulwesen *30* (1982) H. 7, S. VIII–XII.
– u. W. Horlbeck, D. Kießling: Massenspektrometrische Untersuchung der Gasphase über Alkalimetalliodiden. In: Z. anorg. allg. Chem. *488* (1982) S. 212–218.
– u. W. Horlbeck, W. Voigt: Zur Chemie geschmolzener Salze. In: Mitteilungsblatt Chem. Gesellsch. DDR *29* (1982) S. 2–9.
– u. D. Kießling, W. Horlbeck: Dampfdruckmessungen und massenspektrometrische Untersuchungen der Gasphase über Erdalkalimetallhalogeniden. In: Z. anorg. allg. Chem. *488* (1982) S. 219–222.

Patentpublikation

– u. I. Fritz, H. Scherzberg, S. Heine, Waltraud Hahn, H. Röser, K. Fuhrmann, W. May, Karin Hoffmann, Christine Schnabel, H. Georgie, G. Liebmann, M. Mohr, A. König, Heidelore Voigt: Verfahren zur Herstellung eines groben, staubfreien Kaliumchlorids aus Carnallit. Patentschrift O 153 818, WP C 05 D / 223 820 vom 10. 9. 1980/3. 2. 1982.

Fanghänel, Egon u. a.: Organikum – Organisch-chemisches Grundpraktikum. 2. berichtigter Nachdruck der 15., überarbeiteten Aufl. Berlin 1981. 880 S.
– u. a.: Organicum – Chimie organica practica. Bucareşti 1982.
– u. a.: Lehrwerk Chemie. Einführung in die Laboratoriumspraxis. 2. durchgesehene Aufl. Leipzig 1981. 296 S.
– u. a.: Organische Fotochrome. Leningrad 1982. 284 S. [russ.].
– R. Radeglia, H. Poleschner, E. Fanghänel: Die Zuordnung der ^{1}H- und ^{13}C-NMR-Spektren des 3-Methylthio-1,4,2-dithiazins. In: J. prakt. Chem. *323* (1981) S. 121–124.
– u. H. Poleschner: Vergleich der thermischen, photochemischen und massenspektroskopischen Fragmentierung von Schwefelheterocyclen mit cis-Dithioethylenstruktur. Ebda S. 1–12.
– u. S. Simova, R. Radeglia: 1,2,3-Triazabutadiene. XII. Abhängigkeit der ^{13}C-^{15}N-Kopplungskonstanten von der Z/E-Isomerie der 1-Phenyl-3-[3-ethylbenthiazolinyliden-(2)]-triazene und 1-Phenyl-1-ethyl-3-[3-ethylbenzthiazolinyliden-(2)]-triazeniumtetrafluoroborate. Ebda S. 239 bis 244.
– u. J. Hohlfeld: 1,2,3-Triazabutadiene. XIII. UV-vis-spektroskopische Untersuchungen zur Protonierung Z-E-isomerer 1-Aryl-3-[3-methylbenzthiazolinyliden-(2)]- und 1-Aryl-3-[1,3-dimethylbenzimidazolinyliden-(2)]-triazene. Ebda S. 245–252.
– u. J. Hohlfeld: 1,2,3-Triazabutadiene. XIV. Untersuchungen zur sauren Spaltung Z-E-isomerer. 1-Aryl-3-[3-methylbenzthiazolinyliden-(2)]- und 1-Aryl-3-[1,3-dimethylbenzimidazolinyliden-(2)]-triazene. Ebda S. 253–261.
– L. v. Hinh, G. Schukat, E. Fanghänel: Tetrathiafulvalene. XII. Synthese und Eigenschaften von Polystyryl-Tetrathiafulvalenen. Ebda S. 327–331.
– u. H. Poleschner, R. Radeglia, E. Fanghänel: ^{1}H- und ^{13}C-NMR-chemische Verschiebungen von 5-Ring-Schwefel- und Selenheterocyclen. Ein Beitrag zum Zusammenhang zwischen Elektronenstruktur und ^{13}C-chemischer Verschiebung von C=O–, C=S– und C=Se-Gruppierungen. Ebda S. 737–746.

Fanghänel, Egon: H. Poleschner, E. Fanghänel, H. Mehner: Tetrathiafulvalene. XV. Mößbauer-spektroskopische Untersuchung von monomeren und polymeren Eisendithiolenkomplexen. Ebda S. 919–923.

— G. Schukat, W. Mörke, E. Fanghänel: Tetrathiafulvalene. XIV. Mitteilung. Abhängigkeit der elektrischen Leitfähigkeit von TTF-Radikalsalzen von der Zahl der ungepaarten Elektronen. In: Z. Chem. *21* (1981) S. 153–154.

— u. K. Behrmann, K. Siwik: Neuartige Zwischenprodukte für Cyaninfarbstoffe. Ebda S. 355 356.

— u. G. Schukat, J. Schützendübel: Tetrathiafulvalene. XVII. Mitteilung. Cis-trans-isomere Tetraselenafulvalene. Ebda S. 447–448.

— u. G. Schukat, K. Wiesener, A. Furhmann: Tetrathiafulvalenes as Catalysts for the Reduction of Oxygen in Acid Electrolytes. In: J. Power Sources *6* (1981) S. 193–197.

— R. Radeglia, E. Fanghänel: The Assignment of the ^{1}H and ^{13}C NMR Chemical Shifts of N-Phenyl-2,4-diemthalbuta-1,3-diene-1,4-sultam. In: Org. Magn. Reson. *17* (1981) S. 10–13.

— u. H. Mohamed, Y. Keita, R. Radeglia: Zur Strukturaufklärung der Bromierungsprodukte von N-Aryl-2,4-dimethyl-buta-1,3-dien-sultamen-1,4. In: J. prakt. Chem. *324* (1982) S. 353–361.

— G. Schukat, E. Fanghänel, A. Chyla: Tetrathiafulvalene. XVI. Spektroskopische und elektrische Eigenschaften von TTF und TTF-TCNQ-Komplexen. Ebda S. 422–428.

— u. K.-H. Kühnemund, A. M. Richter: Arylierung von Thiocarbonylverbindungen mit Diazoniumsalzen. Ebda S. 669–672.

— H. Poleschner, E. Fanghänel: Synthese einiger 1,3-Diselenole. Ebda S. 691–694.

— S. Simova, R. Radeglia, E. Fanghänel: 1,2,3-Triazabutadiene. XV. Einfluß der Substituenten auf die ^{15}N- und ^{13}C-chemischen Verschiebungen in Triazabutadienen und Azobenzenen. Ebda S. 777–786.

— G. Schukat, E. Fanghänel: Tetrathiafulvalene. XVIII. Elektronen-Donator-Akzeptor-Komplexe von Tetrathiafulvalenen (TTF) mit Tetracyanochinodimethan (TCNQ). Ebda S. 1011 bis 1016.

— W. Ortmann, A. Kassem, S. Hinzmann, E. Fanghänel: Photochemische Primärprozesse von Xanthenfarbstoffen. I. Blitzlichtspektroskopische Untersuchung der Primärprozesse von Selenopyronin. Ebda S. 1017–1025.

— u. G. Schukat: Organische Polymere mit hoher elektrischer Leitfähigkeit. In: Mitteilungsbl. Chem. Ges. *29* (1982) S. 217–222.

— K. Behrmann, A. Sparmann, E. Fanghänel: Untersuchungen zur sensibilisierten Zersetzung von Arendiazoniumsalzen mit Dithioliumtrimethinfarbstoffen. In: J. Signal AM *10* (1982) S. 27–33.

Patentpublikationen

— E.-M. Steyer, G. West, E. Fanghänel, U. Pfeifer, N. Großmann: Lichtempfindliches, farbfotografisches Material mit zweiäquivalenten Farbkuppler. Patentschrift 147 425 vom 1. 4. 81.

— Th. Göllner, N. Großmann, E. Fanghänel: Verfahren zur Herstellung modifizierter MSA-Co- und Terpolymerer. Patentschrift 147 670 vom 15. 4. 81.

— Th. Göllner, N. Großmann, E. Fanghänel, H. Böttcher: Farbenfotografisches Material mit polymeren Farbkupplern. Patentschrift 147 731 vom 15. 4. 81.

— A. Richter, J. Lukacisin, E. Fanghänel: Verfahren zur Herstellung von Pyrazolidon-(3)-azomethinimin-farbstoffen. Patentschrift 147 673 vom 14. 4. 81.

— u. G. Schukat, K. Wiesener, A. Fuhrmann: Elektroden für elektrochemische Zellen. Patentschrift 148 846 vom 10. 6. 81.

— K. Behrmann, E. Fanghänel: Verfahren zur Herstellung von 2-(W-Carboxy-alkyl)cyclammoniumsalzen. Patentschrift vom 1. 7. 81.

— A. Richter, E. Fanghänel: Verfahren zur Herstellung von 1-(1,3-Thiazol-2-yl)-pyrazolid-3-onen. Patentschrift 150 203 vom 19. 8. 81.

— R. Geyer, D. Truong, K. Nebel, E. Fanghänel, G. Schukat: Ionensensitive Elektrode. Patentschrift 150 113 vom 12. 8. 81.

Fanghänel, Egon u. K. Behrmann, A. Sparmann: Spektral sensibilisiertes lichtempfindliches Material. Patentschrift 150 954 vom 13. 9. 81.
— Th. Göllner, N. Großmann, E. Fanghänel, H. Böttcher: Farbenfotografisches Material auf der Basis von Silberhalogenidemulsionen. Patentschrift 150 955 vom 23. 9. 81.
— A. Richter, E. Fanghänel: Verfahren zur Herstellung von 5-thiosubstituierten 1-Aryl-1,2-dithiolo[5,1-e]1,2,3-thiadiazolen. Patentschrift 158 029 vom 22. 12. 82.

Fejes Tóth, László: Some density-bounds for packings and coverings with incongruent circles In: Studia Sci. Math. Hungar. *15* (1980) S. 63—70.
— Approximation of convex domains by polygons. Ebda S. 133—138.
— Packing and covering with convex discs. Ebda S. 93—100.
— Solid packing of circles in the hyperbolic plane. Ebda S. 299—302.
— G. Fejes Tóth u. L. Fejes Tóth: Dictators on a planet. Ebda S. 313—316.
— u. A. Heppes: Multi-saturated packings of circles. Ebda S. 303—307.
— Bemerkung zu einem Satz von Rényi und Sulanke. In: Mat. Lapok *29* (1977—1981) S. 33—38. [ungar.].
— Some researches inspired by H. S. M. Coxeter. In: The Geometric Vein. The Coxeter Festschrift. New York 1982. S. 271—277.

Freimuth, Ulrich u. K. Krause: Zur Alkalibehandlung von Proteinen. — 6. Mitt.: Desamidierung und hydrolytische Spaltung. In: Die Nahrung *25* (1981) S. 397—404.
— u. I. Ludwig: Zur gaschromatographischen Aminosäurebestimmung bei der MAILLARD-Reaktion von Milchproteinen. Ebda *26* (1982) S. 97—102.
— Zur Geschichte des Instituts für Lebensmittel- und Gärungschemie an der Technischen Hochschule Dresden, Teil 1: 1920—1940. Ebda *26* (1982) S. 229—233; Teil 2: 1940—1980. Ebda S. 947—953.

Görlich, Paul: Die geschichtliche Entwicklung des wissenschaftlichen Gerätebaus und seine zukünftige Bedeutung. Berlin 1981. 36 S. (= Sitzungsber. SAW, math.-nat. Kl. Bd. 115, H. 3).
— Recent results in the field of photon detectors and their applications, IV. In: Proceedings of the Technical Committee on Photon Detectors *1982*, p. 1—13.

Hölder, Ernst: Historischer Überblick zur mathematischen Theorie von Unstetigkeitswellen seit Riemann und Christoffel. In: E. B. Christoffel. Hrsg. v. P. L. Butzer u. F. Fehér. Basel 1981. S. 412—434.

— G. Herglotz' Behandlung von Beschleunigungswellen in seiner Vorlesung „Mechanik der Kontinua" angewandt auf die Stoßwellen von Christoffel. Ebda S. 435—448.
— Approximation von Extremalflächenstücken (hyperbolischen Typs) durch charakteristische räumliche Vierecke. Wolfgang Haack zum 80. Geburtstag gewidmet. In: Math. Meth. in the Appl. Sci. *4* (1982) S. 480—496.

Hund, Friedrich: Aus der Frühzeit physikalischer Forschung in Göttingen. In: Georgia Augusta Nov. 1981, S. 22—28.
— Max Born, Göttingen und die Quantenmechanik. In: Physikal. Blätter *38* (1982) S. 349—351.

Jordan, Herbert: Kurortttherapie. 2. Aufl. Jena 1980. 124 S., 14 Abb. u. 14 Tab.
— Balneobioklimatologie. Eine Zielstellung im Mensch-Umwelt-Konzept. Berlin 1981. 25 S., 8 Abb. u. 1 Tab. (= Sitzungsber. SAW, math.-nat. Kl. Bd 114, H. 6).
— Aug' um Ohr: Goethes Zugang zur Musik. Berlin 1982. 39 S., 4 Abb. (= Abh. SAW, math.-nat. Kl. Bd 55, H. 1).
— [Vorwort] Max Weidig. In: Z. Physiother. *33* (1981) S. 213.
— L. Zelaitis, H. Wagner u. H. Jordan: Ein Gerät zur Überwachung der St-Streckenabsenkung im EKG [Wiss. Kurzmitt.]. Ebda S. 443—444.

Jordan, Herbert: Ganzheitstherapie. Ebda *34* (1982) S. 15–21.
– G. Hübner, G. Plötner, I. Maas, C. Epperlein u. H. Jordan: Isotopentechnischer Nachweis der quantitativen Resorption von CO_2 aus Kohlendioxidmineralwasserbädern durch die Haut des Menschen [Wiss. Kurzmitt.]. Ebda *34* (1982) S. 59.
– [Tagungsbericht]. Journée Thermale de Spa 03.–04. 4. 1981. Ebda S. 62–63.
– [Laudatio]. Albert Böni zum 70. Geburtstag. Ebda S. 153–154.
– Praxisrelevante Erkenntnisse in der Balneo- und Bioklimatologie. Ebda S. 155–165, 3 Abb.
– G. Hübner, G. Plötner, I. Maas, C. Epperlein u. H. Jordan: Nachweis der CO_2-Resorption aus thermoindifferenten Kohlendioxydmineralwasserbädern durch die Haut des Menschen. In: Z. ges. inn. Med. *37* (1982) S. 485–490.
– Physiotherapie – Lehrbuch für Medizinstudenten. Hrsg. v. J. C. Cordes mit Beiträgen von H. Jordan. 3. überarb. Aufl. Berlin 1982.
– [Bespr.] Der diagnostische Blick. Atlas zur Differentialdiagnose innerer Krankheiten. Hrsg. v. F. W. Tischendorf, Esslingen. 3. neu bearb. u. erweiterte Auflage. F. K. Schattauer 1979. In: Z. Physiother. *32* (1980) S. 324.
– [Vortr.] Eröffnungsansprache d. Symposiums „Torf in der Medizin", Bad Elster 21. 9. 1981.

Keller, Ott-Heinrich: Ergänzung zu meiner Arbeit: „Die Homologiegruppen der Mannigfaltigkeit, die aus den linearen *k*-Räumen auf einer nicht-ausgearteten 2*k*-Quadrik besteht". In: Beiträge zur Algebra und Geometrie *13* (1982) S. 127–129.

Kolotyrkin, Jakov Michajlovič: Über die Deutung von Spektren der Elektroabscheidung von aktivem Eisen in wäßrigen Lösungen. In: Elektrochimija *17* (1981) Nr. 6, S. 858–862.
– Über den kristallchemischen Mechanismus des Einflusses geringer Legierungszusätze auf den Prozeß der Auflösung korrosionsbeständiger Stähle im aktiven Zustand. In: Zaščita metallov *17* (1981) Nr. 6, S. 661–669.
– Die Elektrochemie im Dienste der Volkswirtschaft. In: Elektrochimija *17* (1981) Nr. 2, S. 163 bis 167.
– Über Gesetzmäßigkeiten der Anfangsstadien der selektiven Auflösung der elektronegativen Komponente aus binären Legierungen. Ebda Nr. 5, S. 725–732.
– Der Einfluß des Lichtes auf die Auflösung von passivem Titan. In: Zaščita metallov *17* (1981) Nr. 6, S. 676–681.
– Anodische Auflösung von Platin in Phosphatelektrolyten. In: Elektrochimija *17* (1981) Nr. 7, S. 1103–1107.
– Elektrochemisches Korrosionsverhalten einer Platinanode in Phosphat-Flourid-Medien. Ebda Nr. 9, S. 1339–1345.
– Die Rolle der Segregation von Beimischungen an den Korngrenzen bei der interkristallinen Korrosion nichtrostender Stähle. In: XII. Mendelejev-Kongreß über Grundlagen- und angewandte Chemie. Moskau 1981. Nr. 3, S. 312–313.
– Ein wichtiges Steuerelement. In: Informationsblatt der Akademie der Wissenschaften der UdSSR. 1981, Nr. 3, S. 65–70.
– Elektrochemie: von der Praxis zur Theorie. Probleme und Perspektiven. Ebda Nr. 5, S. 76–84.
– Ellipsometrische Untersuchung des fotostimulierten Wachstums einer anodischen Schicht auf passivem Titan. In: Vortragsthesen der Allunionskonferenz zu Fragen der Elektrochemie. Novosibirsk 1981. S. 37.
– Verwendung von Sauerstoff zum Schutz metallischer Baustoffe gegen Korrosion. In: Erfolge in Wissenschaft und Technik. Korrosion und Korrosionsschutz. Bd *8* (Moskau 1981) S. 3–50.
– Ständige Kontrolle von in Betrieb befindlichen Ausrüstungen. In: Erfolge in Wissenschaft und Technik. Korrosion und Korrosionsschutz. Bd *8* (Moskau 1981) S. 181–216.
– Radiometrische Methode der Erforschung von Korrosionsprozessen. Ebda S. 51–102.
– Maximaler Nutzen. Moskau 1981. 88 S.
– Wissenschaftlich-technische Prognosen auf dem Gebiet der Korrosion (Analyse der Ent-

wicklungstendenzen in Arbeiten zur Korrosion von nichtrostenden Ferritstählen und ihre Anwendung in der chemischen Industrie). In: Chemische Industrie. Teil: Wissenschaftlich-technische Prognosen auf dem Gebiet der physikalisch-chemischen Forschung. Moskau 1982.
— Die Rolle des Siliziums bei der interkristallinen Korrosion des phosphathaltigen Stahls X20H20. In: Zaščita metallov *17* (1982) Nr. 3, S. 336—343.
— Der Einfluß von Kohlenstoff und Phosphor auf die interkristalline Korrosion des Hartstahls X20H20 in salpetersauren Lösungen. Ebda Nr. 1, S. 18—23.
— Grundlagen der Entwicklung der Lochfraßtheorie. In: Erfolge in Wissenschaft und Technik. Korrosion und Korrosionsschutz. Bd *9* (Moskau 1982) S. 88—132.
— Stand und Perspektiven der Forschungen an anodischen Produkten auf der Grundlage von Nichtmetalloxiden. In: Erfolge in Wissenschaft und Technik. Elektrochemie. Bd *20* (Moskau 1982) S. 3—43.
— Chemische Beständigkeit metallischer Werkstoffe und Elektrochemie. In: Vortragsthesen der 6. Allunionskonferenz zu Fragen der Elektrochemie. Bd *1* (Moskau 1982) S. 16—17.
— Die Lochfraßkorrosion in Bezug auf das Problem der Korrosionsermüdung der Metalle. In: Korrosionsermüdung der Metalle (= Arbeiten des 1. Sowjetisch-Englischen Seminars). Kiew 1982. S. 331—336.
— Erfolge in der theoretischen und angewandten Elektrochemie. Vortrag auf dem 12. Mendelejev-Kongreß. In: VChO D. I. Mendelejeva *27* (1982) Nr. 2, S. 220—224.
— The influence of Heat Transfer on the Kinetics of Cathode Prosses with limiting Diffusion Stages. In: Corrosion Science Vol. *22* (1982) No. 9, pp. 845—855.
— The Theory of Development of Pitting Corrosion. In: Advances in Physical Chemistry. Current Developments in Electrochemistry and Corrosion. Moscow 1982. S. 11—59.
— Anomously Intense Raman Scatting from Molecules Absorbed on Metals. Ebda S. 148—191.
— Probleme und Hoffnungen. In: „. . . und bis zum Jahr 1990“. Moskau 1982, S. 114—133.

Krug, Herbert: Die Technologie der Brikettierung von Weichbraunkohle im Lichte der Verfahrenstechnik und der besseren Nutzung dieses Energieträgers. Berlin 1982. 20 S. (= Sitzungsber. SAW, math.-nat. Kl. Bd 115, H. 5).
— u. W. Naundorf: Herstellung hochwertiger Pyrolysebriketts unter Verwendung von Sulfitablauge als Verkokungshilfsmittel. In: Energietechnik *31* (1981) 2, S. 62—68.
— u. W. Naundorf: Der Einfluß der Preßdauer auf das Stückkoksbildungsvermögen von Braunkohlenbriketts. In: Frbg. Forschungsh. *A 646* (1981) S. 7—26.
— u. W. Naundorf, D. Trommer: Herstellung von hochwertigen Pyrolysebriketts aus EGR-Staub. In: Frbg. Forschungsh. *A 646* (1981) S. 27—43.
— u. W. Naundorf, H.-W. Schröder: Beitrag zur Herstellung von hochwertigen Verkokungsbriketts aus Salzkohlen des Förderreviers Merseburg-Ost. In: Frbg. Forschungsh. *A 646* (1981) S. 45—64.
— u. W. Naundorf: Beitrag zur Herstellung von Stückkoks aus Anthrazit. In: Frbg. Forschungsh. *A 646* (1981) S. 65—83.
— u. D. Brückner: Agglomeration von feinkörnigen Holzkohlen mit ausgewählten Bindemitteln. In: Frbg. Forschungsh. *A 646* (1981) S. 85—98.
— u. W. Naundorf, D. Trommer, D. Brückner: Herstellung hochwertiger Pyrolysebriketts unter Verwendung von Sulfitablauge als Verkokungshilfsmittel, Teil 2: Versuche im Technikum auf der Formkanalstempelpresse. In: Energietechnik *31* (1981) 6, S. 228—232.
— u. W. Naundorf: Verfahren zur Herstellung von hochwertigen Koksen aus Braun- und Steinkohlen. In: Neue Bergbautechnik *11* (1981) 5, S. 299—303.
— u. W. Naundorf: Beitrag zur Bewertung von Heizkoksen aus asche- und schwefelreichen Braunkohlen. In: Energietechnik *31* (1981) 8, S. 302—308.
— u. W. Naundorf: Grundlagenuntersuchungen zur Erzeugung eines Vollmöllers für die Calciumcarbidindustrie. In: Frbg. Forschungsh. *A 662* (1982) S. 7—46.
— u. W. Naundorf, D. Trommer: Laborversuche zum Granuliervermögen von Braunkohlenstaub. In: Frbg. Forschungsh. *A 662* (1982) S. 47—72.

Lösche, Artur: ^{1}H- and ^{13}C-NMR in thermotropic phases. In: Bulletin of Magnetic Resonance *3* (1981) S. 109–119.
— NMR in Liquid crystals. In: RAMIS 79 — Plenary Lectures, S. 45–52.
— u. Stefan Limmer, Herbert Schmiedel, Bernd Hillner: Transfer of the macroscopie alignment of mesophases into the solid state. In: J. Physique *42* (1981) S. 1111–1114.

Maier, Wilhelm: Mittelwerte der Riemannschen Zeta-Funktion. In: Univ. Halle–Wittenberg, Beiträge zur Algebra und Geometrie *12* (1982) S. 97–101.
— Farey'sche Folgen und Sektorengitter. In: Sitzungsber. math.-nat. Kl. Österr. Akademie der Wissenschaften Bd *191* (1982) H. 3.

Neef, Ernst: Dresden — Alte Ansichten, ausgewählt aus den Beständen der Sächsischen Landesbibliothek und herausgegeben von Ernst Neef im VEB Verlag der Kunst Dresden 1981. Kunstmappe. 16 mehrfarbige Abb. auf Bildtafeln sowie drei weitere auf dem Umschlag. Texterläuterungen mit 6 einfarbigen Abb.
— Der Verlust der Anschaulichkeit in der Geographie und das Problem der Kulturlandschaft. Berlin 1981. 34 S. (= Sitzungsber. SAW, math.-nat. Kl. Bd 115, H. 6).
— Stages in the development of landscape ecology. In: Proceedings of the congress „Perspectives in landscape ecology" April 1981 in Veldhoven. Wageningen 1981. S. 19–27.
— Naturhaushalt und Gebietscharakter. (15 Jahre landschaftsökologische Forschung durch die Sächs. Akad. Wiss. zu Leipzig). In: Geogr. Berichte. Gotha 1982, H. 102, S. 19–32.
— Arbeitsteilung als Ordnungsprinzip der geographischen Wissenschaft. In: PGM Bd *126* (Gotha 1982) S. 119–124.
— Kulturlandschaft redivivus. — Kulturlandschaftsforschung ein Hauptanliegen der Umweltproblematik. In: Geogr. Zeitschr. Ergänzungsband „Beiträge zur Hochgebirgsforschung und zur Allgemeinen Geographie". Festschrift für Harald Uhlig zum 60. Geburtstag. Bd *2* (Wiesbaden 1982) S. 212–221.
— Geographie — einmal anders gesehen. In: Geogr. Zeitschr. *19* (Wiesbaden 1982) H. 4.
— [Nachr.] Julius Fink 18. 4. 1918 — 2. 4. 1981. In: Jahrb. SAW *1979–1980* (Berlin 1982) S. 233 bis 235.
— H. Jordan u. E. Neef: Zur Rangordnung von Umweltproblemen. In: Kommission für spezielle Umweltprobleme. Ebda S. 49–54.

Oelßner, Wilhelm u. F. Koch, P. Arnold, F. Kamprad, U. Seifert, J. Jahns, R. Kliche, G. Mehlhorn: Der Einfluß einer Hypoxie auf die hämatologische Strahlenreaktion nach ionisierender Ganzkörperbestrahlung von Hunden. In: Radiobiol. Radiother. *21* (1980) S. 591–599.
— Some rules and examples in the treatment of incurable cancer. In: European J. Radiol. *1* (1981) S. 178–179.
— R. Melzer, E. Standke u. W. Oelßner: Zur Verfahrensweise bei der CT-gestützten Bestrahlungsplanung. In: Radiol. diagn. *22* (1981) S. 301–304.
— Die Bedeutung lymphographischer Untersuchungen für die Strahlentherapie maligner Lymphome. Ebda S. 440–442.
— R. Klöppel, H. Zöllner, P. Wieniecki, F. Kamprad u. W. Oelßner: Multivariate Diskriminanzanalyse von Enzymmustern bei Geschwulstpatienten. In: Radiobiol. Radiother. *23* (1982) S. 127–133.
— W. Merkelbach, S. Gursky, H.-G. Schulz u. W. Oelßner: Rechtliche Probleme der Befunddokumentation und -archivierung bei der Computertomographie. In: Radiol. diagn. *23* (1982) S. 485–491.
— [Nachr.] Rudolf Nissen 9. 9. 1896–22. 1. 1981. In: Jahrb. SAW *1979–1980* (Berlin 1982) S. 230–232.

Parthier, Benno: Hypothesen und Indizien zur Evolution der Zellorganellen (= Ernst-Haeckel-Vorlesung). Friedrich-Schiller-Universität. Jena 1981. 28 S.

Parthier, Benno: Chloroplast Development in Euglena: Regulatory Aspects. In: Biochemistry and Physiology of Protozoa, 2nd Edition. Edits. M. Levandowsky and S. H. Hunter. Academic Press New York 1981. S. 261–300.
– Die cytologische Symbiose am Beispiel der Biogenese von Zellorganellen. Berlin 1981. 29 S. (= Sitzungsber. SAW, math.-nat. Kl. Bd 114, H. 4).
– u. S. Lerbs, N. L. Klyachko: Plastogenesis and Cytokinin Action. Cytokinin and Light Interactions in Plastid Enzyme Formation of Detached Cucurbita Cotyledons. In: Metabolism and Molecular Activities of Cytokinins. Edits. J. Guern and C. Péaud-Lenoël. Heidelberg–Berlin–New York 1981. S. 275–286.
– N. L. Klyachko, B. Parthier, S. S. Chayanova, A. D. Volodarsky and O. N. Kulaeva: Ribulose-1,5-bisphosphate Carboxylase in Excised Cucurbita Cotyledons. Effects of Cytokinin. Light and Antibiotics. In: Fiziol. Rastenii *28* (Mosow 1981) S. 811–817.
– N. L. Klyachko, B. Parthier and O. N. Kulaeva: Cytokinin and Light Effects on Ribulose-bisphosphate Carboxylase Activity in Detached Pumpkin Cotyledons. In: Selfregulation of Plant Metabolism. Edit. G. Georgiev, N. Baradieva and S. Koleva. Sofia 1981. S. 96–101.
– F. Müller-Uri, R. Krauspe and B. Parthier: Mitochondrial Leucyl-tRNA Synthetase of Euglena gracilis. In: Biochem. Physiol. Pflanzen *176* (1981) S. 841–851.
– [Mithrsg.] D. Boulter and B. Parthier: Encyclopedia of Plant Physiology, New Series, Vol. *14A*: Nucleic Acids and Proteins in Plants. I. Structure, Biochemistry and Physiology of Proteins. Berlin–Heidelberg–New York 1982. 768 S.
– D. Boulter and B. Parthier: Introduction. In: Encyclopedia Plant Physiol. New Series, *14A*, Hrsg. D. Boulter and B. Parthier, Berlin–Heidelberg–New York 1982. S. 1–2.
– [Mithrsg.] L. Nover, M. Luckner and B. Parthier: Cell Differentiation. Molecular Basis and Problems. Jena und Berlin–Heidelberg–New York 1982. 650 S.
– Light-inducet Chloroplast Differentiation. In: Cell Differentiation. Molecular Basis and Problems, Hrsg. L. Nover, M. Luckner, B. Parthier, Jena und Berlin–Heidelberg–New York 1982. S. 280–304.
– Transfer RNA and the Phylogenetic Origin of Cell Organelles. In: Biol. Zentralbl. *101* (1982) S. 577–596.
– The Cooperation of Nuclear and Plastid Genomes in Plastid Biogenesis and Differentiation (BPP Review). In: Biochem. Physiol. Pflanzen *177* (1982) S. 283–317.
– Ribonucleinsäure-Sequenzen und die Evolution der energieliefernden Zellorganellen. In: Biol. Rundschau *20* (1982) S. 321–330.
– RNA-Sequenzen und Organellen-Evolution. In: Coll. Pflanzenphysiol. Nr. 5, Hrsg. P. Hoffmann und B. Hieke. Humboldt-Universität. Berlin 1982. S. 33–48.
– [Mithrsg.] u. D. Boulter: Encyclopedia of Plant Physiology, New Series, Vol. *14B*: Nucleic Acids and Proteins in Plants. II. Structure, Biochemistry and Physiology of Nucleic Acids. Berlin–Heidelberg–New York 1982. 774 S.
– u. J. Lehmann, S. Lerbs, W. Lerbs und R. Wollgiehn: Cytokinin control in the synthesis of plastid proteins: Ribulose-1,5-bisphosphate carboxylase. In: Plant Growth Substances 1982. Editor P. E. Wareing. London–New York 1982, S. 225–236.
– u. W. Lerbs: Differentiation and Development of Dictyostelium discoideum. In: Cell Differentiation. Molecular Basis and Problems. Hrsg. L. Nover, M. Luckner, B. Parthier. Jena und Berlin–Heidelberg–New York 1982. S. 280–304.
– A. Scheer u. B. Parthier: Dark-induced Chloroplast Dedifferentiation in Euglena gracilis. In: Planta *156* (1982) S. 274–281.
– Ch. Schimpf, A. G. Govindarajan und B. Parthier: Influence of Preillumination (Potentiation) and Carbon Substrates on Plastid Aminoacyl-tRNA Synthetases in Greening Euglena Cells. In: Biochem. Physiol. Pflanzen *177* (1982) S. 777–788.
– J.-H. Weil u. B. Parthier: Transfer RNA and Aminoacyl-tRNA Synthetases in Plants. In: Encyclopedis Plant Physiol., New Series *14A*, Hrsg. D. Boulter and B. Parthier, I. Nucleic Acids and Proteins. Berlin–Heidelberg–New York 1982. S. 65–112.
– Benno Parthier an Kurt Mothes. In: Kurt Mothes zum 3. November 1980. Festgabe des Präsi-

diums der Deutschen Akademie der Naturforscher LEOPOLDINA. S. 15–18; abgedruckt in: Leopoldina (Reihe 3) *26* (1982) S. 90–93.

Penzlin, Heinz: Kopendium der Allgemeinen Biologie. Hrsg. E. Libbert. 4. neubearbeitete Aufl. Jena 1982. 485 S., 199 Abb., 15 Tab.: Moskau 1982. 437 S., 199 Abb., 15 Tab. [russ.].
– [Beitrag] Julius Schaxel. In: Philosophen-Lexikon. Hrsg. E. Lange u. D. Alexander. Berlin 1982. S. 812–814.
– u. H. Agricola, M. Eckert, T. Kusch: Distribution of Proctolin in the sixth abdominal ganglion of Periplaneta americana L. and the effect of Proctolin on the ileum of mammals. In: Adv. Physiol Sci. Vol. *22* – Neurotransmitters in Invertebrates, K. S. Roźsa (ed.). Budapest 1981.
– M. Eckert, H. Agricola, H. Penzlin: Immunocytochemical identification of Proctolinlike immunoreactivity in the terminal ganglion and hindgut of the cockroach Periplaneta americana (L.). In: Cell Tissue Res. *217* (1981) S. 633–645.
– H. Schulz, H. Schwarzberg, H. Penzlin: The insect neuropeotide Proctolin can affect the CNS and the smooth-muscle of mammals. In: Acta biol. med. germ. *40* (1981) S. K1–K5.
– M. Gersch, E. Baumann, H. Birkenbeil, G. Pass, H. Penzlin: Die Wirkungsweise des herzaktiven Peptids Neurohormon D von Periplaneta americana. In: Zool. Jb. Physiol. *86* (1982) S. 17–33.
– [Nachr.] Manfred Gersch (1909–1981). Ebda S. 153–167.
– W. Hertel, H. Penzlin: Untersuchungen zur spontanen rhythmischen Aktivität im stomatogastrischen Nervensystem von Periplaneta americana (L.) (Blattaria). Ebda S. 273–290.
– [Nachr.] Prof. Dr. Gersch. In: Sozialistische Universität 9/1982 vom 8. Febr. 1982.
– [Nachr.] Manfred Gersch (1909–1981) (Obituary). In: IBRO News vol. *10* (1982) Nr. 4, p. 10.
– E. Hentschel u. H. Penzlin: Beeinflussung des Putzverhaltens bei Periplaneta americana (L.) durch Wundsetzung, Naloxon-, Morphin- und Met-Enkephalingaben. In: Zool. Jb. Physiol. *86* (1982) S. 361–370.

Rammler, Erich u. F. Böhme, G. Krumbiegel, E. Wächtler: Hallesche Pioniere der Braunkohlenbrikettierung. In: Freiberger Forschungshefte *D 132* (1981) S. 7–76.
– Fachwörterbuch Braunkohlenbrikettierung. Bearbeitet unter Leitung von Erich Rammler u. P. Hauk, H. Krug, E. Knopfe, P. Dietrich, P. Dittmann, H. Fuchs, P. Glaubitz, F. Meinel, O. Riech, K. Schenke, H. Thiele, M. Weber. 1982. 72 S.
– u. F. Böhme, G. Krumbiegel, E. Wächtler: Einige Kapitel aus den ersten 30 Jahren der Braunkohlenbrikettierung unter besonderer Berücksichtigung des Pressenbaus. II. Teil: Über den Einsatz des Maschinenbaus bei der Entwicklung der Braunkohlenbrikettierung. In: Freiberger Forschungshefte *D 147* (1982) S. 7–46.
– [Nachr.] Georg Bilkenroth †. In: Neue Bergbautechnik *12* (1982) H. 9, S. 490–491.
– Einiges zur Vorgeschichte der Braunkohlenkokerei Lauchhammer. In: BVL, Organ der BPO Braunkohlenveredlung Lauchhammer, Nr. 21, 1982, S. 4–5.
– E. Heidenreich: Laudatio zur Verleihung der Dr.-Ing. e. h.-Würde an Prof. Dr.-Ing. Dr.-Ing. e. h. Erich Rammler (S. 3–5) und Dankesworte von Herrn Prof. Dr.-Ing. Dr.-Ing. e. h. Erich Rammler, Bergakademie Freiberg, anläßlich seiner Ehrenpromotion an der Techn. Universität Dresden (S. 6–7). In: WZ TU Dresden *31* (1982) H. 3, S. 3–7.
– Einführende Worte zum Ehrenkolloquium anläßlich des 100. Geburtstages von Prof. Dr.-Ing. O. Fritzsche. In: Hervorragende Angehörige und Freunde der Bergakademie Freiberg Bd *2* (Freiberg 1982) S. 7–9.

Ries, Werner: Innere Medizin für Stomatologen. Leipzig 1981. 382 S., 62 Abb., 34 Tab.
– Medizinische Risikofaktoren des Alterns. In: Z. Alternsforsch. *36* (1981) S. 81–87.
– B. Kinner, I. Sauer u. W. Ries: Voraussetzungen für das Erreichen eines hohen Alters. In: Z. Alternsforsch. *36* (1981) S. 111–116.

Ries, Werner, D. Pöthig, I. Hunecke u. I. Sauer: Untersuchungen über das biologische Alter von Menschen. In: Z. Alternsforsch. *36* (1981) S. 255—262.
— Untersuchungen zur Bestimmung des biologischen Alters. In: Gegenbauers morph. Jahrb. *127* (1981) S. 745—751.
— D. Pöthig, I. Hunecke u. I. Sauer: New approaches to the assessment of biological age. In: Voprossij gerontologii, Teil *3* (Kiew 1981) S. 7—12.
— Aufgaben der klinischen Alternsforschung. In: Schriftenreihe zum Veteranen-Kolleg der Karl-Marx-Universität. Leipzig 1981. 19 S., 1 Abb.
— Arzneimittel gegen das Altern. In: Schriftenreihe zum Veteranen-Kolleg der Karl-Marx-Universität, Leipzig 1981. 19 S., 1 Abb.
— B. Kinner, M. Drauschke, I. Sauer u. W. Ries: Einfluß des Körpergewichts auf die 133-Xenon-Clearance der Armmuskulatur. In: Z. Alternsforsch. *37* (1982) S. 199—204.
— Studien zum biologischen Alter. Berlin 1982. 27 S. u. 10 Abb., davon eine Abb. auf Taf. (= Sitzungsber. SAW, math.-nat. Kl. Bd 116, H. 1).
— Altern und Krankheit. In: U.-J. Schmidt, K.-P. Schwitzer u. I. Runge (Hrsg.): Alter in der sozialistischen Gesellschaft. Ethische, soziale und medizinische Aspekte. Jena 1982. S. 32—47.
— Max Bürger. In: F. Müller u. A. Thom: Namhafte Hochschullehrer der Karl-Marx-Universität. *2* (Leipzig 1982) S. 28—35, 1 Abb.

Rösler, Hans Jürgen u. P. Nestler: Weitere Sauerstoff- und Kohlenstoffisotopen-Untersuchungen an Vulkaniten von Island und Jan-Maven-Ridge. In: FFH C *355* (1981) S. 147—158.
— Th. Reich, H. J. Rösler, J. Pilot u. W. Klemm: Schwefelisotopenbestimmungen von Erdölen der DDR. In: FFH C *360* (1981) S. 11—18.
— J. Pilot, G. Rank, H. J. Rösler, M. Schlichting u. C.-D. Werner: Sr-Isotopenuntersuchungen (Rb-Sr-Systematik) an initialen Magmatiten der DDR. Ebda S. 131—142.
— H. H. Emons, S. Gross, K. Koch, J. Pilot u. H. J. Rösler: Untersuchungen zur O-Isotopenverteilung im System KCl-$MgCl_2$-H_2O. Ebda S. 75—83.
— H. Hübner u. H. J. Rösler: Isotopenmethoden zur Erforschung von Umweltvorgängen. In: FFH C *355* (1981) S. 141—157.
— Lehrbuch der Mineralogie. 2. verb. Aufl. Leipzig 1981. 833 S.
— H. H. Emons, S. Gross, K. Koch, J. Pilot u. H. J. Rösler: Issledovanie povedenija isotopov kisloroda pri isparanii i osaždenii solei na primere dvoinoi i troinoi ravnovestnych sistem. In: Stroence i uslovija formirovanija mestorozdenij haliinych solei. Izd. „Nauka", Sibirsk Otd., Novosibirsk 1981, S. 28—33.
— W. Kramer u. H. J. Rösler: Variscan initialites of the Saxothuringian Zone in Eastern Thuringia and Vogtland. In: Autorenkollektiv: Ophiolites and Initialites of Northern Border of the Bohemian Massiv. Guide book of Exkursions, Freiberg 1981. Teil 1, S. 101—128.
— u. P. Beuge, B. Adamski: Über die Verteilung von Spurenelementen während der Metamorphose natürlicher organischer Substanzen. In: FFH C *374* (1982): Probleme der Paragenese, Vol. *XI* (1981) S. 45—51.
— W. Schmidt, H.-J. Blankenburg u. H. J. Rösler: Mineralogie und Paragenese von Schlacken aus der Druckvergasung von Braunkohlenölen. Ebda S. 91—104.
— K. Thalheim, G. Binde, H. J. Rösler: Rutileinschlüsse in Kassiteriten. In: Z. angew. Geol. *28* (1982) 6, S. 283—288.
— K. Wetzel u. H. J. Rösler: Isotopengeochemische Kriterien der Spezialisierung von Magmatiten. In: Chemie d. Erde *41* (1982) S. 33—39.

Sachsenweger, Rudolf u. U. Sachsenweger: Sehübungen. 6. Aufl. Leipzig 1981. 99 S. u. Stuttgart 1982.
— Neuroophthalmologie. 3. Aufl. Leipzig 1982. 614 S., 399 Abb. u. Stuttgart 1982.
— Stereo-Sehübungen. 3. Aufl. Leipzig 1982. 62 S., 80 Abb. u. Stuttgart 1982.
— Was siehst du da? Ein Bilderbuch. 3. Aufl. Berlin 1982. 49 S. u. Co tu vidis? [= tschech. Ausgabe].

Sachsenweger, Rudolf, u. M. Sachsenweger: Kompendium und Atlas der Augenheilkunde. 3. Aufl. Leipzig 1982. 176 S., 286 Abb. u. Stuttgart 1982.
— Augenkrankheiten im Alter (Veteranen-Kolleg der KMU Leipzig) Leipzig 1982. 24 S.
— Die Rolle der Fusion der bei Beziehung zwischen Refraktion, Akkommodation und Konvergenz. In: Augenoptik *98* (1981) S. 70—74, 108—111, 143—147.
— Mikro- und Frühsymptome bei Prozessen im Sellabereich. In: H. Remky: Aktuelle ophthalmologische Probleme. Stuttgart 1981. S. 124—134 (= Bücherei des Augenarztes, H. 86).
— Das Problem der augenärztlichen Begutachtung der Retinopathia praematurorum. In: Folia ophthalmologica *6* (1981) S. 178—180.
— D. Osterrath u. M. Sachsenweger: Ein Gerät zur Prüfung des eigenen Sehvermögens. In: Folia ophthalmologica *7* (1982) S. 37—40.
— Karl Velhagen. In: Namhafte Hochschullehrer der Karl-Marx-Universität Leipzig. Leipzig, Karl-Marx-Universität 1982. S. 78—83.
— u. M. Sachsenweger: Paravisuelle Phänomene (Kortikal ausgelöste optische Sinneswahrnehmungen). In: Augenärztliche Fortbildung Bd *7* (1982) T. 2, S. 203—240.
— Die Rehabilitation Sehgeschädigter. In: Wiss. Beiträge der Friedrich-Schiller-Universität Jena. Jena 1981. S. 115—119.

Scharf, Joachim: [Nachr.] Günther Geyer †. In: Acta histochem. *68* (1981) S. 141.
— [Nachr.] Heinz von Mayersbach †. In: Morph. Jb. *127* (1981) S. 1—2.
— Os incae, Blutgruppe 0 und boreische Sprachverwandtschaft. In: Anat. Anz. *150* (1981) S. 175—211.
— *Das* erste Wort? In: Morph. Jb. *127* (1981) S. 485—502.
— Prof. Dr. med. Heinz von Mayersbach, * 13. Februar 1921, † 27. November 1980. In: Acta histochem. *69* (1981) S. 149—150.
— Möglichkeiten der mathematischen Formulierung von Wachstumsprozessen. In: Morph. Jb. *127* (1981) S. 706—740.
— Die Sonnenuhr. In: Nova acta Leopold. NF *54* (1981) Nr. 245, S. 283—411.
— Langzeitchronobiologie: Populationsdynamik in Alt-Eurasiosaharanien im Spiegel der Sprache. In: Abh. AdW, Abt. Math., Naturwiss., Technik 1979, Nr. 1 N, S. 845—872 (1981).
— Time and Language. In: Morph. Jb. *128* (1982) S. 257—289.
— Pursuit of Unknown Periods in Chronobiology. Ebda S. 290—323.
— Linguistische Vergleiche zur Ergänzung morphologisch-anthropologischer Untersuchungen. In: Verh. anat. Ges. *76* (1982) S. 557—566.

Schmetterer, Leopold: The development of Mathematics and its Social Economical Background. In: Mathematics and the real world, ed. G. Boos, M. Niss. Proc. Intern. Workshop, Roskilde University Center (Denmark). 1979. S. 15—19.
— Allgemeine Systemtheorie: Systeme und Systemgrenzen. In: Nova Acta Leopoldina 226, *47* (1977) S. 64—70.
— From stochastic approximation to the stochastic theory of optimization. In: Bericht Nr. 127 (1979) der math.-stat. Sektion, Forschungszentrum Graz.

Schmid, Erich u. B. Karlik: Franz S. Exner und sein Kreis. Wien 1982. 168 S., 41 Abb.

Schubert, Manfred: Economic Use of Material and Energy as related to Environmental Protection in the German Democratic Republic, und: On the Economical Use of Material and Energy in Connection with Environmental Protection in the German Democratic Republic by Low-waste or Non-waste Technological Processes (Examples of Solutions with Cooperation by the Chamber of Technology). In: Proceedings first World Congress on Engineering and Environment. World Federation of Engineering Organizations. Buenos Aires Nov. 1981. S. 136—137.
— Abprodukte sollen Rohstoffe werden. In: Spektrum *12* (1981) H. 9, S. 10—13.
— Diskussionsbeitrag zur V. Hochschulkonferenz. In: V. Hochschulkonferenz der Deutschen Demokratischen Republik. Protokoll (1981), Ministerium für Hoch- und Fachschulwesen, S. 344—351.

Schubert, Manfred: Offensive für Qualität. In: Umschau 1981, H. 5, Eigenverlag der KDT, und in: Technische Gemeinschaft *29* (1981) H. 6, Eigenverlag der KDT, S. 4–6.
— u. Peter Lötzsch: Sostojanie i perspektiwy razrabotki i vnedrenija malootchodnych i bezotchodnych technologij i opyt GDR v etoj oblasti, Prironoje resursy i okrugiajuščaja sreda Nr. 6, dostčenija i perspektivy vypusk 17, Meždunarodnyi zentr naučnoi i techničeskoi informazij, Moskau.
— [Mithrsg.] Verfahrenstechnische Berechnungsmethoden. Leipzig 1978ff.
— [Wiss. Beirat] Technik und Umweltschutz. Leipzig 1974ff.
— [Mithrsg.] Lehrwerk Verfahrenstechnik. Leipzig 1973ff.
— u. a.: Manual on Methods of Evaluating Low- and Non-Waste Technological Processes (Prepared by a Task Force under Leadership of the German Democratic Republic). Offizielles Material der DDR, übergeben an United Nations. Economic and Social Council, Economic Commission for Europe im Oktober 1982, 203 S.
— Zur Entwicklung abproduktarmer bzw. -freier Verfahren in Einheit von Umweltschutz, Material- und Energieökonomie. Berlin 1982. 29 S. (= Sitzungsber. AdW der DDR, 21 N 1981). Abproduktarme bzw. abproduktfreie Technologie und geschlossene Stoffkreisläufe. In: Neue Bergbautechnik *12* (1982) H. 10, S. 562–567.
— u. Peter Lötzsch, Rainer Tietze: Zur verfahrenstechnischen Auslegung von Membranfiltrationsanlagen. Im Depot „Chemische Technik" und Kurzreferat in: Chemische Technik *34* (1982) H. 10, S. 541.
— u. Günther Busch, Beate Siegel: Zum Einsatz rotierender Membranen bei der Membranfiltration. Im Depot „Chemische Technik" und Kurzreferat in: Chemische Technik *34* (1982) H. 10, S. 545.
— u. a. [Vorwort] zu: Technik und Umweltschutz. Bd *25*: Beispiele zur abproduktionsfreien Technologie. Leipzig 1982. S. 7.
— u. a.: Zur Rolle der Membranfiltration bei der abproduktfreien Verfahrensgestaltung. Ebda S. 133–148.
— u. a.: Lehrwerk Verfahrenstechnik, Band: Einführung in die Verfahrenstechnik. 3. durchgesehene Aufl. Leipzig 1982. 131 S.
— Auszüge aus dem Referat auf der 10. Beratung des Präsidiums der KDT über Ergebnisse der Mitglieder und Kollektive in Vorbereitung des X. Parteitages der SED. In: Umschau 1981, H. 1, KDT-Eigenverlag, S. 2–13.
— Ingenieure ringen um Spitzenleistungen. In: „BZ am Abend" v. 9. 3. 81.
— Spitzenleistungen früher in die Praxis. In: „Thüringer Landeszeitung" v. 12. 3. 81.
— Von Leistung und Leidenschaft. In: „Wochenpost" v. 12. 6. 81.
— u. Günther Busch, Peter Lötzsch, Beate Siegel, Rainer Tietze: Sozdanie malootchodnoj technologij primeneniem ultrafil'trazej i obratnogo osmosa. Internationale wissenschaftlich-technische Konferenz „Abproduktarme und abproduktfreie Technologie", Sofia. Kurzreferat in: Kongreßmaterialien „Malootchodnye i bezotchodnye technologij, Sbornik tezisov dokladov". Sofia 1981.
— [Interv.] Interview über die Zusammenarbeit sozialistischer Ingenieurorganisationen auf dem Gebiet der abproduktarmen und abproduktfreien Technologie. In: Chimija i industrija (VR Bulgarien), 1982, H. 1, S. 36–37.
— u. a.: Zur Gestaltung abproduktarmer technologischer Verfahren durch Anwendung der Membranfiltration. In: Chimija i industrija (VR Bulgarien) 1982, H. 6.
— Höhere Energieökonomie: Ein Schwerpunkt der Arbeit der KDT in den 80-er Jahren. In Technische Gemeinschaft *30* (1982) H. 11, S. 5–7.
— [Interv.] Der Müll ist zum Wegwerfen zu schade. In: Gewerkschaftsleben 1982, H. 9, S. 17.
— [Interv.] 8000 Objekte für steigende Produktivität der Arbeit. In: Neues Deutschland v. 21. 12. 1982.
— Grußadresse der KDT an den Kongreß der NTS. In: Techničesko Delo (VR Bulgarien) v. 15. 3. 1982, S. 11.

Schubert, Manfred: Abenteuer: Technik. In: Jugendweihe 1982, H. 1, S. 11–13.
— Zahl der Lernenden nimmt ständig zu. In: Sächsische Zeitung v. 9. 7. 1982, S. 5.
— Wissenschaft und Technik 1982 noch mehr gefordert. In: Thüringische Landeszeitung v. 6. 1. 1982.
— KDT-Leistungen in Forschung und Technik. In: Universitätszeitung v. 7. 1. 1982.
— Eröffnungsrede zum Internationalen Kongreß Metallverarbeitung. In: KDT-internes Material v. 10. 3. 1982.

Schwabe, Kurt: Die Entwicklung der Elektrochemie. In: Neue Hütte *26* (1981) 1, S. 36–40.
— Einleitende Bemerkungen zum Symposium über Lochfraßkorrosion. Veranstaltet von der Sächsischen Akademie der Wissenschaften in Gemeinschaft mit der Kammer der Technik vom 2.–4. Mai 1978 in Leipzig. In: Korrosion (Dresden) *12* (1981) 1, S. 3–5.
— Elektrochemische Geräte und Methoden. In: Wissenschaftliche Beiträge der Karl-Marx-Universität Leipzig, Reihe Naturwissenschaften. Leipzig 1980. S. 6–65.
— Korrosion und Umweltschutz. In: Zaščita Metallov *17* (1981) 1, S. 3–10 [russ.].
— Methoden der elektrochemischen Korrosions- und Passivitätsforschung, Möglichkeiten und Grenzen. In: Informationen *1* (1982) S. 5–26.
— Wilhelm Ostwald als Elektrochemiker und sein Wirken als ordentliches Mitglied der Sächsischen Akademie der Wissenschaften. In: Karl-Marx-Universität Leipzig. Wissenschaftliche Beiträge. Zum 125. Geburtstag von Wilhelm Ostwald. Leipzig: Karl-Marx-Universität 1980. S. 79–91.
— Problem der Metallpassivation. In: Zaščita Metallov *18* (1982) 4, S. 499–510 [russ.].
— u. H.-D. Suschke: Einfluß von HCl auf die Lochfraßkorrosion von Eisen und Nickel in schwefelsauren Lösungen von Dimethylformamid und Dimethylsulfoxyd. In: Korrosion (Dresden) *12* (1981) 1, S. 30–46.
— W. Hoffmann u. K. Schwabe: Freie Überführungsenthalpien von Thallium-(I)-Chlorid in methanolisch-wässrigen Lösungen bei hohen Perchloratkonzentrationen aus EMK- und Löslichkeitsmessungen. In: ZfK-Rossendorf, *451*. Jahresber. 1980. S. 62–64.
— Ch. Günther u. K. Schwabe: Thermochemische Untersuchungen des Systems Wasser-Natriumperchlorat(I)-Lithiumperchlorat(II). In: ZfK-Rossendorf, *451*. Jahresber. 1980. S. 64–67.
— J. Tutschku u. K. Schwabe: Selektive Solvatation von Mg^{2+}-und Ba^{2+}-Perchloraten in Acetonitril-Wasser-Gemischen. In: ZfK-Rossendorf, *451*. Jahresber. 1980. S. 70–72.
— J. Tutschku u. K. Schwabe: Selektive Solvatation von Aluminiumionen in Acetonitril-Wasser-Gemischen. In: ZfK-Rossendorf, *451*. Jahresber. 1980. S. 73–75.
— R. Schnoor u. K. Schwabe: Die Bestimmung des Diffusionskoeffizienten der H_3O^+-Ionen in konzentrierten wässrigen Elektrolytlösungen mit Hilfe der rotierenden Scheibenelektrode. In: ZfK-Rossendorf, *451*. Jahresber. 1980. S. 77–79.
— R. Schnoor u. K. Schwabe: Digitale Registrierung des Diffusionsstrom-Zeit-Verlaufes an einzelnen Quecksilbertropfen. In: Analytiktreffen, Neubrandenburg vom 20.–23. 11. 1979, Kurzreferat, S. C 25.
— J. Tutschku, P. Kratochvil u. K. Schwabe: Aktivierungsenergien kinetischer Erscheinungen im System $Ba(ClO_4)_2$-Acetonitril-Wasser. In: ZfK-Rossendorf, *451*. Jahresber. 1980. S. 67–70.
— H. Kelm, H.-J. Köhler und K. Schwabe: Quantenchemische Berechnung der Monosolvate von Li^+- und F^--Ionen mit Acetonitril. In: ZfK-Rossendorf, *451*. Jahresber. 1980. S. 75–77.
— H. Kelm, P. Volkmer, H.-J. Köhler u. K. Schwabe: Charakterisierung von Ionenhydraten durch Elektronendichteverteilungen unter Einbeziehung kanonischer oder lokalisierter Orbitale nach dem CNDO/2- und NDDO-Verfahren. In: ZfK-Rossendorf *422* (1980) S. 58–61.
— R. Schnoor u. K. Schwabe: Der Diffusionskoeffizient in konzentrierten Perchloratlösungen, erhalten aus i-t-Messungen am ersten Quecksilbertropfen. In: ZfK-Rossendorf *422* (1980) S. 62–63.
— W. Hoffmann u. K. Schwabe: Der Einfluß hoher Fremdsalzkonzentrationen auf den mittleren Aktivitätskoeffizienten von Thallium-(I)-Chlorid in wässrigen Lösungen. In: ZfK-Rossendorf *422* (1980) S. 64–65.

Schwabe Kurt: J. Tutschku u. K. Schwabe: Bedingungen an das System Elektrolyt-Lösungsmittelgemisch zur Bestimmung der selektiven Solvatation. In: ZfK-Rossendorf *422* (1980) S. 68–71.
— u. Ch. Queck: Thermodynamic quantities at the transfer of electrolytes between various solvents and related quantities. In: Electrochim. Acta *27* (1982) 7, S. 805–810.
— Ch. Günther, H.-J. Grosser, V. Höhne u. K. Schwabe: Ein Präzisionskalorimeter zur Bestimmung von Lösungs- und Mischungswärmen. In: Experiment. Techn. Phys. *30* (1982) 2, S. 129 bis 134.
— W. Hoffmann u. K. Schwabe: Freie Überführungsenthalpien von Cadmiumchlorid in äthanolisch-wässrigen Lösungen bei hohen Perchloratkonzentrationen. In: ZfK-Rossendorf *422* (1980) S. 66–67.

Stubbe, Hans: Geschichte des Instituts für Kulturpflanzenforschung Gatersleben der Deutschen Akademie der Wissenschaften zu Berlin 1943–1968. Berlin 1982. 428 S., 20 Abb. (= Studien zur Geschichte der Akademie der Wissenschaften der DDR, Band 10).
— u. W. Berg, M. Meyer, R. Hagemann: Genetische Instabilität am *perlutea*-Locus von *Antirrhinum majus* L. I. Die instabilen Allele und die Kennzeichen der perl*var* Linie. In: Biologisches Zentralbl. *100* (1981) H. 4, S. 385–393.
— Albrecht Daniel Thaer (1752–1828) als Vorläufer Gregor Mendels. In: Časopis Moravského Muzea. Acta Musei Moraviae. Scientiae naturales. Folia Mendeliana (16) *LXVI* (1981) S. 255 bis 262.
— Alfred Russel Wallace, seine Bedeutung für die Evolutionslehre des 19. Jahrhunderts. In: Wissenschaft und Fortschritt *32* (1982) H. 3, S. 95–98.

Szabó, Zoltán Gábor u. I. Ruff, J. Liszi: Cohesion Energy Components of Organic Lignids. In: Zeitschr. f. Physik. Chem. NF *126* (1981) S. 167–175.
— B. Jóvér, J. Juhász, K. Mihályi u. Z. G. Szabó: Hydrogen Oxidation Over $Fe_2O_3-Al_2O_3$ Solid Solutions. In: Journ. of the Research Institute for Catalysis, Hokkaido University *28* (1980, Sapporo [Japan] 1981) Nr. 3, S. 223–234.
— [Rez.] V. N. Kondratiev, E. E. Nikitin: Gas-Phase Reaction Kinetics and Mechanisms. Berlin, Heidelberg, New York 1981. In: Acta Chim. Hung. *108* (1981) S. 324.
— [Rez.] Catalysis, Science and Technology. Vol. 1., edited by J. R. Anderson and M. Boudart. Berlin, Heidelberg, New York 1981. X + 309 S. In: Applied Catalysis *1982*, S. 336.

Tomašov, Nikon Danilovič: Korrosionsbeständige Legierungen und Perspektiven ihrer Anwendung. In: Zaščita metallov *17* (1981) Nr. 1, S. 16–33 [russ.].
— u. M. I. Guseva, G. A. Fedoseeva, A. E. Gorodeckij, A. P. Zacharov, D. B. Bogomolov, G. P. Černova, B. G. Vladimirov, S. M. Ivanov: Zur Möglichkeit der Erhöhung der Korrosionsbeständigkeit von Titan mit der Metode der Implantation von Palladiumionen. In: Doklady akademii nauk *256* (1981) Nr. 5, S. 1129–1133 [russ.].
— u. G. P. Černova, E. N. Ustinskij: Der Einfluß von Ruthenium auf das anodische Verhalten von plastischem Chrom in Schwefelsäure. In: Zaščita metallov *17* (1981) Nr. 4, S. 401–407 [russ.].
— Zur Natur der korrosionsbedingten Rißbildung korrosionsbeständiger Stähle Fe—Cr—Ni in Chloridlösungen. Ebda S. 414–419 [russ.].
— u. V. V. Krasnojarskij, T. N. Ipatova, G. M. Plavnik, A. I. Koževnikov: Das elektrochemische Verhalten von Titananoden, deren Oberfläche mit der Elektrofunkenmethode mit Nickel legiert ist. Ebda Nr. 5, S. 520–523 [russ.].
— u. E. N. Ustinskij, G. P. Černova: Untersuchung periodischer Potentialschwankungen (Oszillationen) von Chromlegierungen mit Metallen der Platingruppe in Schwefelsäurelösungen. In: Elektrochimija *17* (1981) Nr. 7, S. 969–976 [russ.].
— G. P. Chernova, T. A. Fedoseeva, L. P. Kornienko u. N. D. Tomashov: Increasing the passivation ability and corrosion resistance of chromium steel by surface alloying with palladium. In: Surface Technology *13* (1981) S. 241–256.

Tomašov, Nikon Danilovič: Katodische Modifizierung der Oberfläche von Metallen als Methode zur Erhöhung ihrer Passivierbarkeit und Korrosionsbeständigkeit. In: Poverchnostj. Fisika, chimija, mechanika *2* (1982) S. 42–62 [russ.].
— u. I. B. Skvorcova, V. I. Kazarin, B. A. Gončarenko, V. S. Micheev: Elektrochemisches und Korrosionsverhalten von niedriglegierten Titanlegierungen des Systems TiMoNi in sauren Chloridlösungen. In: Zaščita metallov *18* (1982) Nr. 1, S. 62–65 [russ.].
— u. G. P. Černova, G. K. Radeckaja, M. M. Ušanova, M. Ja. Rutten: Erarbeitung und Anwendung elektrochemischer Schnellverfahren zur Bestimmung der Neigung des Stahls 12Cr17 Mn9NNi4 zur interkristallinen Korrosion unter einem Elektrolyttropfen. Ebda Nr. 2, S. 208 bis 212 [russ.].
— u. Ju. K. Kovneristyj, E. K. Osipov, I. B. Skvorcova, E. A. Trofimova: Physikalisch-chemische Untersuchungen von Titanlegierungen, die schnell aus dem flüssigen Zustand abgekühlt wurden. Ebda Nr. 3, S. 323–329 [russ.].

Uhlmann, Dietrich: The limnological background of sewage control for relieving water pollution. In: Verh. Internat. Verein. Limnol. *21* (1981) S. 39–55.
— Limnologie der Trinkwassertalsperren. In: Jahrb. SAW *1977–1978* (Berlin 1981) S. 65–74.
— Die Zeitkonstanten der Ökosysteme als Grundlagen für Steuerungs- und Korrekturmaßnahmen. In: K.-F. Busch, D. Uhlmann u. G. Weise (Hrsg.): Ingenieurökologie, Jena 1981. S. 343 bis 347.
— Hydrobiologie. Eine Einführung für Ingenieure und Naturwissenschaftler. 2. Aufl. Jena 1982.
— Evaluation of strategies for controlling eutrophication of lakes and reservoirs. In: Int. Revue ges. Hydrobiol. *67* (1982) S. 821–835.
— [Nachr.] In memoriam Erhard Höhne. In: Limnologica *14* (1982) S. 219–220.
— u. H. Mihan, M. Kuchta: Experimentation with plankton ecosystems on the basis of semicontinuous or continuous cultivation methods. S. 383–394. In: B. Sikyta, Z. Fencl u. V. Polácek [Edit.]: Continuous Cultivation of Microorganisms. Proceed. 7th Symposium Prague, July 10–14, 1978. Inst. of Microbiology Czechoslovak. In: Acad. Sci., Prague 1980. S. 383–394.
— u. J.-G. Kohl: Tagungsbericht zum 21. Kongreß der International Association of Theoretical and Applied Limnology (SIL), Kyoto, Japan. 24.–31. August 1980. In: Acta hydrochim. hydrobiol. *9* (1981) S. 346–353.
— u. J. Benndorf, H. Pankow: A Note on Thermal and Oxygen Stratification and Phytoplankton Composition in Some Reservoirs in Tamil Nadu and Kerala. India. In: Int. Revue ges. Hydrobiol. *67* (1982) S. 63–84.
— u. G. Weise, K. Mädler: Die Bedeutung der Sächsischen Landesbibliothek für Forschung und Lehre des Wissenschaftsbereiches Hydrobiologie der Sektion Wasserwesen der Technischen Universität Dresden. In: B. Burgemeister (Hrsg.): Sächsische Landesbibliothek 1556–1981. Über die Arbeitsteilung im Dresdner Bibliothekswesen. Dresden 1982. S. 85–86.
— u. F. Recknagel: Dimensioning of ponds for biological waste treatment. In: Proceed. Internat. Scientific Workshop (SCOPE/UNEP) „Ecosystem dynamics in wetlands and shallow water bodies“ *2* (Moscow 1982) S. 403–420.
— J. Benndorf, D. Uhlmann, K. Pütz: Strategies for the water quality management in reservoirs in the German Democratic Republic. In: WHO Water Quality Bull. *6* (1981) S. 69–73, 90.
— P. Mauersberger, H. Klapper u. D. Uhlmann: Analyse, Modellierung und Steuerung der Wasserbeschaffenheit. In: Fortschr. Hydrol. u. Wasserwirtsch. Forschung DDR. Sonderheft zum Abschluß der 1. Phase des Internationalen Hydrologischen Programms (1975–1980). Berlin 1981. H. 5, S. 1–30.
— J. Benndorf u. D. Uhlmann: Ökologische Labormodelle. In: K.-F. Busch, D. Uhlmann u. G. Weise (Hrsg.): Ingenieurökologie. Jena 1981. S. 168–176.
— J.-G. Kohl u. D. Uhlmann: Bericht über den 21. Kongreß der Internat. Vereinigung für theoretische und angewandte Limnologie (SIL), Kyoto, Japan, 24.–31. August 1980. In: Limnologica *13* (1981) S. 539–540, auch in: Biol. Rundschau *19* (1981) S. 244–245.

Uhlmann, Dietrich: A. Gnauck u. D. Uhlmann: Artendichte. In: G. Breitig u. W. v. Tümpling (Hrsg.): Ausgewählte Methoden der Wasseruntersuchung. Bd *II*: Biologische, mikrobiologische und toxikologische Methoden. Jena 1982. S. 115–126.
– Sládeček, H. A. Hawkes, J. S. Alabaster, I. Daubner, I. Nöthlich, L. G. Solbé and D. Uhlmann: Biological Examination. In: M. J. Suess (Edit.): Examination of Water for Pollution Control, *3*. Biological, Bacteriological and Virological Examination. Pergamon Press Oxford 1982. S. 1–272.
– I. Röske, J. Hackenberger u. D. Uhlmann: Untersuchungen zur Ermittlung der Überschußschlammproduktion in Abhängigkeit von der Schlammbelastung. In: Acta hydrochim. hydrobiol. *10* (1982) S. 497–503.
– K.-P. Lange u. D. Uhlmann: Dynamik der Ökosysteme, Stabilität und Belastbarkeit. In: K.-F. Busch, D. Uhlmann u. G. Weise (Hrsg.): Ingenieurökologie. Jena 1982. S. 107–116.

van der Waerden, Bartel L.: Die genetische Methode und der Mittelwertsatz der Differentialrechnung. In: Praxis Math. *22* (1980) S. 52–53.
– [Rez.] Thekla Horovitz: Von Logos zur Analogie. In: Historia math. *7* (1981) S. 452.
– Die gemeinsame Quelle der erkenntnistheoretischen Abhandlungen von Iamblichos und Proklos. Sitzungsberichte Heidelberger Akademie 1980. 12. Abhandlung.
– Geminos als Erkenntnistheoretiker. In: Physik, Philosophie und Politik. Festschrift für C. F. von Weizsäcker 1982. S. 245–252.
– The Motion of Venus. Mercury and the Sun in Early Greek Astronomy. In: Arch. History exact Sci. *26* (1982) S. 99–113.

Watznauer, Adolf: Technik-Wörterbuch „Geowissenschaften" [deutsch-englisch; englisch-deutsch]. Verlage: Verlag Technik (DDR), Verlag Harry Deutsch (BRD), Verlag Elsevier (Holland). II. Auflage. 1982. 400 S. Herausgeber und Mitarbeiter.

Wolf, Friedrich: u. S. Eckert, M. Weise, S. Lindau: Untersuchungen zur Synthese und Anwendung bipolarer Ionenaustauscherharze. Berlin 1980. 12 S. (= Sitzungsber. SAW, math.-nat. Kl. Bd 114, H. 5).
– u. W. Heyer: Zur Sorption an Tetracalciumaluminathydroxysalzen. Berlin 1980. 12 S. (= Sitzungsber. SAW, mat.-nat. Kl. Bd 113, H. 7).
– u. M. Weise, S. Lindau, S. Eckert: Zur Synthese und Anwendung von Ionenaustauschern auf Elastomeren-Basis-Wiederverwendung von Altreifenmaterialien auf Styren-Butadien-Copolymerisat-Basis. In: Plaste u. Kautschuk *28* (1981) S. 69–71.
– J. Einax, F. Wolf, H. Rödicker: Zum Zusammenhang zwischen Pervaporation, Diffusion und Löslichkeit organischer Lösungsmittel an porenfreien Hochpolymermembranen. Ebda S. 202 bis 205.
– u. W. Schreiter, W. Walther: Zur Wechselwirkung zwischen grenzflächenaktiven photographischen Komponenten und Photogelatine an fluiden Phasengrenzen. Teil 1: Zum Verhalten von Zweikomponentensystemen Anion-Tensid/Photogelatine. In: J. Signal AM [J. für Signal/Aufzeichnungen/Materialien] *8* (1980) S. 451–461.
– u. E. Jahn, P. Renger, F. Janowski, F. Wolf: Cu–SiO_2-Katalysatoren zur Cyclodimerisierung von Buta-1,3-dien. In: Chemische Technik *33* (1981) S. 410–414.
– N. Radke, F. Wolf, H. Rödicker: Untersuchungen zum Permeatraumdruckeinfluß auf die Pervaporation flüssiger Kohlenwasserstoffe. In: Plaste u. Kautschuk *28* (1981) S. 388–391.
– u. W. Hentschel: Zur Beeinflussung der adsorptiven N_2/O_2-Trennung an zeolithischen Molekularsieben – Herstellung sauerstoffselektiver Molekularsiebe. In: Zeitschr. f. Chemie *21* (1981) S. 320–323.
– u. H.-J. Mallon: Zum Metallbindungsvermögen wasserlöslicher Polymerelektrolyte. In: Acta Hydrochimica Hydrobiologica *9* (1981) S. 467–469.
– u. P. Frölich: Eine Prognosevorschrift für den kinetischen Mechanismus des Ionenaustausches am Molekularsieb „Zeosorb 4 A". In: Zeitschrift f. Physikalische Chemie *262* (Leipzig 1981) S. 666–672.

Wolf, Friedrich, E. Stolarski, V. Reißig, K. Pilchowski, F. Wolf: Nomogrammverfahren zur Berechnung von Durchbruchskurven für isotherme Molekularsieb-Festbettadsorber; Adsorptionssysteme mit Mikroporendiffusionskontrolle. In: Chem. Techn. *32* (1980) S. 585–588.

— u. Fürtig, Seidel, Krüger: Zur Synthese und Anwendung von Molekularsieben. Berlin 1981. (= Sitzungsber. AdW d. DDR 16 N).

— u. W. Heyer: Zur Extraktionskinetik von $Na_2O-B_2O_3-SiO_2$-Gläsern. In: Chem. Techn. *34* (1982) H. 3, S. 134–136.

— W. Heyer, F. Janowski, F. Wolf: NMR-Untersuchungen zur Desorptionskinetik von Olefin-Paraffin-Gemischen an porösen Gläsern. In: Z. Chem. *22* (1982) H. 4, S. 152–153.

— u. S. Lindau: Zur Sorption von Ligninsulfonsäure aus wässriger Lösung an schwachbasischen Anionenaustauschharzen unterschiedlicher Matrixstruktur, Porosität und Ionenbeladungsform. In: Acta hydrochim. hydrobiol. *10* (1982) H. 2, S. 183–192.

— K.-H. Bergk, F. Wolf, H. Specht, J. Glietsch: Zur Hydrochlorierung von Ethin an $HgCl_2$-Katalysatoren. In: Chem. Techn. *34* (1982) H. 6, S. 311–312.

— u. W. Heyer: Zum Ionenaustausch an porösen Gläsern unterschiedlicher Struktur und Textur. In: Z. anorg. allg. Chem. *488* (1982) S. 235–240.

— W. Schreiter, F. Wolf, W. Walther: Zur Wechselwirkung zwischen grenzflächenaktiven, photographischen Komponenten und Photogelatine an fluiden Phasengrenzen, Teil II. In: J. Signal AM *9* (1981) H. 1, S. 63–68.

— H. Schneider, F. Wolf: Zur Wechselwirkung zwischen Polymer-Tensid-Komplexen und Metachrombrillantblau BL sowie Kaolin. In: Tenside Detergents *18* (1981) 6, S. 328–332.

— u. K.-H. Bergk: Zur kontinuierlichen Herstellung von Zeolith A. In: Swiss Chem. *4* (1982) S. 61–74.

— K. Pilchowski, F. Wolf: Equilibria of Adsorption of Low Olefines on Zeolites. In: Preprents of the Workshop Adsorption of Hydrocarbons in Microporus Adsorbens II 1 (1982) S. 85–92.

Patentanmeldungen

— Verfahren zur Adsorbenzienherstellung aus alkalihaltigen Mutterlaugen der Alumosilikatherstellung
F. Wolf, Bergk, Porsch, Bankwitz

— Verfahren zur Herstellung von pulverförmigen amorphen Kieselsäuren
F. Wolf, Renger, Kaatz, Diekers, Meisel
WP C 01 B/231 640/6

— Wasch- und Reinigungsmittel für feste Oberflächen
F. Wolf, Bergk, Heyer, Schwieger, Fürtig, Höse, Roscher, Nemitz, Knop, Muth, Kaufmann
(CK Bittefeld, KHC Genthin)
WP C 11 D/227 794/5

— Wasch- und Reinigungsmittel für feste Oberflächen
Bergk, F. Wolf, Heyer, Schwieger, Fürtig, Höse, Roscher, Nemitz, Knop, Muth, Kaufmann
(CK Bitterfeld, KHC Genthin)
WP C 11 D/227 795/3

— Verfahren zur Herstellung von alkalifreien Kieselsäurehydrosolen
F. Wolf, Renger, Schwieger, Bergk

— Verfahren zur Entfernung von Cr(III)-Salzen aus Abwasser
F. Wolf, Bergk, Hösel
(VEB Jenapharm Jena)

— Verfahren zur Nutzung von Drehrohrofenstaub aus Tonbränden
F. Wolf, Bergk, Porsch

— Adsorptionsmittel zur Verwendung in Thermoscheiben und Verglasungseinheiten
F. Wolf, Bergk, Porsch, Renger, Janowski, Glimpel, Röver, Bergmann, Marusch, Beetz
WP C 01 B/227 592/7
(VEB Flachglaskombinat Torgau) über BfN Torgau

– Adsorptionsmittel zur Verwendung in Thermoscheiben und Verglasungseinheiten
  Bergk, Janowski, Porsch, Renger, F. Wolf, Glimpel, Röver, Bergmann, Marusch, Beetz, Schuster, Kluge, Hennig, Wünsch
  WP C 01 B/227 593/5
  (VEB Flachglaskombinat Torgau, Z. f. Energetik Leipzig) über BfN Torgau
– Verfahren zur Herstellung eines alumosilikatischen Adsorbens
  Bergk, Porsch, F. Wolf, Schuster, Kluge, Hennig, Wünsch
  WP C 01 B/227/595/1
– Verfahren zur Adsorbenzienherstellung aus alkalihaltigen Mutterlaugen
  Bergk, Porsch, F. Wolf, Bankwitz
  WP C 01 B/227 594/3
– Verfahren zur Stabilisierung von wäßrigen Tensidschäumen
  F. Wolf, Bergk, Feuerwehr
– Verfahren zur Herstellung poröser Gläser mit zeolithischen Eigenschaften
  F. Wolf, Janowski, Bergk, Schubert, Heyer
– Verfahren zur Herstellung von Kohlenwasserstoffen durch Umsatz von Methanol u./o. Dimethyläther bei Temperaturen oberhalb 250 °C
  Wolf, Janowski, Schubert, Renger
– Verfahren zur Herstellung von hochkieselsäurehaltigen Zeolithen mit einem SiO_2/Al_2O_3-Verhältnis 10
  F. Wolf, Bergk, Pilchowski, CKB
– Verfahren zur Herstellung von hochkieselsäurehaltigen Zeolithen
  F. Wolf, Bergk, Pilchowski, CKB
– Verfahren zur Herstellung von hochkieselsäurehaltigen Zeolithen
  F. Wolf, Bergk, Pilchowski, CKB
– Verfahren zur Herstellung hochkieselsäurehaltiger Zeolithe
  F. Wolf, Bergk, Pilchowski, CKB
– Verfahren zur Herstellung von hochkieselsäurehaltigen Zeolithen des Typs ZSM-5
  F. Wolf, Bergk, Pilchowski, CKB
– Schleif- und Poliermittel
  Bergk, F. Wolf, Grabner, Schwieger, CKB

Philologisch-historische Klasse

Aland, Kurt: Neutestamentliche Entwürfe, Theologische Bücherei, Neues Testament, Bd *63* (München 1979) 413 S.
– Das Neue Testament in der frühen Kirche. Ebda S. 9–25.
– Das Verhältnis von Kirche und Staat nach dem Neuen Testament und den Aussagen des 2. Jahrhunderts. Ebda S. 26–123.
– Das Ende der Zeiten. Über die Naherwartung im Neuen Testament und in der frühen Kirche. Ebda S. 124–182.
– Zur Vorgeschichte der christlichen Taufe. Ebda S. 183–197.
– Die Stellung der Kinder in den frühen christlichen Gemeinden – und ihre Taufe. Ebda S. 198 bis 232.
– Der Herrenbruder Jakobus und der Jakobusbrief. Ebda S. 233–245.
– Der Schluß des Markusevangeliums. Ebda S. 246–283.
– Der Schluß und die ursprüngliche Gestalt des Römerbriefes. Ebda S. 284–301.
– Die Entstehung des Corpus Paulinum. Ebda S. 302–350.
– Über die Bedeutung eines Punktes. Eine Untersuchung zu Joh. 1, 3. 4. Ebda S. 351–391.

Aland, Kurt: Das koptische Neue Testament. Ebda S. 392—402.
— Die heutigen Ausgaben des griechischen Neuen Testaments. Ebda S. 403—413.
— Glanz und Niedergang der deutschen Universität. 50 Jahre deutscher Wissenschaftsgeschichte in Briefen an und von Hans Lietzmann (1892—1942). Mit einer einführenden Darstellung herausgegeben von K. Aland. Berlin/New York 1979.
— Four Reformers. Luther-Melanchthon-Calvin-Zwingli. Minneapolis 1979.
— Das Verhältnis von Kirche und Staat in der Frühzeit. Hermann Dörries zum 80. Geburtstag. In: Aufstieg und Niedergang der römischen Welt. Geschichte und Kultur Roms im Spiegel der neueren Forschung, II, Principat. Hrsg. v. H. Temporini und W. Haase, Bd 23. 1, hrsg. v. W. Haase. Berlin/New York 1979. S. 60—246.
— Philipp Jakob Spener und die Anfänge des Pietismus. In: Pietismus und Neuzeit. Ein Jahrbuch zur Geschichte des neueren Protestantismus. Bd 4. — 1977/1978. Die Anfänge des Pietismus. Göttingen 1979. S. 155—189.
— The twentieth-century interlude in New Testament textual criticism. In: Text and Interpretation: Studies in the New Testament presented to Matthew Black, ed. by E. Best and R. McL. Wilson. Cambridge 1979. S. 1—14.
— Falsche Verfasserangaben? Zur Pseudonymität im frühchristlichen Schrifttum. In: Theologische Revue *75* (1979) S. 1—10.
— Neutestamentliche Textforschung und elektronische Datenverarbeitung. In: Bericht der Hermann Kunst-Stiftung zur Förderung der neutestamentlichen Textforschung für die Jahre *1977—1979* (Münster 1979) S. 64—84.
— Methodische Bemerkungen zum Corpus Paulinum bei den Kirchenvätern. In: Kerygma und Logos. Beiträge zu den geistesgeschichtlichen Beziehungen zwischen Antike und Christentum (= Festschrift für Carl Andresen zum 70. Geburtstag). Hrsg. v. A. M. Ritter. Göttingen 1979, S. 29—48.
— Der neue „Standard-Text" in seinem Verhältnis zu den frühen Papyri und Majuskeln. In: Festschrift Metzger. Oxford [im Druck].
— Jahresbericht der Patristischen Kommission. Arbeitsstelle Münster. In: Jahrbuch der Heidelberger Akademie der Wissenschaften *1978* (Heidelberg 1979) S. 130—131.
— Ignaz Heinrich von Wessenberg. Unveröffentlichte Manuskripte und Briefe. Hrsg. v. K. Aland und W. Müller. Bd III: Kleine Schriften, hrsg. v. K. Aland. Freiburg/Basel/Wien 1979.
— Novum Testamentum Graece post Eberhard Nestle et Erwin Nestle communiter ediderunt K. Aland, M. Black, C. M. Martini, B. M. Metzger, A. Wikgren, apparatum criticum recensuerunt et editionem novis curis elaboraverunt K. Aland et B. Aland una cum Instituto studiorum textus Novi Testamenti Monasteriensi (Westphalia). 26., neu bearbeitete Aufl., Stuttgart 1979.
— Synopsis of the Four Gospels. Greek-English Edition of the Synopsis Quattuor Evangeliorum. Completely revised on the basis of the Greek Text of Nestle-Aland. 26th Edition and Greek New Testament 3rd Edition. The English Text is the Second Edition of the Revised Standard Version. Edited by K. Aland, Third Edition, Stuttgart 1979.
— Vollständige Konkordanz zum griechischen Neuen Testament. Bd *I* (Berlin/New York 1979) Lfg 8, S. 673—768.
— Geschichte der Christenheit. Bd *I*: Von den Anfängen bis an die Schwelle der Reformation. Gütersloh 1980.
— Nestle-Aland, Novum Testamentum Graece, 26. Aufl., 2. Druck.
— Die Reformatoren. Luther, Melanchthon, Zwingli, Calvin, mit einem Nachwort zur Reformationsgeschichte, 2., ergänzte Aufl. Gütersloh 1980.
— Der deutsche Luther. In: Luther *51* (1980) S. 115—129.
— [Art.:] Bibelhandschriften II, Neues Testament, Allgemeines (1.1—1.7), Die Papyri, Die Majuskeln, Die Minuskeln (2—4). In: Theologische Realenzyklopädie, Bd *6* (Berlin/New York 1980).
— [Art.:] Bibelübersetzungen I. Allgemeines, Neues Testament (1.2), Die Übersetzung ins Gotische, Neues Testament (10.1). Ebda.
— Nestle-Aland, Novum Testamentum Graece, 26. Aufl., 3. Druck.

Aland, Kurt: Noch einmal: Das Problem der Anonymität und Pseudonymität in der christlichen Literatur der ersten beiden Jahrhunderte. In: Pietas, Festschrift für Bernhard Kötting. Hrsg. v. Ernst Dassmann und K. Suso Frank, Jahrbuch für Antike und Christentum, Ergänzungsband *8* (München 1980) S. 121–139.
– Ecclesia reformanda. Philipp Jakob Spener und die Anfänge des Pietismus. In: Reformatio Ecclesiae. Beiträge zu kirchlichen Reformbemühungen von der Alten Kirche bis zur Neuzeit. Festgabe für Erwin Iserloh. Hrsg. v. Remigius Bäumer. Paderborn 1980. S. 831–846.
– Neutestamentliche Textforschung und elektronische Datenverarbeitung. In: Das Hochschulrechenzentrum in interdisziplinärer Forschung, Schriftenreihe des Rechenzentrums der Universität Münster, Nr. 43, hrsg. v. H. Werner, P. Janßen und W. A. Slaby. Münster 1980. S. 1–44.
– [Art.:] Erich Klostermann. In: NDB *12* (Berlin 1980) S. 124–125.
– Synopsis Quattuor Evangeliorum, editio undecima. Stuttgart 1980.
– Vollständige Konkordanz zum griechischen Neuen Testament. Bd *I* (Berlin/New York 1980) Lfg 10, S. 769–960.
– Von Jesus bis Justinian. Gütersloh 1980.
– Bibelmuseum Münster. Schnell Kunstführer Nr. 1259. München/Zürich 1981.
– Spener – Schütz – Labadie? Notwendige Bemerkungen zu den Voraussetzungen und der Entstehung des deutschen lutherischen Pietismus. In: ZThK *78* (1981) S. 206–234.
– Luther Deutsch. Bd *2*: Der Reformator. 2. Aufl. Göttingen 1981.
– Vollständige Konkordanz zum griechischen Neuen Testament. Bd *I* (Berlin/New York 1981) Lfg 11/12, S. 961–1152.
– Nestle-Aland, Novum Testamentum Graece, 26. Aufl., 4., revidierter Druck. Stuttgart 1981.
– Nestle-Aland, Novum Testamentum Graece, 26. Aufl., Studienausgabe. Stuttgart 1981.
– Martin Luther. Tischreden. Stuttgart 1981. Reclam Nr. 1222.
– Luther Deutsch. Studienausgabe in 10 Bänden und 1 Registerbd. Göttingen 1982.
– u. Barbara Aland: Der Text des griechischen Neuen Testaments. Eine Einführung in den Gebrauch der modernen Ausgaben sowie in Theorie und Praxis der neutestamentlichen Textkritik. Stuttgart 1982.
– Ein neuer Textus receptus für das Griechische Neue Testament? In: NTSt *28/2* (1982) S. 145 bis 153.
– Nestle-Aland, Greek-English New Testament. The 2nd Edition of the Revised Standard Version and the text of the Novum Testamentum Graece, in the tradition of Eberhard Nestle and Erwin Nestle, edited by Kurt Aland, Matthew Black, Carlo M. Martini, Bruce M. Metzger, and Allen Wikgren. The critical apparatuses, prepared and edited together with the Institute for New Testament Textual Research, Münster/Westphalia by Kurt Aland and Barbara Aland. Stuttgart 1982.
– Synopsis of the Four Gospels. Greek-English Edition of the Synopsis Quattuor Evangeliorum, 4th/5th Edition. Stuttgart 1982.
– Synopsis Quattuor Evangeliorum, editio duodecima. Stuttgart 1982.
– Geschichte der Christenheit. Bd *II*: Von der Reformation bis in die Gegenwart. Gütersloh 1982.
– Die Reformation Martin Luthers. Gütersloh 1982.
– Nestle-Aland, Novum Testamentum graece. 26. Auflage, 5. Druck.
– Martin Luther in der modernen Literatur. In: Luthers Sendung für Katholiken und Protestanten. München-Zürich 1982. S. 116–146.

Angelov, Dimiter Simeonov: Slavijani i prabălgari v preddăržavnija period [Slaven und Protobulgaren in der vorstaatlichen Periode]. In: Bulgaria 1300 godini, Institucii i dăržavna tradicija. Sofia 1981. S. 121–139.
– Isichsmăt – săschtnost i rolija [Das Hesychasmus-Wesen und seine Bedeutung]. In: Palaeobulgarica *V* (1981) H. 4, S. 56–79.
– Klasovi i socialni borbi v srednovekovna Bălgarija [Klassen- und Sozialkämpfe im mittelalterlichen Bulgarien]. In: Novo vreme *1981*, H. 4, S. 77–92.

Angelow, Dimiter Simeonov: Rasvitije na pravnata sistema v bălgarska păravata daržava [Entwicklung des Rechtssystems im ersten bulgarischen Staate]. In: Socialno upravlenije *1981*, H. 6, S. 30–47.
– L'etat bulgare et la literature et culture slave. In: Konstantin-Kiril Philosoph. Sofia 1981. S. 28–36.
– Die Entstehung des bulgarischen Volkes und seine Entwicklung zur bulgarischen Nation. In: Österreichische Osthefte Jg *23* (Wien 1981) H. 4, S. 356–372.
– Wichtigste Momente in der politischen Geschichte des Schwarzmeergebietes vom 4. bis zur Mitte des 15. Jahrh. In: Byzantinobulgarica *VII* (1981) S. 25–42.
– Die bulgarischen Slaven und die Nomaden. In: Pliska-Preslav *III* (Sofia 1981) S. 7–15.
– Osnovni momenti v razvitieto i oblika na srednovekovnata bălgarska kultura [Hauptzüge in der Entwicklung und dem Wesen der mittelalterlichen bulgarischen Kultur]. In: Archeologija *1980*, H. 4, S. 12–25.
– Bildung und historische Bedeutung des bulgarischen Staates. In: Bulgarian Historical Review *1981*, H. 1–2, S. 157–170.
– Man through the Middle Ages in Bulgaria. In: Bulgarian Hist. Review *1982*, H. 2, S. 66–81.
– Obrazuvane na bălgarskata narodnost [Die Entstehung des bulgarischen Volkes] 2., bearbeitete und ergänzte Aufl. Sofia 1981. 432 S.
– Bălgaro-vizantijski otnoschenija pro Ivan Alexander. Peti period (1355–1371) [Bulgaro-byzantinische Beziehungen während der Regierung vom Johannes Alexander. Fünfte Periode (1355 bis 1371)]. In: Voenno-istoričeski Sbornik *1981*, H. 3, S. 96–113.
– Văprosi na bogomilstvoto v srednovekovna Bălgaria (Zum Problem des Bogomilentums im mittelalterlichen Bulgarien]. In: Bogomilstvoto na Balkanite vo svetlinata na naj novite istražuvanija, Makedonska akademija na naukite i umetnostite, Skopje 1982. S. 97–104.
– Balgarsko Srednovekovije-ideologična misăl i prosveta [Bulgarische Mittelalter-Ideologie und Ausbildung]. Sofia 1982. S. 1–166.

Asmussen, Jes P.: Islam. 1. Aufl. Kopenhagen 1981. 407 S. mit vielen Abb.
– Muhammed – Jesus – Abraham. Kristendom og jødedom i Koranen. 1. Aufl. Kopenhagen 1982. 128 S.
– Mani and the Manichaean Answer to Man's Search for Why. In: Ultimate Reality and Meaning vol. *4* (Toronto 1981) no. 2, S. 122–143.
– Das Verbum „leben" im Jüdisch-Persischen. In: Acta Iranica *21* (Leiden 1981) S. 8–11.
– The Sogdian and Uighur-Turkish Christian Literature in Central Asia Before the Real Rise of Islam: A Survey. In: Indological and Buddhist Studies. Volume in Honour of Professor J. W. de Jong on his Sixtieth Birthday. Canberra 1982. S. 11–29.
– Visdommen i den jødisk-persiske litteratur. In: Carlsbergfondets Årsskrift 1982. Kopenhagen 1982. S. 8–17.

Bahner, Werner: Forme, Idei, Evoluţii în literaturile popoarelor romanice. Bucureşti 1982. 358 S.
– Die Aufklärung in Hegels Sicht. In: M. Buhr u. T. I. Oisermann (Hrsg.): Vom Mute des Erkennens. Beiträge zur Philosophie G. W. F. Hegels. Berlin 1981. S. 130–151.
– Kontinuität und Diskontinuität in der Geschichte der Sprachwissenschaft. In: Zur Dialektik der Determinanten in der Geschichte der Sprachwissenschaft, I. Berlin 1981. S. 1–18 (= Linguistische Studien, A 86).
– Methodologische Aspekte und Prinzipien einer Geschichte der romanischen Sprachwissenschaft. In: BrP *20* (1981) H. 1, S. 5–27.
– Wissenschaftlichkeit und Parteilichkeit in der sprachlichen Kommunikation. In: W. Bahner, M. Buhr u. a.: Wissenschaftlichkeit – Objektivität – Parteilichkeit. Berlin 1981. S. 61–80.
– Theoretische und methodologische Aspekte in der Historiographie der Sprachwissenschaft. In: Deutsche Zeitschrift für Philosophie *29* (1981) H. 11, S. 1281–1293.
– Zu den Anfängen der rumänischen Sprachwissenschaft. In: Logos Semantikos. Studia Linguistica in honorem Eugenio Coseriu (1921–1981). Bd I (Berlin[West]/Madrid 1981) S. 395–403.

Bahner, Werner: La philologie romane et les problèmes linguistiques de la Renaissance. In: XIV Congresso internazionale de linguistica e filologia romanza 1974, ATTI, Napoli/Amsterdam 1981. S. 617– 624.
– Methodologische Aspekte der Historiographie der Sprachwissenschaft. In: Analele ştiinţifice ale Universităţil „Al. I. Cuza" din Iaşi (Serie nouă), Secţiunea III e. Lingvistică XXVIII/XXIX (1982/83) S. 17–20.
– Einige generelle Aspekte der sprachgeschichtlichen Periodisierung. In: Zur Periodisierung der deutschen Sprachgeschichte/ Prinzipien – Probleme – Aufgaben. Berlin 1982. S. 1–14 (= Linguistische Studien, A 88).
– Zur Relevanz der Sprachgeschichte für die Literaturgeschichte. Berlin 1982. S. 46–53 (= Sitzungsber. AdW, G 2).
– [Einleitung zu:] Jean-Jacques Rousseau: Der Gesellschaftsvertrag. 4. Aufl. Leipzig 1981, S. 5–36.
– Vielseitige gesellschaftliche Verantwortung für die Sprache. In: Börsenblatt für den Deutschen Buchhandel *149* (1982) Nr. 23, S. 472–475.
– [Rez.] A. G. de Castro: Sonetti. Edizione critica, introduzione e note a cura di Inoria Pepe Sarno. Roma 1979. In: BrP *20* (1981) H. 2, S. 341–342.
– [Rez.] G. Gusdorf: La Conscience révolutionnaire: Les Idéologues. Paris 1978. In: DLZ *102* (1981) H. 1, Sp. 27–31.
– [Rez.] F. J. Hausmann, L. Meigret: Humaniste et linguiste. Tübingen 1980 (Lingua et Traditio – Beiträge zur Geschichte der Sprachwissenschaft, Bd 6) sowie L. Meigret: Le Traité de la Grammaire française (1550) Le Menteur de Lucien. Aux Lecteurs (1548). Edition établie selon l'orthographe moderne, subdivisée en paragraphes, annotée et augmentée d'une introduction, d'un glossaire ainsi que d'un index par Franz Josef Hausmann (Lingua et Traditio – Beiträge zur Geschichte der Sprachwissenschaft, Bd 5). In: BrP *20* (1981) S. 342–343.
– [Rez.] J. Lüdtke: Die romanischen Sprachen im „Mithridates" von Adelung und Vater. Studie und Text. Tübingen 1978 (Lingua et Traditio, Bd 4). Ebda S. 343–344.
– [Rez]. H. Seidler: Grundfragen einer Wissenschaft von der Sprachkunst. München 1978. In: DLZ *102* (1981) H. 2, Sp. 120–122.
– [Rez.] Voltaire und Deutschland. Quellen und Untersuchungen zur Rezeption der französischen Aufklärung. Hrsg. v. P. Brockmeier, R. Desné u. J. Voss. Suttgart 1979. Ebda H. 3, Sp. 224–226.

Beševliev, Veselin: Die protobulgarische Periode der Bulgarischen Geschichte. Amsterdam 1980 [erschienen 1981]. 546 + XXIX S., 79 Abb., 4 geograph. Karten.
– Pårvobålgarite – Bit i Kultura [Die Protobulgaren – Lebensweise und Kultur]. Sofia 1981. 165 S., 94 Abb.
– Prabålgarski epigrafski pametnizi [Die protobulgarischen epigraphischen Denkmäler]. Sofia 1981. 183 S., 47 Abb.
– Sprachliches aus byzantinischen Bleisiegeln. In: Jahrbuch der österreichischen Byzantinistik Bd *30* (Wien 1981) S. 63–74.
– Die Westküste des Schwarzen Meeres. In: Klio Bd 63 (1981) H. 1, S. 261–266.
– *'Οριοπόταμος*-Ropotamo. In: Linguistique Balkanique Jg *24* (1981) H. 1, S. 61–62.
– *Δαουσβαυα*. In: Linguistique Balkanique Jg *24* (1981) H. 2, S. 19–22.
– Der Stadtname Provadija. In: Linguistique Balkanique Jg *24* (1981) H. 3, S. 11–12.
– Imeto Varna [Der Stadtname Varna]. In: Izvestija na Narodnija muzei-Varna [Mitteilungen des Nationalmuseums Varna]. Bd *17* (Varna 1981) S. 5–8.
– Såobsentieto na Teefan za esnovavansto na Bålgarskata dåržava [Die Nachricht des Theophanes über die Gründung des Bulgarischen Staates]. In: Izvestija na Narodnija muzei-Varna [Mitteilungen des Nationalmuseums Varna] Bd *18* (Varna 1982) S. 31–53.
– Načaloto na bålgarskata dåržava spored apokryfen Letopis et XI vek [Der Anfang des bulgarischen Staates nach einer apokryphen Chronik vom 11. Jh.]. In: Srednŏvekovna Bålgaria i černomorieto [Das mittelalterlich Bulgarien und das Schwarzmeergebiet] – Sammelschrift der Vorträge der Konferenz Varna *1980* (Varna 1981) S. 39–45.

Beševliev, Veselin: Za raznorodnata sâšnost na prabâlgarite [Über das heterogene Wesen der Protobulgaren]. In: Sammelschrift Pliska-Preslav Bd *2* (1981) S. 20–25.

Białostocki, Jan: Gianlorenzo Bernini. Warszawa 1981.
– Giovanni Lorenzo Bernini. Berlin 1981. 15 S. [28 S.], 28 z. T. farbige Abb.
– The Firing Squad, Paul Revere to Goya: Formation of a New Pictorial Theme in America, Russia and Spain. In: Art the Ape of Nature. New York 1981. S. 549–558, mit Abb. (= Studies in honor of H. W. Janson).
– Panofsky: Iconologia e semiologia. In: Lettere italiane *1981*, S. 38–54.
– Przedmowa. In: Sztuka 1 poł. XVIII wieku. Materiły Sesji Stowarzyszenia Historyków Sztuki, Rzeszów, listopad 1978. Warszawa 1981. S. 7.
– Sztuka początków wieku osiemnastego, Ebda S. 9–14.
– Symbole i obrazy uśuecie gituhi. Warszawa 1982. Bd 1: 506 S. u. Bd 2: 320 Abb.

Brüning, Eberhard: The American Captive. Some Comments on the American Novel of the Seventies. In: ZAA *29* (1981) H. 3, S. 225–230.
– Amerikanistik-Konferenz in Budapest im April 1980. Ebda, H. 3, S. 268.
– [Vorw.] Bahumir Wongar: Das Pferd nach Bralgu. Leipzig 1981. S. 7–14.
– Sinclair Lewis und die endgültige Emanzipation der amerikanischen Literatur. Berlin 1982. 25 S. (= Sitzungsber. SAW phil.-hist. Kl. Bd 123, H. 1).
– William Dean Howells' „The Altrurian Romances" and the Emergence of the American Realistic Novel. In: ZAA *30* (1982) H. 3, S. 220–225.
– Das „andere Amerika": Haß auf imperialistischen Krieg. In: Leipziger Volkszeitung v. 10. Mai 1982, S. 4.
– Zwei Professionen einer Frau. Mildred Harnack-Fish – Antifaschistin und Literaturwissenschaftlerin. In: spectrum *13* (1982) H. 2, S. 28–29.
– Mildred Harnack – eine mutige Antifaschistin, die im Kampf für eine gerechte Sache ihr Leben ließ. Zum 80. Geburtstag der Antifaschistin und Literaturwissenschaftlerin aus Wisconsin, USA, Mildred Harnack. In: Neuer Tag, Frankfurt/O., 10. September 1982, S. 35.
– Sinclair Lewis – der erste Nobelpreisträger für Literatur der USA – und die endgültige Emanzipation der amerikanischen Literatur. In: Jahrbuch SAW *1979–1980* (Berlin 1982) S. 170–171.
– [Nachw.] Sinclair Lewis: Sam Dodsworth. Leipzig und Weimar 1982. S. 426–436.
– [Rez.] Highlights of a Fighting History. 60 Years of the Communist Party, USA. New York 1979. In: ZAA *29* (1981) H. 2, S. 175–176.
– [Rez.] Maria Diedrich: Kommunismus im afroamerikanischen Roman. Das Verhältnis afroamerikanischer Schriftsteller zur Kommunistischen Partei der USA zwischen den Weltkriegen. Stuttgart 1979. Ebda H. 3, S. 269–271.
– [Rez.] Rolf Franzbecker unter Mitarbeit von Peter Bruck und Willi Real: Der moderne Roman des amerikanischen Negers: Richard Wright, Ralph Ellison, James Baldwin. Darmstadt 1979. Ebda S. 269–271.
– [Rez.] Rolf Meyn: Die „Rote Dekade". Studien zur Literaturkritik und Romanliteratur der dreißiger Jahre in den USA. Hamburg 1980. In: ZAA *30* (1982) H. 2, S. 183–185.
– [Übersetzung] Europäische (und österreichische) Erstaufführung von Lorraine Hansberry: Jung, begabt und schwarz. Aus dem Amerikanischen übersetzt von Eberhard Brüning. Stadttheater Klagenfurt, 16. Januar 1982.

Bruford, Walter Horace u. W. A. Coupe: German Political, Legal and Cultural Institutions. In: Germany. A Companion to German Studies. Hrsg. v. Malcolm Pasley. 2. Aufl. Bd *2* (London u. New York 1982) S. 60–137.
– [Rez.] Goethe im Urteil seiner Kritiker. Teil 3: 1870–1918. Hrsg. von Karl Robert Mandelkow. In: Modern Language Review *76* (1981) S. 748.

Coblenz, Werner: Hans Walther 60 Jahre. In: Sächsische Heimatblätter *27* (1981) S. 92.
– Archäologische Stätten. In: Historischer Führer. Stätten und Denkmale der Geschichte in den Bezirken Leipzig, Karl-Marx-Stadt. Leipzig–Jena–Berlin 1981.
– Hallstatt und die Hallstattkultur. Internationales Symposium aus Anlaß der Ausstellung „Die Hallstattkultur". Steyr 1980. In: Ethnographisch-Archäologische Zeitschrift *22* (1981) S. 477–482.
– Eisenzeit in Mitteleuropa. Jahrestagung der Österreichischen Arbeitsgemeinschaft für Ur- und Frühgeschichte. Hallein 1980. Ebda S. 722–726.
– Ur- und Frühgeschichte. In: Zwischen Mülsengrund, Stollberg und Zwönitztal. Ergebnisse der heimatkundlichen Bestandsaufnahme in den Gebieten von Lichtenstein, Oelsnitz, Stollberg und Thalheim (= Werte unserer Heimat 35) 1981. S. 15–16 (Überschau) und Suchpunkte.
– Historische Kommission. Jahresbericht 1977–1978. In: Jahrbuch SAW *1977–1978* (Berlin 1981) S. 82–84.
– Zur Archäologie von Burg und Stadt im östlichen Mitteleuropa (Vortragsbericht). Ebda S. 158–163.
– [Rez.] P. Patay: Das kupferzeitliche Gräberfeld von Tiszavalk-Kenderföld. 1978. In: Zeitschrift für Archäologie *14* (1980) S. 273–275.
– Landesmuseum für Vorgeschichte Dresden (Bericht für 1980). In: Mitteilungen zur Alten Geschichte und Archäologie in der Deutschen Demokratischen Republik 8 (1981)
– Archäologische Stätten. In: Historischer Führer. Stätten und Denkmale der Geschichte in den Bezirken Dresden, Cottbus. Leipzig–Jena–Berlin 1982. S. 13–15 (Überblick), 5 Karten und viele Einzelbeschreibungen.
– Historische Kommission. Jahresbericht 1979–1980. In: Jahrbuch SAW *1979–1980* (1982) S. 90–93.
– [Rez.] E. Lessing: Hallstatt. Bilder aus der Frühzeit Europas. In: Zeitschrift für Archäologie *16* (1982) S. 115–121.
– Landesmuseum für Vorgeschichte Dresden (Bericht für 1981). In: Mitteilungen zur Alten Geschichte und Archäologie in der Deutschen Demokratischen Republik *9* (1982) S. 106–113.
– [Hrsg.] Kleine Schriften des Landesmuseums für Vorgeschichte Dresden. 1980. H. 1. R. Spehr, Archäologische Topographie der Steinsburg bei Römhild. 43 S., 34 Abb., 4 Beilagen.
– [Hrsg.] Arbeits- und Forschungsberichte zur sächsischen Bodendenkmalpflege *24/25* (1982) 464 S., 154 Abb., 7 Beil.
– [Nachr.] Willfried Baumann 1933–1981. Ebda S. 7–10.
– [Nachr.] Albert Mehner 1893–1980. Ebda S. 17–18.
– [Nachr.] Erich Schmidt 1901–1979. Ebda S. 19–20.
– [Nachr.] Renate Sturm-Francke 1903–1979. Ebda S. 21–23.
– [Nachr.] Willfried Baumann zum Gedenken. In: Ethnographisch-Archäologische Zeitschrift *23* (1982) S. 359–361.

Czok, Karl: [Redaktion] Jahrbuch für Regionalgeschichte, Band *8*, Hrsg. von der Historischen Kommission der SAW. Weimar 1981. 257 S.
– Über Forschungen zur Regionalgeschichte 1970 bis 1980. In: Jahrbuch für Regionalgeschichte *8* (Weimar 1981) S. 194–213.
– Zur Geschichte des Neuen Rathauses in Leipzig. Ein Rathausneubau im Widerstreit zwischen Bourgeoisie und Arbeiterklasse. In: Sächsische Heimatblätter *27* (1981) H. 1, S. 6–10.
– [Mithrsg.] 500 Jahre Buchstadt Leipzig. Von den Anfängen des Buchdrucks in Leipzig bis zum Buchschaffen der Gegenwart. Leipzig 1981. 129 S. Zur Einführung: S. 7–13.
– Eigentums- und Klassenverhältnisse in der Stadt. In: Handbuch Wirtschaftsgeschichte Bd *2* (Berlin 1981) S. 524–535.
– [Nachricht] Über die Beratungen der Internationalen Kommission für Stadtgeschichte (Der XV. Internationale Historikerkongreß in Bukarest 1980). In: ZfG *29* (1981) H. 6, S. 531 f.
– Zu den städtischen Volksbewegungen in deutschen Territorialstaaten vom 16. bis zum 18. Jahrhundert. Hrsg. W. Rausch, Linz/Donau 1981. S. 21–42, S. 329–341.

Czok, Karl, u. W. Fellmann: Tourist-Stadtführer-Atlas. Berlin/Leipzig 1981. 216 S., ca. 100 Abb.
— Leipzig — Die Stadt zur Bach-Zeit. In: Internationales Bachfest der DDR, Leipzig 6.—12. Dezember 1981, Leipzig 1981. S. 22—28.
— Zur Entwicklung der Oberlausitzer Sechsstädte vom ausgehenden 13. Jahrhundert bis zur Gründung ihres Städtebundes 1346. In: Beiträge zum spätmittelalterlichen Städtewesen. Hrsg. B. Diestelkamp. Köln/Wien 1982. S. 103—118.
— [Redaktionsmitarbeit und Kartenautor]. Atlas zur Geschichte. Bd *I* (Gotha/Leipzig ³1981).
— Christian Gottfried Heinrich Geissler und seine Feine Deutsche Handelskarte (1818). Kommentar zu: Historische Kartenspiele. Hrsg. E. Kohlmann. Leipzig 1982. 35 S.
— Zur Leipziger Kulturgeschichte des 18. Jahrhunderts. In: Bach-Studien *7*: Johann Sebastian Bach und die Aufklärung. Leipzig 1982. S. 25—48.
— u. W. Müller, H. Thieme: Das Neue Rathaus in Leipzig. Leipzig 1982. 32 S., Abb. (= Baudenkmale 53).
— Zu Kultur und Baukunst in Stadt und Vorstädten im 18. Jahrhundert — Dargestellt am Beispiel der Messestadt Leipzig. In: Städtische Kultur der Barockzeit. Hrsg. W. Rausch. Linz/Donau 1982. S. 87—104, mit Diskussion S. 286 ff.
— [Redaktion] Jahrbuch für Regionalgeschichte, Band *9*. Hrsg. von der Historischen Kommission der Sächsischen Akademie der Wissenschaften zu Leipzig. Weimar 1982. 277 S.
— Zur Entwicklung der Vorstädte und Vororte in Leipzig im 19. Jahrhundert. In: Jahrbuch für Regionalgeschichte *9* (Weimar 1982) S. 121—153, mit Karten.
— Über den Alltag des deutschen Volkes. Zum Erscheinen des ersten Bandes von Jürgen Kuczynski „Geschichte des Alltags des deutschen Volkes 1600—1650". In: Jahrbuch für Regionalgeschichte *9* (Weimar 1982) S. 255—260.
— Zur Stellung Sachsens in der deutschen Geschichte. In: Sächsische Heimatblätter *28* (1982) H. 5, S. 193—199.
— Die Entwicklung des kursächsischen Territorialstaates im Spätfeudalismus, von der Mitte des 16. Jahrhunderts bis um 1790. In: Sächsische Heimatblätter *28* (1982) H. 5, S. 235—240 und H. 6, S. 241—253.
— Zur Stellung Sachsens in der deutschen Geschichte. In: Sächsische Geschichte im Überblick, Teil *I* (Dresden 1982) S. 1—7 (= Sonderdruck der Sächsischen Heimatblätter).
— Die Entwicklung des kursächsischen Territorialstaates im Spätfeudalismus. In: Sächsische Geschichte im Überblick, Teil *I* (Dresden 1982) S. 43—61 (= Sonderdruck der Sächsischen Heimatblätter).
— [Rez.] Geschichte der Sorben, Bd 1. Hrsg. Institut für sorbische Volksforschung, Bautzen 1977. In: Jahrbuch für Regionalgeschichte *8* (Weimar 1981) S. 231—232.
— [Rez.] Atlas Deutsche Demokratische Republik. Hrsg. Akademie der Wissenschaften der DDR, 1. Lfg (Gotha/Leipzig 1976). In: Jahrbuch für Regionalgeschichte *8* (Weimar 1981) S. 229—231.
— [Rez.] E. Maschke: Die Familie in der deutschen Stadt des Mittelalters (= Sitzungsberichte der Heidelberger Akademie der Wissenschaften, phil.-hist. Klasse, Jg. 1980, 4. Abhandlung), Heidelberg 1980. In: Jahrbuch für Regionalgeschichte *9* (Weimar 1982) S. 264—265.

Diesner, Hans-Joachim: The Great Migration. First American Edition 1982.
— Bandas de Criminales, Bandidos y Usurpadores en la España Visigoda (= Hispania Antiqua *VIII* (1978) S. 129—142 [Erschienen 1982]).
— Inkarnationsjahre, „Militia Christi" und englische Königsporträts bei Beda Venerabilis. In: Mittellateinisches Jahrbuch *16* (1981) S. 17—34.
— Das christliche Bildungsprogramm des Beda Venerabilis (672/73—735). In: ThLZ *106* (1981) H. 12, Sp. 865—872.
— [Rez.] Gerd Kampers: Personengeschichtliche Studien zum Westgotenreich in Spanien. Münster 1979. In: Gnomon *53* (1981) S. 213—214.
— [Rez.] Jan Badewien: Geschichtstheologie und Sozialkritik im Werk Salvians von Marseille. Göttingen 1980. In: Jahrbuch für Antike und Christentum *25* (1982) S. 195—197.

Diesner, Hans-Joachim: [Rez.] Walter Berschin: Griechischlateinisches Mittelalter, Bern—München 1980. In: ThLZ *107* (1982) H. 6, Sp. 437.
— [Rez.] Kurt Flasch: Augustin. Stuttgart 1980. Ebda H. 9, Sp. 685—686.
— [Rez.] Joachim Hopp: Untersuchungen zur Geschichte der letzten Attaliden. München 1977. In: Anzeiger für die Altertumswissenschaft *34* (1981) H. 1/2, Sp. 63—65.
— [Rez.] José Orlandis, Domingo Ramos-Lisson: Die Synoden auf der Iberischen Halbinsel bis zum Einbruch des Islam (711). Paderborn 1981. In: Gnomon *54* (1982) S. 844—847.

D'Hondt, Jacques: Hegel, sa vie son oeuvre. Lissobon 1981. 118 S. [portugies.].
— Hegel et l'hégélianisme. Paris 1982. 128 S.
— La disparition des choses dans le matérialisme de Marx. In: La Pensée n° 219, mars-avril 1981, pp. 43—61.
— Les correspondances chez Marx. In: Hegel-Jahrbuch *1979* (München 1981) S. 375—380.
— Hegel-Hamlet. Le problème du passage à l'acte politique. In: Philosophie et Histoire — Annales de l'Université libre de Bruxelles — *1980—1981*, pp. 23—43.
— Hegel e la Rivoluzione Francese. In: II Centauro. Napoli 1981, n° 3, pp. 59—68.
— Der Endzweck der Erziehung bei Hegel. In: Die Logik des Wissens und das Problem der Erziehung, hrsg. v. W. R. Beyer. Meiner: 1982. S. 195—202.
— Le moment de la destruction dans la dialectique historique de Hegel. In: Revue Internationale de Philosophie, n° 139—140, 1982, pp. 125—137.
— La philosophie de la religion de Hegel. In: Hegel et la religion, publié par Guy Planty-Bonjour, 1982, P. U. F., pp. 5—35.
— Rapport sur les travaux de la section politique. In: Actes du XVIIIe Congrès des Sociétés de philosophie de langue française. Strasbourg 1982, p. 69—72.
— Le travail de la représentation dans la représentation maryienne du travail. Ebda p. 172—175.
— Théorie et pratique politiques chez Hegel: le problème de la censure. In: Hegels Philosophie des Rechts, hrsg. v. D. Henrich u. R. P. Horstmann. Stuttgart 1982. S. 151—184.
— Hegel i postep w historii [Hegel et le progrès dans l'histoire]. In: Studia Filozoficzne *1981*, n° 12, pp. 65—74.
— Marx en het Hegeliaanse arbeidsbegrip [Marx et le concept hégélien du travail]. In: Toestanden-Cahier, n° I, Anvers 1982, pp. 74—93.
— L'inquiète histoire des idées. In: Überlieferung und Aufgabe — Festschrift für Erich Heitel. Bd *2* (Wien 1982) S. 373—380.

Dietze, Walter: Ein denkwürdiger Trinkspruch. In: Mein Freund nebenan. Begegnungen, Eindrücke, Erinnerungen. Leipzig und Moskau 1981, S. 278—285.
— Johann Wolfgang Goethe — Thesen zur Diskussion 1982. Herausgegeben im Auftrage des Vizepräsidenten für Plenum und Klassen der Akademie der Wissenschaften der DDR, H. 6, 1981. 393 S.
— Kronzeuge Goethe: Klassik und Romantik als Quellbecken moderner Literatur. In: Classical Models in Literature. Edited by Zoran Konstantinović, Innsbruck, Warren Anderson (Amherst), Walter Dietze (Weimar). Innsbruck 1981. S. 43—48.
— Dass. [ungarische Übersetzung] in: helikon *27* (Budapest 1981) H. 1, S. 28—33.
— Schlußberichte. In: Classical Models in Literature, Edited by Zoran Konstantinović, Innsbruck, Warren Anderson (Amherst), Walter Dietze (Weimar). Innsbruck 1981. S. 303—305.
— [Mithrsg.] Junges Deutschland und deutsche Klassik. Zur Ästhetik und Literaturtheorie des Vormärz. Neue Beiträge zur Literaturwissenschaft. 4. Aufl. Bd *6* (Berlin 1981) 379 S.
— Lenaus Werke in einem Band. Ausgewählt von Walter Dietze, eingeleitet von Reiner Schlichting, Textrevision und Anmerkungen von Heinz Arnold. 3. Aufl. Berlin und Weimar 1981. 391 S.
— [Mithrsg.] Elemente evolutionären und revolutionären Denkens in der Humanismus-Konzeption Goethes und Herders. In: Deutsche Klassik und Revolution. Texte eines wissenschaftlichen Kolloquiums. Hrsg. Paolo Chiarini und Walter Dietze. Roma 1981. S. 79—113.

Dietze, Walter: Zum Geleit. In: Deutsche Klassik und Revolution. Texte eines wissenschaftlichen Kolloquiums. Hrsg. Paolo Chiarini und Walter Dietze. Roma 1981. S. 11–13.
— „Weimar“, Klassikerstätten im Bild. Einleitender Text (viersprachig): Walter Dietze. 4. Aufl. Weimar 1981. 4 Blatt, 36 Tafeln.
— „Weimar“, Klassikerstätten im Bild. Einleitender Text (viersprachig): Walter Dietze. 5. Aufl. Weimar 1982. 4 Blatt, 36 Tafeln.
— [Mithrsg.] Börnes Werke in zwei Bänden. Ausgewählt und eingeleitet von Helmut Bock und Walter Dietze. 4. Aufl. Berlin und Weimar 1981. Bd *1*: 323 S., Bd *2*: 432 S.
— Libellus Epigrammatum. In: Ansichten der deutschen Klassik. Hrsg. v. Helmut Brandt und Manfred Beyer. Berlin und Weimar 1981. S. 182–208.
— Kleine Welt, große Welt. Aufsätze über Goethe. Berlin und Weimar 1982. 206 S.
— [Nachw.] Heinrich Mann: Ein Zeitalter wird besichtigt. Nachwort von Walter Dietze. 2. Aufl. Berlin und Weimar 1982. S. 567–598.
— Johann Wolfgang Goethe. Weltbild, Menschenbild, Poesie. Schriftenreihe: Tradition und Gegenwart, Weimarer Schriften, H. 3/1982. 144 S., 64 Bilder.
— [Mithrsg.] Deutsche Klassik und Revolution. Texte eines literaturwissenschaftlichen Kolloquiums. Herausgegeben von Paolo Chiarini und Walter Dietze. Roma 1981. 329 S.
— [Hrsg.] Schillers Garten in Jena. Eine Zeichnung Goethes. Jahresgabe der Nationalen Forschungs- und Gedenkstätten der klassischen deutschen Literatur in Weimar. Herausgegeben von Walter Dietze. Weimar 1981. 4 S., 1 Zeichnung.
— [Mithrsg.] Dialoge. Zur Rezeption der klassischen und romantischen deutschen und rumänischen Literatur. Herausgegeben von Walter Dietze und Alexandru Oprea. Bucureşti 1982. 495 S. [deutsch und rumänisch].
— Klassische und romantische deutsche Nationalliteratur in den geistigen Auseinandersetzungen unserer Epoche. Fragestellungen, Axiome, Thesen. In: Dialoge. Zur Rezeption der klassischen und romantischen deutschen und rumänischen Literatur. Herausgegeben von Walter Dietze und Alexandru Oprea. Bucureşti 1982. S. 235–272 [deutsch], S. 15–47 [rumänisch].
— Goethes Werke in zwölf Bänden. Eingeleitet von Walter Dietze. Berlin und Weimar 1981, 4. neubearbeitete Auflage, S. V–CI Einleitung, 6492 S. Text.
— [Mithrsg.] Bernd Leistner: Johannes Bobrowski, Studien und Interpretationen. Neue Beiträge zur Literaturwissenschaft, Herausgegeben von Prof. Dr. Walter Dietze und Prof. Dr. Manfred Naumann, Bd *42* (Berlin 1981) [recte 1982], 226 S.
— Umano, divino, umano. Le odi goethiane „Grenzen der Menschheit“ e „Das Göttliche“. In: L'Immagine Riflessa, Rivista Quadrimestrale di Sociologia dei Testi, Anno *IV* (Geneva 1980) Nr. 1–2, S. 3–30.
— Goethes Tod, Goethes Leben. Übergreifende Gesichtspunkte für die wissenschaftliche Erforschung seines Werkes. In: spectrum *13* (Berlin 1982) H. 5, S. 22–25 und H. 6, S. 22–25.
— [Mithrsg.] Impulse. Aufsätze, Quellen, Berichte zur deutschen Klassik und Romantik. Im Auftrage der Nationalen Forschungs- und Gedenkstätten der klassischen deutschen Literatur in Weimar herausgegeben von Walter Dietze und Peter Goldammer. Berlin und Weimar 1981. Folge 3, 326 S., 16 Abb.
— [Mithrsg.] Impulse. Aufsätze, Quellen, Berichte zur deutschen Klassik und Romantik. Im Auftrage der Nationalen Forschungs- und Gedenkstätten der klassischen deutschen Literatur in Weimar herausgegeben von Walter Dietze und Peter Goldammer. Berlin und Weimar 1982. Folge 4, 460 S., 8 Abb.
— [Mithrsg.] Impulse. Aufsätze, Quellen, Berichte zur deutschen Klassik und Romantik. Im Auftrage der nationalen Forschungs- und Gedenkstätten der klassischen deutschen Literatur in Weimar herausgegeben von Walter Dietze und Peter Goldammer. Berlin und Weimar 1982. Folge 5, 428 S., 18 Abb.
— [Mithrsg.] Classical Models in Literature. Edited by Zoran Konstantinović (Innsbruck), Warren Anderson (Amherst), Walter Dietze (Weimar). = Innsbrucker Beiträge zur Kulturwissenschaft. Herausgegeben von der Innsbrucker Gesellschaft zur Pflege der Geisteswissenschaften, Sonderheft 49. Innsbruck 1981. 305 S.

Dudek, Gerhard: Lew Tolstoi — Künstlerische Entdeckung und ästhetische Herausforderung. Berlin 1981. 20 S. (= Sitzungsber. SAW, phil.-hist. Kl. Bd 122, H. 2).
— O sootnošenii istoriko-genetičeskogo, funkcional'nogo i cennostnogo podchoda k literature v processe učeby. In: ZfSl *27* (1982) H. 2, S. 218—244.
— I. S. Turgenevs „Prizraki" im Kontext der zeitgenössischen ästhetischen Diskussion. Ebda H. 4, S. 532—544.
— Michail J. Lermontovs Dichterbild im Verhältnis zur europäischen Romantik. In: Slawische Kulturen in der Geschichte der europäischen Kulturen vom 18. zum 20. Jahrhundert. In: Internationaler Studienband. Berlin 1982. S. 219—224.
— [Nachw.] Fjodor Dostojewski. Anna Dostojewskaja. Briefwechsel 1866—1880. Berlin 1982. S. 591—609.
— [Hrsg. u. Nachw.] F. Dostojewski. Onkelchens Traum. Das Gut Stepantschikowo und seine Bewohner. Berlin und Weimar 1982. S. 461—481.
— [Rez.] M. I. Gillel'son: Ot arzamasskogo bratstva k puškinskomu krugu pisatelej. Leningrad 1977. In: RD *13* (1981) H. 3, S. 417—418.
— [Rez.] B. Zelinsky: Russische Romantik. Köln, Wien 1975. Ebda S. 433—444.
— [Rez.] Istorija romantizma v russkoj literature. 2 Bde. Red. koll.: A. S. Kurilov, S. E. Šatalov, U. R. Focht, K. V. Pigarev, S. V. Turaev. Moskva 1979. Ebda H. 4, S. 541—544.
— [Rez.] Todd III, W. Mills: The Familiar Letter as a Literary Genre in the Age of Pushkin. Princeton Univ. Press 1976. Ebda S. 551—552.
— [Rez.] K. Städtke: Ästhetisches Denken in Rußland. Kultursituation und Literaturkritik. Berlin und Weimar 1978. In: ZfSl *26* (1981) H. 4, S. 597—600.
— [Rez.] N. Ja. Ėjdelman: Puškin i dekabristy. Moskva 1979. In: RD *14* (1982) H. 3, S. 431—432.

Eichler, Ernst: Ergebnisse der Namenforschung im deutsch-slawischen Berührungsgebiet. Berlin 1982. 47 S. (= Sitzungsber. SAW, phil.-hist. Kl. Bd 122, H. 5).
— Geschichte der slowakischen Sprache. Abriß. Leipzig: Sektion Theoret. u. angew. Sprachwiss. der KMU Leipzig 1982. 136 S.
— August Leskiens Wirken für die Slawistik. In: ZfSl *26* (1981) S. 168—191.
— August Leskien und Frank von Miklosich. Ebda *27* (1982) S. 115—120.
— Alte Gewässernamen zwischen Ostsee und Erzgebirge. In: Beitr. z. Namenforsch. NF *16* (1981) S. 122—137.
— Zur ältesten (vorslawischen) Schicht der Gewässernamen im altsorbischen und altpolabischen Sprachgebiet. In: Lětopis Instituta za serbski ludospyt *A 28/2* (1981) S. 122—137.
— Zur Erforschung des westslawischen toponymischen Wortschatzes. Ebda *29/2* (1982) S. 213—222.
— u. H. Walther: Studien zur historischen Toponymie des Mittelsaale-/Weiße Elster-Gebietes. In: ZfSl *26* (1981) S. 314—360.
— Slawistische Paläolinguistik und Frühgeschichte. In: Nkdl. Inf., Beih. *3* (= Studia Onomastica II). Leipzig 1981. S. 18—26; auch in: Slavica Gandensia *7/8* (1980/81) S. 203—211.
— Probleme der vergleichenden westslawischen Toponomastik. Unter besonderer Berücksichtigung der altsorbisch-alttschechischen Sprachbeziehungen. In: ZfSl *27* (1982) S. 412—419.
— Über Ortsnamen und Siedlungsentwicklung im Gebiet der DDR. In: Nkdl. Inf., Beih. *4* (= Studia Onomastica III). Leipzig 1982. S. 5—13.
— „Östliche" Spuren im altsorbischen Namengut? In: Beitr. z. Ur- u. Frühgesch. *II* (= Arbeits- u. Forschungsber. z. sächs. Bodendenkmalpflege, Beih. 17). Berlin 1982. S. 63—67.
— Zur Betrachtung der proprialen und appellativischen Nomination. In: Probleme der sprachlichen Nomination (= Wiss. Beitr. d. KMU Leipzig). Red.: U. Böhme, I. Ohnheiser. Leipzig 1982. S. 44—48.
— u. G. Schröter: Der Briefwechsel zwischen Franz Miklosich und Ernst Mucke. In: Lětopis Instituta za serbski ludospyt *A 28/1* (1981) S. 94—100.
— Über progressive Traditionen der deutschen Slawistik des 19. Jahrhunderts In: Václavkova Olomouc 1978 (= Acta Univ. Palackianae Olomucensis, Fac. Philos., Supplementum XXVII). Olomouc 1982. S. 105—108.

Eichler, Ernst: u. K. Hengst: Deutsche Ortsnamen auf *-schütz-* enitoponymischer Integrationstyp. In: Zeszyty Naukowe Uniw. Gdańskiego. Filologia Nr. 8. (=Festschrift H. Górnowicz) Gdańsk 1982. S. 122–127.
– [Hrsg.] G. Hey: Die slavischen Siedelungen im Königreich Sachsen mit Erklärung ihrer Namen. Leipzig 1981, und in: Slavist. Forsch. Nr. 36. Köln/Wien 1981, mit Nachwort.
– [Hrsg.] P. Kühnel: Die slavischen Orts- und Flurnamen im Lüneburgischen. Mit einem Vorwort und einem Verzeichnis der slavischen Wortstämme. Leipzig 1982, und in: Slavist. Forsch. Nr. 35. Köln/Wien 1982.
– [Hrsg.] P. Kühnel: Die slavischen Orts- und Flurnamen der Oberlausitz. Hrsg. und mit einer Einleitung und Bibliographie versehen. Leipzig 1982, und in: Slavist. Forsch. Nr. 37. Köln/Wien 1982.
– Kolloquium zum wissenschaftlichen Werk August Leskiens. In: ZfSl *26* (1981) S. 167.
– VIII. Slowakische Onomastische Konferenz. Ebda S. 442–443.
– Internationales Symposium über den slawischen Paganismus. Ebda S. 294–295.
– VII. Arbeitstagung der Onomastischen Kommission beim Internationalen Slawistenkomitee. Ebda S. 445–447.
– IV. Jugoslawische Onomastische Konferenz. In: Nkdl. Inf. *41* (1982) S. 57.
– Konferenz „Sprache, Heimatgeschichte und Schule". Ebda S. 56.
– I. Tschechoslowakische Onomastische Konferenz. Ebda *42* (1982) S. 63–66.
– Zum 60. Geburtstag Hans Walthers. Ebda *39* (1981) S. 45–48.
– Zum 60. Geburtstag Vincent Blanárs. Ebda S. 48–49.
– u. H. Walther: Henri Draye 70 Jahre. Ebda *40* (1981) S. 6–7.
– [Nachr.] Kyrylo Kuźmyč Cilujko †. Ebda *41* (1981) S. 58–59.
– u. H. Walther: Wolfgang Fleischer zum 60. Geburtstag. Ebda *42* (1982) S. 50–51: Beih. *4* (1982) S. 3–4.
– u. E. Saß: Hubert Górnowicz zum 60. Geburtstag [mit Bibliographie]. Ebda S. 53–59.
– [Rez.] L. Hosák, R. Šrámek: Místní jména na Moravě a ve Slezsku. Bd. II. Praha 1980. In: Nkdl. Inf. *41* (1982) S. 70–74.
– [Rez.] O. Kronsteiner: Die slawischen Ortsnamen in Oberösterreich. Linz 1980. Ebda *40* (1981) S. 68–70.
– [Rez.] J. Malingoudis: Die Handwerkerbezeichnungen im Alttschechischen. München 1979. In: ZfSl *26* (1981) S. 926–927.
– [Rez.] F. Mětšk: Studien zur Geschichte sorbisch-deutscher Kulturbeziehungen. Bautzen 1981. In: Nkdl. Inf. *41* (1982) S. 62–63.
– [Rez.] A. Schmitz: Die Orts- und Gewässernamen des Kreises Ostholstein. Neumünster 1981. In: Nkdl. Inf. *40* (1981) S. 61–63.
– [Rez.] Th. Syllaba, Jan Gebauer. Praha 1979. In: ZfSl *26* (1981) S. 301–302.
– [Rez.] Výslovnost spisovné češtiny. Výslovnost slov přejatých. Praha 1979. In: Zs. f. Phonetik, Sprachwiss. u. Kommunikationsforsch. *34* (1981) S. 385–386.
– [Mithrsg.] Deutsch-Slawische Forschungen zur Namenkunde und Siedlungsgeschichte. Nr. 34.
– [Mithrsg.] Namenkundliche Informationen. H. 39–42; Beihefte 3–4.

Erben, Johannes: Neologismen im Spannungsfeld von System und Norm. In: Logos Semantikos. Festschrift für Eugenio Coseriu. *V*: Geschichte und Architektur der Sprachen. Hrsg. v. Brigitte Schlieben-Lange. Berlin, New York, Madrid 1981. S. 35–43.
– [Rez.] E. E. Müller: *Großvater, Enkel, Schwiegersohn.* Untersuchungen zur Geschichte der Verwandtschaftsbezeichnungen im Deutschen (= Germanische Bibliothek: Reihe 3, Untersuchungen). Heidelberg 1979. In: Anzeiger f. deutsches Altertum *92* (1981) S. 175–178.

Forberger, Rudolf: Die Industrielle Revolution in Sachsen 1800–1861. Bd *1*, Erster Halbbd: Die Revolution der Produktivkräfte in Sachsen 1800–1830. 613 S. (u.) Bd *1*, Zweiter Halbbd: Die Revolution der Produktivkräfte in Sachsen 1800–1830. Übersichten zur Fabrikentwicklung. Zusammengestellt v. Ursula Forberger. – Berlin 1982. 234 S.

Forberger, Rudolf: (Thesen) Die Manufakturperiode in Sachsen und die Stellung der Meißner Porzellanmanufaktur in der sächsischen Manufakturgeschichte. In: Redaktionelle Informationen zur Böttger-Ehrung der Deutschen Demokratischen Republik 1982 Dresden, Meißen. Vorbereitungskomitee der Porzellanmanufaktur Meißen. Meißen 1981.
— Zu den Begriffen „Manufaktur“ und „Fabrik“ in technischer und technologischer Sicht. In: Wolfenbüttler Forschungen. Hrsg, v. d. Herzog-August-Bibliothek, Bd *14*: Technologischer Wandel und Gesellschaft im 18. Jahrhundert. Hrsg. v. Ulrich Troitzsch. Wolfenbüttel 1981. S. 175—187.
— Die sächsische Manufaktur in der Ära Augusts des Starken. In: Johann Friedrich Böttger zum 300. Geburtstag. Ausstellungskatalog der Staatlichen Kunstsammlungen Dresden u. VEB Staatliche Porzellan-Manufaktur Meißen. Dresden 1982. S. 33—44.
— J. F. Böttger und die Meißner Porzellanmanufaktur. In: Urania, Leipzig, Jena, Berlin *58* (1982) H. 1, S. 12—15.
— [Rez.] Forschungen zur Wirtschaftsgeschichte. Hrsg. v. J. Kuczynski u. H. Mottek, Bd *15*: Studien zur Geschichte der Produktivkräfte. Deutschland zur Zeit der Industriellen Revolution. Hrsg. v. K. Lärmer. Berlin 1979. In: Sächs. Heimatblätter *27* (1982) H. 1, S. 57.

Gadamer, Hans-Georg: The Eminent Text and Its Truth. In: Bull. of the Midwest Modern Language Association *13* (1980/1981) No. 1, S. 3—10.
— Mythos und Wissenschaft. In: Christlicher Glaube in moderner Gesellschaft. Hrsg. v. F. Bockle. Teilbd *2* (Freiburg 1981) S. 5—29.
— L’itinéraire de Hegel. In: Critique 413 (1981) S. 881—894.
— Die Kunst des Feierns. In: Humanität, Musik, Erziehung. Hrsg. v. K. H. Ehrenfort. Mainz 1981. S. 14—22.
— La dimensione religiosa in Heidegger. In: Itinerari *1980* (1981) No. 3, S. 3—19.
— Die Kultur und das Wort. In: Kultur als christlicher Auftrag heute. In: Salzburger Hochschulwochen 1980. Hrsg. v. A. Paus. Kevelaer 1981. S. 11—23.
— Heidegger und die Geschichte der Philosophie. In: The Monist *64* (1981) S. 423—433.
— Existentialismus und Existenzphilosophie. In: Neue Deutsche Hefte *28* (1981) H. 4, S. 675—688.
— Von hier und heute geht eine neue Epoche der Weltgeschichte aus. In: Neue Zürcher Ztg, Fernausgabe Nr. 150 v. 3. 7. 1981 [Vortrag, der in Mainz gehalten wurde].
— Das Alte und das Neue [Rede zur Eröffnung der Salzburger Festspiele 1981]. In: Offizielles Programm der Salzburger Festspiele 1981. S. 19—28.
— Lob der Theorie. In: Reden und Gedenkworte: Orden Pour le Mérite für Wissenschaft und Künste *16*: 1980 (1981) S. 67—91.
— A Classical Text — A Hermeneutic Challenge. In: Rev. de l’Université d’Ottawa 1981. S. 637 bis 642.
— Wissenschaft und Öffentlichkeit — aus philosophischer Sicht. In: Universitas *36* (1981) S. 27 bis 34.
— Wissenschaft, Praxis und Selbstbewußtsein unserer Zeit — in der Sicht der Philosophie. Ebda S. 681—688.
— Science and the Public. Ebda *23* (1981) S. 161—168 [engl. Ed.].
— Philosophie und Literatur. In: Was ist Literatur? Freiburg 1981. S. 18—45 (= Phänomenologische Forschungen 11).

Große, Rudolf: Zu den sozialgeschichtlichen Grundlagen für die Entwicklung der deutschen Literatursprache im 18. Jahrhundert. In: Kommunikation und Sprache in ihrer geschichtlichen Entwicklung bis zum Neuhochdeutschen. Linguistische Studien, Reihe A, Nr. 77, Akademie der Wissenschaften der DDR, Zentralinstitut für Sprachwissenschaft, Berlin 1981. S. 134—147.
— Ursachen des Sprachwandels und Ursachen des Namenwandels. In: Beiträge zur Onomastik. Linguistische Studien, Reihe A, Nr. 73/I, Akademie der Wissenschaften der DDR, Zentralinstitut für Sprachwissenschaft, Berlin 1980. S. 3—10.

Große, Rudolf: Sprachgeschichte in der Deutschlehrerausbildung. Gedanken zur Eröffnung der Arbeitstagung: Fragen der Geschichte der deutschen Sprache des 16.—18. Jahrhunderts = Sprachwissenschaftliche Arbeiten der Germanistenkommission Deutsche Demokratische Republik — Volksrepublik Polen 4. Linguistische Studien, Reihe A, Nr. 79, Akademie der Wissenschaften der DDR, Zentralinstitut für Sprachwissenschaft, Berlin 1981. S. 1—3.
— Soziolinguistische Aspekte der Landeskunde. In: Deutsch als Fremdsprache *18* (1981) H. 2, S. 65—68.
— [Vorwort zu:] Wörterbuch der obersächsischen Mundarten. Konzeption und Probeartikel. Linguistische Studien, Reihe A, Nr. 78, Akademie der Wissenschaften der DDR, Zentralinstitut für Sprachwissenschaft, Berlin 1981.
— Zu Luthers Bibelübersetzung. In: Mitteldeutsche Neueste Nachrichten vom 24. 12. 1981.
— [Interview] Mundart schafft Zusammengehörigkeit. In: Neuer Weg, Bukarest, 14. 11. 1981.
— Über die völkerverbindenden Aufgaben der Germanisten. In: Zeitschrift f. Germanistik *3* (1982) S. 137—142; gekürzt in: Deutsch als Fremdsprache *19* (1982) S. 131—134.
— Zur Rolle der Stadt in der deutschen Sprachgeschichte des Spätmittelalters. In: Rudolf Große u. Albrecht Neubert: Soziolinguistische Aspekte der Theorie des Sprachwandels. Berlin 1982. S. 29—43 (= Sitzungsberichte der Akademie der Wissenschaften der DDR, 10 G).
— u. Albrecht Neubert: Sprachwandel in soziolinguistischer Sicht. Thesen. Ebda S. 5—14.
— Bezeichnungen für Kommunikationsereignisse unter soziolinguistischem Aspekt. In: Linguistische Arbeitsberichte 36, Sektion Theoretische und angewandte Sprachwissenschaft der Karl-Marx-Universität Leipzig 1982. S. 42—48.
— Wolfgang Fleischer — 60 Jahre. Ebda S. 1—4.
— [Hrsg.] Althochdeutsches Wörterbuch Bd *III* (Berlin 1982) Lfg 12 u. 13.
— [Mithrsg.] Beiträge zur Erforschung der deutschen Sprache Bd *2* (Leipzig 1982).
— u. Albrecht Neubert: Thesen zur marxistisch-leninistischen Soziolinguistik. In: Soziolinguistik. Hrsg. v. Hugo Steger, Darmstadt 1982. S. 92—108. Nachdruck aus: Beiträge zur Soziolinguistik. Hrsg. von Rudolf Große und Albrecht Neubert, Halle/Saale 1974. S. 9—22.

Hamann, Günther: Historische-geographische Landkartenerklärungen: Entwicklung der österreichischen Länder 976—1526 (mit Nebenkarte: Die Österreichischen Vorlande); Entwicklung der Habsburgischen Länder 1526—1795, und: Wiener Kongreß bis zum Ersten Weltkrieg. In: Spectrum Austriae. Österreich in Geschichte und Gegenwart. Wien 1981. S. 17—24.
— Die Astronomie im mittelalterlichen Österreich. In: Die Kuenringer — Das Werden des Landes Niederösterreich. Katalog der Niederösterreichischen Landesausstellung in Stift Zwettl. 1981. S. 668—685.
— Christoph Columbus zwischen Mittelalter und Neuzeit-Nachfahre und Wegbereiter. In: Europäisierung der Erde. Wiener Beiträge zur Geschichte der Neuzeit Bd *7* (1980) S. 15—38.
— Natur- und Landschaftsschilderung in den Berichten der beginnenden Neuzeit (Portugiesische Seefahrer, Columbus, Magellan). In: Landschaft und Mensch. Hrsg. v. G. Höhl u. H. Kessler. Mannheim 1981. S. 37—70 (= Abhandlungen der Humboldt-Gesellschaft, Bd 6).
— Heinrich Benedikt (30. Dezember 1886 — 26. Dezember 1981) zum Gedenken. In: Wiener Beiträge zur Geschichte der Neuzeit. Wien 1982. S. 8—21.
— Johannes Kepler, das Haus Habsburg und die Katholische Kirche. In: Kepler-Symposium zu Johannes Keplers 350. Todestag. Hrsg. v. Rudolf Haase. Linz 1982. S. 45—66.
— Alvise Cadamosto. In: Lexikon des Mittelalters Bd *II* (München 1982) Sp. 1336.
— Ein österreichisches Dankeswort an Heinrich Lutz. In: Heinrich Lutz: Politik, Kultur und Religion im Werdeprozeß der frühen Neuzeit. Aufsätze und Vorträge, herausgegeben aus Anlaß des 60. Geburtstages. Klagenfurt 1982. S. VII—XXI.
— [Hrsg.] Veröffentlichungen der Kommission für Geschichte der Mathematik, Naturwissenschaften und Medizin der Österreichischen Akademie der Wissenschaften (phil.-hist. u. math.-nat. Klasse).
— [Mithrsg.] Wiener Beiträge zur Geschichte der Neuzeit.

Hamann, Günther: [Mithrsg.] Artikel über die Geschichte der Geographie, des Weltbildes, der Entdeckungs- und Forschungsreisen im Rahmen des Lexikons des Mittelalters. München.
— [Mithrsg.] Biographien österreichischer Forschungsreisender und Geographen im Rahmen der Commission d'Histoire de la Pensée Géographique.
— [Mithrsg.] Mitteilungen der Österreichischen Gesellschaft für Geschichte der Naturwissenschaften (Wien-Graz).

Heimpel, Hermann: Traum im November. In: Geschichte in Wissenschaft und Unterricht *32* (1981) S. 521—525.
— Die Vener von Gmünd und Strassburg 1162—1447. Studien und Texte zur Geschichte einer Familie sowie des gelehrten Beamtentums in der Zeit der abendländischen Kirchenspaltung und der Konzilien von Pisa, Konstanz und Basel. Veröffentlichung des Max-Planck-Instituts für Geschichte *52* (Göttingen 1982) Bd *1*, 633 S., Bd *2*, S. 634—1165, Bd *3*, S. 1166—1625.
— Königlicher Weihnachtsdienst auf den Konzilien von Konstanz und Basel. In: Tradition als historische Kraft. K. Hauck gewidmet. 1982. S. 388—411.

Hiebsch, Hans: The Experiment on Social Psychology. In: Proceedings of the XXIInd International Congress of Psychology Leipzig GDR 1980. Leipzig 1981. S. 89—96.
— Es beginnt am ersten Tag. In: Die Weltbühne *76* (1981) H. 42, S. 1336—1338.
— Kitty und die barmherzigen Samariter. Ebda *77* (1982) H. 2, S. 44—47.
— [Mithrsg.] u. H. Brandstätter, H. H. Kelley: *Social Psychology*, XXIInd International Congress of Psychology, selected revised papers. Berlin 1982 u. Amsterdam, New York, Oxford 1982.
— Interpersonal Perception and Cognition. Ebda S. 120—123.
— Wie man eine Tabelle interpretiert. In: Die Weltbühne *77* (1982) H. 21, S. 647—648.
— Die Anspruchsvollen. Ebda H. 37, S. 1160—1162.
— Wo gehobelt wird . . . Ebda H. 49, S. 1552—1554.

Hunger, Herbert: Anonyme Metaphrase zu Anna Komnene, Alexias XI—XIII. Ein Beitrag zur Erschließung der byzantinischen Umgangssprache. Wien 1981. 265 S. (= Wiener Byzantinistische Studien 15).
— Zum Stil und zur Sprache des Patriarchatsregisters von Konstantinopel. Rhetorik im Dienste der orthodoxen Hierarchie. In: Studien zum Patriarchatsregister von Konstantinopel *I* (Wien 1981) S. 11—60 (= Sitzungsber. Österr. AdW, phil.-hist. Kl. 383).
— The Classical Tradition in Byzantine Literature: the Importance of Rhetoric. In: Byzantium and the Classical Tradition. University of Birmingham, Thirteenth Spring Symposium of Byzantine Studies *1979* (Birmingham 1981) S. 35—47.
— Ideologie und Systemstabilisierung im byzantinischen Staat. In: Acta Antique Academiae Scientiarum Hungaricae *27* (1979 [1981]) S. 263—272.
— Ein Papyrus aus dem unruhigen Alexandreia am Vorabend der arabischen Eroberung (Pap. Vindob. Gr. 19938). In: Illinois Studies Classical *VI/1* (1981) S. 197—204.
— State and Society in Byzantium. In: Proceedings of the Royal Irish Academy *82* (Dublin 1982) S. 197—209.
— Gregorios von Korinth, Epigramme auf die Feste des Dokekaorton. In: Analecta Bollandiana *100* (1982) S. 637—651 (= Mélanges offerts à Baudouin de Gaiffier et François Halkin).
— [Art.] Byzantinische Literatur. In: Lexikon des Mittelalters *II* (1982) S. 1182—1204.

Iordan, Iorgu: Cuvînt de salut. In: Arhivele Olteniei. Serie nouă, vol *I* (1981) S. 13—14.
— Amintiri. In: Viaţa românească, martie 1981, S. 6—8.
— Lat. *femina* ş. a. In: Limba română 30 (1981) S. 75—79.
— [Rez.] G. Ivănescu: Istoria limbii române. In: Limba română *30* (1981) S. 89—90.
— [Nachr.] Vladimir Robu (1915—1980). In: Limba română *30* (1981) S. 375—376.
— Al XVI-lea Congres international de Lingvistica şi filologie romanică (Palma de Mallorca, 5—12 aprilie 1980). In: Studii şi cercetări lingvistice *32* (1981) S. 103—105.

Iordan, Iorgu: Reuniune ştiinţifică la Milano. In: Limba română *30* (1981) S. 191–192.
— Cronica lingvistică: Ion Coteanu, Originile limbii române. In: Viaţa românească, august 1981, S. 72–75.
— Despre continuitate. In: Limba română *30* (1981) S. 298.
— Cuvînt de salut. In: Secolul *20* (1981) Nr. 1–3, S. 18.
— Despre moştenirea noastră culturală. In: România literară *16* (1981) VII.
— Din nou despre toporas. In: Limba română *30* (1981) S. 287.
— [Rez.] Cronica lui Ion Neculce. Ediţie Zamfira Mahial şi Paul Mihail. In: Limba română *30* (1981) S. 343.
— Academia Franceză şi. Nichita Stănescu. In: Limba română *30* (1981) S. 565–566.
— Lingvistică, poetică, formalizare. In: Cronica (Jasi 1981) v. 4. sept., S. 1, 3.
— Eugenio Coseriu. Théoricien du langage et historien de la linguistique. In: Logos semantikos *I* (Berlin, New York, Madrid 1981) S. 3–6.
— Hiperurbanisme lexicole. In: Semantică şi Semiotică. Bucureşti 1981. S. 210–213.
— Profesorul Traian Bratu (1875–1940). In: Traian Bratu şi germanistica ieşeană. Jasi 1981. S. 4–12.
— Valeriu Mangu: De vorbă cu Iorgu Iordan. Bucureşti 1982. 419 S.
— In chestiunea „alegerii" lui Ion Barbu la Academie. In: Flacără 1982, Nr. 3.
— Presentación zu Lexicul spaniolei americane vol *I*, Bogotà 1982.
— Conceptul de „lege" in lingvistică. In: Limba română 30 (1982) S. 492–495.
— Despre prioritatea unei idei. In: Limba română *30* (1982) S. 518–519.
— Tradiţia unor studii lingvistice. In: Contemporanul v. 24. sept. 1982, S. 2.
— Marius Sala şi Joana Vintilă-Rădalescu, Limbile lumii. In: Limba română *30* (1982) S. 523.
— [Interv.] in: Pagini bucovinene. Nov. 1982.
— Insemnări critico-literare [despre „Fefeleaga"]. In: Ceasuri de seară cu Ion Agârbiceanu. Cluj-Napoca 1982. S. 119–123.
— O valoroasă realizare a lingviştilor noştri (despre Spaniola americană). In: Scînteia v. 26. 12. 1982, S. 4.
— Două precisări (note polemice). In: Cercetări de lingvistică *27* (Cluj-Napoca 1982) S. 108–109.
— Intervenţie (XVI-lea Congres internaţional de Lingvistică şi filologie romanică, Palma de Mallorca). In: Actes *I* (1982) S. 273–274.
— G. Ivănescu la 70 de ani. In: Analele stiinţifice als Univ. „Alex. I. Cuşa", serie nouă, Sectiune a II-a Lingvistică, tom *28–29* (1982–1983) S. 1–2.

Ivić, Milka: O značenju srpskohrvatskog pluskvamperfekta. In: Zbornik za filologiju i lingvistiku *23/1* (Novi Sad 1980) S. 93–100.
— Srpskohrvatski glagolski oblici za iskazivanje pojava koje postoje u sadašnjosti. In: Južnoslovenski filolog *37* (Beograd 1981) S. 13–24.
— O prilozima u vezi sa nekim tipološkim karakteristikama srpskohrvatske rečenice. In: Naučni sastanak u Vukove dane MSC Beograd — Novi Sad — Tršić 13.–18. IX. 1977. Referati i saopštenja *7* (Beograd 1981) S. 297–304.
— Daničić sintaksičar — u svom vremenu i danas. In: Zbornik o Đuri Daničiću. SANU i JAZU. Beograd — Zagreb 1981. S. 297–304.
— O „regularnoj polisemiji" u leksikološkoj teoriji i leksikografskoj praksi. In: Leksikografija i leksikologija. Zbornik referata. Odg. urednik Drago Ćupić. Beograd — Novi Sad 1982. S. 77–81.
— O nekim principima glagolske prefiksacije u slovenskim jezicima. In: Južnoslovenski filolog *38* (Beograd 1982) S. 51–61.
— O slovenskim egzistencijalno-lokacionim rečenicama. In: Studia gramatyczne *5*. Polska Akademia Nauk — Institut języka polskiego. Wrocław — Warszawa — Gdańsk 1982. S. 7–10.

Kühnert, Friedmar: Friedrich Zucker als akademischer Lehrer. In: Zum 100. Geburtstag von Friedrich Zucker. Ausgewählte Vorträge der Friedrich-Schiller-Universität Jena 1982. Jena 1982. S. 5–10.

Lehmann, Edgar: Herbert Louis' Beitrag zur topographischen und geographischen Kartographie. In: Mitteilungen der Geographischen Gesellschaft in München *65* (1980) S. 27–32.

— The Environmental Situation of the Halle–Leipzig Region, Detail from a map 1: 500000 [zusammen mit Dipl.-Geograph Ernst Benedict]. In: Examples of Environmental Maps (Joint Working Group on Environmental Atlases). Instituto Geográfico Nacional. Madrid 1980. 3 S.

— Einführung in das Symposium „Rauchen oder Gesundheit" der Klasse „Umweltschutz und Umweltgestaltung" der AdW und anderer wiss. Gremien der DDR. Berlin 1981 (= Sitzungsber. AdW der DDR, Mathematik-Naturwissenschaften-Technik 7 N 1981, S. 5–6).

— Eröffnung und Begrüßung des Fest-Kolloquiums „Grundlagenforschung und angewandte Forschung" – Dem Wirken Kurt Schwabes gewidmet. Berlin 1982 (= Sitzungsber. AdW. der DDR, Mathematik – Naturwissenschaften – Technik 19 N 1981, S. 5–7).

— Gedenkrede auf Friedrich Weller, gesprochen von Vizepräsident Edgar Lehmann bei der Beisetzung am 28. 11. 1980. In: Jahrbuch SAW *1979–1980* (Berlin 1982) S. 236–237.

— Bericht über den Stand der Arbeiten der SAW, erstattet in der öffentlichen Sitzung der SAW am 9. November 1979 und in der öffentlichen Sitzung am 10. April 1980. In: Jahrbuch SAW *1979–1980* (Berlin 1982) S. 129–146.

— Begrüßungsansprache des Vizepräsidenten, Herrn Lehmann, erstattet in der öffentlichen Herbstsitzung am 21. November 1980 In: Jahrbuch SAW *1979–1980* (Berlin 1982) S. 127–128.

— [Vorw.] Atlas Deutsche Demokratische Republik. Gotha 1981.

Lieberwirth, Rolf: Die staatstheoretischen und verfassungsrechtlichen Anschauungen von Christian Thomasius und Christian Wolff. In: Christian Thomasius als Philosoph der Aufklärung. Hallesches Wolff-Kolloquium anläßlich der 300. Wiederkehr seines Geburtstages. Hrsg. von H.-M. Gerlach, G. Schenk u. B. Thaler (= Wissenschaftliche Beiträge der Martin-Luther-Universität Halle–Wittenberg 1980/32 [37], S. 75ff.).

— Zur Gründung und Entwicklung der Martin-Luther-Universität Halle–Wittenberg. In: Hallesche Studien zum Hochschulrecht 1980, H. 1, S. 10ff.

— Zur Spruchtätigkeit der Juristenfakultäten in Halle und Wittenberg. In: Jogtörténeti Tanumányok Emlékkönyv Csizmadia Andor hetvenedik születésnapjára. Pécs 1980. S. 239ff.

— Eike von Repchow und der Sachsenspiegel. Berlin 1982. 50 S. (= Sitzungsber. SAW, phil.-hist. Kl. Bd 122, H. 4).

— [Rez.] Jörg Winter: Die Wissenschaft vom Staatskirchenrecht im Dritten Reich. Frankfurt/M. – Bern – Las Vegas 1979. X, 315 S. (= Europäische Hochschulschriften, Reihe II, Rechtswissenschaft, 212). In: ThLZ *106* (1981) Nr. 7, Sp. 527ff.

— [Rez.] Wolfgang Fikentscher: De fide et perfidia. Der Treuegedanke in den „Staatsparallelen" des Hugo Grotius aus heutiger Sicht. München 1979. 160 S., 1 Taf. (= Bayerische Akademie der Wissenschaften, phil.-hist. Kl. Sitzungsberichte, Jg. 1979, 1). Ebda *107* (1982) Nr. 10, Sp. 780ff.

Lomov, Boris F.: Gehirn und Außenwelt. In: Philosophie und weltanschauliche Probleme der modernen Wissenschaft. Moskau 1981. S. 218–246.

— u. A. P. Tschernyschew: Die Informationsgabe durch die Beschreibung der Tätigkeit eines menschlichen Operators mit vorgegebener Information. In: Z. für Ökonomie Bd *2* (Sofia 1981) S. 2–5.

— Theorie, Experiment und Praxis in der Psychologie. In: Psychologische Probleme im Vorfeld. Sofia 1981. S. 20–44.

— Entwicklung der Technik und Probleme der Psychologie. In: Zeitschrift der AdW der UdSSR. Moskau 1981. Nr. 2, S. 30–40.

— Zum Problem der Tätigkeit in der Psychologie. In: Psychologische Zeitschrift *2* (1981) Nr. 5, S. 3–22.

— Psychologie: Ergebnisse, Probleme, Experimente. In: Zeitschrift „Natur" *1981*, Nr. 2, S. 24–31.

— Die Persönlichkeit im System der gesellschaftlichen Beziehungen. In: Psychologische Zeitschrift *2* (1981) Nr. 1, S. 3–17.

Lomov, Boris, F.: Über Stand und Perspektiven der Entwicklung der psychologischen Wissenschaft in der UdSSR. In: Die psychologische Wissenschaft in den sozialistischen Ländern. Moskau 1981. S. 129–158.
— Mathematik und Psychologie bei der Untersuchung von Prozessen der Entscheidung. In: Normative und deskriptive Modelle der Entscheidung. Moskau 1981. S. 5–20.
— Die wissenschaftlich-technische Revolution und einige Probleme der Psychologie. In: Zeitschrift „Fragen der Philosophie“ *1981*, Nr. 2, S. 67–78.
— Laws in psychology. In: Studia psychologica *23* (1981) H. 4, S. 303–315.
— Personallisuuden ongelma neuvostopsykologiassa. In: Persoonallisuuden psykologian ongelma. Suomalais-neuvostolittolaisen symposion aineiston. Moskova, 21.–25. 5. 1979. Helsinki 1981. No 9, S. 3–14.
— [Hrsg.] Psychologie in den sozialistischen Ländern. Moskau 1981. 223 S.
— [Hrsg.] Das Problem der wechselseitigen Beziehungen in der Psychologie. Moskau 1981. 280 S.
— Das Prinzip des aktiven Prozesses in der Ingenieurpsychologie. In: Internationales Jahrbuch „Wissenschaft und Menschheit“. Moskau 1982. S. 53–67.
— Hautsensibilität und Tastsinn. In: Erkenntnisprozesse: Empfindungen und Wahrnehmungen. Moskau 1982. S. 197–218.
— Über die Erforschung der Gesetze der Psyche. In: Psychologische Zeitschrift *3* (1982) Nr. 1, S. 18–30.
— Das Problem der Persönlichkeit in der sowjetischen Psychologie. In: Probleme der Persönlichkeitspsychologie. Hrsg. von E. W. Schorowa, O. I. Sotowa u. A. W. Ryschow. Moskau 1982. S. 4–11.
— [Hrsg.] Handbuch der Ingenieurpsychologie. Moskau 1982. 368 S.
— u. a. [Hrsg.] Erkenntnisprozesse: Empfindungen und Wahrnehmungen. Moskau 1982. 336 S.
— Über die Erforschung der Gesetze des Psychischen. In: Psychologie, Organ der Vereinigung der Psychologen Bulgariens. Sofia 1982. H. 2, S. 82–92.
— Soviet Psychology: Its Historical Origins and Contemporary Status. In: American Psychologist *37* (1982) Nr. 5, S. 580–586.
— Teoria, koe ja käytäntö psykologiassa. In: Arvi A. Karisto Oy:n kirjapaino. Hämeenlinna 1982. 354 S.

Markov, Walter: 1789 — Legende und Wirklichkeit einer großen Revolution. Vorlesung vom 26. März 1981 (= Leipziger Universitätsreden NF, H. 59, 1981, 15 S.).
— Revolution im Zeugenstand. Frankreich 1789–1799. Leipzig 1982. 2 Bde: 583 u. 725 S. (= Reclams Universal-Bibliothek Bd 950, 951).
— Weltgeschichte im Revolutionsquadrat. 2., durchges. Ausg. Berlin 1982. 549 S.
— u. Albert Soboul: 1789 — die Große Revolution der Franzosen. 2. Ausg. Köln 1980. 480 S.
— Die Brücke der Aufklärung. In: Enlightenment and Romanian Society. Cluj-Napoca 1980. S. 152–161.
— Wissenschaftliche Höchstleistungen erfordern das Denken und Handeln des ganzen Kollektivs. In: Das Hochschulwesen *29* (1981) H. 3, S. 71.
— Der XV. Internationale Historikerkongreß in Bukarest 1980: Beziehungen zwischen Kontinenten und Völkern (mit H. Wolter); Die Internationale Kommission für Geschichte der Französischen Revolution; Internationale Vereinigung für neueste Geschichte Europas (mit F. Klein). In: ZfG *29* (1981) H. 6, S. 518–519, 533, 535.
— Jacques Roux: Addenda. In: Eine Jury für Jacques Roux. Dem Wirken Walter Markovs gewidmet. Berlin 1981. S. 18–20, 79–88 (= Sitzungsberichte der Akademie der Wissenschaften der DDR, Jg. 1981, Nr. 1/G).
— Ein sorbisches Lesebuch. In: Die Weltbühne *67* (1981) H. 47.
— [Nachw. zu:] Nikolai Karamsin: Briefe eines russischen Reisenden. 2. Ausg. Berlin 1981. S. 675–681.
— Friedensbewahrung. In: Spektrum *13* (1982) H. 2, S. II–III. Dasselbe unter dem Titel: Damit der Friede nicht zerbricht. In: LVZ 18./19. 9. 1982, S. 11.

Markov, Walter: Zgodovinopisje v NDR se loteva novih nalog. In: Delo (Ljubljana) v. 18. 5. 1982.
— Terre e contadini nelle Provincie Illiriche. In: Annuario dell'Istituto Storico Italiano per l'età. moderna e contemporanea *31/32*, 1979—1980 (Roma 1982) S. 89—96.
— A. Z. Manfred — istorik Velikoj francuzskoj revoljucii. In: Francuzskij ežegodnik, Moskau 1982. S. 153—157.
— Zgodovinopisje v Nemški demokratični republiki. In: Naši razgledi po svetu, Ljubljana, Nr. 23 v. 24. 12. 1982, S. 726—727.
— Entdeckungen '82. In: Die Weltbühne *77* (1982) H. 50/51, S. 1605.
— Die Große Französische Revolution 1789—1795. In: Revolutionen der Neuzeit 1500—1917. Berlin 1982 und Vaduz/Liechtenstein 1982. S. 111—142.
— u. Walter Schmidt, Wolfgang Küttler: Revolutionen in der Epoche des weltweiten Sieges des Kapitalismus 1789—1871. Ebda S. 101—110.
— [Rez.] Susanne Petersen: Lebensmittelfrage und revolutionäre Politik in Paris 1792—1793. Studien zum Verhältnis von revolutionärer Bourgeoisie und Volksbewegung bei Herausbildung der Jakobinerdiktatur. München, Wien 1979. In: ZfG *29* (1981) H. 5, S. 459—460.
— [Rez.] Girondins et Montagnards. Actes du Colloque, Sorbonne 1975. Hrsg. A. Soboul. Paris 1980. Ebda H. 9, S. 859—860.
— [Rez.] Die Mainzer Republik II: Protokolle des Rheinischdeutschen Nationalkonvents mit Quellen zu seiner Vorgeschichte. Hrsg. Heinrich Scheel. Berlin 1981. Ebda *30* (1982) H. 4, S. 359—361.
— [Rez.] Wolfgang Mager: Frankreich vom Ancien Régiem zur Moderne. Stuttgart (u. a. Orte) 1980. In: DLZ *103* (1982) H. 2, Sp. 136—138.
— [Rez.] Susanne Petersen: La question des subsistances et la politique révolutionnaire à Paris, 1792—1793. München, Wien 1979. In: Annales historiques de la Révolution française, Nr. 248, 1982, H. 2, S. 306—307.
— [Anz.] J. Voss: Geschichte Frankreichs, Band 2: Von der frühneuzeitlichen Monarchie zur Ersten Republik, 1500—1800. München 1980. In: ZfG *29* (1981) H. 7, S. 655.
— [Anz.] A. Soboul. Comprendre la révolution. Problèmes politiques de la Révolution française 1789—1797. Paris 1981. Ebda H. 8, S. 768.
— [Anz.] F. Gendron: La Jeunesse dorée. Episodes de la Révolution française. Québec 1979. Ebda *30* (1982) H. 10/11, S. 1046.
— [Anz.] R. Moulinas: Les Juifs du Pape en France. Communautés d'Avignon et du Comtat Venaissin aux 17e et 18e siècle. Toulouse 1981. Ebda H. 12, S. 1153.
— [Mithrsg.] Alfred Anderle, Ernst Werner, Herbert Wurche: Kleine Enzyklopädie Weltgeschichte. 2. Aufl. Leipzig 1981. 2 Bde, 634 u. 624 S. u. 64 S. Farbkarten.
— [Dasselbe ungarisch:] Világtörténelmi enciklopédia. Budapest 1982. 2 Bde, 1154 S.
— [Mithrsg.] Manfred Kossok. Walter Schmidt, Gerhard Schilfert: Studien zur Revolutionsgeschichte. Revolutionen der Neuzeit 1500—1917. Berlin 1982 u. Vaduz/Lichtenstein 1982. 604 S.

Mayrhofer, Manfred: Nach hundert Jahren. Ferdinand de Saussures Frühwerk und seine Rezeption durch die heutige Indogermanistik. Heidelberg 1981. 43 S. (= Sitzungsber. Heidelberger Akademie der Wiss. Jg *1981*/8).
— Über sprachliche Rekonstruktionsmethoden. In: Anzeiger der Österreichischen Akademie der Wissenschaften, phil.-hist. Klasse *117* (1981) S. 357—366.
— Zu übergangenen Inschriftenfragmenten aus Susa. In: Anzeiger der Österreichischen Akademie der Wissenschaften, phil.-hist. Klasse *118* (1982) S. 130—134.
— Welches Material aus dem Indo-Arischen von Mitanni verbleibt für eine selektive Darstellung? In: Gedenkschrift für Heinz Kronasser. Wiesbaden 1982. S. 72—90.
— Altpersisch *taumani* ‚Kräfte'. In: Indo-Iranian Journal *24* (1982) S. 201—204.
— Über griechische Vokalprothese, Laryngaltheorie und externe Rekonstruktion. In: Festschrift für Günter Neumann. Innsbruck 1982. S. 177—192.

Möbius, Friedrich: Nekotorye aspekty ėstetičeskogo vospitanija studentov pri socializme. In: Ėstetičeskoe vospitanie studentov. Sbornik trudov učënych socialistističeskich stran. Moskva 1980. S. 180–187.
— Die frühmittelalterliche Basilika. Zur Soziologie und Symbolik eines architektonischen Typs. In: kritische berichte. Mitteilungsorgan des Ulmer Vereins *9* (1981) H. 1/2, S. 3–19.
— Basilikale Raumstruktur im Feudalisierungsprozeß. Anmerkungen zu einer Ikonologie der Seitenschiffe. In: Wissenschaftliche Zeitschrift der Ernst-Moritz-Arndt-Universität Greifswald, ges.-sprachwiss. R. *29* (1980) H. 2/3, S. 19–25.
— Buticum als Conus Dei. Zur frühen Vierung in Centula. In: Ars auro prior. Studia Ioanni Białostocki sexagenario dicata. Warszawa 1981. S. 79–86.
— Die Kathedralfassade in der mittelalterlichen Stadt. In: Wissenschaftliche Zeitschrift der Friedrich-Schiller-Universität Jena, ges.-sprachwiss. R. *30* (1981) H. 3/4, S. 275–301.
— [Vorwort] zu den Tagungsmaterialien der III. Jahrestagung des Jenaer Arbeitskreises für Ikonografie und Ikonologie über „Kunst und Stadt". Ebda S. 269–273.
— Der Stadtbürger als Adressat feudaler Kunst. In: Wissenschaftliche Zeitschrift der Ernst-Moritz-Arndt-Universität Greifswald, ges.-sprachwiss. R. *30* (1981) H. 3/4, S. 82.
— Von der Kunstgeographie zur kunstwissenschaftlichen Territorienforschung. In: Bildende Kunst *29* (1981) H. 12. Kunstwissenschaftliche Beiträge 12, S. 1–8.
— IV. Jahrestagung des Jenaer Arbeitskreises für Ikonografie und Ikonologie. In: Weimarer Beiträge *28* (1982) H. 8, S. 157–163.
— [Rez.] Klaus Voigtländer: Die Stiftskirche zu Gernrode und ihre Restaurierung 1858–1872. Berlin 1980. In: DLZ *103* (1982) H. 11, Sp. 998–1000.

Müller, Joachim: Der vierte Akt im Zweiten Teil von Goethes „Faust". Aktion und Bezüge. Berlin 1981. 26 S. (= Sitzungsber. SAW, phil.-hist. Kl. Bd 122, H. 1).
— Augenblick und Ewigkeit. Zeit und Raumsymbolik in Goethes poetischem Bezugskreis. In: Ansichten der deutschen Klassik. Berlin 1981. S. 250–275.
— Wilhelm Raabe, Das Horn von Wanza: Erzählstruktur und Erzählerposition. In: Wilhelm Raabe. Studien zu seinem Leben und Werk. Braunschweig 1981. S. 212–233.
— Farblichkeit in Goethes Lyrik. In: Jahrb. des Freien Deutschen Hochstifts 1981. Tübingen 1981. S. 87–109.
— Stilkritische Beobachtungen an Hebbels Geschlechterdialogen. In: Friedrich Hebbel. Neue Studien zu Werk und Wirkung. Heide in Holstein 1982. S. 131–146.
— Verwandelte Welt — zur Lyrik Peter Huchels. In: Universitas *37* (1982) H. 6, S. 581–588.
— Stammte Goethes Marianne aus Linz? In: Vierteljahresschr. des Adalbert Stifter Instituts des Landes Oberösterreich *31* (1982) F. 1/2, S. 73–76.
— Menschenwelt, Naturereignis, Symbolbezug und Farblichkeitsstruktur in Adalbert Stifters Erzählung „Katzensilber". Ebda, F. 3/4, S. 145–167.
— Zufall und Vorfall. Geschehenswelt und Erzählstruktur in Heinrich von Kleists Novelle „Der Findling". In: Zeitschr. f. Germanistik *3* (1982) H. 4, S. 427–438.
— [Hrsg.] Wilhelm Raabe: Das Horn von Wanza. Studienausgabe. Braunschweig 1981. Nachwort S. 184–208, Wort- und Sacherklärungen S. 229–259.
— [Hrsg.] Schillers Werke in fünf Bänden. Ausgewählt und eingeleitet sowie mit Anmerkungen versehen. Berlin und Weimar 1981[16] (= Bibliothek deutscher Klassiker).
— [Hrsg.] Stifters Werke in vier Bänden. Ausgewählt, eingeleitet sowie mit Anmerkungen versehen. Berlin und Weimar 1981[4] (= Bibliothek deutscher Klassiker).
— [Bespr.] Thomas Mann: Tagebücher. 1937–1939. Hrsg. v. Peter de Mendelssohn. Frankfurt/M. 1980. — Die Briefe Thomas Manns. Regesten Bd II. Frankfurt/M. 1980. In: DLZ *102* (1981) Sp. 449–452.
— [Bespr.] Günter Mieth: Friedrich Hölderlin. Berlin 1978. Ebda Sp. 589–593.
— [Bespr.] Schillers Werke. Nationalausgabe. Hrsg. im Auftrage der Nationalen Forschungs- und Gedenkstätten der klassischen deutschen Literatur in Weimar und des Schiller-Nationalmuseums in Marbach von Norbert Oellers und Siegfried Seidel. Bd 10: Die Braut von Messina.

Wilhelm Tell. Die Huldigung der Künste. Hrsg. v. Siegfried Seidel, Weimar 1980. Ebda Sp. 849–851.

Müller, Joachim: [Bespr.] Manfred Durzak: Die deutsche Kurzgeschichte der Gegenwart. Stuttgart 1980. Ebda *103* (1982) Sp. 319–322.

– [Bespr.] Goethezeit. Bern, München 1981. – Joseph Strelka: Esoterik bei Goethe. Tübingen 1980. – John Geary: Goethe's Faust. New Haven, London 1981. – Vistas and Vectors. Austin 1979. – Hans-Georg Pott: Die schöne Freiheit. Eine Interpretation zu Schillers Schrift „Die ästhetische Erziehung". München 1980. Ebda Sp. 617–622.

– [Bespr.] Kurze Geschichte der deutschen Literatur. Von einem Autorenkollektiv, geleitet v. Kurt Böttcher und Hans Jürgen Geerdts. Berlin 1981. Ebda Sp. 953–957.

– [Bespr.] Herbert Seidler: Österreichischer Vormärz und Goethezeit. Österr. Akademie der Wissenschaften 1982 (phil.-hist. Kl. Sitzungsberichte Bd 394). Ebda Sp. 1048–1051.

– [Bespr.] Mythos und Mythologie in der Literatur des 19. Jahrhunderts. Hrsg. v. Helmut Koopmann. Frankfurt/M. 1979. In: ZfdPh *100* (1981) S. 299–303.

– [Bespr.] Jahrbuch des Wiener Goethe-Vereins. Hrsg. v. W. Martens und H. Zeman. Bde *81/82/83*, 1977/1978/1979 (Berlin, Bielefeld, München 1981). Ebda S. 598–604.

– [Bespr.] Irmgard Weithase: Sprachwerke-Sprechhandlungen. Über den sprecherischen Nachvollzug von Dichtungen. Köln, Wien 1980. Ebda S. 627–629.

– [Bespr.] Kleists Dramen. Neue Interpretationen. Hrsg. v. Walter Hinderer. Stuttgart 1981. Ebda *101* (1982) S. 295–301.

– [Bespr.] Karl S. Guthke: Das Abenteuer der Literatur. Studien zum literarischen Leben der deutschsprachigen Länder von der Aufklärung bis zum Exil. Bern. München 1981. Ebda S. 627–630.

– [Bespr.] Hilde Haider-Pregler: Des sittlichen Bürgers Abendschule. Bildungsanspruch und Bildungsauftrag des Berufstheaters im 18. Jahrhundert. Wien 1980. In: Zeitschr. f. Germanistik *2* (1981) H. 4, S. 486–489.

– [Autobiogr.] Meine Wanderungen mit Goethes Faust. Ansprache zum 12. Juli 1981. Privatdruck.

Neubert, Albrecht: Zu einigen aktuellen Problemen der lexikalischen Semantik. Berlin 1981. 20 S. (= Sitzungsber. SAW, phil.-hist. Kl. Bd 121, H. 6).

– Englische Aussprache. Eine Schallplatte mit Beiheft. 10. Aufl. Leipzig 1980. 48 S.

– Englische Intonation. Eine Schallplatte mit Beiheft. 6. Aufl. Leipzig 1981. 32 S.

– Übersetzungswissenschaftlicher Sprachvergleich. In: Zeitschr. Fremdsprachen *25* (1981) H. 1, S. 24–29.

– Die Sprache als unmittelbare Wirklichkeit des Gedankens? In: Deutsche Zeitschrift f. Philosophie *29* (1981) H. 11, S. 1294–1301.

– Text-linguistic aspects of translation. In: Linguistische Arbeitsberichte *35* (1981) S. 39–57.

– Translation, interpretation and text linguistics. In: Studia Linguistica *35* (1981) H. 1–2, S. 130 bis 145.

– Pragmatische Aspekte der Übersetzung. In: Übersetzungswissenschaft. Darmstadt 1981. S. 60–75.

– Bedeutung – Text – Translation. In: Zeitschr. Fremdsprachen *26* (1982) H. 2, S. 75–78.

– Text als linguistischer Gegenstand. In: Linguistische Arbeitsberichte *36* (1982) S. 25–42.

– Semantische Relationen im Wortschatz. In: Sitzungsber. AdW der DDR *10 G* (1982) S. 15–28.

– Textsemantische Bedingungen für die Translation. In: Übersetzungswissenschaftliche Beiträge *1982*, Nr. 5, S. 22–36.

– Meaning in Context or How Words Make their Way into the Lexicon: SOAPOID, a Case in Point. In: Linguistische Studien *100* (Reihe A, 1982) S. 136–147.

– u. B. Hansen, K. Hansen, M. Schentke: Englische Lexikologie. Einführung in Wortbildung und lexikalische Semantik. Leipzig 1982. 246 S.

– u. R. Große: Thesen zur marxistisch-leninistischen Soziolinguistik. In: Soziolinguistik. Darmstadt 1982. S. 92–108.

Neubert, Albrecht, u. R. Große: Sprachwandel in soziolinguistischer Sicht (Thesen). In: Sitzungsber. AdW der DDR *10 G* (1982) S. 5–14.
— [Mithrsg.] u. R. Arnold: Englisch heute. Vorträge der sprachwissenschaftlichen Arbeitstagung anläßlich des 100. Jahrestages der Anglistik in Greifswald = Linguistische Studien *100* (Reihe A, 1982) 204 S.
— [Mithrsg.] u. G. Jäger: Äquivalenz bei der Translation. Übersetzungswissenschaftliche Beiträge 5. Leipzig 1982. 138 S.
— [Mithrsg.] u. R. Große: Soziolinguistische Aspekte der Theorie des Sprachwandels. = Sitzungsber. AdW der DDR *10 G* (1982) 43 S.
— [Mithrsg.] u. G. Handel, H. Piazza, G. Schwendler, D. Wittich: Namhafte Hochschullehrer der Karl-Marx-Universität Leipzig *1* (KMU Leipzig 1982) 90 S.
— [Rez.] W. Wilss (Hrsg.): Semiotik und Übersetzen. Tübingen 1980. In: Zeitschr. Fremdsprachen *25* (1981) H. 1, S. 134–136.
— [Rez.] O. Kade: Die Sprachmittlung als gesellschaftliche Erscheinung und Gegenstand wissenschaftlicher Untersuchungen. Leipzig 1980. Ebda S. 262–264.

Peek, Werner: Zum Pistikos-Epigramm. In: Zeitschr. f. Papyrologie u. Epigraphik *42* (1981) S. 34.
— Kilikisches Epigramm auf einen Rennwagen. Ebda S. 277–288.
— Revisis Revidendis. Ebda S. 289–291.
— Lakonische Grabepigramme. Ebda S. 292.
— Epigramm auf Apollonios von Tyana. In: Philologus *125* (1981) S. 297–298.

Petschow, Herbert: [Art.] Koschaker. In: Reallexikon der Assyrologie und Vorderasiatischen Archäologie *VI* (1982) S. 213–214.
— [Hrsg.] Veröffentlichungen der Kommission zur Erschließung von Keilschrifttexten der Bayrischen Akademie der Wissenschaften zu München.

Peukert, Herbert: Marko Cepenkovs makedonische Totenklagen. Untersuchungen zur volksdichtungstheoretischen Relevanz einer Gattung. = Prilozi. Contributions *V*, 1–2. MANU Skopje 1980. 77 S.
— Problematika regionalne i nadregionalne svojstvenosti folklora. In: Zbornik od XIX kongres na Sojuzot na zadruženijata na folkloristite na Jugoslavija Kruševo 1972. Skopje 1977. S. 99–103.
— O tužbalicama M. Cepenkova i njihovom značaju za proučavanje poetskog narodnog stvaranja. In: Simpozium posveten na životot i deloto na Marko Cepenkov. Skopje 1981. S. 179–183.

Poppe, Eberhard: Rechte, Freiheiten und Pflichten des Bürgers in der entwickelten sozialistischen Gesellschaft. In: Staat und Recht in der entwickelten sozialistischen Gesellschaft, Berlin 1981. S. 95–100.
— Zum Gesetz über die Kollegien der Rechtsanwälte in der DDR. In: Neue Justiz *35* (1981) H. 5, S. 223.
— Sozialistisches Recht und Wissenschaft. In: Spectrum *12* (1981) H. 9, S. 14–17.
— Anmerkungen zu sozialistischen Grundpflichten. In: Staat und Recht *30* (1981) H. 12, S. 1079 bis 1088; erweitere Fassung in: Schriften und Informationen des DDR-Komitees für Menschenrechte 1982, H. 3, S. 49–60.
— Zum Wesen und zur wachsenden Rolle des sozialistischen Rechts. In: Weichelt/Poppe/Heuer: Sozialistisches Recht und Demokratie. Berlin 1981. S. 24–34 (= Sitzungsber. AdW der DDR, Gesellschaftswissenschaften 3 G 1981).
— Rudolf Hieblinger u. Eberhard Poppe: Aufgaben der Grundrechtsforschung nach dem XXVI. Parteitag der KPdSU und dem X. Parteitag der SED. In: Staat und Recht *30* (1981) H. 10, S. 878–883.
— Sozialistisches Recht und Wissenschaft. Berlin 1982. 23 S. (= Sitzungsber. AdW der DDR, Gesellschaftswissenschaften 9 G 1981).
— Zum politisch-juristischen Charakter der Verfassung der DDR. In: Staat und Recht *31* (1982) H. 4, S. 291–300.

Poppe, Eberhard: Karl Marx and Human Rights Today. In: Karl Marx and the Modern Political Theory, GDR-National Comitee of Political Sciences. Berlin 1982. S. 84–118.
– Kulturbund in der entwickelten sozialistischen Gesellschaft der DDR 1976–1981. In: Sammelband. Berlin 1982: Aufbau-Verlag. S. 107–110 u. 133–134.
– Der sozialistische Staat und seine Grund- und Menschenrechte. In: Deutsche Zeitschrift für Philosophie *30* (1982) Nr. 10, S. 1227–1239.
– [Rez.] D. A. Kerimow: Verfassung der UdSSR und politisch-rechtliche Theorie. In: Neue Justiz *36* (1982) Nr. 4, S. 191–192.
– [Vorw.] Rudolf Hieblinger, Eberhard Poppe: Vorwort zu Staatsrecht der UdSSR – Lehrbuch. Berlin 1982. S. 9–11.

Ricken, Ulrich: Interpretationen der Sprache als Argument für und gegen den Dualismus. Descartes und seine sensualistischen Gegenspieler im 17. Jahrhundert. In: Beiträge zur Romanischen Philologie *XX* (1981) H. 1, S. 29–49.
– Linguistik und Naturwissenschaft in der Aufklärung. In: Nova acta Leopoldina NF *54* (1981) Nr. 245, S. 544–564.
– Remarques sur la discussion linguistique pendant la révolution française. In: XIV Congresso internazionale di linguistica e filologia romanza. Napoli, 15–20 aprile 1974. Atti. Napoli, Amsterdam 1978–1981, Bd *5* (1981) S. 647–661.
– Sprachauffassung und geschichtliches Menschenbild der Aufklärung. In: Logos Semantikos. Studia linguistica in honorem Eugenio Coseriu 1921–1981. Hrsg. H. Geckeler u. a. Bd *1* (Berlin, New York, Madrid 1981) S. 41–55.
– Linguistique et anthropologie chez Condillac. In: J. Sgard (Hrsg.): Condillac et les problèmes du langage (Actes du Colloque Condillac, Grenoble 9–11 octobre 1980). Genève, Paris 1982. S. 75–93.
– Réflexions du XVIIIe siècle sur „l'abus des mots". In: Mots *4* (1982) Mars, S. 29–45.
– Théorie linguistique et théorie sociale en France au siècle des Lumières. In: Ideologia, filosofia e linguistica. Atti del convegno internazionale di studi. Rende (CS), 15–17 settembre 1978, a cura di D. Gambarara e A. D'Atri. Roma 1982. S. 177–207.
– Der Wortmißbrauch als Diskussionsthema der französischen Aufklärung. In: Wiss. Z. Univ. Halle, ges.- u. sprachwiss. R. *XXXI* (1982) H. 2, S. 107–117.
– Zur Bezeichnungsgeschichte des Literaturbegriffs im 18. Jahrhundert. In: Sitzungsberichte der Akademie der Wissenschaften der DDR. Gesellschaftswissenschaften (1982) 2 G, S. 173–182.
– Erkenntnisse der Aufklärung über den politischen Sprachmißbrauch. In: Linguistische Studien *A* (1982) 97, S. 73–83.

Rudolph, Kurt: Antike Baptisten. Zu den Überlieferungen über frühjüdische und -christliche Taufsekten. Berlin 1981. 37 S. (= Sitzungsber. SAW, phil.-hist. Kl. Bd 121, H. 4).
– Der mandäische „Diwan der Flüsse". Hrsg. u. übers. Berlin 1982. 70 S. m. 23 Abb., 18 Taf. (= Abh. SAW, phil.-hist. Kl. Bd 70, H. 1).
– Der Koran. Aus dem Arabischen von Max Henning. Einleitung von Ernst Werner u. Kurt Rudolph. Textdurchsicht, Anmerkungen, Register von Kurt Rudolph. 5.–6. Aufl. Wiesbaden 1982. 599 S.
– Walter Baetke. 28. 3. 1884–15. 2. 1978. In: Jahrb. SAW *1977–1978* (Berlin 1980) S. 266–282, mit Bibliographie u. Biobibliographie.
– Basic Positions of *Religionswissenschaft*. In: Religion *11* (1981) S. 97–107.
– Die „sethianische" Gnosis – eine häresiologische Fiktion? In: B. Layton (Ed.): The Rediscovery of Gnosticism. Vol. *2*: Sethian Gnosticism, Leiden 1981. S. 577–578.
– Das Problem der „islamischen Gnosis". In: BO *38* (1981) S. 551–557.
– Probleme einer Entwicklungsgeschichte der mandäischen Religion. In: G. Widengren (Hrsg.): Der Mandäismus. Darmstadt 1982. S. 67–80 (= Wege der Forschung 167). Wiederabdruck aus: U. Bianchi [Ed.]: Le Origini dello Gnosticismo. Leiden 1967. S. 583–596.

Rudolph, Kurt: Die Mandäer. In: G. Widengren (Hrsg.): Der Mandäismus. Darmstadt 1982. S. 125–128, 468–471. (= Wege der Forschung 167). Wiederabdruck aus: K. Rudolph: Die Mandäer *I*. Göttingen 1960. S. 252–255; *II*. Göttingen 1961. S. 425–427.
– Walter Baetke (1884–1978). In: Namhafte Hochschullehrer der Karl-Marx-Universität Leipzig. Hrsg. von G. Handel u. a. Leipzig 1982. S. 23–32.
– [Vortragsresümee] Antike Baptisten. In: Jahrb. SAW *1979–1980* (Berlin 1982) S. 160.
– [Rez.] M. Boyce: A Persian Stronghold of Zoroastrianism. Oxford 1977. In: BO *37* (1980) S. 378–379.
– [Rez.] H. Corbin: Spiritual Body and Celestial Earth. Princeton 1977. In: BO *37* (1980) S. 381 bis 382.
– [Rez.] S. D. Gill: Song of Life. Leiden 1979 (Iconography of Religions X 3). – J. Jain/E. Fischer: Jaina Iconography. Leiden 1978 (Ebda XIII 12. 13). – K. R. Kooij: Religion in Neapel. Leiden 1978 (Ebda XIII 15). – S. Gieben: Christian Sacrament and Devotion. Leiden 1980 (Ebda XXIV 5). – G. C. Oosthuizen: Afro-Christian Religions. Leiden 1979 (Ebda XXIV 12). – J. F. Butler: Christianity in Asia and America after A. D. 1500. Leiden 1979 (Ebda XXIV 13). In: ThLZ *107* (1982) Sp. 335–340.
– [Rez.] E. Rose: Die manichäische Christologie. Wiesbaden 1979. Ebda Sp. 444–447.
– [Rez.] Hommages à Maarten J. Vermaseren. Ed. par. M. D. de Boor et T. A. Edridge. Leiden 1978. 3 vol. s. In: OLZ *77* (1982) Sp. 542–544.
– [Rez.] M. Boyce: A History of Zoroastrianism. I: The Early Period. Leiden 1975 (= Handbuch der Orientalistik 1. Abt., VIII. Bd 1). Ebda Sp. 585–589.
– [Ber.] History of Religions 16 (Aug. 1976 – May 1977). Ebda *76* (1981) Sp. 106–109.
– [Ber.] Religion 7 (1977). Ebda Sp. 616–618.
– [Ber.] Revue de l'histoire des religions 189 (Jan.–Avril 1976). 190 (Juillet–Dec. 1976). Ebda Sp. 221–222, 423–424.
– [Ber.] Revue de l'histoire des religions 191 (Jan.–Avril 1977). 192 (Juillet–Dec. 1977). 193 (Jan.–Avril 1978). Ebda *77* (1982) Sp. 108–109, 427–428, 620–621.

Růžička, Rudolf: Taschenwörterbuch Russisch-Deutsch. 19. Aufl. Leipzig 1981. LX, 260 S.; 20. Aufl. Leipzig 1982.
– Taschenwörterbuch Deutsch-Russisch. 9. Aufl. Leipzig 1982. LXXI, 388 S.
– Markirovannost' primenitel'no k parnosti ofricatel'nych predloženij v sovremennom russkom jazyke. In: Russian Linguistics *6* (1981) S. 1–14; auch in: Linguistische Studien, Reihe A, *92* (1982) S. 140–156.
– Case Force beyond Labelled Case Roles. In: Linguistische Arbeitsberichte *35* (1981) S. 110–124.
– Gesprächsstoff zwischen Philosophen und Linguisten. In: Deutsche Zeitschrift für Philosophie *29* (1981) H. 11, S. 1370–1375.
– Kondensation, Modalität und Pragmatik. In: Otázky slovanské syntaxe *IV* (Brno 1980) S. 27–31 [Nachtrag R. R. IV, 2].
– Kontrollprinzipien infiniter Satzformen: Infinitiv und Gerundium (deepričastie) im Russischen und in anderen slawischen Sprachen. In: ZfSl *27* (1982) H. 3, S. 373–411.
– Die Synthesis der Übersetzungswissenschaft: Theorie – Bewertung – Anweisung. In: Übersetzungswissenschaftliche Beiträge V. Äquivalenz bei der Translation. Hrsg. v. Gert Jäger u. Albrecht Neubert. Leipzig 1982. S. 5–21.
– Grucki sintaktični zaemki v starobulgarski. Ezikovedskata Bulgaristika v GDR. Hrsg. v. H. Walter, K. Gutschmidt, S. Ivančev. Sofia 1982. S. 256–269.
– Struktura i avtentičnost na starobŭlgarskija Dativus absolutus. Ebda S. 270–279.

Stepanov, Georgij W.: Über die Sprache des Poems „Vasilij Tjerkin". In: Voprosy literatury. Moskau 1981, Nr. 5, S. 88–106 [russ.].
– u. O. K. Vasiljeva-Schvede: Theoretische Grammatik der spanischen Sprache. Die Syntax des Satzes. Moskau 1981.

Stepanov, Georgij W.: Die Feste der theoretischen Grundlage. In: Voprosy literatury. Moskau 1981, Nr. 7, S. 60—64 [russ.].
— [Nachwort] Juan Ramón Jiménez: Platero y Yo. In: Detskaja literatura, Moskau 1981. S. 116 bis 124 [russ.].
— Der Begriff des externen Sprachsystems, des Zustandes und der Situation. In: F. M. Beresin: Geschichte der russischen Sprachwissenschaft. Das Lesebuch. Moskau 1981. S. 79—86 [russ.].
— [Übers.:] Miguel de Unamuno: Tres novelas e jemplasas. In: Miguel de Unamuno: Ausgewählte Werke in zwei Bänden. Bd *II* (Leningrad 1981) S. 5—92 [russ.].
— [Hrsg.]: I. P. Galperin: Text als Gegenstand der wissenschaftlichen Forschung. Moskau 1981 [russ.].
— [Hrsg.]: B. Gracián: Oráculo manual. El Criticón. Denkmäler der Literatur. Moskau 1982 [russ.].
— Zum Problem der sprachlichen Variierung. In: Einige Aspekte der Sprachforschung in der sowjetischen Linguistik. Ein Sammelband von Übersichtsschriften und Referaten. Moskau 1982. S. 158—169 [russ.].
— Didaktische Beispiele von Cervantes. In: M. de Cervantes. Novelas ejemplares. Moskau 1982. S. 3—13 [russ.].
— Aufgaben und Rolle der wissenschaftlichen Forschungsräte. In: Sozial-historische Bedingtheit der Entwicklung der moldauischen Nationalsprache. Kischinev 1982 [russ.].
— Die sprachliche Situation in Spanien. Im soziolinguistischen Aspekt. In: Iberika. Aktuelle Probleme der Forschung der Kultur der Völker der Pyreneischen Halbinsel. Moskau 1982 [russ.].

Tackenberg, Kurt u. Ch. Hannick: Ein Kupfermörser mit armenischer Inschrift. In: Boreas Bd *5* (1982) S. 280—283 mit Taf.

Telegdi, Zsigmond: Ein Beitrag zur Lehre vom sprachlichen Zeichen. Berlin 1981. 35 S. (= Sitzungsber. SAW, phil.-hist. Kl. Bd 122, H. 3).
— [Übers.] A „nyelvi jel“ fogalmának megjelenéséről és a sztoikusok nyelvészetéről. In: Általános Nyelvészeti Tanulmányok *XIII* (Budapest 1981) S. 163—194.
— [Mithrsg.] u. Gy. Szépe: Általános Nyelvészeti Tanulmányok *XIII*. A nyelvről való gondolkodás története. Budapest 1981. 368 S.
— [Mithrsg.] u. Gy. Szépe: Általános Nyelvészeti Tanulmányok *XIV*. Ujabb nyelvészeti témák. Budapest 1982. 254 S.

Träger, Claus: Johann Gottfried Herder as a Theorist of Literature. In: Actes du VIIIe Congrès de l'Association Internationale de Littérature Comparée, Budapest 1980. S. 265—269.
— Die „schärfste Waffe“. Zur Einheit von Marxismus-Leninismus und Fachwissenschaft. In: Forum *2* (1981) S. 12—13.
— Lessing — Kritik und Historizität. Berlin 1981. 34 S. (= Sitzungsber. SAW, phil.-hist. Kl. Bd 121, H. 5).
— Wissenschaftliche Höchstleistungen erfordern das Denken und Handeln des ganzen Kollektivs [Interviews mit Wissenschaftlern der KMU]. In: Das Hochschulwesen *3* (1981) S. 73 [eig. Beitr.].
— Zur Stellung und Periodisierung der deutschen Literatur im europäischen Kontext. In: Zeitschrift für Germanistik *2* (1981) H. 2, S. 133—148; dass. in: Akten des VI. Internationalen Germanisten-Kongresses Basel 1980, Jahrbuch für Internationale Germanistik, Reihe A, Bd *8/1* (Bern — Frankfurt a. M. — Las Vegas 1981).
— Studien zur Erbetheorie und Erbeaneignung. Leipzig 1981 (= RUB 907) und Frankfurt a. M. 1982 (= RT 102). 376 S.
— [Hrsg.] G. E. Lessing, Freimäurergespräche und anderes. Ausgewählte Schriften. Leipzig und Weimar/München 1981. Nachwort S. 337—368.

Träger, Claus: Fichte jako agitator rewolucji. In: Z historii rozwoju klasycznej burżuazyjnej filozofii niemieckiej. Warszawa 1981. S. 109–149.
— Über Historizität und Normativität des Klassik-Begriffs. In: Proceedings of the IXth Congress of the International Comparative Literature Association, Bd 1, hrsg. von Z. Konstantinović. Innsbruck 1981. S. 189–193 (= Innsbrucker Beiträge zur Kulturwissenschaft, Sonderheft 49).
— Aufklärung — Sturm und Drang — Klassik — Romantik. Epochendialektik oder „Geist der Goethezeit"? In: Impulse. Folge *3* (Berlin und Weimar 1981) S. 9–40.
— Zum Ursprung der europäischen Romantik. In: Slawische Kulturen in der Geschichte der europäischen Kulturen vom 18. bis zum 20. Jahrhundert. Internationaler Studienband (UNESCO), hrsg. von G. Ziegengeist. Berlin 1982. S. 175–179.
— [Rez.] Klassiker der Literaturtheorie, hrsg. von H. Turk. München 1979 (= Beck'sche Schwarze Reihe, Bd 192). In: Zeitschrift für Germanistik *2* (1981) H. 3, S. 371–372.
— [Rez.] Der handschriftliche Nachlaß Johann Gottfried Herders. Katalog. Im Auftrag u. m. Unterstützung der Akad. d. Wiss. in Göttingen bearb. von H.-D. Irmscher und Emil Adler. Wiesbaden 1979. In: DLZ *102* (1981) H. 5/6, Sp. 437–438.
— [Rez.] D. Naumann: Literaturtheorie und Geschichtsphilosophie. Teil I — Aufklärung, Romantik, Idealismus. Stuttgart 1979. — K. Peter: Friedrich Schlegel, Stuttgart 1978. Ebda H. 9, Sp. 727–730 [zus. mit Marion Förster].
— [Rez.] European Romanticism, ed. by J. Sötér and J. Neupokoyeva. Budapest 1977. — Romantik in Deutschland, hrsg. von R. Brinkmann. Stuttgart 1978. — Gerhart Hofmeister: Deutsche und europäische Romantik. Stuttgart 1978. Ebda H. 10, Sp. 832–836.
— [Rez.] Helmut Pietsch: Georg Forsters „Ansichten vom Niederrhein". Zum Problem des Übergangs vom bürgerlichen Humanismus zum revolutionären Demokratismus. Frankfurt a. M. — Bern — Las Vegas 1978. In: Weimarer Beiträge *28* (1981) H. 10, S. 171–176.

Ullmann, Ernst: Albrecht Dürer. Leipzig 1980. 91 S. m. 81 Abb.
— Zum Charakter der Kunst der zweiten Hälfte des 14. Jahrhunderts. In: Die Parker und der schöne Stil 1350–1400. Europäische Kunst unter den Luxemburgern. Das Internationale Kolloquium vom 5. bis zum 12. März 1979 anläßlich der Ausstellung des Schnütgen-Museums in der Kunsthalle Köln. Köln 1980. S. 185–187.
— Das Zisterzienserkloster Lehnin und die Entstehung der Backsteingotik in der Mark Brandenburg. In: Wiss. Z. Univ. Greifswald, ges.- und sprachwiss. R. *29* (1980) H. 2/3, S. 27–30.
— Die Reichsidee in der staufischen Kunst. Ebda *30* (1981) H. 3/4, S. 55–58.
— Die Welt der gotischen Kathedrale. Berlin 1981. 292 S. m. zahlreichen Abb.; Wien und Zürich 1982.
— Leonardo da Vinci. München-Wiesbaden 1981. 248 S. m. 195 z. T. farbigen Abb.
— [Hrsg. Redaktion und Einleitung] Kunstschätze der Karl-Marx-Universität Leipzig. Leipzig 1981. 177 S. m. 135 z. T. farbigen Abb.
— Gotik. 3. veränderte Aufl. Leipzig 1981. 229 S. m. 173 z. T. farbigen Abb.
— [Hrsg.] Geschichte der Deutschen Kunst 1350–1470. Leipzig 1981. 427 S. m. 407 z. T. farbigen Abb.
— Die Luther-Bildnisse Lukas Cranachs d. Ä. In: Martin Luther Ehrung 1983 der DDR. Pressebulletin. Berlin 1981. S. 1–14.
— „... wie wol bilder aus der schrifft und von guten Historien ich fast nützlich, doch frei und willkörig halte." (Martin Luther, 1528). Ebda Berlin 1983. S. 2–23 (= Vortrag, gehalten auf dem Kolloquium „Kunst und Reformation" in Eisenach vom 6.–11. 9. 1982).
— [Hrsg.] Albrecht Dürer: Schriften und Briefe. 4. Aufl. Leipzig 1982. 397 S. m. zahlreichen Abb.; ungar. Übersetzung nach der Ausgabe von 1973, 1982. 295 S. m. 104 Abb.
— Albrecht Dürer. Leipzig 1982. 72 S. m. 51 z. T. farbigen Abb.; spanische Übersetzung: La Habana 1982. 72 S. m. 51 z. T. farbigen Abb.
— [Hrsg.] Kunst und Reformation. Leipzig 1982. 171 S. m. 49 z. T. farbigen Abb.
— Lucas Cranach der Ältere — Bürger und Hofmaler. Ebda S. 41–52.

Ullmann, Ernst: Bauernkrieg-Bildersturm-bildende Kunst. Ebda S. 76–86.
– Albrecht Dürer und die frühbürgerliche Kunst in Deutschland. Ebda S. 87–100.
– [Nachw.] Ebda S. 150–158.
– [Hrsg.] Kunstwerk, Künstler, Kunstgeschichte. Ausgewählte Schriften von Johannes Jahn. Leipzig 1982. 266 S. m. 63 z. T. farbigen Abb.
– [Nachw.] Ebda S. 259–266.
– [Bespr.] E. Schröder: Dürer. Kunst u. Geometrie. Berlin 1980. 79 S. In: DLZ *103* (1982) Sp. 345–348.

von Weizsäcker, Carl Friedrich: Notizen zum Gespräch über das Thema: Das Bild der Bundesrepublik Deutschland und deutscher Kultur im Ausland. In: Orden Pour le Mérite, Reden und Gedenkworte. Heidelberg 1981.
– L. Castell u. C. F. v. Weizsäcker: The present status for the theory of urs. In: Quantum Theory and the Structures of Time and Space, Vol. *4* (München 1981).
– Universität und Gesellschaft. In: Beiträge zur Hochschulforschung 1-1981, Bayer. Staatsinstitut für Hochschulforschung und Hochschulplanung.
– Glaube und wissenschaftlich-technische Welt. In: Veröffentlichung des Katholischen Volksbildungswerks, Köln 1981. Auszugsweise, in: Evang. Kommentare *2* (1981).
– Als Physiker zwischen Philosophie und Politik. Veröffentlichung der Gesellschaft zur Förderung der Westfälischen Wilhelms-Universität zu Münster (1981).
– Natur und Moral im Lichte der Kunst. Eine Notiz zu Goethes Wahlverwandtschaften. In: Studien zur Goethezeit. Erich Trunz zum 75. Geburtstag. Hrsg. H.-J. Mähl, E. Mannack, Carl Winter (1981).
– Der Bedrohte Friede. Politische Aufsätze 1945–1981. München 1981.
– Möglichkeiten und Probleme auf dem Weg zu einer vernünftigen Weltfriedensordnung. München 1982. Außerdem in: DIE ZEIT vom 16. 3. 1982 und in: „Friedenssicherung durch Abrüstung?", Tutzinger Studien 1/1982. In englischer Übersetzung unter dem Titel „Deterrence — just a breathing space?" in: THE GERMAN TRIBUNE Nr. 33 vom 27. 6. 1982.
– Die Naturwissenschaft ist die größte Bewußtseinsveränderung der Menschheit. Sonderdruck der Max-Planck-Gesellschaft aus Anlaß des 70. Geburtstags von C. F. v. Weizsäcker. München Juli 1982.
– [Nachr.] auf Gershom Scholem und Hideki Yukawa. In: Das Parlament Nr. 26 vom 3. 7. 1982; auch in: Orden Pour le Mérite für Wissenschaften und Künste, Reden und Gedenkworte. Heidelberg 1982.
– [Nachr.] auf Georg Picht. In: Allgemeines deutsches Sonntagsblatt vom 22. 8. 1982.
– [Vorw.] Ludwig Raiser: Vom rechten Gebrauch der Freiheit. Stuttgart 1982.
– Laudatio für George F. Kennan. In: Börsenverein des Deutschen Buchhandels. Frankfurt/M., Oktober 1982.
– Wege zu unser aller Rettung. Private Aufzeichnung zu G. F. Kennan. In: Die Zeit Nr. 42 vom 15. 10. 1982.

Werner, Ernst: Sultan Mehmed der Eroberer und die Epochenwende im 15. Jahrhundert. Berlin 1982. 71 S. (= Sitzungsber. SAW, phil.-hist. Kl. Bd 123, H. 2).
– Allgemeine Charakterisierung der feudalen Produktionsweise. In: Handbuch Wirtschaftsgeschichte Bd *1* (Berlin 1981) S. 466–478.
– Antropocentryczna teologie Piotra Abelarda czy ideologie wczesnego renesansu? In: Kwartalnik historyczny *88* (Warschau 1981) S. 59–81.
– Überlegungen zum Problem der Stagnation im türkischen Feudalismus. Das 15. und 16. Jh. In: Jahrb. f. Gesch. des Feudalismus *5* (1981) S. 125–147.
– Ideologie und Gesellschaft im europäischen Mittelalter: Das 11. Jh. Ebda *6* (1982) S. 11–52.
– Das Osmanenreich im 17. Jh.: Systemverfall und Systemstabilisierungsversuche. In: Die Türken vor Wien. Europa und die Entscheidung an der Donau 1683. Salzburg-Wien 1982. S. 64–82.

Werner, Ernst: [Rez.] Die Zisterzienser. Ordensleben zwischen Ideal und Wirklichkeit. Bonn 1980. In: ZfG *29* (1981) S. 366–367.
— [Rez.] D. Angelov: Obštestvo i obštestvona mis'l v srednovekovna Bolgarija. Sofia 1979. In: Byzantinoslavica *41* (1980) S. 69–71.
— [Rez.] Slova a dějiny. Prag 1980. In: ZfG *30* (1982) S. 362–364.
— [Ann.] É. Griffe: Le Languedoc cathare et l'inquisition (1229–1329). Paris 1980. Ebda *29* (1981) S. 171–172.
— [Ann.] G. L. Potestà: Storia ed escatologia in Ubertino da Casale. Milano 1980. Ebda S. 563.
— [Ann.] Dizionario degli istituti di perfezione. Bd VI. Rom 1980. Ebda S. 763.
— [Ann.] Der Löwe von Temeschwar. Osmanische Geschichtsschreiber Bd 10. Graz–Köln–Wien 1981. Ebda *30* (1982) S. 177–178.
— [Ann.] Berkhout-Russel: Medieval Heresies. Toronto 1981. Ebda S. 276.
— [Ann.] M. Laufs: Politik und Recht bei Innozenz III. Köln–Wien 1980. Ebda S. 570.
— [Ann.] G. Duby: Der Hl. Bernhard und die Kunst der Zisterzienser. Stuttgart 1981. Ebda S. 1044.
— [Ann.] N. Todorov: La ville balkanique qux XVe–XIXe siècles. Bucarest 1980. Ebda S. 1136.

Wieacker, Franz: Historische Bedingungen und Paradigmen supranationaler Rechtsordnungen. In: Bernstein/Drobstein/Koetz (Hrsg.): Festschrift für Konrad Zweigert. Tübingen 1980. S. 575–593; Revista de derecho privado. Madrid 1982. S. 899–911. [spanisch].
— Zur Verfassungsstruktur des augusteischen Prinzipats. In: Oppermann u. a. (Hrsg.): Im Dienst an Deutschland und dem Recht. Festschrift für W. Grewe. Baden-Baden 1981. S. 639 bis 651.
— Diritto to vogaye e volgarismo. Problemi e discussioni. In: Atti del Accademia romanistica constantinea 4° Convegno Internaz. Perugia 1981. S. 509–530. [veränderte deutsche Fassung:] Vulgarrecht und Vulgarismus. Alte und neue Probleme und Diskussionen. In: Studi in onore di A. Biscardi 1. Milano 1981. S. 33–51.
— Wilhelm Felgenträger zum Gedächtnis. In: ZRG (RA) *98* (Weimar 1981) S. 600–605.
— The Importance of Roman Law for Western Civilization and Western Legal Thought. In: Boston College International and Comparative Law Review *4* (Fall 1981) Nr. 2, S. 257–281.
— Formalismus und Naturalismus in der neueren Rechtswissenschaft. In: Orn/Luig/Söllner (Hrsg.): Europäisches Rechtsdenken in Geschichte und Gegenwart. Festschrift für H. Coing zum 70. Geburtstag. München 1982. S. 703–717.
— L'esperienza romana e la moderne nozione di rivoluzione. In: Labeo *28* (Napoli 1982) S. 74–84 [bis auf den Titel in deutscher Sprache].
— Pontifex Iurisconsultus. Zur Hinterlassenschaft der römischen Pontifikaljurisprudenz. In: Hommage à René Dekkers. Brüssel 1982. S. 213–231.

Wittich, Dieter: Notwendige und vermeintliche Entwicklungsphasen einer wissenschaftlichen Theorie. In: Wiss. Z. KMU Leipzig, ges.- u. sprachwiss. R. *30* (1981) H. 2, S. 158–163.
— New Insights on the Origin and Social Role of Kuhnian Consepts. In: Science and Nature. New York/USA. No. 4 (1981) p. 3–12.
— Hegel und der gegenwärtige wissenschaftstheoretische Relativismus. In: M. Buhr/T. I. Oiserman (Hrsg.): Vom Mute des Erkennens. Beiträge zur Philosophie G. W. F. Hegels. Berlin 1981. S. 346–356.
— Fragen der systematischen Darlegung der marxistisch-leninistischen Erkenntnistheorie. In: Deutsche Zeitschrift für Philosophie *29* (1981) H. 12, S. 1455–1467.
— u. K. Gößler, K. Wagner: Bemerkungen zu den Diskussionsbeiträgen auf der 10. Arbeitstagung zu Fragen der marxistisch-leninistischen Erkenntnistheorie. In: Aus den philosophischen Leben der DDR (Informationsbulletin) *18* (1982) H. 4, S. 97–113.
— [Art.] „Ludwig Büchner", „Walter Hollitscher", „Jakob Moleschott" und „Karl Vogt". In: Philosophenlexikon. Hrsg. von E. Lange und D. Alexander. Berlin 1982. S. 127–130, 399–401, 658–661, 909–912.

Wittich, Dieter: [Rez.] Ludwik Fleck: Genesis and Development of a Scientific Fact. Edited by Th. Trenn and K. R. Merton. Foreword of Th. S. Kuhn; Ludwik Fleck: Entstehung und Entwicklung einer wissenschaftlichen Tatsache. Mit einer Einleitung herausgegeben von L. Schäfer und Th. Schnelle. In: Deutsche Zeitschrift für Philosophie *29* (1981) H. 6, S. 723–728.
— [Rez.] Heinz Liebscher: Georg Klaus zu philosophischen Problemen von Mathematik und Kybernetik. In: Deutsche Zeitschrift für Philosophie *30* (1982) H. 12, S. 1531–1536.
— [Mithrsg.] u. G. Handel, A. Neubert, H. Piazza, G. Schwendler: Namhafte Hochschullehrer der Karl-Marx-Universität Leipzig. Teil 1. Leipzig 1982. 90 S.

Wollgast, Siegfried: Zur Philosophie in Deutschland von der Reformation bis zur Aufklärung. Berlin 1982. 59 S. (= Sitzungsber. SAW, phil.-hist. Kl. Bd 122, H. 6).
— Hauptströmungen der deutschen Philosophie zwischen 1550 und 1650. In: Akademie der Wissenschaften der DDR. Institut für Theorie, Geschichte und Organisation der Wissenschaft. Kolloquien, H. 23: Berliner wissenschaftshistorisches Kolloquium II: ausgewählte Beiträge aus den bisherigen zwanzig Kolloquien in der Zeit von 1977–1980. Manuskriptdruck, Berlin 1981. S. 54–66.
— Theoretische Grundlagen des Atheismus der deutschen Klassik in der Philosophie zwischen Reformation und Aufklärung. In: Philosophie und Religion. Beiträge zur Religionskritik der deutschen Klassik. Weimar 1981. S. 120–139.
— [Vortrag] Neue Tendenzen in der Technikphilosophie der BRD. In: 26. Intern. Wiss. Koll. TH Ilmenau 1981. Vortragsreihe „Kritik bürgerlicher Konzeptionen zum Verhältnis von Naturwissenschaft/Technik und Kultur/Kunst und ihre Bedeutung für die kommunistische Erziehung von Studenten technischer Hochschulen". S. 21–24 [Gastvortrag].
— Philosophiehistorische Aspekte der Entwicklung der Technik und der Technikwissenschaften. In: Informationsbulletin. Aus dem philosophischen Leben der DDR *17* (Berlin 1981) H. 9, S. 25–28 (= Technik und Technikwissenschaften aus philosophischer, soziologischer und historischer Sicht. Wiss. Konferenz „Phil.-Hist. '83" an der Technischen Universität Dresden am 8. und 9. Februar 1983).
— Zum Wirken der Aufklärung in Preußen. In: Sozialistische Lebensweise. Preußen in der Geschichte des deutschen Volkes. Hrsg. vom Kulturbund der DDR. Berlin 1981. S. 54–66.
— „Technikphilosophie" unter den Bedingungen der Herrschaft des deutschen Faschismus (1933–1945). In: Informationsbulletin. Aus dem philosophischen Leben der DDR *17* (Berlin 1981) H. 2, S. 19–23 (= Probleme der „Technikphilosophie" in Geschichte und Gegenwart. Materialien einer Konferenz des Lehrstuhls Geschichte der Philosophie der Sektion Philosophie und Kulturwissenschaften der Technischen Universität Dresden mit Vertretern der Technischen Universität Budapest und des Zentralinstituts für Philosophie der Akademie der Wissenschaften der DDR vom 22.–26. September 1980 in Reinhardtsgrimma bei Dresden).
— Boethius' Wirkung im 16. und 17. Jahrhundert in Deutschland – vornehmlich auf Valentin Weigel. Ebda H. 3, S. 28–33 (= Boethius als Enzyklopädist der Wissenschaften. Wiss. Kolloquium aus Anlaß des 1500. Geburtstages von A. M. S. Boethius, veranstaltet vom Lehrstuhl für Geschichte der Philosophie an der Sektion Philosophie und Kulturwissenschaften der Technischen Universität Dresden am 20. November 1980 in Dresden).
— Über „große" und „kleine" Philosophen in der Geschichte der Philosophie. In: Wissenschaft und Persönlichkeit. Hermann Ley zum 70. Geburtstag gewidmet. Berlin 1981. S. 57–61.
— Ehrenfried Walther von Tschirnhaus – der erste deutsche Spinozist. Einige Aspekte. In: Wissenschaftliche Beiträge der KMU Leipzig, Reihe Gesellschaftswissenschaften. Berlin 1981. S. 138–176. (= Marxismus und Spinozismus. Materialien einer wissenschaftlichen Konferenz).
— [Hrsg., Einleitung, Teilübersetzung] B. G. Kuznecov: Philosophie – Mathematik – Physik. Eine Geschichte der Philosophie für Physiker und Mathematiker. Berlin 1981. 338 S. [Einleitung S. 9–29].
— 200 Jahre Kants „Kritik der reinen Vernunft". Dialektischem Denken den Weg bereitet. In: Wochenendbeilage der „Sächsischen Zeitung" („wir" Nr. 36), 18. 9. 1981, S. 2.

Wollgast, Siegfried: Zum 150. Todestag des Philosophen Georg Wilhelm Friedrich Hegel. Die Hegelsche Dialektik — „Algebra der Revolution". Ebda („wir" Nr. 44), 13. 11. 1981, S. 2.
— Johann Gottlieb Fichte — zu Werk und Bedeutung. o. O. [1982] 10 S. (= Ausstellungskatalog für das Museum Barockschloß Rammenau).
— Ein Dresdner Gesellschaftswissenschaftler und „seine" Landesbibliothek. In: Über die Arbeitsteilung im Dresdner Bibliothekswesen. Untersuchungen zu ihrer Geschichte und Perspektive. Wissenschaftliche Festveranstaltung anläßlich des 425jährigen Bestehens der Sächsischen Landesbibliothek Dresden, 15. 10. 1981. Dresden 1982. S. 54—56.
— [Art. in:] Philosophenlexikon. Von einem Autorenkollektiv hrsg. von Erhard Lange u. Dietrich Alexander. Berlin 1982: Pierre Bayle (S. 80—84); Albertus Magnus (S. 24—28); Anselm von Canterbury (S. 39—42); Johannes Duns Scotus (S. 442—446); Thomas Müntzer (S. 679—684); u. H.-U. Wöhler: Wilhelm von Ockham (S. 936—939); Christian Wolff (S. 947—954).
— G. Banse und S. Wollgast: Mensch — Wissenschaft — Technik. Hrsg. von der URANIA. o. O. 1982. 28 S.
— Zum kulturhistorischen und kulturphilosophischen Klima Dresdens 1780 bis 1830. In Sächsische Heimatblätter *28* (1982) H. 2, S. 76—85.
— Zur Entwicklung der Philosophiegeschichtsschreibung als philosophische Disziplin bis zur Mitte des 19. Jahrhunderts. In: Wissenschaftliche Beiträge der Ernst-Moritz-Arndt-Universität Greifswald. Greifswalder philosophische Hefte Bd *1* (Greifswald 1982) S. 61—81.
— G. Banse u. S. Wollgast: Verteufelung der Technik als Moloch und als Dämon. Gebrechen des Kapitalismus werden dem Fortschritt angelastet. In: Bürgerliche Ideologie im Zeichen der Krise. Berlin 1982. S. 32—38.
— „Ewiger Friede" — ewige Utopie? In: Wochenendbeilage der „Sächsischen Zeitung" („wir" Nr. 3), 22. 1. 1982, S. 3.
— Unbeirrbarer Kämpfer für den Fortschritt. Der Philosoph Ludwig Feuerbach überwand den Idealismus. Ebda („wir" Nr. 45), 12. 11. 1982, S. 2.
— [Rez.] Zur Geschichte der marxistisch-leninistischen Philosophie in der DDR. Von 1945 bis Anfang der 60er Jahre. Hrsg. von einem Autorenkollektiv. Berlin 1979. 736 S. In: Wiss. und Fortschritt *31* (1981) H. 1, S. 40.
— [Rez.] Autorenkollektiv: Geschichte der Dialektik. Die klassische deutsche Philosophie. Berlin 1980. 336 S. — Geschichte der marxistischen Dialektik. Von der Entstehung des Marxismus bis zur Leninschen Etappe. Berlin 1974. 488 S. — Geschichte der marxistischen Dialektik. Die Leninsche Etappe. Berlin 1976. 536 S. Ebda *32* (1982) H. 1, S. 40.
— [Rez.] u. B. Leondoris: Jannis Imwiotis: Dokimia marxistikis philosophias. Athina 1980. In: Deutsche Zeitschrift für Philosophie *29* (1981) H. 9, S. 1116—1120.
— [Rez.] Johann Gottfried Herder und progressive bürgerliche Geschichts- und Gesellschaftstheorien zwischen 1720 und 1850. Hrsg. v. H. Schleier. In: DLZ *102* (1981) H. 3, Sp. 195—201.
— [Rez.] Herbert Hörz: Zufall — Eine philosophische Untersuchung. Berlin 1980. 248 S. Ebda H. 11, Sp. 927—932.
— [Rez.] Konrad Moll: Der junge Leibniz. Bd *1*: Die wissenschaftstheoretische Problemstellung seines ersten Systementwurfs. Der Anschluß an Erhard Weigels Scientia Generalis. Stuttgart, Bad Cannstadt 1978. 129 S. Ebda *103* (1982) Sp. 101—105.
— [Rez.] u. G. Banse: Das Gespenst der anonymen Macht der Technik. In: FDGB-Rundschau. Berlin Jg *1982*, H. 1, S. 30—31.
— [Rez.] Paul-Heinz Koesters: Deutschland deine Denker. In: Referateblatt Philosophie, Reihe E, *17* (Berlin 1981) Bl. 79—80.
— [Rez.] Horst W. Beck: Schritte über Grenzen zwischen Technik und Theologie, T. 1—2. Ebda, Reihe C, *17* (Berlin 1981) Bl. 48—49.
— [Rez.] Technologie und Politik 15. Das Magazin zur Wachstumskrise. Hrsg. v. F. Dürre. Ebda, Reihe A, *17* (Berlin 1981) Bl. 28—30.
— [Rez.] Rationalität und Mystik. Hrsg. v. H. D. Zimmermann. Ebda, Reihe E, *18* (Berlin 1982) Bl. 85—86.

NACHRUFE

Mathematisch-naturwissenschaftliche Klasse

Manfred Gersch

12. 8. 1909—4. 12. 1981

Am 4. Dezember 1981 verstarb für uns alle völlig unerwartet im Alter von 72 Jahren das ordentliche Mitglied der mathematisch-naturwissenschaftlichen Klasse unserer Akademie Manfred Gersch, emeritierter o. Professor für Zoologie an der Friedrich-Schiller-Universität in Jena. Er gehörte seit 1961 der Akademie als ordentliches Mitglied an, der er sich in ganz besonderem Maße verbunden fühlte. In einem Brief an den damaligen Präsidenten der Akademie, Prof. Dr. Th. *Frings*, schrieb er anläßlich seiner Wahl am 11. 12. 1961 zum ordentlichen Mitglied: „Darüber bedeutet die Wahl für mich deshalb eine ganz besondere Freude, weil ich während meiner früheren Tätigkeit an der Universität Leipzig als junger Assistent und Dozent an den der Öffentlichkeit zugänglichen Sitzungen und Veranstaltungen der Sächsischen Akademie der Wissenschaften stets mit großem Gewinn teilgenommen habe."

Manfred Gersch wurde am 12. August als Sohn des Versicherungsangestellten Josef *Gersch* in Dresden geboren. In seiner Heimatstadt besuchte er auch die Schule. Im Jahre 1929 bestand er an der Oberrealschule in Dresden das Abitur und nahm anschließend ein Studium der Zoologie, Botanik und Chemie an der Universität Leipzig auf. Sein Lehrer in der Zoologie, die bald den Schwerpunkt seiner Studien bildete, wurde Johannes *Meisenheimer*, ebenfalls ein langjähriges Mitglied unserer Akademie. Meisenheimer war ein Schüler Korschelts und hatte sich durch entwicklungsgeschichtliche und fortpflanzungsbiologische Arbeiten an Mollusken, durch Untersuchungen zur Flügelregeneration bei Schmetterlingen sowie durch die Erforschung des Zusammenhanges zwischen Geschlechtsdrüsen und den sekundären Geschlechtsmerkmalen bei Arthropoden und Fröschen einen Namen gemacht. Wahrscheinlich auf seine Anregung hin beschäftigte sich Manfred Gersch zunächst ebenfalls mit den Mollusken. Bereits 1934 erschien von ihm im „Biologischen Zentralblatt" eine experimentelle Untersuchung über die Lokomotion bei Schnecken unter dem Titel „Zur experimentellen Veränderung der Richtung der Wellenbewegung auf der Kriechsohle von Schnecken und zur Rückwärtsbewegung von Schnecken". Am 12. 3. 1936 promovierte Manfred Gersch in Leipzig zum Dr. phil. Seine Dissertation „Der Genitalapparat und die Sexualbiologie der Nordseetrochiden" ist in der Zeitschrift für Morphologie und Ökologie der Tiere veröffentlicht worden. Die dazu notwendigen Untersuchungen wurden zum Teil an der Biologischen Station in Helgoland durchgeführt.

Nach der Promotion wurde Manfred Gersch Unterrichtsassistent am Zoologischen Institut der Universität Leipzig, nachdem er vorher bereits als Hilfsassistent tätig gewesen war. Im Dezember 1938, zweieinhalb Jahre nach der Promotion, erfolgte die Habilitation mit „Untersuchungen zum Entwicklungszyklus der Dicyemiden". Die Resultate und Schlußfolgerungen aus dieser Arbeit standen im Widerspruch zu einigen Lehrmeinungen seiner Zeit. Anläßlich der Jahrestagung der Deutschen Zoologischen Gesellschaft im Frühjahr 1939 in Rostock, zu der Manfred Gersch seine Ergebnisse über den Entwicklungszyklus der in den Nierensäckchen benthonitischer Cephalopoden schmarotzender Mesozoenordnung vortrug, gab es ein längeres wissenschaftliches Streitgespräch mit dem hochangesehenen Biologen und Philosophen Max Hartmann, damals bereits einer der Direktoren des Kaiser-Wilhelm-Instituts für Biologie in Berlin—Dahlem.

Nach dem Kriege und der Entlassung aus sowjetischer Kriegsgefangenschaft kehrte Manfred Gersch im Jahre 1949 an seine alte Wirkungsstätte in Leipzig zurück. Mit dem 1. Oktober 1951 erfolgte die Berufung als Professor mit vollem Lehrauftrag für Vergleichende Embryologie und Morphologie an die Friedrich-Schiller-Universität Jena. Ab 1. Mai 1952 wurde ihm zunächst die kommissarische Leitung des Zoologischen Instituts übertragen, dessen Direktor er mit Wirkung vom 1. Juli 1953 wurde. Gleichzeitig erhielt er einen Lehrstuhl. Nach der Emeritierung von Eduard Uhlmann im Jahre 1954 wurde ihm auch die Leitung des Phyletischen Museums übertragen.

Jetzt begann eine außerordentlich fruchtbare Tätigkeit von Manfred Gersch über viele Jahre hinweg bis zu seinem plötzlichen Tod. In kürzester Zeit baute Gersch am Zoologischen Institut eine leistungsfähige Arbeitsgruppe auf, die unter seiner Leitung durch Arbeiten auf dem Gebiet der Neuroendokrinologie der Wirbellosen weit über die Grenzen unseres Landes bekannt wurde. An der durchsichtigen Mückenlarve *Corethra* konnte er überzeugend demonstrieren, daß die Melanophoren auf den Tracheenblasen durch Neurohormone aus dem Bauchmark beeinflußt werden. Mit diesen Resultaten wurde der Begriff des Neurohormons auf eine allgemeine Grundlage gestellt und erstmalig gezeigt, daß solche Faktoren auch im Bauchmark der Insekten vorkommen. Im Jahre 1956 gelang seinem Schüler Hans Unger die Isolierung verschiedener hormonaler Faktoren aus dem Zentralnervensystem der Insekten, die den physiologischen Farbwechsel, die Herzkontraktionen sowie die neuronale Aktivität beeinflussen. Dem sog. Neurohormon D wurden viele weiterführende Untersuchungen gewidmet. Dieses Peptid stimuliert die Herzaktivität der Insekten bei niederen Konzentrationen und blockiert sie in der Phase der Diastole (D = Dilatator) bei höheren Konzentrationen. Durch immer bessere Extraktions- und Auftrennungsverfahren konnte der Faktor schließlich in nahezu reiner Form isoliert werden. Es handelt sich um ein Peptid mit einem Molekulargewicht zwischen 750 und 1000. Die Aufklärung seiner Aminosäuresequenz war Menfred Gersch nicht mehr vergönnt.

Die umfangreichen und zielgerichteten Untersuchungen Manfred Gerschs und seiner Schüler über die vielen Jahre hinweg führten zu einer großen Zahl neuer Befunde auf den Gebieten der vergleichenden Endokrinologie und der Neuroendokrinologie wirbelloser Tiere. Dabei blieb stets das Bestreben vordergründig, die Einzelresultate in das große Gesamtgeschehen einzuordnen. Die erste umfassende Gesamtschau wurde mit dem 1964 in Leipzig erschienenen Buch „Vergleichende Endokrinologie der wirbellosen Tiere“ geliefert, das auch heute noch eine Quelle wertvoller Informationen ist. Mehrfach hat sich Manfred Gersch zur Evolution des Hormonsystems im Tierreich geäußert, so noch in einem Vortrag auf der Sitzung der Sächsischen Akademie der Wissenschaften am 6. Juni 1981 sowie auf dem im März 1981 gemeinsam mit Peter Karlson (Marburg) in Reinhardsbrunn organisierten Symposium über „The Evolution of Hormonal Systems“. Das Evolutionsproblem hat Gersch zeitlebens sehr interessiert. Das von ihm gemeinsam mit seinem Schüler Klaus *Richter* 1981 herausgegebene Werk „Das peptiderge Neuron“ stellte den ersten Versuch im internationalen Schrifttum dar, das sich so außerordentlich rasch entwickelnde Gebiet der Neuropeptidforschung in einer Übersicht darzustellen. Auch in diesem Buch besticht die Breite der Darstellung und die durchgängige vergleichende Betrachtungsweise aus der Sicht der Evolution.

Manfred Gersch war mit Leib und Seele Forscher und Lehrer. Er absolvierte täglich bis ins hohe Alter ein unglaubliches Arbeitspensum und verlangte auch von seinen Schülern und Mitarbeitern hohen Einsatz, Disziplin und Hingabe. Als Hochschullehrer übte er weit über die Grenzen Jenas hinaus auf die junge Generation einen positiven Einfluß aus. Das noch von seinem Freund Erich *Ries* aus der Leipziger Zeit konzipierte und dann von ihm bearbeitete und herausgegebene Buch „Biologie der Zelle" wurde seinerzeit von der studentischen Jugend — und nicht nur von ihr — in der Zeit des Neubeginns nach der Zerschlagung des Faschismus mit großer Dankbarkeit und Begeisterung aufgenommen. Der Neuaufbau der Zoologie und insbesondere der Tierphysiologie in unserem Lande ist untrennbar mit dem Wirken Manfred Gerschs verbunden. Die Ausstrahlung seiner Persönlichkeit war für viele junge Wissenschaftler Ansporn und Verpflichtung zugleich. Als langjähriger Herausgeber namhafter wissenschaftlicher Zeitschriften unseres Landes, wie des Zoologischen Anzeigers (ab 1962), der Zeitschrift für wissenschaftliche Zoologie (1962—1973) und der Zoologischen Jahrbücher (ab 1958), hat er wesentlichen Anteil daran, daß die Zoologie und Tierphysiologie in unserer Republik auch international an Ansehen gewann.

Die erfolgreiche Tätigkeit Manfred Gerschs als Forscher und Hochschullehrer fand in vielen Ehrungen ihre Anerkennung. Bereits 1955 wurde er ordentliches Mitglied der Deutschen Akademie der Wissenschaften zu Berlin, dessen Sektion Biologie von ihm als Vorsitzenden in den Jahren 1959 bis 1965 geleitet wurde. Im gleichen Jahr erhielt er den Heinrich-Greif-Preis 3. Klasse für einen Hochschulfilm über den Nahrungserwerb und Verdauungsvorgang bei der Mückenlarve *Corethra.* 1958 erfolgte die Berufung in die Deutsche Akademie der Naturforscher Leopoldina (Halle). In demselben Jahr erhielt er den Nationalpreis 3. Klasse der DDR. Er war Mitglied der European Society of Comparative Endocrinology und der International Brain Research Organization (IBRO) sowie Ehrenmitglied der Biologischen Gesellschaft der DDR, der Gesellschaft für Neurowissenschaften sowie der Allunions-Gesellschaft für Entomologie der UdSSR.

Mit dem plötzlichen Tod Manfred Gerschs ist eine Wissenschaftlerpersönlichkeit von hohem Rang für immer von uns gegangen. Er gehörte zu den aktivsten Mitgliedern der Sächsischen Akademie der Wissenschaften in den letzten zwanzig Jahren. Seine zahlreichen Beiträge sind noch allen in bester Erinnerung. Man wird noch lange schmerzlich sein Fehlen spüren. Alle, die ihn als Mensch und Wissenschaftler schätzen und lieben gelernt haben, werden ihm ein ehrendes Gedenken bewahren. Durch seine wissenschaftlichen Leistungen hat er sich selbst ein Denkmal gesetzt. Für ihn bildeten Beruf und Berufung eine harmonische Einheit. Die wissenschaftliche Arbeit war ihm bis zuletzt Bedürfnis und Erfüllung zugleich. Die Sächsiche Akademie der Wissenschaften zu Leipzig kann es sich zur hohen Ehre anrechnen, ihn als ordentliches Mitglied in ihren Reihen gehabt zu haben.

Ein vollständiges Verzeichnis seiner über 200 Publikationen ist in den Zoologischen Jahrbüchern, Abt. Allg. Zool. und Physiol. Bd *86* (1982) S. 158—167 erschienen.

Heinz Penzlin

Kurt Mothes

3. 11. 1900—12. 2. 1983

Während eines Spazierganges im verschneiten Darßwald bei Ahrenshoop wurde das Leben von Professor Dr. phil. Dr. h. c. (mult.) Kurt Mothes am 12. Februar 1983 plötzlich beendet. Mit ihm haben wir einen begeisternden akademischen Lehrer, einen leidenschaftlichen und erfolgreichen Forscher, einen dynamischen Wissenschaftsorganisator und ein bedeutendes Akademiemitglied verloren. Die wissenschaftliche Welt trauert um einen hoch angesehenen Zeitgenossen, um einen schöpferischen und mutigen Menschen. — Den wechselvollen Lebensweg, das Wesen und Wirken dieser ungewöhnlichen Persönlichkeit in einem Nachruf skizzieren zu dürfen, ist eine ehrenvolle und schwierige Aufgabe.

In Plauen im Vogtland als drittes Kind eines mittleren städtischen Beamten geboren, wuchs Kurt Mothes in einer äußerlich sehr bescheidenen, jedoch geistig anregenden Atmosphäre auf. Er war ein begabter, aber kritischer Schüler, mit dem die meisten Lehrer einige Schwierigkeiten hatten. Nach kriegsbedingtem Notabitur und zwei Jahren Lehrlingszeit in einer Plauener Apotheke wurde er 1921 an der Universität Leipzig immatrikuliert und studierte Pharmazie, Pharmakognosie, Physiologische Chemie, Botanik und Chemie. 1925 promovierte er beim Pflanzenphysiologen Wilhelm Ruhland mit einer Arbeit über den Stickstoff-Stoffwechsel in Pflanzen. Die Dissertation wurde nicht nur sehr gut beurteilt, sondern sie bildete auch die Basis für sein ganzes späteres wissenschaftliches Lebenswerk; denn trotz eines breiten thematischen Spektrums lassen sich seine Forschungsarbeiten auf den gemeinsamen Nenner des Stickstoffmetabolismus der Pflanzen zurückführen.

1925 ging Mothes als Assistent an das Botanische Institut der Universität Halle, wo ihm viele Freiheitsgrade zur eigenen wissenschaftlichen Profilierung geboten wurden. Nach der 1928 erfolgten Habilitation (über Asparagin und Arginin in Coniferen) erhielt der Privatdozent 1934/35 einen Ruf auf den Lehrstuhl für Botanik und Pharmakognosie der Universität im ehemaligen Königsberg. Die Aufwertung seines akademischen Status wurde allerdings durch die sehr begrenzten technischen Voraussetzungen für experimentelles Arbeiten neutralisiert. Bevor das neue Botanische Institut fertiggestellt war, brach der zweite Weltkrieg aus und machte viele Hoffnungen zunichte, darunter auch die Neugründung eines Waldforschungsinstituts, die ihm die damalige Kaiser-Wilhelm-Gesellschaft angetragen hatte.

Nach seiner Rückkehr aus sowjetischer Kriegsgefangenschaft im Herbst 1949 bot ihm Hans Stubbe ein neues Wirkungsfeld in Gatersleben an. Dort baute Mothes eine großzügig konzipierte chemisch-physiologische Abteilung des Instituts für Kulturpflanzenforschung der Deutschen Akademie der Wissenschaften auf. Es folgten Jahre konzentrierter und fruchtbarer Forschungstätigkeit, zu der die ablenkungsarme dörfliche Umgebung maßgeblich beitrug. Diese Ergebnisse moderner pflanzenphysiologischer und biochemischer Forschung mit einer immer größer werdenden Zahl an Mitarbeitern begründeten seinen nationalen und internationalen Ruf; dazu kam 1954 die Wahl zum Präsidenten der „Leopoldina".

1957 siedelten Mothes und seine Mitarbeiter von Gatersleben nach Halle über, nachdem ihm der Lehrstuhl für Botanik an der Universität angeboten worden war. (Ordinarius für Pharmakognosie war er bereits seit 1951). Gleichzeitig beauftragte ihn die Akademie der Wissenschaften, eine Arbeitsstelle für Biochemie der Pflanzen zu errichten. Das Projekt wurde 1958 begonnen und die Laboratorien in zwei Etappen bis 1965 fertiggestellt. Mothes wurde erster Direktor dieser mittlerweile in Institut für Biochemie der Pflanzen umbenannten Institution und blieb es bis zum Ende des Jahres 1967, ein Jahr nach seiner Emeritierung an der Universität Halle. Hier hatte er 1963 noch die Neugründung eines Lehrstuhls für Biochemie der Pflanzen in die Wege geleitet.

Diese zweite hallesche Periode markierte zweifellos den Höhepunkt in Mothes' wissenschaftlicher Laufbahn. Als Direktor eines Akademie- und eines Universitätsinstitutes und dazu als Leopoldina-Präsident konnte er alle Register seines organisatorischen Könnens ziehen, alle Saiten seiner wissenschaftlichen Kreativität anschlagen. Als alle überzeugender *spiritus rector* verschmolz er die an verschiedenen Orten der Stadt verstreuten Mitarbeiter

MANFRED GERSCH

12. 8. 1909—4. 12. 1981

KURT MOTHES

3. 11. 1900—12. 2. 1983

ROLAND PAETZOLD

13. 7. 1931—23. 7. 1982

IOSIF L'VOVIČ ROZENFEL'D

22. 8. 1914—31. 8. 1981

zu einem wissenschaftlich weitgehend homogenen Forschungspotential, dessen außerordentliche Produktivität eine Frucht intensiver und harmonischer Zusammenarbeit war.

Von Beginn seines wissenschaftlichen Lebensweges an hat Kurt Mothes versucht, pflanzenphysiologische Probleme mit chemischen Methoden zu lösen. Diesem Grundsatz ist er treu geblieben. Allerdings hat er die methodische Palette später erweitert, als sich zeigte, daß die Möglichkeiten der Chemie nicht ausreichten, um das dynamische Geschehen in der Pflanzenzelle zu erfassen. Biochemische, zellphysiologische, enzymatische und schließlich auch molekularbiologische Aspekte fanden Eingang in das Gebäude seiner wissenschaftlichen Interessen. In deren Mittelpunkt standen die Biochemie und Physiologie stickstoffhaltiger Pflanzenstoffe, deren Stoffwechsel (Synthese und Abbau), Speicherung und Translokation in der Pflanze oder im Pflanzenorgan. Er erarbeitete mit seinen zahlreichen Schülern grundlegende Forschungsergebnisse auf verschiedenen Gebieten der sekundären Pflanzenstoffe, besonders der Alkaloide, Aminosäuren, Säureamide und Ureide, des Auf- und Abbaus von Eiweißen, der Synthese und Funktion von Nukleinsäuren und der Alterung pflanzlicher Organe im Hinblick auf Reversibilität dieses Prozesses durch Behandlung mit bestimmten Phytohormonen, Cytokininen. Mit dem Kinetin als einen Vertreter dieser Hormongruppe machte er die grundlegende Beobachtung, daß Bausteine der Makromolekülsynthese in Pflanzengeweben nach Hormonbehandlung gerichtet transportiert und akkumuliert werden, eine Voraussetzung für Jugendlichkeit pflanzlicher Gewebe. Die Ursachen stofflicher Beziehungen zwischen Wurzel und Sproß zu finden, gehörte zu einer seiner frühen Lieblingsideen, die er später weitgehend zu verifizieren vermochte.

Aus der großen Schar seiner Schüler (den Terminus „Mothes-Schule" hat er stets abgelehnt) gingen allein 23 Professoren hervor und eine Reihe weiterer Persönlichkeiten im wissenschaftlichen Leben unseres Landes. Sein wissenschaftliches Werk umfaßt mehr als 380 Publikationen, darunter Originalarbeiten, Übersichten, Ansprachen, Nekrologe, sowie seine Tätigkeit als Herausgeber von Monographien und Symposiumsberichten. Mothes war auch ein hervorragender Organisator, der weder Mühe noch Kraft scheute, um dem wissenschaftlichen Nachwuchs auf zahlreichen Symposien und Leopoldina-Veranstaltungen den Weltstand der Naturwissenschaften nahezubringen. Für die Ausbildung der akademischen Jugend wirken zu dürfen, war ihm eine Herzensangelegenheit.

Es war ein Glücksfall für die Deutsche Akademie der Naturforscher Leopoldina in Halle, daß sich Mothes 1954 entschlossen hatte, das ihm angetragene Präsidentenamt anzunehmen. Er erkannte die besondere Bedeutung dieser ältesten europäischen naturwissenschaftlichen Akademie voll und ganz und führte sie aus den Schwierigkeiten der Nachkriegszeit heraus zu neuen Ufern. „Wir hatten die Vorstellung, daß eine so alte Institution in einer sich wandelnden Zeit nur noch einen Sinn hat, wenn sie in der Pflege ewiger Werte in dieser rauhen Gegenwart sich behaupten kann".[1] — Kurt Mothes trug das hohe Amt zwanzig Jahre lang mit der ihm eigenen Einstellung zur Verantwortung. Mit Mut, Geschick und Phantasie setzte er neue Maßstäbe, die bald die weltweite Wertschätzung der „Leopoldina" begründeten und die in der Attraktivität ihrer wissenschaftlichen Veranstaltungen sichtbar wurden. Seine Ansprachen zu den Jahresversammlungen, die auch wissenschaftsethische und wissenschaftspolitische Aspekte enthielten und die nicht immer allseitige Billigung fanden, erhielten durch meisterlich formulierte Nekrologe auf hervorragende Leopoldina-Mitglieder eine ganz persönliche Prägung. Es besteht kein Zweifel, daß die enge Verflechtung der „Leopoldina" mit den Namen ihrer Präsidenten besonders Kurt Mothes einen hohen Rang in der nationalen und internationalen Gelehrtenwelt verlieh.

[1] vgl. Leopoldina *19* (1973), S. 78.

Kurt Mothes war ein ideenreicher Forscher von ebenso schöpferischer wie zupackender Veranlagung. Ausgestattet mit einem unbezwingbaren Optimismus, entfaltete er mitreißende Kräfte, denen sich niemand, der in sein Ausstrahlungsfeld geriet, entziehen konnte. Wer wie der Verfasser dieses Nachrufs das große Glück hatte, über fast dreißig Jahre hinweg Kurt Mothes' Lebensweg aus der sich verkleinernden Distanz des Schülers, Mitarbeiters, Diskussionspartners, Leopoldiners und nicht zuletzt des nachbarlichen Gartenfreundes verfolgen zu können, bewunderte seine bis zum Tode erhalten gebliebene geistige Frische, das ungebrochene physische Leistungsvermögen, die Unternehmungslust und Schaffenskraft des Emeritus. Aufgeschlossenheit gegenüber neuen Entwicklungen in seinen Interessengebieten ergänzte sich mit anteilnehmender, durchaus konstruktiv-kritischer Meinungsbildung zu Forschungsstrategien und Studienausbildung, über Landwirtschaft, Waldökologie und Umweltschutz.

Der fast unbeirrbare Optimist Kurt Mothes hat sich in seinen letzten Lebensjahren wiederholt über die Entwicklung der Wissenschaft Gedanken gemacht und sich sorgenvoll zu den Spielregeln geäußert, mit denen die Wissenschaft unsere Welt und die menschliche Gesellschaft heute beeinflußt und in Zukunft weitgehend bestimmen wird. — Er war ein politischer Mensch, aber er war natürlich kein Politiker. Wenn nach Talleyrand Diplomaten sich einer Sprache bedienen, mit der sie ihre Gedanken verbergen, so gehörte Mothes nicht zu dieser Kategorie. Mit lutherischer Standhaftigkeit sprach er aus, was er für richtig oder falsch hielt, darauf vertrauend, daß man Ernst, Uneigennützigkeit und das Streben nach Wahrheit in seiner Argumentation anerkannte. Selten wurde er darin enttäuscht.

Das Wesentliche einer Sache intuitiv und rasch erfassen zu können, mit erstaunlichem Gespür neue Entwicklungen herauszufinden und phantasievoll weiterzuverfolgen, in Leistungswillen und mobilisierenden Fähigkeiten Vorbild zu sein und Begeisterung bei den ihm anvertrauten Menschen zu entfachen — das waren wohl die wesentlichsten Eindrücke, die der erfolgreiche Forscher und Lehrer in seinen Schülern hinterlassen hat. Der Geradheit seines Wesens entsprang sein Glaube an das Gute im Menschen, entstammte das unvoreingenommene Vertrauen gegenüber Kollegen, Mitarbeitern und Mitbürgern. Mit dieser Einstellung hat er viel Erfolg gehabt, sie bewahrte ihn aber auch nicht vor Selbsttäuschungen. Hinter äußerer Schlichtheit verbarg sich eine wissenschaftlich anspruchsvolle Persönlichkeit von geistiger Disziplin und sittlicher Strenge; Kriterien, die er nicht nur für sich selbst in Anspruch nahm, sondern auch von den Menschen in seinen Wirkungskreisen verlangte. Seine Lebensweise verriet Stil, der geprägt war durch Mut und Optimismus, Toleranz und Hilfsbereitschaft, Verantwortungsbewußtsein und Unbestechlichkeit, Wahrheitsliebe und Gerechtigkeit.

Diese Charakterzüge, die den Wesenskern des Menschen Kurt Mothes umschreiben mögen, erklären wohl weitgehend die Ausstrahlungskraft seiner Persönlichkeit. Vielleicht bleibt sie den Zeitgenossen in stärkerer Erinnerung als das Fazit seines wissenschaftlichen Wirkens. Mothes selbst hat gelegentlich von der Vergänglichkeit wissenschaftlicher Ergebnisse in unserem Gedächtnis gesprochen und dabei die Bedeutung seiner eigenen Arbeiten — ob zu Recht oder Unrecht, sei dahingestellt — heruntergespielt. Seine frühen Experimentalarbeiten, die nicht frei waren von Fehlinterpretationen, gelten nach wie vor als Pionierarbeiten für die Entwicklung einer modernen Physiologie und Biochemie der Pflanzen. Diesen Anspruch könnte auch manche seiner Nachkriegsarbeiten erheben. Dennoch: so großartig die Biosynthesewege vieler Alkaloide erkannt und so eindrucksvoll die Wirkungsweise des Pflanzenhormons Kinetin demonstriert wurden, die gewachsene ausländische Konkurrenz verhinderte alleinige Prioritäten für die Entdeckung in den von Mothes geführten Laboratorien. Allerdings vermochte kaum ein anderer er selbst die neuen Erkenntnisse rhetorisch so geschickt und ideenreich in das Gesamtbild der Biologie einzufügen, konnten nur wenige Fachkollegen neue Pfade der Forschung so phantasievoll, ja intuitiv erkennen, wie es Mothes demonstrierte.

Seinen weltweit anerkannten Leistungen und Verdiensten verdankte Kurt Mothes eine Fülle von Ehrungen und Auszeichnungen, von denen nur die wertvollsten genannt seien: Nationalpreis, Hervorragender Wissenschaftler des Volkes, Orden „Stern der Völkerfreundschaft“ in Gold, Ehrenzeichen für Wissenschaft und Kunst der Bundesrepublik Österreich, Mitgliedschaften im Orden „Pour le mérite für Wissenschaft und Künste der BRD“, in der Sowjetischen Akademie der Wissenschaften in Moskau und der Royal Society in London. Ihm wurde sechsmal die Ehrendoktorwürde in- und ausländischer Universitäten verliehen; er war Ehrenmitglied in 22 Akademien und wissenschaftlichen Gesellschaften sowie Ehrensenator der Martin-Luther-Universität Halle—Wittenberg.

Kurt Mothes gehörte seit 1954 der Sächsischen Akademie der Wissenschaften an, zu deren herausragenden Mitgliedern er zählte. Sein besonders enges Verhältnis zu dieser Akademie hat er oft erwähnt. Im Dankschreiben anläßlich seiner Zuwahl bekennt er dem damaligen Präsidenten Theodor Frings, daß er als Leipziger Student die öffentlichen Sitzungen regelmäßig besucht habe, die ihm lebendigste Vorstellungen von Wissenschaft vermittelt hätten. Als wissenschaftlicher Nachfahre des großen Leipziger Pflanzenphysiologen Wilhelm Pfeffer, seines verehrten Doktorvaters Wilhelm Ruhland und seines Vorgängers im botanischen Ordinariat der Universität Halle, Johannes Buder, die namhafte Mitglieder gewesen waren, betrachtete er seine Wahl zugleich als Fortführung der pflanzenphysiologischen Traditionslinie in der Sächsischen Akademie. Dieses Verbundenheitsgefühl hat er stets bewahrt, auch in Situationen, in denen er mit den Entscheidungen des Präsidiums nicht übereinstimmte. Mit glänzenden Vorträgen unterstützte er das wissenschaftliche Bemühen und das öffentliche Ansehen unserer Gelehrtengemeinschaft. Bis in seine letzten Lebenstage hinein besuchte er regelmäßig die Sitzungen und war trotz zunehmender Hörbeschwerden immer ein interessierter, angeregter Teilnehmer. Es war schließlich die Sächsische Akademie der Wissenschaften, vor der er seine letzte wissenschaftliche Rede hielt: In der Sitzung am 4. Februar 1982 reflektierte er in einem erfrischenden Diskussionsbeitrage die Kenntnisse über biologische Membranen zur Zeit seiner Doktorarbeit am damaligen Botanischen Institut der Leipziger Universität.

Kurt Mothes hat mehrfach betont, daß er im Leben Glück gehabt habe und daß sein Lebensweg von Zufällen bestimmt worden sei. Das ist gewiß nur zum Teil richtig. Das Glück des Tüchtigen, der das Wesentliche stets selbst beigetragen hat und Wichtiges von Unwichtigem genau zu trennen wußte, gründete sich auf dem von seiner starken Persönlichkeit geprägten Wollen, seine hohen wissenschaftlichen und humanistischen Zielstellungen zu bewältigen. Das war der Inhalt seines Lebens. So wird er uns in der Erinnerung bleiben.

Benno Parthier

Eine ausführliche Darstellung über Leben und wissenschaftliches Werk von Kurt Mothes vom Autor dieses Nekrologs ist in „Biochemie und Physiologie der Pflanzen“ (Jena), Band 178, 695—743 (1983) erschienen. Dort befindet sich auch ein vollständiges Schriftenverzeichnis des Verstorbenen, zusammengestellt von W. Heese und B. Parthier.

Roland Paetzold

13. 7. 1931—23. 7. 1982

Mit tiefer Erschütterung mußten Familie, Freunde, Kollegen und Schüler im August 1982 zur Kenntnis nehmen, daß das ordentliche Mitglied der mathematisch-naturwissenschaftlichen Klasse der Sächsischen Akademie der Wissenschaften zu Leipzig, Roland Paetzold, ordentlicher Professor für Anorganische Chemie an der Friedrich-Schiller-Universität Jena und Mitglied der Deutschen Akademie der Naturforscher Leopoldina in Halle, verstorben ist.

Wir verspüren die Tragik eines Menschen, der in den letzten Jahren ein Übermaß von Problemen auf sich nehmen mußte, von denen er meinte, sie nicht mehr tragen zu können. Uns bleibt die Trauer um einen jahrzehntelang geachteten Kommilitonen und Kollegen, der eine schmerzliche Lücke hinterläßt.

Roland Paetzold wurde am 13. 7. 1931 in Obergroßhartmannsdorf geboren. Nach dem erfolgreichen Besuch der Volksschule und des Gymnasiums von 1938—1950 nahm er im gleichen Jahr das Studium der Chemie an der Technischen Hochschule in Dresden auf. Schon während dieser Studienzeit gehörte Roland Paetzold zu den interessiertesten und fähigsten Studenten, so daß sein Weg folgerichtig nach der erfolgreichen Ablegung der Diplomprüfung 1955 in die Assistenz bzw. Oberassistenz am Institut für Anorganische und Anorganisch-Technische Chemie führte, wo er 1958 promovierte und sich 1963 habilitierte. Seine herausragende wissenschaftliche Begabung konnte sich während dieser Zeit in Dresden reichlich entfalten, und es war nur natürlich, daß ihn die Persönlichkeit unseres Mitgliedes und ehemaligen Vizepräsidenten der Sächsischen Akademie der Wissenschaften Arthur *Simon*, jenes integren Wissenschaftlers besonders anzog, der durch die glückliche Synthese von stofflichen und methodischen Arbeiten der anorganischen Chemie über einen beachtlichen Zeitraum neue Wege wies.

Seine Art zu lehren und zu forschen waren und sind Roland Paetzold stets Vorbild gewesen, wobei es ihm gelang, die eigene wissenschaftliche Persönlichkeit, gefördert und gefordert aus dem Wissen und der Unterstützung seines Lehrers zu entfalten.

Angeregt durch die Dresdner Arbeiten auf dem Gebiet der Schwefelchemie, wählte sich Roland Paetzold als erstes die Selenchemie zum Forschungsgegenstand, wobei der zielgerichtete Einsatz neuer physikalischer Methoden, wie der Schwingungsspektroskopie, verbunden mit modernen theoretischen Grundlagen und einer exquisiten Synthesechemie international stark beachtete wissenschaftliche Erkenntnisse erbrachte, die folgerichtig 1963 zur Berufung als Dozent an das Institut für Anorganische Chemie der Universität Jena und 1965 zum Professor mit Lehrauftrag an der gleichen Einrichtung führte. Über 80 Originalarbeiten über Selen-Sauerstoff-Verbindungen sowie zum Donor-Akzeptor-Verhalten und zur Komplexchemie des Selens belegen diese so produktive Phase.

Seine hervorragenden Kenntnisse, seine Begabung und Freude, anderen Wissen zu vermitteln, seine Gradlinigkeit und Klarheit in der Argumentation und die Art seiner Lehrveranstaltungen zeichneten ihn als Hochschullehrer aus. So nimmt es nicht Wunder, daß er sehr schnell eine Gruppe junger Chemiker um sich sammelte, die er für seine Forschung begeisterte und die die Zusammenarbeit mit ihm als bestimmenden Abschnitt ihrer Ausbildung ausweisen.

Seine ungewöhnliche theoretische Veranlagung war ein Grundstein dafür, daß er die

Gruppentheorie als die mathematische Methode, die eine moderne anorganische Chemie heute prägt, über den Rahmen der Chemikerausbildung hinaus in unserem Lande erfolgreich propagierte.

Roland Paetzold nahm maßgeblichen Einfluß auf die Ausarbeitung des neuen, 1965 in Jena eingeführten Chemie-Studienprogramms und wurde 1968 der 1. Direktor der neugegründeten Sektion Chemie. Mit ganzer Kraft setzte er sich für die übernommene schwierige Aufgabe ein, wobei er bewußt Einschränkungen seiner passionierten Forschertätigkeit in Kauf nahm.

Sein Vorbild, seine kameradschaftliche Hilfe und sein Verständnis beeinflußten entscheidend die Haltung der Mitarbeiter, der Studenten und Hochschullehrer, der Handwerker und Laboranten, um die gesetzten neuen Zielstellungen zu erreichen. Unter seiner Leitung wurde das Ausbildungs- und Forschungsprofil der Sektion ausgearbeitet und diskutiert sowie in das Ensemble aller Chemiesektionen unserer hohen Schulen eingeordnet.

Die Sektion Chemie entwickelten sich in dieser Zeit innerhalb der Friedrich-Schiller-Universität und darüber hinaus zu einer anerkannten und richtungsweisenden Einrichtung.

Gefördert durch den bestimmenden Drang zur Wissenschaft begann Roland Paetzold nach seiner Amtsperiode als Sektionsdirektor im Jahre 1971 mit bewundernswertem Elan, beginnend praktisch am Punkt Null die Fotochemie in Jena zu konzipieren und aufzubauen. In kürzester Frist gelang es ihm unter Begeisterung seiner Mitarbeiter in gemeinsamer konzentrierter Arbeit herausragende wissenschaftliche Leistungen mit internationaler Anerkennung zu erbringen. Dabei standen zunächst die Fotochemie, ihr Mechanismus und die Natur der Primärprozesse im Vordergrund. Hier sollen vor allem aus der Vielzahl der Substanzklassen die Arbeiten über offenkettige aromatische Azine, indigoide Farbstoffe und Fulgide genannt werden. Die methodische Entwicklung zur Fotokinetik, die Beiträge zur Fotochemie höher angeregter Zustände, die Ergebnisse zu irreversiblen fotochemischen Prozessen, vor allem die Fotooxidation von Leukofarbstoffen, weisen seine hohen wissenschaftlichen Leistungen aus. Eine wesentliche Voraussetzung zur Erreichung all dieser Ergebnisse war die Erarbeitung einer entsprechenden spektroskopischen Meßtechnik, die vor allem bei den Methoden der Zeitauflösung in Emission und Absorption bis in den Nanosekunden-Bereich in Eigenleistung erfolgte.

In über 127 Originalarbeiten, 10 zusammengefaßten Aufsätzen und 3 Monographien, 6 Patenten und etwa 120 Vorträgen hat Roland Paetzold seine wissenschaftlichen Ergebnisse dargelegt und zur Diskussion gestellt. Er hat uns damit allen Kenntnisse vermittelt, die heute zum Instrumentarium eines engagierten Anorganikers gehören.

Die Wahl zum Mitglied der Deutschen Akademie der Naturforscher LEOPOLDINA 1970, deren Präsidiumsmitglied und Sekretär für Mathematik und Naturwissenschaften Roland Paetzold von 1976 bis 1979 war, zum Mitglied der Sächsischen Akademie der Wissenschaften zu Leipzig im Jahre 1977, zum Dekan der Mathematisch-Naturwissenschaftlich-Technischen Fakultät für die Amtsperiode 1974 bis 1977, in das Herausgeberkollegium des Journals für Signalaufzeichnungsmaterialien und für die Zeit von 1976 bis 1978 als Leiter der Problemgruppe Fotochemie sowie weitere Auszeichnungen zeugen von der nationalen und internationalen Anerkennung und Würdigung der wissenschaftlichen Leistungen von Roland Paetzold.

Roland Paetzold hinterläßt unter den Chemikern unseres Landes einen leeren Platz, der schwer zu besetzen ist. Wir, die mit Roland Paetzold manches Stück seines wissenschaftlichen Lebens gemeinsam gegangen sind, werden ihm, der uns viel zu früh verlassen hat, ein ehrendes Gedenken bewahren.

Hans-Heinz Emons

Bibliographie Roland Paetzold

A. Wissenschaftliche Veröffentlichungen

I. Originalarbeiten

1. A. Simon, R. Paetzold, H. Kriegsmann, Über die Methylierung des Sulfitions und über die Umlagerungsmechanismen der Schwefligsäure- in Sulfonsäure-Abkömmlinge. Chem. Ber. *89* (1956) 683.
2. A. Simon u. R. Paetzold, Das Ramanspektrum der festen selenigen Säure. Naturwissenschaften *44* (1957) 108.
3. A. Simon u. R. Paetzold, Raman- und ultrarotspektroskopische Untersuchungen an Hydrogen- und Pyroseleniten. Wiss. Zeitschr. d. TH Dresden *1958*, 215.
4. A. Simon u. R. Paetzold, Die Struktur der selenigen Säure. Z. anorg. allg. Chem. *301* (1959) 246.
5. A. Simon u. R. Paetzold, Die Struktur des Hydrogenselenitions. Z. Elektrochem., Ber. d. Bunsenges. f. physik. Chem. *64* (1960) 209.
6. A. Simon u. R. Paetzold, Die Struktur des Pyroselenitions. Z. anorg. allg. Chem. *303* (1960) 39.
7. A. Simon u. R. Paetzold, Über den Zustand wäßriger Alkalihydrogen- und Alkalipyroselenitlösungen. Z. anorg. allg. Chem. *303* (1960) 46.
8. A. Simon u. R. Paetzold, Die Konstitution der methanolischen und äthanolischen Lösungen von Selendioxid und seleniger Säure. Z. anorg. allg. Chem. *303* (1960) 53.
9. A. Simon u. R. Paetzold, Die Raman-Spektren der methyl- und äthylselenigen Säure. Z. anorg. allg. Chem. *303* (1960) 72.
10. A. Simon u. R. Paetzold, Die Schwingungsspektren einiger Dialkylselenite. Z. anorg. allg. Chem. *303* (1960) 79.
11. R. Paetzold, H.-D. Schumann u. A. Simon, Die Schwingungsspektren der Alkalisalze der Methan- und Äthanseleninsäure. Z. anorg. allg. Chem. *305* (1960) 78.
12. R. Paetzold, H.-D. Schumann u. A. Simon, Die Schwingungsspektren der Methan- und Äthanseleninsäure. Z. anorg. allg. Chem. *305* (1960) 68.
13. R. Paetzold, H.-D. Schumann u. A. Simon, Schwingungsspektren und Struktur des Methan- und Äthanseleninatacidiumions. Z. anorg. allg. Chem. *305* (1960) 98.
14. R. Paetzold u. E. Rönsch, Darstellung und Eigenschaften von Alkalialkylseleniten. Z. anorg. allg. Chem. *314* (1962) 91.
15. R. Paetzold u. K. Aurich, Die Polymorphie des Benzoesäureanhydrids. Chem. Ber. *95* (1962) 2645.
16. R. Paetzold u. L. Rönsch, Die Konstitution alkoholischer Alkalihydrogen- und Alkalidiselenitlösungen sowie die Schwingungsspektren von Alkylselenitionen. Z. anorg. allg. Chem. *315* (1962) 64.
17. R. Paetzold u. K. Aurich, Bildung und Darstellung von $SeOF_2$ und $SeOCl_2$. Z. anorg. allg. Chem. *315* (1962) 72.
18. R. Paetzold u. K. Aurich, Darstellung und Eigenschaften von Halogenselenigsäurealkylestern. Z. anorg. allg. Chem. *317* (1962) 149.
19. R. Paetzold u. K. Aurich, Die Schwingungsspektren von Halogenselenigsäurealkylestern. Z. anorg. allg. Chem. *317* (1962) 156.
20. R. Paetzold u. H. Amoulong, Die Schwingungsspektren von Hydrogenselenaten und die Struktur wäßriger Alkalihydrogenselenatlösungen. Z. anorg. allg. Chem. *317* (1962) 166.
21. R. Paetzold, Schwingungsspektroskopische Untersuchungen an Selen-Sauerstoff-Verbindungen. Abh. dtsch. Akad. Wiss. Berlin *1962*, S. 15.
22. R. Paetzold u. H. Amoulong, Das Schwingungsspektrum der Selensäure und des Selensäuremonohydrates sowie die Konstitution wäßriger Selensäurelösungen. Z. anorg. allg. Chem. *317* (1962) 288.

23. R. Paetzold, Darstellung und Eigenschaften von Alkali- und Ammoniumalkylselenaten. Z. anorg. allg. Chem. *323* (1963) 97.
24. R. Paetzold, Die Konstitution alkoholischer Lösungen von Hydrogen- und Diselenaten sowie die Schwingungsspektren, Strukturen und Bindungseigenschaften von Alkylselenationen. Z. anorg. allg. Chem. *235* (1963) 47.
25. R. Paetzold u. D. Lienig, Mitteilung zur Benzolselensäure. Z. Chem. *4* (1964) 186.
26. R. Paetzold, Kraftkonstanten von F_2SeO und Cl_2SeO. Z. Chem. *4* (1964) 272.
27. R. Paetzold u. E. Rönsch, Die Aminolyse von Selendioxid. Angew. Chem. *76* (1964) 992.
28. R. Paetzold u. K. Aurich, Darstellung und Eigenschaften von Kaliumfluoroselenit. Schwingungsspektren von $FSeO_2K$ und FSO_2K. Z. anorg. allg. Chem. *335* (1965) 281.
29. R. Paetzold u. D. Lienig, 1,2-Äthandiseleninsäureanhydrid und 1,2-Äthandiseleninatacidiumdinitrat. Z. anorg. allg. Chem. *335* (1965) 289.
30. R. Paetzold u. M. Garsoffke, Das Selenitacidiumion, Raman-Spektrum, Kraftkonstanten und Bindungsverhältnisse. Z. anorg. allg. Chem. *336* (1965) 52.
31. R. Paetzold, H. Amoulong u. A. Růžička, Schwingungsspektren und Kraftkonstanten des Diselenations. Z. anorg. allg. Chem. *336* (1965) 278.
32. R. Paetzold u. K.-H. Ziegenbalg, Das Ramanspektrum von flüssigen SeO_2F_2. Z. Chem. *4* (1964) 461.
33. R. Paetzold u. H. Amoulong, Die Schwingungsspektren von kristallisiertem, flüssigem und gasförmigem Selentrioxid. Z. anorg. allg. Chem. *337* (1963) 225.
34. R. Paetzold u. E. Rönsch, Dialkylamidoderivate der selenigen Säure. Z. anorg. allg. Chem. *338* (1965) 22.
35. R. Paetzold u. E. Rönsch, Alkanseleninsäurealkylester. Z. anorg. allg. Chem. *338* (1965) 195.
36. R. Paetzold u. H. Amoulong, Dimethyldiselenat und SeOSe-Schwingungsbanden in Selen(VI)-Verbindungen. Z. Chem. *6* (1966) 29.
37. R. Paetzold, Selenoxidacetat und Selenoxidoxalat. Z. Chem. *6* (1966) 72.
38. R. Paetzold u. H. Amoulong, Die Konstitution von wasserfreier Selensäure und von Selensäure/Selentrioxid-Lösungen. Z. anorg. allg. Chem. *343* (1966) 70.
39. R. Paetzold, K. Dostál u. A. Růžička, Schwingungsspektrum und Kraftkonstanten des Amidoselenations. Z. anorg. allg. Chem. *347* (1966) 13.
40. R. Paetzold, K. Dostál u. A. Růžička, Silbersalze der Amidoschwefelsäure und Amidoselensäure, IR-Spektren und Bindungsverhältnisse. Z. anorg. allg. Chem. *348* (1966) 1.
41. R. Paetzold u. K. Aurich, Komplexe Selen(IV)-Verbindungen. Z. Chem. *6* (1966) 152.
42. R. Paetzold u. K. Aurich, Alkalihalogenoselenite und Alkalihalogenodiselenite. Z. Chem. *6* (1966) 265.
43. R. Paetzold u. P. Vordank, Donator-Acceptor-Komplex von Diphenylselenoxid mit Metallchloriden. Z. anorg. allg. Chem. *347* (1966) 249.
44. R. Paetzold u. K. Aurich, Komplexe Selenverbindungen des Typs $Me[SeOX_3]$. Z. anorg. allg. Chem. *348* (1966) 94.
45. R. Paetzold u. U. Lindner, Diphenylselendialkoxide $(C_6H_5)_2Se(OR)_2$. Z. anorg. allg. Chem. *350* (1967) 295.
46. R. Paetzold, U. Lindner, G. Bochmann u. P. Reich, Dimethyl- und Diäthylselenoxid sowie ihre Oxoniumsalze. Darstellung, Eigenschaften und Schwingungsspektren. Z. anorg. allg. Chem. *352* (1967) 295.
47. R. Paetzold, S. Borek u. E. Wolfram, Seleninsäureanhydride. Z. anorg. allg. Chem. *353* (1967) 53.
48. R. Paetzold, R. Kurze u. G. Engelhardt, Fluoroselensäurealkylester. Z. anorg. allg. Chem. *353* (1967) 62.
49. R. Paetzold u. E. Wolfram, Seleninsäurechloride, RSeOCl mit $R = CH_3, CF_3, C_2H_5$. Z. anorg. Chem. *353* (1967) 167.
50. R. Paetzold, Korrelation zwischen SO- und SeO-Valenzkraftkonstanten. Spectrochim. Acta *24 A* (1968) 717.

51. R. Paetzold u. G. Bochmann, Aliphatische Selenoxide und Selenone. Z. anorg. allg. Chem. *360* (1968) 293.
52. R. Paetzold u. G. Bochmann, Dimethylselenoxidkomplexe. Z. Chem. *8* (1968) 308.
53. R. Paetzold u. D. Knaust, Die RAMAN- und IR-Spektren des Bis-(trimethyl)-selenits und den Bis-(trimethylsilyl)-selenats. Z. anorg. allg. Chem. *368* (1969) 196.
54. R. Paetzold u. G. Bochmann, Donator-Akzeptor-Komplexe von Dimethylselenoxid mit Metallperchloraten. Z. anorg. allg. Chem. *368* (1969) 202.
55. R. Paetzold u. G. Bochmann, Die Schwingungsspektren der aliphatischen Selenone R_2SeO_2 und Selenoxide R_2SeO mit R = CH_3, C_2H_5, nC_3H_7 und nC_4H_9. Spectrochim. Acta *26 A* (1970) 391.
56. R. Paetzold u. E. Rönsch, RAMAN- und IR-Spektren einiger Dialkylaminoverbindungen des Schwefels und Selens. Spectrochim. Acta *26 A* (1970) 569.
57. R. Paetzold, Korrelation zwischen Valenzkraftkonstanten und Bindungslängen von Selen-Sauerstoff-Bindungen. Spectrochim. Acta *26 A* (1970) 577.
58. R. Paetzold u. D. Knaust, Über Poly(methand selenid) und Chlormethanselentrichlorid. Z. Chem. *10* (1970) 269.
59. R. Paetzold u. H. Reichenbächer, Orthoselenigsäureester. Z. Chem. *10* (1970) 307.
60. R. Paetzold u. G. Bochmann, Dimethylselenoxidkomplex von 4f-Metallperchloraten. Z. anorg. allg. Chem. *385* (1971) 256.
61. U.-W. Grummt, K. Hiendorf u. R. Paetzold, Assoziation von n-Donoren mit J_2 und Autoassoziation anorganischer Oxoverbindungen. Lucr. Conf. nat. Chim. Anal., 3rd 1971, *3*, 283.
62. H. Kurze u. R. Paetzold, Über Donator-Akzeptor-Komplexe von Selensäurederivaten. Z. anorg. allg. Chem. *387* (1972) 361.
63. R. Kurze u. R. Paetzold, Über die Addukte des Selentrioxids mit Trimethylamin und Pyridin. Z. anorg. allg. Chem. *387* (1972) 367.
64. G. Hopf u. R. Paetzold, Schwingungsanalyse von Thionyl- und Seleninylhalogeniden. Z. phys. Chem., Leipzig *251* (1972) 273.
65. G. Hopf u. R. Paetzold, Schwingungsanalyse des Dimethylselenoxids. J. Molec. Structure *13* (1972) 361.
66. G. Hopf u. R. Paetzold, Schwingungsanalyse des Dimethylselenons. J. Molec. Structure *13* (1972) 371.
67. R. Paetzold, Über Beziehungen zwischen Physik und Chemie. Chemie in der Schule *20* (1973) 6.
68. T. Vominh, R. Paetzold u. U. F. Wild, Phosphorescence Spectra and Lifetimes of 1,4-Naphthoquinone. Vitamin K_3 and K_1. Z. Phys. Chem. *251* (1972) 395.
69. N. I. Wovna, S. N. Loptain, R. Paetzold, F. I. Vilesov u. L. E. Akepjan, Photoelektronenspektren von Thiophosphorylchlorid und seinen Imiden [russisch]. Opt. i Spektr. *34* (1973) 868.
70. H. Müller u. R. Paetzold, Das Fachstudium Theoretische Chemie. Mitt. Blatt der Chem. Ges. der DDR *19* (1972) 121.
71. V. Horn u. R. Paetzold, Verbindungen des Typs $C_6H_5SeX_3$ mit X = OCH_3, NO_3, CH_3CO_2. Z. anorg. allg. Chem. *398* (1973) 173.
72. V. Horn u. R. Paetzold, Über die Verbindungen $C_6H_5Se(OCH_3)_{3-n}X_n$ (n = 1,2) und $(C_6H_5)_2Se(OCH_3)X$. Z. anorg. allg. Chem. *398* (1973) 179.
73. V. Horn u. R. Paetzold, Darstellung und Eigenschaften von Säurederivaten von Phenylselen (IV)-Verbindungen $(C_6H_5)_2SeX_2$, $(C_6H_5)_3SeX$. Z. anorg. allg. Chem. *398* (1973) 186.
74. M. Reichenbächer u. R. Paetzold, Über Verbindungen des Typs $(CH_3O)_3SeX$ mit X = F, Cl, Br, NO_3, $AlCl_4$. Z. anorg. allg. Chem. *400* (1973) 176.
75. V. Horn u. R. Paetzold, IR-Spektren und Strukturen von Säurederivaten der Phenylselen(IV)-Verbindungen. Spectrochim. Acta *30 A* (1974) 1489.
76. G. Hopf u. R. Paetzold, Die Darstellung von Amiden der selenigen Säure. Z. anorg. allg. Chem. *401* (1973) 179.
77. G. Hopf u. R. Paetzold, Die UR-Spektren des Seleninyl-N,N'-äthylendiamids und des Seleninyl-bis-(methylamids). Z. anorg. allg. Chem. *403* (1974) 137.

78. V. Horn u. R. Paetzold, Über das Reaktionsverhalten von Diphenylselendihalogeniden mit Ammoniak, Alkyl- und Silylaminen. Z. anorg. allg. Chem. *404* (1974) 213.

79. [Interview] R. Paetzold, Was ist Photochemie? Impuls *7* (1973) 21.

80. W. I. Vovna, S. N. Lopatin, R. Paetzold, F. I. Vilesov u. N. E. Akopjan, Photoelektronenspektren von substituierten Thiophosphorylchloriden [russ.]. Opt. i Spektr. *36* (1974) 173.

81. R. Paetzold u. Sabry Abd-El-Metteleb, Correlative Studies of some spectroscopic and bonding parameters in octhahedrally coordinated metal carbenyl complexes. J. Molec. Structure *23* (1974) 833.

82. K. Niendorf u. R. Paetzold, Über freie Enthalpie-Kraftkonstanten-Korrelationen von Molekülkomplexen des Jods mit Phosphoryl-, Thionyl- und Seleninylverbindungen. J. Molec. Structure *19* (1973) 693.

83. U.-W. Grummt u. R. Paetzold, Spektroskopische Untersuchungen über die Bestimmung von Monomer-Dimer-Autoassoziationskonstanten von Thionyl-, Seleninyl- und Phosphorylverbindungen. Spectrochim. Acta *30 A* (1974) 763.

84. F. I. Vilesov, S. N. Lopatin, V. I. Vovna, R. Paetzold u. K. Niendorf, Zusammenhang zwischen der Ionisierungsenergie von $R^1R^2R^3PS$-Molekülen und der Stabilität ihrer Molekülkomplexe mit Jod. Z. physik. Chem. *255* (Leipzig 1974) 661.

85. R. Paetzold u. K. Niendorf, Über Molekülkomplexe des Jods mit Oxoverbindungen, Zusammenhänge zwischen der Komplexstabilität, der Blauverschiebung der Jodbande und der Valenzkraftkonstanten der Donatorbindung. Z. anorg. allg. Chem. *405* (1974) 129.

86. H.-P. Sieper u. R. Paetzold, Über die Bildungsenthalpien und -ontropien der Molekülkomplexe von Oxo- und Thionodonatoren mit den Acceptoren JK(K = J, Br, Cl, CN, CF_3). Z. physik. Chem. (Leipzig) *255* (1974) 1125.

87. R. Paetzold u. K. Niendorf, Über Zusammenhänge zwischen der Komplexstabilität und der Blauverschiebung der Jodbande bei Molekülkomplexen von Phosphoryl- und Thiophosphorylverbindungen mit Jod. Z. physik. Chem. *265* (Leipzig 1975) 361.

88. F. Lux, R. Paetzold, J. Danel u. L. Sobczyk, Thermodynamic, spectroscopie and dielectric properties of molecular complexes of iodoin with triphenylphosphinoxide, -sulfide and -selenide. J. Chem. Soc., Faraday Transactions II, *71* (1975) 1610.

89. V. I. Vovna, S. N. Lopatin, R. Paetzold u. F. I. Vilesov, Photoelektronenspektren und Elektronenstruktur von Phosphorylverbindungen. Chim. Vysckych Energii *9* (1975) 9 [russ.].

90. F. Lux, V. I. Vovna, S. N. Lopatin, F. I. Vilasov u. R. Paetzold, Zusammenhänge zwischen den Ionisierungsenergien von Phosphoryl- und Thiophosphoryldonatoren und thermodynamischen sowie spektroskopischen Eigenschaften ihrer Molekülkomplexe mit Jod. Z. Phys. Chem. *258* (1977) 593.

91. R. Paetzold u. H.-D. Ilge, Über die Photochemie der Fulgide, Mitt. 1. J. Signal AM *3* (1975) 93.

92. H.-D. Ilge u. R.Paetzold, Mitt. I. Der Einsatz von ED- und EDQ-Diagrammen zur Aufklärung der Isomerisierungsreaktionen der Diarylfulgide J. Signal AM *5* (1977) 5.

93. H.-D. Ilge, J. Bühnel u. R. Paetzold, Mitt. 3, Substituenteneinflüsse auf Elektronenspektren und Quantenausbeuten von Fulgiden. J. Signal AM *5* (1977) 177.

94. H.-D. Ilge u. R. Paetzold, Mitt. 4, Berechnungsmethoden zur Aufklärung der photochemischen und thermischen Umlagerungsreaktionen der Fulgide und zur Bestimmung der spektroskopischen und photokinetischen Paramter. J. Signal AM *5* (1977) 237.

95. M. Erler, G. Haucke u. R. Paetzold, Untersuchungen zur trans-Cis-Isomerisierung indigoider Verbindungen. 1. Mitt.: Die thermische Cis→trans-Isomerisierung. Z. phys. Chem. *258* (1977) 315.

96. R. Paetzold, K. Appenroth u. M. Reichenbächer, Thermochromie und Photochromie arylsubstituierter Azine. 1. Mitt.: Benzophenonanthraldazin. Z. Chem. *16* (1976) 446.

97. G. Haucke, M. Erler, R. Paetzold, A. B. Damjaschkewitsch u. M. G. Kuzmin, Fluoreszenz- und absorptionsspektrometrische Untersuchungen an indigoähnlichen Verbindungen. Nachrichten der Moskauer Universität (Chemie) *2* (1976) 190.

98. H.-D. Ilge u. R. Paetzold, Zur Photochromie der Fulgide. 5. Mitt.: Zur graphischen Extinktionsauswertung. J. Signal AM *6* (1978) 81.
99. K. Gustav, J. Sühnel, W. Weinrich u. R. Paetzold, Über die Photochromie der Fulgide. 6. Mitt.: Konfigurationsanalyse der π-Elektronenzustände eines Fulgimids. Z. Chem. *18* (1978) 386.
100. J. Sühnel, K. Gustav, R. Paetzold u. J. Fabian, Spektroskopie und Photochemie indigoider Verbindungen. 2. Mitt.: Theoretische Untersuchungen am Grundchromophor des trans- und cis-Thioindigo. Z. phys. Chem. *259* (1978) 17.
101. F. Lux, O. Klein u. R. Paetzold, Untersuchungen an Molekülkomplexen. 9. Mitt.: Korralationen zwischen spektroskopischen und thermodynamischen Eigenschaften der Molekülkomplexe von n-Donatoren mit Methanol sowie Jod. Z. Chem. *18* (1978) 107.
102. G. Haucke u. R. Paetzold, Spectroscopy and Photochemistry of Indigoid Compounds. Part 6: Direct Trans → cis Photoisomerization of Indigoid Dyes. J. prakt. Chem. *321* (1979) 978–986.
103. E. Birckner, G. Haucke u. R. Paetzold, Spektroskopie und Photochemie indigoider Verbindungen. 7. Mitt.: Temperaturabhängigkeit der Fluoreszenzquantenausbeute und der Fluoreszenzlebensdauer von Thioindigo in Decalin. Z. Chem. *19* (1979) 219.
104. E. Birckner, G. Haucke u. R. Paetzold, Spektroskopie und Photochemie indigoider Verbindungen. 8. Mitt.: Einfluß der Lösungsmittel auf die Temperaturabhängigkeit der Fluoreszenzquantenausbeute und der Fluoreszenzlebensdauer von Thioindigo. Z. Chem. *19* (1979) 258–259.
105. K. Gustav, J. Sühnel, W. Weinrich u. R. Paetzold, Über die Photochromie der Fulgide. 7. Mitt.: Ein Vergleich quantenchemischer Reaktionsindizes. Z. Chem. *19* (1979) 219–221.
106. M. Reichenbächer, H.-D. Ilge u. R. Paetzold, Über die Photochromie der Fulgide. 8. Mitt.: Substitutionseinfluß auf die Spektren und Quantenausbeute der Cyclisierung von α, α'-Diphenyl- σ, σ'-Dimethylfulgid und seiner Imidderivate. Z. Chem. *20* (1980) 188.
107. K. Appenroth, M. Reichenbächer u. R. Paetzold, Thermochromism and Photochromism of Aryl-substituted Acyclic Azines. Part 2: Photokinetics. J. of Photochem. *14* (1980) 39–50.
108. K. Appenroth, M. Reichenbächer u. R. Paetzold, Thermochromism and Photochromism of Aryl-substituted Acyclic Azines. Part 3: Investigations on the Mechanism of Photochemical Isomerization. J. of Photochem. *14* (1980) 51–60.
109. H. Langbein, U. Barnstorf, S. Kummer u. R. Paetzold, Farbstoffbildung durch Photooxidation — einige Möglichkeiten ihrer Anwendung für unkonventionelle photographische Verfahren. Wiss. Z. Univ. Jena, math.-nat. R. *29* (1980) 727–734.
110. K. Appenroth, M. Reichenbächer u. R. Paetzold, Thermochromism and Photochromism of Aryl Substituted Acyclic Azins. Tetrahedron *37* (1981) 563–573.
111. M.-D. Ilge, H. Langbein, M. Reichenbächer u. R. Paetzold, Über die Photochromie der Fulgide. 5. Mitt.: Untersuchungen zur Photochemie des α-3,5-Dimethoxyphenyl- σ, σ'-dimethylfulgids. Z. prakt. Chem. *323* (1981) 367–380.
112. U.-W. Grummt, M. Reichenbächer u. R. Paetzold, Tetrahedron Letters *22* (1981) No. 40, 3945–3948.
113. Photooxidation von Leukofarbstoffen II. Untersuchungen zur sensibilisierten und unsensibilisierten Photooxydation von Leukokristallviolett. J. Signal AM *9* (1981) 307.
114. H. Langbein u. R. Paetzold, Photooxidation von Leukofarbstoffen. III. Sensibilisierte Photooxidation von Leukofluoreszein. J. prakt. Chem. *324* (1982) 64.
115. H.-D. Ilge u. R. Paetzold, Die Photochemie der Fulgide. Elektronische und sterische Substituenteneinflüsse auf die UV/VLS-Absorptionsspektren der Fulgide. Z. prakt. Chemie [im Druck].
116. E. Birckner, R. Paetzold u. G. Haucke, Quenching of the Fluorescence and the Formation of Ecciplexes of Thioindigo by Aromatic Electron Donors. Chem. Phys. Letters [in print].
117. H. Langbein, U. W. Grummt, u. R. Paetzold, Photochemical E/Z Isomerization of the 1.4-diazabutadiene derivative diacetyldianil. J. Photochem. [in press].

118. K. Appenroth, M. Reichenbächer u. R. Paetzold, Thermochromism and Photochromism of Aryl-Substituted Acyclic Azines. V. Quenching of the Photochemical. E/Z Isomerization. Förster Energy Transfer.
119. Die Photochemie der Fulgide. XI. Direkte und sensibilisierte Photoisomerisierung der α-Arylfulgide. J. prakt. Chemie [im Druck].
120. F. Lux, R. Paetzold u. O. Klein, Neuere Ergebnisse über EDA-Jodkomplexe (X. Mitteilung) Wiss. Z. Univ. Jena, math.-nat. R. 1982.
121. U.-W. Grummt u. R. Paetzold, Application of praktical rank analysis in flash photolysis. J. Photochem. [in print (1982)].
122. H.-D. Ilge u. R. Paetzold, Die Photochemie der Fulgide. XII. Direkte und sensibilisierte Photoisomerisierung der α, α'-Arylfulgide. J. prakt. Chemie [im Druck (1983)].
123. H.-D. Ilge u. R. Paetzold, A new method for the determination of the extinktion coeffizient for a system of the mechanism M N Z. phys. chem. (Lpz.) [im Druck (1983)].
124. The photochemistry of fulgides XIII. Fulgides as convenient actinometers in the wavelengths range from 400 to 650 nm. J. Photochem. [Zur Publikation eingereicht (1982)].
125. E. Birckner, M. V. Kozmenko, R. Paetzold u. M. G. Kuzmin, O. priodje fluoreszentrovo sostojanija trans-thioindigo [Über die Natur des fluoreszierenden Zustandes von Trans-Thioindigo]. [Zur Publ. eingereicht].
126. E. Birckner, M. V. Kozmenko, R. Paetzold u. M. G. Kuzmin, Exciplexes of thioindigo with durene and hexamethylbenzena and their influences on the photoisomerization. Chem. Phys. Lett.
127. F. Lux, R. Paetzold u. O. Klein, II. Mitt.: Lösungsmitteleinfluß auf thermodynamische Stabilität von $R^1ZX\text{-}I_2$-Komplexen. Z. phys. Chem. Leipzig [in Vorbereitung].

II. Monographien

1. R. Paetzold u. M. Reichenbächer, „Compounds containing a Selenium-Carbon-Moiety". In: „Organic Selenium Compounds: Their Chemistry and Biology" Editors: Wolfgang H. H. Günther und Daniel L. Klayman, Verlag John Wiley & Sons, Inc., Intersciences Publishers New York 1973.
2. G. Haucke u. R. Paetzold, Photophysikalische Chemie indigoider Farbstoffe Nova Acta Leopoldina, supplementum, Nr. 11 (1978) 123 S.

III. Reviewaufsätze

1. R. Paetzold, Bindungs- und Strukturprobleme in Schwefelsäurestoff- und Selen-Sauerstoff-Verbindungen. Z. Chem. *A* (1964) 321.
2. R. Paetzold, Neuere Untersuchungen an Selen-Sauerstoff-Verbindungen. Fortschr. chem. Forschung *5* (1966) 590.
3. R. Paetzold, Wechselbeziehungen zwischen Physik und Chemie. Sitzungsberichte des Plenums und der problemgebundenen Klasse der Deutschen Akademie der Wissenschaften zu Berlin Jahrgang *1970* (1971) Nr. 3, 53.
4. R. Paetzold, Donator-Acceptor-Wechselwirkungen in der Chemie — ein neuer Beitrag zu ihrem Verständnis. Leopoldina Reihe 3, Jahrgang *18* (1972) 113.
5. R. Paetzold, Molecular Complexes of Halogens, Interhalogene and Halides. M T P Internat. Rev. Sci. Anorg. Chem. Series Two, Vol. *3* (1974) 201.
6. R. Paetzold, Schwache Elektronen-Donator-Akzeptor-Komplexe Fortschritte und Probleme Z. Chem. *15* (1975) 377.
7. R. Paetzold, EPD-EPA-Properties of Oxo-Compounds of Selenium. Chemica Scripta *8 A* (1975) 64.

8. R. Paetzold, M. Reichenbächer u. K. Appenroth, Die Kohlenstoff-Stickstoff-Doppelbindung: Spektren, Struktur, thermische und photochemische Isomerisierung. Z. Chem. im Druck [voraussichtlicher Ersch.-Termin Jan. 1982].

IV. Patente

1. Insektizide Mittel. Erfinder: R. Paetzold, W. Bochmann, G. Wetzke, H.-J. Körner, J. Reinholz u. G. Erfurt, angemeldet: 11. 12. 1970 (erteilt am 7. 5. 1971). Aktenzeichen: WPA 01 n/151944; DWP Nr. 86712, Klassen A 01 n.
2. Verwendung von Arylazinen als photochrome Medien. Erfinder: D. Faßler u. R. Paetzold, angemeldet: 12. 8. 1974 (W) GO2b/180637), Ausgabetag: 20. 4. 1976.
3. Verwendung aromatischer Azine als photochrome Medien. Erfinder: R. Paetzold u. M. Reichenbächer, angemeldet: 10. 12. 1973. Aktenzeichen: WP G 02b/175 267; Ausgabetag: 5. 9. 1974.
4. Photochrome Medien unter Verwendung von 1.4.-2H-Oxazinen und Spirophenanthro-1.4-2H-Oxazinen. Erfinder: M. Reichenbächer, U.-W. Grummt, R. Paetzold u. J. Epperlein, Anmeldetag: 13. 2. 81 Aktenzeichen: WPC 09K/227 607/7 PS 156372, Cl C09 K 9/00 C09K 9/02, Anmeldetag: 31. 7. 1980.
5. Verfahren zur Herstellung zur photochromen 1.4-2H-Oxazinen und Spirophenanthro 1.4-2H-Oxazinen Erfinder: M. Reichenbächer, U.-W. Grummt, R. Paetzold u. J. Epperlein.
6. Materialien zur Herstellung optisch integrierter Elemente. Erfinder: H.-D. Ilge, M. Reichenbächer, F. Zöllner u. R. Paetzold, angemeldet: Juli 1981, WP G02 B 232/246/1.

V. Tagungsberichte

1. R. Paetzold u. E. Steger, 7. Europäischer Kongreß über Molekülspektroskopie vom 22. bis 27. 7. 1963 in Budapest. Z. Chem. *3* (1963) 439.
2. R. Paetzold u. D. Hass, „Sektionsvorträge Anorganische Chemie" der Jahreshauptversammlung der Chem. Ges. in der DDR, Leipzig 1965. Z. Chem. *6* (1966) 115.
3. R. Paetzold, „Sektionsvorträge Anorganische Chemie" der Jahreshauptversammlung der Chem. Ges. in der DDR, Leipzig 1966, Z. Chem. *7* (1967) 68.
4. S. Dähne und R. Paetzold, VI. International Conference on Photochemistry (Bordeaux) und III. International Conference on Spectral Sensibilisation (Sarlat). Mitt. Blatt Chem. Ges. der DDR *19* (1972) 124.
5. R. Paetzold und F. Lux, Jahreshauptversammlung der Chem. Ges. der DDR, Dresden 1973, Sektion A—Z. Chem. *3* (1974).

VI. Buchbesprechungen

1. H. Siebert, „Anwendungen der Schwingungsspektroskopie in der Anorganischen Chemie", Springer-Verlag Berlin—Heidelberg—New York 1966. Z. Chem. *6* (1966) 400.
2. „Structure and Bonding", Volume 1, Springer-Verlag Berlin—Heidelberg—New York 1966. Z. Chem. *7* (1967) 408.
3. „RAMAN-Spectroscopy". Edited by H. A. Szymanski Plenum-Press New York 1967. Z. Chem. *10* (1970) 239.
4. „Literature Data for IR, RAMAN- and NMR-Spectroscopy of Si, Ge, Sn and Pb Organic Compounds, Herausgeber: L. Licht und P. Reich, VEB Deutscher Verlag der Wissenschaften, Berlin 1971. Z. Chem. *13* (1973) 238.
5. Johannes Dechant, Ultrarotspektroskopische Untersuchungen an Polymeren, Berlin 1972. J. Signal [im Druck].

6. W. M. Tatewski, Quantenmechanik und Theorie des Molekülbaus, Mathemat.-Naturwiss. Bibliothek, Bd 41, Teubner Verlagsges. Leipzig 1968. J. Signal [im Druck].
7. Lutz Zülicke, Quantenchemie — Ein Lehrgang, Bd 1 — Grundlagen und allgem. Methoden, VEB Deutscher Verlag der Wiss. (1973), J. Signal [im Druck].
8. L. Sucha und St. Kotrly, Solution Equilibrin in Analytical Chemistry, Van Mostrand Reinhold Comp., London 1972, J. Signal [im Druck].
9. Erick Clark, The Aromatic Sextett, John Wiley & Sons (1972), J. Signal [im Druck].
10. John B. Birks, Photophysics of Aromatic Molecules. Wiley Interscience (1970), J. Signal [im Druck].
11. F. R. Dollish, U. G. Pateley and F. F. Bentley, Characteristic Roman Frequencies of Organic Compounds. John Wiley & Sons (1974), J. Signal [im Druck].
12. B. Tremillon, Chemistry in Non-Aqueous Solutions. D. Reidel Publ. Comp., Dortrecht-Boston (1974) Österr. Chem. Ztg. [im Druck].
13. D. O. Hummel (Ed.), Polymer Spectroscopy. Verlag Chemie (1974) J. Signal [im Druck].
14. P. M. A. Sherwood, Vibrational Spectroscopy of Solids. Cambridge University Press (1972), Z. Chem.
15. Internat. Rev. of Science, Physiol. Chem., Series Two, Vol. 3 Spectroscopy, Z. Chem. *17* (1977) 352.
16. Topics in Curvent Chemistry 66 (1976), Triplet States III.
17. Structure and Bonding, Vol. 26, Springer-Verlag, Berlin—Heidelberg, New York 1976, Z. Chem. *17* (1977) 38.
18. Concepts of Inorganic Photochemistry, Ed. by Arthur W. Adamson u. Paul D. Fleischauer, A. Wiloy Interscience Public., John Wiley & Sons, New York—Sydney—London—Toronto (1970), J. Signal.
19. P. Helwig, Experimental Quantum Chemistry, Akademiai Kiadr — Budapest 1975, J. Signal.
20. Lehrwerk Chemie, Struktur + Bindung — Aggregierte Systeme und Stoffsystematik, Lehrbuch 2, Verlag für Grundstoffindustrie Leipzig 1975, Z. Chem. *16* (1976) 333.
21. I. N. Levine, Molecular Spectroscopy, John Wiley & Sons, New York, J. Signal *4* (1976) 287
22. Quantum Electronics A. Yariv, John Wiley & Sons, New York, Sydney, London, Toronto 1967. Ebda.
23. Topics in Current Photochemistry, Springer Verlag Berlin/ Herstellung/ New York (1975), J. Signal *4* (1976) 289.
24. Transfer and Storage of Energy by Molecules. Vol. 4, The solid State, Ed. by G. M. Burnett, A. M. North and J. N. Sherwood, John Wiley & Sons (1974), J. Signal.
25. Theorie der chem. Bindung. Karl Hensen. Steinkopf, Darmstadt 1974, J. Signal.
26. Automatic Chemical Analysis, James K. Formemant; Peter B. Stockwell, John Wiley & Sons (1975). Ebda.
27. Ramanspektren von Molekülen u. Kristallen, M. M. Suschtschinski, Akademie Verlag, Berlin 1974. Ebda.

B. Wissenschaftliche Vorträge

1. F. Paetzold, Über die Umlagerungsmechanismen von Schwefligsäure- in seleniger Säure, Kolloquium der Chem. Institute der Techn. Hochschule Dresden, Sept. 1955.
2. R. Paetzold, RAMAN- und ultrarotspektroskopische Untersuchungen an seleniger Säure, Symposium über RAMAN-Spektroskopie in Stuttgart, 13. 3. 1958.
3. R. Paetzold, RAMAN- und UR-spektroskopische Untersuchungen an Hydrogen- und Pyroseleniten, Polytechnische Tagung der Technischen Hochschule, Dresden 4. 11. 1958.
4. R. Paetzold, Die Konstitution des Hydrogenselenitions, Bunsentagung Darmstadt Mai 1959.
5. R. Paetzold, Die Konstitution alkoholischer Selendioxid- u. Selenigsäurelösungen, Dozententagung der Chem. Gesellschaft in der DDR in Halle, Juni 1959.

6. R. Paetzold, Struktur und Stabilität analoger Schwefel-Sauerstoff- und Selen-Sauerstoff-Verbindungen, IUPAC-Kongreß München 4. 9. 1959.
7. R. Paetzold, Technik der Festkörper-IR-Spektroskopie RAMAN- und IR-Kursus, Techn. Hochschule Dresden, 12. 10. 1959.
8. R. Paetzold, Präparative u. spektroskopische Untersuchungen an Sauerstoff-Verbindungen der 4., 5. und 6. Hauptgruppe der PSE, Plenarvortrag Jahreshauptversammlung der Gesellschaft Deutscher Chemiker, Stuttgart 28. 4. 1960.
9. R. Paetzold, Darstellung, Eigenschaften und Schwingungsspektren von Alkylderivaten der selenigen Säure, Jahreshauptversammlung der Gesellschaft Deutscher Chemiker, Stuttgart 28. 4. 1960.
10. R. Paetzold, Schwingungsspektroskopische Untersuchungen an Selensäure und ihren sauren Salzen, Bunsentagung Karlsruhe Mai 1961.
11. R. Paetzold, Präparative und spektroskopische Untersuchungen an Selen-Sauerstoff-Verbindungen, Kolloquium d. Inst. f. Anorgan. Chemie der Univ. Halle, Juni 1962.
12. R. Paetzold, Die Struktur der SeO-Verbindungen und die Natur von SeO-Bindungen, Jahreshauptversammlung der Chem. Gesellschaft in der DDR, Leipzig, 23. 12. 62.
13. R. Paetzold, Darstellung, Eigenschaften und Schwingungsspektren von Alkylselenaten, Jahreshauptversammlung der Chem. Gesellschaft in der DDR, Leipzig, 24. 11. 62.
14. R. Paetzold, Diselenationen und Amidoselenationen, Chemiedozententagung der Chem. Gesellschaft in der DDR, Greifswald April 1963.
15. R. Paetzold, Struktur- und Bindungsprobleme in Schwefel-Sauerstoff- und Selen-Sauerstoff-Verbindungen, Kolloquium des Ortsverbandes Jena der Chem. Gesellschaft in der DDR, 5. 6. 1963.
16. R. Paetzold, Hybridisierung und Eigenschaften anorganischer Verbindungen (Habilitationsvorlesung), Chem. Institute der TU Dresden, 25. 6. 1963.
17. R. Paetzold, Kraftkonstanten u. Bindungsverhältnisse in SeO-Verbindungen, VII. Europ. Kongreß über Molekülspektroskopie Budapest, 23. 7. 1963.
18. R. Paetzold, Die Konstitution alkoholischer H_2SeO_4-Lösungen Chemiedozententagung der Chem. Gesellschaft in der DDR, Berlin, 2. 9. 1964.
19. R. Paetzold, Stickstoffderivate der selenigen Säure, Chemiedozententagung der Chem. Gesellschaft in der DDR, Berlin, 2. 9. 1964.
20. R. Paetzold, Anwendung der RAMAN-Spektroskopie, VEB Elektrochem. Kombinat Bitterfeld, 20. 5. 1965.
21. R. Paetzold, Konstitution von wasserfreier H_2SeO_4- und von H_2SeO_4/SeO_3-Lösungen, Chemiedozententagung der Chem. Gesellschaft in der DDR, Potsdam, 4. 7. 1965.
22. R. Paetzold, RAMAN- und IR-Spektren von Selentrioxid, VIII. Europ. Kongreß über Molekülspektroskopie Kopenhagen, August 1965.
23. R. Paetzold, Kraftkonstanten und chemische Bindung, III. Hochschulwoche für Chemiker, Jena 28. 9. 65.
24. R. Paetzold, Selenoxide, Seleninsäuren, Seleninsäureamide, Jahreshauptvers. der Chem. Gesellsch. in der DDR, Leipzig, Nov. 1965.
25. R. Paetzold, Präparative und molekülspektroskopische Untersuchungen an Selen-Verbindungen, Kolloquium des Bezirksverbandes Leipzig der Chem. Gesellschaft in der DDR, 14. 4. 1966.
26. R. Paetzold, Präparative und molekülspektroskopische Untersuchungen an Selen-Verbindungen, Kolloquium der Techn. Hochschule für Chemie Leuna-Merseburg, 14. 6. 1966.
27. R. Paetzold, Alkalihalogenoselenite und Alkalihalogenodiselenite, Chemiedozententagung der Chem. Gesellschaft in der DDR, Magdeburg, Juni 1966.
28. R. Paetzold, IV. Hochschulwoche für Chemiker Jena, 21. 9. 1966.
29. R. Paetzold, Bindungs- und Strukturprobleme in SO- und SeO-Verbindungen, Kolloquium der Chem. Institute der Universität Brno, 7. 10. 1966.
30. R. Paetzold, Bindungsverhältnisse und Donator-Akzeptor-Eigenschaften von Selen-Verbindungen, Jahreshauptvers. der Chem. Gesellschaft in der DDR, Leipzig, 3. 11. 1966.

31. R. Paetzold, Bindungs- und Strukturprobleme in Schwefel-Sauerstoff- und Selen-Sauerstoff-Verbindungen, Kolloquium des Bezirksverbandes Magdeburg der Chem. Gesellschaft in der DDR, 17. 11. 1966.
32. R. Paetzold, Ergebnisse neuerer Untersuchungen an Selen-Verbindungen, Kolloquium des Inst. f. physik. Chem. der DAW zu Berlin, 5. 6. 1967.
33. R. Paetzold, Das Wirken der Symmetrie in der Chemie, V. Hochschulwoche für Chemiker Jena, 26. 9. 1967.
34. R. Paetzold, Präparative und molekülspektroskopische Untersuchungen an Selen-Verbindungen, Kolloquium des Ortsverbandes Berlin der Chem. Gesellschaft in der DDR, 1. 12. 1967.
35. R. Paetzold, Über die Ergebnisse der strukturellen und präparativen Untersuchungen A. *Simons* und seiner Schüler auf dem Gebiete der Schwefel- und Selen-Chemie, Festkolloquium der Chem. Institute der TU Dresden und des Bezirksverbandes Dresden/Freiberg der Chem. Gesellschaft in der DDR, 29. 5. 1968.
36. R. Paetzold, Das komplexchemische Verhalten von Dimethylselenoxid, Chemiedozententagung der Chem. Gesellschaft in der DDR, Leuna-Merseburg, 19. 6. 1968.
37. R. Paetzold, Das koordinationschemische Verhalten von Sauerstoff-Verbindungen des Schwefels und Selens, Festkolloquium der Chem. Gesellschaft in der DDR u. der Sektion Chemie der Humboldt-Univ. Berlin zu Ehren des 70. Geburtstages von Prof. Thilo, 20. 9. 1968.
38. R. Paetzold, E. Wolfram, D. Knaust, Perfluoralkylverbindungen des Selens, Chemiedozententagung in Rostock 8. 5. 1969.
39. R. Paetzold, Struktur- und Bindungsverhältnisse in Schwefel- und Selen-Verbindungen, Universität Kraków, Institut für Chemie, 22. 5. 1969.
40. R. Paetzold, Über Donator-Akzeptor-Wechselwirkungen von SO- und SeO-Verbindungen, VI. Gesamtstaatl. Konferenz über Anorganische Chemie in Brno, 20. 6. 1969.
41. G. Bochmann, R. Paetzold, Donator-Akzeptor-Komplexe von DMSeO mit Metallperchloraten, Internat. Symposium „Koordinationschemie der Übergangselemente" Jena, 24. 9. 1969.
42. R. Paetzold, Correlations between valence force constants of donor molecules and thermodynamic functions of donor-acceptor equilibria, X th European Congress on Molecular Spectroscopy (Liège, 29. 9.—3. 10. 69), 2. 10. 1969.
43. R. Paetzold, Die Wechselbeziehungen zwischen Physik und Chemie, Problemgebundene Klasse „Physik in Naturwissenschaft und Technik" der DAW zu Berlin, Berlin, Otto-Nuschke-Straße, 23. 10. 1969.
44. R. Paetzold, Donator-Akzeptor-Wechselwirkungen von SO- und SeO-Verbindungen, Institut für Chemie der TH Karl-Marx-Stadt (im Rahmen der Chem. Ges.), 24. 10. 1969.
45. R. Paetzold, Neuere präparative und spektroskopische Untersuchungen an Selenverbindungen, Sektion Chemie der Univ. Rostock, 8. 5. 1970.
46. M. Reichenbächer, R. Paetzold, Darstellung, Eigenschaften und Schwingungsspektren von Orthoselenigsäureestern, Chemiedozententagung Leipzig.
47. R. Paetzold, Spektroskopische Untersuchungen über das Hetero- und Autoassoziationsverhalten von Schwefel-, Selen- und Phosphorverbindungen, Chemische Institute der Poln. Akad. der Wissenschaften Warschau 18. 11. 1970.
48. R. Paetzold, Photoreversible Prozesse organischer Moleküle und ihre Eignung zur optischen Datenspeicherung, VEB Carl Zeiss Jena, 6. 7. 1971.
49. K. Niendorf, R. Paetzold, Über die Korrelation zwischen Valenzkraftkostanten von Donatormolekülen und thermodynamischen Funktionen von Donator-Akzeptor-Gleichgewichten, Hauptjahrestagung der Chem. Gesellschaft der DDR, Leipzig, 29. 9. 1971.
50. R. Paetzold, Über Zusammenhänge zwischen thermodynamischen und intramolekularen Größen von Auto- und Heteroassoziationen anorganischer Molekülverbindungen, Kolloquium in der Phys. Chem. der ETH Zürich, 4. 11. 1971.
51. R. Paetzold, Stand und Entwicklung der Photochemie von Molekülen, 14. 1. 1972.

52. R. Paetzold, Wechselwirkung zwischen Physik und Chemie, Wissensch. Konferenz des PI Halle, 14. März 1972.
53. H. R. Sieper, R. Paetzold, Über Beziehungen zwischen thermodynamischen Funktionen und intramolekularen Größen von Halogenkomplexen mit n-Elektronendonatoren, Chemiedozententagung, Jena, 11. 4. 1972.
54. R. Paetzold, Strahlungsbeeinflußte Reaktionskinetik, Problemdiskussion in der Sektion Physik, 4. 5. 1972.
55. R. Paetzold, K. Niendorf, H. P. Sieper, Correlations between valence force constants and thermodynamic properties of molecular complexes.
56. R. Paetzold, Zeitaufgelöste Spektroskopie und Photochemie, ZIOS der Akademie der Wissenschaften Berlin, 5. 10. 1972.
57. R. Paetzold, Donator- Akzeptor-Wechselwirkungen in der Chemie, ein neuer Beitrag zu ihrem Verständis, Deutsche Akademie der Naturforscher Leopoldina, 3. 11. 1972.
58. R. Paetzold, Spektroskopische Untersuchungen an anorganischen Molekülverbindungen, Chemisches Kolloquium der Sektion Chemie der TU Dresden, 1. 3. 1973.
59. M. S. A. Abd-El-Mottaleb, R. Paetzold, Korrelationen zwischen intramolekularen Parametern von Metallkarbonylkomplexen, Chemiedozententagung Halle, 12. 4. 1973.
60. G. Michaelis, R. Paetzold, Photochromie von Diphenyltriazen, Arbeitstagung Photochromie der Sektion Chemie der FSU Jena, 21. 6. 1973.
61. G. Montage, U. Heinold, R. Paetzold, Photochromie von aromatischen Azinen, Arbeitstagung Photochromie der Sektion Chemie der FSU Jena, 21. 6. 1973.
62. A. Dittrich, M. Erler, H. Lich, R. Paetzold, Photochromie von Indigoiden und ähnlichen Verbindungen, Arbeitstagung Photochromie der Sektion Chemie der FSU Jena, 21. 6. 1973.
63. K. H. Schmidt, H. Haupt, U. Schmidt, R. Paetzold, Photochromie von Naphthochinon, Naphthazarin und Chinizarin, Arbeitstagung Photochromie der Sektion Chemie der FSU Jena, 21. 6. 1963.
64. R. Paetzold, Correlative Studies of thermodynamic and spectroscopic properties of molecular halogen complexes, Kolloquium der Institute für Chemie der Universität Wrocław, 10. 9. 1973.
65. R. Paetzold, K. Niendorf, F. Lux, Molekülkomplexe von Oxo- und Thionoverbindungen mit Jod, Jahreshauptversammlung der Chem. Gesellschaft der DDR, 13. 11. 1973.
66. R. Paetzold, Spektroskopische Untersuchungen an Molekülkomplexen von Halogenen, Chem. Kolloquium der Sektion Chemie/Biologie der PH Erfurt/Mühlhausen (27. 11. 1973).
67. R. Paetzold, Desaktivierung angeregter Elektronenzustände durch Chemische Reaktionen, Sektion Physik, 8. 2. 1974.
68. R. Paetzold, O. Klein, F. Lux, Lösungsmitteleffekte auf thermodynamische und spektroskopische Eigenschaften von EPD-I_2-Komplexen, Internat. Konf. über nichtwässrige Lösungen v. 12. 7. 1974.
69. R. Paetzold, M. Reichenbächer, K. Gustav, Aromatische Azine — eine neue photochrome Stoffklasse, International Congress of Photogr. Sciences, Dresden Sept. 1974.
70. G. Haucke, M. Erler, R. Paetzold, Untersuchungen zur trans-cis-Isomerisierung photochromer indigoider Verbindungen, Int. Congress of Photogr. Sciences, Sept. 1974.
71. D. Faßler, W. L. Iwanow, M. G. Kuzmin, R. Paetzold, Photochromie von 2-Hydroxy-1-Arylaldazinen, Intern. Congress of Photogr. Sciences, Dresden, Sept. 1974.
72. H. D. Ilge, R. Paetzold, Über die Photochromie der Fulgide, Int. Congress of Photogr. Sciences, Dresden, Sept. 1974.
73. R. Paetzold, F. Lux, H. D. Sieper, Molecular Complexes of Phosphoryl Compounds with Jodine and Jodine compounds, 2 nd Int. Symp. Inorg. Phosphor compounds, Prag 1974.
74. R. Paetzold, Kinetics of Photochromic Reactions and Methods for their Determination, Arbeitstagung Berlin, Sept. 1974.
75. R. Paetzold, Photophysical and Photochemical primary processes of some photochromic compounds, Karls-Universität Math.-Naturwiss. Fakultät, Prag 8. 10. 1974.

76. R. Paetzold, Spektroskopische und thermodynamische Eigenschaften anorganischer Molekülkomplexe, Chem. Kolloquium der Sektion Chemie der Humboldt-Universität Berlin, 27. 3. 1975.
77. R. Paetzold, Zur Kinetik photochemischer Prozesse, ZIOS der Akad. der Wissenschaften der DDR 10. 4. 1975.
78. R. Paetzold, Anorganische Molekülkomplexe, Chemiedozententagung 1975.
79. R. Paetzold, M. Reichenbächer, K. Gustav, Photochromism of Aromatic Azines, VIII. Internat. Conf. on Photochemistry, Edmonton, Canada, 13. 8. 1975.
80. R. Paetzold, M. Reichenbächer, K. Gustav, Photochromism of Aromatic Azines, Techn. Hochschule Göteborg (Schweden) 27. 8. 1975.
81. R. Paetzold, Photokinetics of Hydroxyquinones, VIII. Int. Conf. on Photochemistry, Edmonton (Canada), August 1975.
82. R. Paetzold, Photokinetics of Hydroxyquinones, Techn. Hochschule Göteborg (Schweden) 27. 8. 1975.
83. a) R. Paetzold, EPD-EPA Properties of Oxo-Compounds of Selenium, Universität Lund (Schweden) 1975.
b) EPD-EPA Properties of Oxo-Compounds of Selenium, II. Int. Symp. on Selenium Chemistry, Universität Lund (Schweden) 1975.
84. M. Reichenbächer, K. Appenroth, G. Michaelis, R. Paetzold, Über die Photochromie aromatischer Azine, Hauptjahrestagung der Chem. Gesellschaft, Karl-Marx-Stadt, 29. 10. 1975.
85. K. Gustav, J. Sühnel, R. Paetzold, Theoretical Investigations on the Fundamental Chromophore of trans- and cis-Thioindigo, II nd Symp. with Int. Participation on Structure and Reactivity of Org. Compounds, Burgas (Bulgarien) Oktober 1975.
86. M. Reichenbächer, K. Appenroth, R. Paetzold, Zur Photochromie aromatischer Azine, Fotografia Academica 1975, Pardubice, 4. 12. 1975.
87. K. Gustav, J. Sühnel, J. Fabian, R. Paetzold, Trans-cis-Isomerisierung indigoider Verbindungen, Fotografia Academica 1975. Pardubice, 4. 12. 1975.
88. R. Paetzold, Photokinetics of Aromatic Azines and Hydroquinones, Poln. Akad. d. Wiss., Zentrum für molekulare und makromolek. Studien, Łodz, 9. 12. 1975.
89. R. Paetzold, Photokinetics of Aromatic Azines and Hydroquinones, Poln. Akad. d. Wiss., Institut für Chem. Physik, 11. 12. 1975.
90. R. Paetzold, Fotochemische trans-cis-Isomerisierung bei indigoiden Verbindungen und aromatischen Azinen, Chem. Kolloquium der TH „Carl Schorlemmer" Leuna-Merseburg, 27. 1. 1976.
91. G. Haucke, M. Erler, R. Paetzold, Die thermische cis-trans Isomerisierung photochromer indigoider Verbindungen, Chemiedozententagung, Leipzig, Februar 1976.
92. J. Sühnel, K. Gustav, R. Paetzold, Theoretische Untersuchungen an Grundchromophor von trans- und cis-Thioindigo, Chemiedozententagung, Leipzig, Februar 1976.
93. R. Paetzold, Zur Kinetik photochemischer Reaktionen, Symposium Foto- und Thermoreaktionen von Metallkoordinationsverbindungen, Sektion Chemie der KMU, Hohengrün, Mai 1976.
94. R. Paetzold, Photochromie, Ideenkonferenz des WB Biophysik der Sektion Biologie, Hainspitz, 11. 6. 1976.
95. R. Paetzold, Aktuelle Probleme der Fotochemie, Physikalisches Kolloquium, PH Potsdam, Sektion Mathematik/Physik, 1. 6. 1976.
96. R. Paetzold, M. Erler, G. Haucke, Photochromism of Thioindigoid Dyes, VI. IUPAC Photochem. Symp., Aix-en-Provence (Frankreich), Juni 1976.
97. R. Paetzold, R. Werner, Photoinduced Processes for the lowest and upper excited States of Hydroxy quinones, VI. IUPAC Photochem. Symp., Aix-en-Provence (Frankreich), Juli 1976.
98. R. Paetzold, Spectroscopic, thermodynamic and dielectric properties of molecular complexes of halogenes (Plenarvortrag), III. Internat. Symposium on Specific Interactions between Molecules or Ions, Karpacz (Polen) Sept. 1976.

99. R. Paetzold, Elektronen-Donator-Akzeptor-Komplex-Ergebnisse und Probleme, Chem. Kolloquium im Institut für Polymerenchemie der Akad. d. Wissensch. der DDR Teltow-Seehof, 3. 2. 1977.
100. R. Paetzold, Elektronen-Donator-Akzeptor-Komplex — Ergebnisse und Probleme, ZIPC der Akad. d. Wissensch. d. DDR, Berlin, 4. 2. 1977.
101. R. Paetzold, Spektroskopische und thermodynamische Eigenschaften von Molekülkomplexen, Chem. Kolloquium der Sektion Chemie der MLU Halle, 25. 5. 1977.
102. G. Haucke, R. Paetzold, Trans-cis-Isomerisierung indigoider Verbindungen — Singlett- oder Triplettmechanismus, Hauptjahrestagung der Chem. Gesellschaft der DDR, Berlin, Nov. 1977.
103. E. Birckner, G. Haucke, R. Paetzold, Lösungsmittel- und Temperaturabhängigkeit der Fluoreszenz von Thioindigo (Postervortrag), II. Symp. Photochemie, Reinhardtsbrunn, 1979.
104. H. D. Ilge, M. Reichenbächer, R. Paetzold, Untersuchungen des Substitutionseinflusses auf die Extinktionskoeffizienten und Zyklisierungsquantenausbeuten des α, α'-Diphenyl-δ, δ'-dimethylfulgids (Postervortrag), II. Symp. Photochemie, Reinhardtsbrunn, 1979.
105. B. Kirchhof, U. Backhaus, R. Paetzold, Untersuchungen zur Photoreaktion stabilisierender leukoindigoider Verbindungen, II. Symp. Photochemie, Reinhardtsbrunn, 1979.
106. H. Langbein, P. Heuchel, R. Paetzold, Untersuchungen zum Mechanismus der Photooxidation von Leukokristallviolett (Postervortrag), II. Symp. Photochemie, Reinhardtsbrunn, 1979.
107. M. Reichenbächer, U.-W. Grummt, R. Paetzold, Synthese und Photochemie von 1.4-2H-oxazinen und Spirophenanthro-1.4-2H-oxazinen (Postervortrag), Hauptjahrestagung der Chem. Gesellsch. der DDR, Leipzig 1979.
108. R. Paetzold, U.-W. Grummt, M. Reichenbächer, Towards the Photochemistry of Spirophenanthro-1.4-2H-oxazines (Postervortrag), IUPAC Symp. Photochemistry Seefeld (Österreich) 1980.
109. H. Schöler, M. Reichenbächer, R. Paetzold, Synthese und photochemische Untersuchungen an Spirophenanthro-1.4-2H-oxazinen, Fotografia Academia Pardubice, Dezember 1981.
110. R. Paetzold, Elektron-Donor-Akzeptor-Verbindungen — Ergebnisse und Probleme, Internat. Döbereiner Kolloquium, Jena, Mai 1980.
111. M. Reichenbächer, U.-W. Grummt, H. Schüler, Zur Photochemie von Spirophenanthro-1.4-2H-oxazinen (Postervortrag), 3. Photochemiesymposium Potsdam, Mai 1982.
112. H. Langbein, M. Friedrich, R. Paetzold, Bildung und Reaktivität semireduzierter Fluoreszenzradikale, Chemiedozententagung, Greifswald 1981.
113. H. Langbein, R. Paetzold, Rubren-sensibilisierte Photooxidation von Leukokristallviolett als Konkurrenzprozeß der Photooxidation von Rubren (Postervortrag), III. Symp. Photochemie, Potsdam 1982.
114. H. D. Ilge, M. Reichenbächer, R. Paetzold, Untersuchungen zur holographischen Informationsaufzeichnung auf der Basis sublimierter Fulgidschichten (Postervortrag), III. Symp. Photochemie, Potsdam 1982.
115. U.-W. Grummt, R. Paetzold, Zur Photoautomatisierung von 1-Methyl-, 1-Ethyl- und 1-Benzylanthrachinon (Postervortrag) III. Symp. Photochemie, Potsdam 1982.
116. B. Kirchhof, R. Paetzold, Absorptions- und fluoreszenzspektroskopische Untersuchungen von Derivaten leukothioindigoider Verbindungen: Konformerengleichgewichte im Grund- und Anregungszustand (Postervortrag), III. Symp. Photochemie, Potsdam 1982.
117. F. Lux, R. Paetzold, O. Klein, Der Einfluß des Lösungsmittels auf die thermodynamische Stabilität von Thionyl- und Phosphoryl-Jod-Komplexen, Chemiedozententagung, Potsdam, Mai 1982.
118. K. Gustav, R. Paetzold, Die c=n-Bindung in acyclischen Azinen aus photochemischer Sicht — Untersuchungen zum Spektralverhalten, zur Molekülstruktur und E,Z-Isomerisierung (Plenarvortrag). III. Symp. Photochemie, Potsdam, 17. 5. 1982.

Iosif L'vovič Rozenfel'd

22. 8. 1914—31. 8. 1981

Die Korrosionswissenschaft erlitt einen schmerzlichen Verlust. Am 31. August 1981 starb plötzlich aus der Fülle des wissenschaftlichen Schaffens heraus der große Gelehrte, verdiente Funktionär der Wissenschaft und Technik der RSFSR, Doktor der chemischen Wissenschaften Professor I. L. Rozenfel'd.

Aus dem Leben schied ein Gelehrter, der im Laufe von 40 Jahren zielstrebig grundlegende theoretische und angewandte Probleme der Korrosion und des Korrosionsschutzes der Metalle entwickelte. Ein charakteristischer Zug der Arbeiten von Professor Rozenfel'd war die Originalität der Ideen, die Entwicklung neuer Untersuchungsmethoden und die schnelle Verwirklichung der Untersuchungsergebnisse in der Volkswirtschaft. Von großem Interesse sind seine Arbeiten zur Theorie der atmosphärischen Korrosion; in diesen Arbeiten wurden zum ersten Mal eine Reihe von Präzisionsmethoden zur Untersuchung der elektrochemischen Kinetik in Elektrolytdünnschichten erarbeitet, der Mechanismus der Diffusion des Sauerstoffes durch diese Schichten aufgeklärt und ungewöhnliche Erscheinungen des Konzentrationsausgleiches in Dünnschichten und der dadurch bedingten starken Beschleunigung der Sauerstoffdepolarisation in ihnen erklärt.

Er untersuchte den Korrosionsmechanismus und entdeckte dabei eine neue Form der katodischen Depolarisation durch Schwefelsäureanhydrid, die es ermöglichte, auf neuartige Weise den Mechanismus der Beschleunigung der Metallkorrosion in der Industrieatmosphäre zu erklären. Unter seiner Leitung ist eine Reihe Untersuchungen der lokalen Korrosionsprozesse durchgeführt und von einem einheitlichen elektrochemischen Standpunkt aus ihr Mechanismus erklärt worden.

Einen großen Raum in den Arbeiten von I. L. Rozenfel'd nahmen die Untersuchungen auf dem Gebiet der Korrosionsinhibitoren ein. Umfangreiche Untersuchungen des Mechanismus der Kontaktinhibitoren der Korrosion führten zur Schaffung wissenschaftlicher Grundlagen für ihre Anwendung. Die in der letzten Zeit durchgeführten Untersuchungen zur Synthese und zur Kenntnis von Dampfphaseninhibitoren schufen die Möglichkeit, neue Theorien über den Mechanismus der Schutzwirkung von Dampfphaseninhibitoren zu entwickeln und prinzipiell neue Wege der Herstellung derartiger Inhibitoren mit hervorragenden, bereits bewährten Eigenschaften vorzuschlagen. Es wurde eine Reihe wirksamer Universalinhibitoren geschaffen und neue Methoden ihrer Anwendung ausgearbeitet.

Die unter Leitung von Professor I. L. Rozenfel'd synthetisierten neuen Inhibitoren, inhibitierte Stoffe und korrosionsbeständigen Legierungen werden in großem Umfang in der Industrie angewendet.

I. L. Rozenfel'd nahm aktiv teil an der Entwicklung neuer Gebiete der Technik. Besonders müssen die Arbeiten von Professor Rozenfel'd zur Entwicklung neuer elektrochemischer Methoden der Korrosionsforschung und der Anwendung physiko-chemischer Methoden zur Aufklärung des Mechanismus der Korrosion und zum Korrosionsschutz hervorgehoben werden. Die Untersuchungsergebnisse sind von ihm in sieben Monographien zusammengefaßt und in mehr als 300 wissenschaftlichen Publikationen dargestellt worden.

Die Tiefe des wissenschaftlichen Denkens, große Gelehrsamkeit, Begabung für Voraussicht gestatteten ihm, perspektivische wissenschaftliche Richtungen auszusuchen, die er konsequent verfolgte.

Die schöpferische wissenschaftliche Arbeit von I. L. Rozenfel'd war untrennbar mit seiner wissenschaftlich-organisatorischen und pädagogischen Tätigkeit verbunden; im Laufe von vielen Jahren leitete er das wissenschaftliche Kollektiv der Abteilung für Korrosionsschutz im Institut für physikalische Chemie der AdW der UdSSR, war Mitglied des Redaktionskollegiums der Zeitschrift „Sastschita metallow ot korrosii" von ihrem Gründungstag an.

Die Tätigkeit von I. L. Rozenfel'd fand eine breite Anerkennung in der UdSSR und im Ausland. Für hervorragende Erfolge wurde er mit Orden und Medaillen der UdSSR ausgezeichnet.

Für fruchtbare Zusammenarbeit mit den Gelehrten anderer Länder bekam er Auszeichnungen der Tschechoslowakei (1970) und der Volksrepublik China (1958). Im Jahre 1981 wurde er zum auswärtigen Mitglied der Sächsischen Akademie der Wissenschaften zu Leipzig gewählt und für hervorragende Leistungen bei der Entwicklung der Wissenschaft auf dem Gebiet der Korrosion und des Korrosionsschutzes der Metalle mit der Witney-Medaille (USA) ausgezeichnet.

Von ihm wurden viele Schüler und Wissenschaftler herangebildet, die erfolgreich in der Akademie der Wissenschaften der UdSSR, in den Institutionen der Industrie und an Hochschulen wirken.

Der Name von Iosif L'vovič Rozenfel'd ist für immer in die Korrosionswissenschaft eingegangen. Das Andenken an ihn bleibt in den Herzen seiner zahlreichen Schüler und Kollegen.

Viktor Ivanovič Spitcyn

Burckhardt Helferich

10. 6. 1887—5. 7. 1982

Am 5. Juli 1982 verstarb im 96. Lebensjahr einer der bedeutenden deutschen Wissenschaftler auf dem Gebiet der organischen Chemie, das auswärtige Mitglied der mathematisch-naturwissenschaftlichen Klasse der Sächsischen Akademie der Wissenschaften, Burckhardt Helferich in Bonn.

Burckhardt Helferich wurde am 10. Juni 1887 als Kind einer Akademikerfamilie geboren. Sein Vater war Chirurg und arbeitete als Professor und Direktor der Chirurgischen Klinik an der Greifswalder Universität.

Nach dem Besuch des Gymnasiums in Kiel studierte Burckhard Helferich in Lausanne, München und Berlin Chemie. Seine wissenschaftliche Entwicklung wurde nachhaltig von Emil *Fischer* beeinflußt, als dessen Schüler er 1911 in Berlin promovierte und dem er als Privatassistent zwei Jahre zur Seite stand. Auf jene Zeit geht sein Interesse für Hydroxycarbonylverbindungen und Zuckersynthesen zurück. Diese Gebiete — später ergänzt durch die Beschäftigung mit der enzymatischen Glykosidspaltung — wurden zu seinen Hauptarbeitsgebieten, auf denen er Bleibendes geleistet hat. Mit einer Arbeit zur Ring-Ketten-Tautomerie von γ- und δ-Hydroxycarbonylverbindungen, in der er ihre cyclische Halbacetalstruktur nachwies, habilitierte er sich 1920. Seine damals geäußerte Vermutung, daß auch einfache Zucker in der Pyranoseform und nicht in der allgemein angenommenen Furanoseform vorliegen, wurde wenige Jahre später durch andere Forscher in glänzender

Weise bestätigt. Die weitere berufliche Entwicklung macht das außerordentlich hohe Ansehen deutlich, das Burckhardt Helferich als Wissenschaftler und als akademischer Lehrer genoß. 1922 berief ihn die Universität Frankfurt an das von Julius *von Braun* geleitete Chemische Institut als Abteilungsleiter für organische Chemie. Bereits drei Jahre später folgte er einem Ruf der Universität Greifswald und übernahm als Nachfolger von R. *Pummerer* das dortige Chemische Institut als ordentlicher Professor und Direktor. 1930 wurde er dann zum Nachfolger von H. *Hantzsch* als Direktor des angesehenen Chemischen Instituts der Universität Leipzig berufen, das er mit großem wissenschaftlichen Erfolg bis Kriegsende leitete. Auf jene Zeit gehen auch seine engen und fruchtbaren Bindungen zur Sächsischen Akademie der Wissenschaften zurück, die ihn bereits 1931 zum ordentlichen Mitglied wählte und von 1943 bis 1944 mit der in jener Zeit besonders schwierigen und verantwortungsvollen Funktion des Sekretärs der mathematisch-naturwissenschaftlichen Klasse betraute. Veranlaßt durch die damalige amerikanische Besatzungsmacht verließ Burckhardt Helferich 1945 Leipzig und übersiedelte nach Westdeutschland. Von 1945 an als Gastprofessor an der Universität in Bonn tätig, leitete er von 1947 bis zu seiner Emeritierung (1960) das Chemische Institut der Rheinischen Friedrich-Wilhelms-Universität, die ihn von 1954—1955 auch zum Rektor wählte.

Das umfassende wissenschaftliche Lebenswerk von Burckhardt Helferich ist in über 330 Veröffentlichungen niedergelegt. Seine Hauptarbeitsgebiete, die Arbeiten über Oxyaldehyde, zur Zucker- und Glykosidsynthese sowie zum Wirkungsmechanismus der enzymatischen Glykosidspaltung sind eng miteinander verknüpft und auch die vierte, im hohen Alter von Burckhardt Helferich noch außerordentlich erfolgreich bearbeitete Chemie der aliphatischen Sulfonsäuren hat ihre Wurzeln in der Kohlehydratchemie (Methansulfonierung von Zuckern).

Auf dem Gebiet der Zuckersynthese schuf B. Helferich in Pionierarbeit das methodische Instrumentarium zur Verknüpfung von Zuckermolekülen zu definierten Glykosiden. Besonders wertvoll erwies sich dabei die Tritylierung als reversible Blockierung für die primäre Hydroxymethylgruppe der Zucker. Diese Reaktion gehört heute in vielseitig abgewandelter Form zum Allgemeingut des präparativ arbeitenden Organikers. Auf der Grundlage dieser methodisch überaus wertvollen Untersuchungen gelang es ihm, z. B. die Gentiobiose als erstes natürliches Diglykosid zu synthetisieren. Es folgten die Synthesen der Melibiose, Vicianose und Primverose. Auch die Begriffe Oligosaccharid und Oligopeptid gehen auf Helferich zurück. Die erstmals von ihm in die Zuckerchemie eingeführte Mesylierung (Methansulfonierung) brachte im Vergleich zur Tosylierung wesentliche Fortschritte und eröffnete weitere Möglichkeiten zur Abwandlung und Verknüpfung von Zuckermolekülen. Effektive Synthesewege wurden von Burckhardt Helferich auch für definierte Halogenzucker geschaffen, Verbindungen, die ihrerseits wichtige Ausgangsstoffe für weitererführende Reaktionen darstellen. So wurden über die entsprechenden 6-Iodhydrine die Glucoseene, neue ungesättigte und hochreaktive Zucker, synthetisiert. Als wirksamer Katalysator für die Knüpfung glykosidischer Bindungen wurde das Quecksilbercyanid gefunden und die Wirkungsweise von Quecksilberbromid als Cokatalysator aufgeklärt. Die Quecksilbercyanidkatalyse konnte mit Erfolg auch für die Glykosidierung von Purinbasen eingesetzt werden. Durch Adduktbildung von 2,3,4,6-Tetraacetylglucose mit racemischen Gemischen von Stickstoffbasen gelang es in bequemer Weise, z. B. Phenylethylamin in die optischen Antipoden aufzutrennen.

Burckhard Helferich synthetisierte erstmalig auch Glykolglykosidanhydride und erkannte ihre hohe Stabilität, was allerdings ihren Wert für weitere Synthesen einschränkte. Dagegen konnten unter Verwendung von Phenanthrenchinon und dessen photochemischer

Reduktion entsprechende ungesättigte, in 1,2-Stellung reversibel maskierte Vertreter der oben genannten Verbindungsklasse erhalten werden, aus denen nach Umsetzung über die Ozonspaltung der glykosidische Zucker gewinnbar war. Dieses Beispiel zeigt, wie durch Auffinden und Anwendung einer modernen Arbeitstechnik eine elegante Lösung des zu bearbeitenden Problems erreicht wurde.

In sehr mühevollen und schwierigen Untersuchungen gelang es Burckhardt Helferich, Wesentliches zu Struktur-Reaktivitäts-Beziehungen bei der enzymatischen Spaltung von natürlichen und synthetischen Glykosiden zu erarbeiten. Bevorzugtes Fermentsystem war das Süßmandelemulsin, an dem Fragen zur Struktur der spaltbaren Glykoside, zu den Faktoren, die die Spaltungsgeschwindigkeit beeinflussen und zur Einheitlichkeit des Fermentsystems erfolgreich untersucht wurden. Das Hauptenzym des Emulsins wurde als β-D-Glucosidase charakterisiert, aber auch weitere Enzyme, so ein α-D-Mannosidase und α-D-Galactosidase konnten im Emulsin nachgewiesen werden. Auch erste Versuche zur Strukturaufklärung wurden unternommen, in denen gezeigt werden konnte, daß die Aktivität von Emulsin durch Ozoneinwirkung parallel mit dem Tryptophangehalt des Enzyms abnahm.

Aus dem wissenschaftlichen Spätwerk von Burckhardt Helferich sind seine Untersuchungen zu aliphatischen Sulfonsäuren und darunter insbesondere jene zu den ungesättigten cyclischen Sultamen hervorzuheben, einer Substanzklasse, deren umfangreiches Synthesepotential bei weitem noch nicht ausgeschöpft ist. Ausgehend von ungesättigten cyclischen Sultonen synthetisierte er erstmals neuartige Vertreter der 1,1-Dioxo-1,2-thiazine und wies ihre Ringverengung durch SO_2-Extrusion zu Pyrrolderivaten nach.

Neben seiner wissenschaftlichen Arbeit, der er in sechs Jahrzehnten mit großem Erfolg in Forschung und Lehre nachgegangen ist und die sich auch im hohen wissenschaftlichen Ruf vieler seiner Schüler widerspiegelt, setzte sich Burckhardt Helferich engagiert für das Ansehen der Chemie in der Gesellschaft ein. Er gehörte in der Bundesrepublik Deutschland zu den 10 Gründungsmitgliedern der Gesellschaft Deutscher Chemiker und stand dieser Gesellschaft von 1956—1957 als Präsident vor. Er erkannte die große Bedeutung der naturwissenschaftlichen Ausbildung in den Schulen und trat für eine entsprechende Reformierung der Unterrichtspläne ein. Hoch werden seine Verdienste eingeschätzt um das Ansehen der Chemie seines Landes im Ausland.

Als großer Persönlichkeit und bedeutendem Wissenschaftler wurden Burckhardt Helferich vielfältige Ehrungen zuteil. Ihm wurde die Ehrenmitgliedschaft der Chemischen Gesellschaft der DDR verliehen. Er war Ehrendoktor der Technischen Hochschule Stuttgart, Mitglied der Deutschen Akademie der Naturforscher Leopoldina in Halle und der Rheinisch-Westfälischen Akademie der Wissenschaften in Düsseldorf sowie Träger des Großen Verdienstkreuzes des Verdienstordens der Bundesrepublik Deutschland und Inhaber der Emil-Fischer-Medaille der Gesellschaft Deutscher Chemiker.

Die Sächsische Akademie der Wissenschaften rechnet es sich als hohe Ehre an, daß sie Burckhardt Helferich, der als Pionier auf dem Gebiet der Glykosidchemie Bedeutendes geleistet hat, zu seinen auswärtigen Mitgliedern zählen durfte.

Egon Fanghänel

Bibliographie Burckhardt Helferich

1911

1. B. Helferich: Synthese einiger neuer Glucoside. Dissertation, Universität Berlin, 1911.
2. E. Fischer u. B. Helferich: Über neue synthetische Glucoside. Liebigs Ann. Chem. *383* (1911) S. 68.

1914

3. E. Fischer u. B. Helferich: Synthetische Glucoside der Purine. Ber. Dtsch. Chem. Ges. *47* (1914) S. 210.

1919

4. —, Über den γ-Oxy-n-butan-α-aldehyd. Ber. Dtsch. Chem. Ges. *52* (1919) S. 1123.
5. —, γ-Oxyaldehyde II. Ber. Dtsch. Chem. Ges. *52* (1919) S. 1800.

1920

6. E. Fischer u. B. Helferich: Anleitung zur Darstellung organischer Präparate. 9. Auflage, Braunschweig 1920.
7. — u. M. v. Kühlewein: Synthese einiger Puringlucoside. Ber. Dtsch. Chem. Ges. *53* (1920) S. 17.
8. E. Fischer, B. Helferich u. P. Ostmann: Über Verbindungen und Derivate des d-Glucose-6-bromhydrins. Ber. Dtsch. Chem. Ges. *53* (1920) S. 873.
9. — u. W. Dommer: Derivate des γ-Aminovaleraldehyds. Ber. Dtsch. Chem. Ges. *53* (1920) S. 2004.

1921

10. —, Synthese des Cyclohexan-1,4-dion-2,3-dicarbonsäuredimethylesters, eines ortho-Isomeren des Succinoylbernsteinsäureesters. Ber. Dtsch. Chem. Ges. *54* (1921) S. 155.
11. — u. O. Lecher: γ-Oxyaldehyde III. Über den γ-Phenyl-γ-oxy-n-butyraldehyd. Ber. Dtsch. Chem. Ges. *54* (1921) S. 930.
12. —, Über zwei neue Derivate von α- und β-Methylglycosid. Ber. Dtsch. Chem. Ges. *54* (1921) S. 1082.
13. — u. J. A. Speidel: Über α-Oxylactone. Ber. Dtsch. Chem. Ges. *54* (1921) S. 2634.
14. — u. M. Gehrke: γ-Oxyaldehyde IV. γ-Oxyaldehyde mit tertiärem Hydroxyl. Ber. Dtsch. Chem. Ges. *54* (1921) S. 2640.
15. —, Über Emulsin. Hoppe-Seyler's Z. physiol. Chem. *117* (1921) S. 159.

1922

16. — u. Th. Malkomes: Synthese und Eigenschaften eines δ-Oxyaldehyds. Ber. Dtsch. Chem. Ges. *55* (1922) S. 702.
17. — u. R. Weidenhagen: Synthese disaccharidartiger Substanzen aus Monooxyaldehyden. Ber. Dtsch. Chem. Ges. *55* (1922) S. 3348.

1923

18. — u. A. Russe: Synthese des α, γ-Dioxycapronaldehyds und seiner Methylhalbacetale. Ber. Dtsch. Chem. Ges. *56* (1923) S. 759.
19. —, P. E. Speidel, W. Toeldte: Über Äther des Triphenylcarbinols. Ber. Dtsch. Chem. Ges. *56* (1923) S. 766.
20. —, A. Löwa, W. Nippe, H. Riedel: Über zwei neue Derivate von Trehalose und Mannit und über ein α-Methylglucosid-dichlorhydrin. Ber. Dtsch. Chem. Ges. *56* (1923) S. 1083.
21. — u. H. G. Bodenbender: Abkömmlinge der Cyclohexan-1,4-dion-2,3-dicarbonsäure. Ber. Dtsch. Chem. Ges. *56* (1923) S. 1112.
22. — u. H. Köster: Über Oxocyclodesmotropie bei dem γ-Oxy-n-nonadecylaldehyd. γ-Oxyaldehyde V. Ber. Dtsch. Chem. Ges. *56* (1923) S. 2088.
23. —, P. E. Speidel, W. Toeldte: Über Emulsin. 2. Mitt. Hoppe-Seyler's Z. physiol. Chem. *128* (1923) S. 99.
24. —, A. Löwa, W. Nippe, H. Riedel: Über die Einwirkung von Fermenten auf Schwefelsäure- und Phosphorsäureester der Zucker und ihrer Derivate. Hoppe-Seyler's Z. physiol. Chem. *128* (1923) S. 141.

1924

25. — u. H. Köster: Äther des Triphenylcarbinols mit Cellulose und Stärke. Ber. Dtsch. Chem. Ges. *57* (1924) S. 587.

26. — u. J. Hausen: Ein neues Verfahren zur Darstellung der Acetale von Aldehyden und Ketonen. Ber. Dtsch. Chem. Ges. *57* (1924) S. 795.
27. — u. E. Besler: Polymerisationsfragen bei halogenhaltigen Derivaten des Äthylenoxyds und bei halogenhaltigen Aldehyden. Ber. Dtsch. Chem. Ges. *57* (1924) S. 1276.
28. — u. L. Keiner: Darstellung höherer Ketone. Ber. Dtsch. Chem. Ges. *57* (1924) S. 1616.
29. — u. W. Schäfer: Oxyaldehyde VII. Ber. Dtsch. Chem. Ges. *57* (1924) S. 1911.
30. — u. J. Becker: Synthese eines Disaccharidglucosids. Liebigs Ann. Chem. *440* (1924) S. 1.

1925

31. —, L. Moog, A. Jünger: Über den Ersatz reaktionsfähiger Wasserstoffatome in Zuckern, Oxy- und Aminosäuren durch den Triphenylmethyl-Rest. Ber. Dtsch. Chem. Ges. *58* (1925) S. 872.
32. —, G. Sprock, E. Besler: Über ein α-Glucose-5,6-dichlorhydrin. Ber. Dtsch. Chem. Ges. *58* (1925) S. 886.
33. — u. F. A. Fries: Oxy-aldehyde VIII. Ber. Dtsch. Chem. Ges. *58* (1925) S. 1246.
34. —, K. Bäuerlein, F. Wiegand: Synthese der Gentiobiose. Liebigs Ann. Chem. *447* (1925) S. 27.
35. —, W. Schäfer, W. Klein: Synthese eines Disaccharidglucosids II. Liebigs Ann. Chem. *447* (1925) S. 19.

1926

36. — u. W. Kosche: Über Verbindungen von Aldosen mit Harnstoff und ihre Verwendung zur Synthese stickstoffhaltiger Glucoside. Ber. Dtsch. Chem. Ges. *59* (1926) S. 69.
37. —, W. Klein, W. Schäfer: Zur Spezifität der α-Glucosidase aus Hefe. Ber. Dtsch. Chem. Ges. *59* (1926) S. 79.
38. — u. W. Klein: Zur Synthese von Disacchariden IV. Zwei Tetra-acetyl-β-d-glucosen. Liebigs Ann. Chem. *450* (1926) S. 219.
39. —: Zuckersynthesen V. Die Synthese einiger Trisaccharide. Liebigs Ann. Chem. *450* (1926) S. 229.
40. — u. H. Rauch: Zuckersynthesen VI. 6-β-d-Galaktosido-d-glucose, ein Beitrag zur Konstitution der Melibiose. Ber. Dtsch. Chem. Ges. *59* (1926) S. 2655.
41. — u. H. Sieber: Berichtigung. Ber. Dtsch. Chem. Ges. *59* (1926) S. 600.
42. —: Synthese der Gentiobiose. Naturwissenschaften *14* (1926) S. 677.

1927

43. — u. H. Rauch: Zuckersynthese VII. Die Synthese der Primverose. Liebigs Ann. Chem. *455* (1927) S. 168.
44. — u. W. Klein: Zur Acylwanderung. Liebigs Ann. Chem. *455* (1927) S. 173.
45. — u. A. Schneidmüller: Umlagerung eines β-Glucosids in ein α-Glucosid. Ber. Dtsch. Chem. Ges. *60* (1927) S. 2002.
46. — u. H. Bredereck: d-Glucose-6-chlorhydrin und seine Derivate. Ber. Dtsch. Chem. Ges. *60* (1927) S. 1995.
47. —, H. Bredereck, A. Schneidmüller: Acylwanderungen an partiell acylierten Methylglucosiden. Liebigs Ann. Chem. *458* (1927) S. 111.
48. — u. H. Sieber: Zur Synthese partiell acylierter Glyceride. Hoppe-Seyler's Z. physiol. Chem. *170* (1927) S. 31.

1928

49. — u. H. Sieber: Zur Synthese partiell acylierter Glyceride II. Hoppe-Seyler's Z. physiol. Chem. *175* (1928) S. 311.
50. — u. H. Bredereck: Zuckersynthesen VIII. Liebigs Ann. Chem. *465* (1928) S. 166.
51. — u. E. Himmen: Eine neue ungesättigte Anhydroglucose. Ber. Dtsch. Chem. Ges. *61* (1928) S. 1825.

52. — u. H. Collatz: Halohydrine der Gentiobiose und Glucose. Ber. Dtsch. Chem. Ges. *61* (1928) S. 1640.
53. —: Tritylâther in der Chemie der Zucker. Angew. Chem. *41* (1928) S. 871.

1929

54. — u. H. du Mont: Neuartige Verbindungen von Glucose mit Phosphorsäure. Hoppe-Seyler's Z. physiol. Chem. *181* (1929) S. 300.
55. — u. J. F. Leete: Tritylâther der Mannose — eine neue Tetraacetylmannose. Ber. Dtsch. Chem. Ges. *62* (1929) S. 1549.
56. — u. E. Himmen: Über neue Dicarbonyl-zucker. Ber. Dtsch. Chem. Ges. *62* (1929) S. 2136.
57. — u. R. Gootz: Über Fluorderivate von Kohlehydraten. Ber. Dtsch. Chem. Ges. *62* (1929) S. 2505.
58. — u. R. Gootz: Über einige neue 1-Acyl-Derivate der Glucose. Synthese des α-Benzylglucosids. Ber. Dtsch. Chem. Ges. *62* (1929) S. 2788.
59. — u. St. Böttger: Die Einwirkung von Fluorwasserstoff auf Cellulose. Liebigs Ann. Chem. *476* (1929) S. 150.
60. — u. W. Schäfer: n-Butyrylchlorid. Organic Syntheses *9* (1929) S. 32.

1930

61. —, E. Bohn, S. Winkler: Ungesättigte Derivate von Gentiobiose und Cellobiose. Ber. Dtsch. Chem. Ges. *63* (1930) S. 989.
62. —, A. Stärker, O. Peters: Die Einwirkung von Fluorwasserstoff auf Stärke. Liebigs Ann. Chem. *482* (1930) S. 183.
63. —: Zur Konstitution der Trehalose. Ber. Dtsch. Chem. Ges. *63* (1930) S. 959.
64. — u. H. Bredereck: Über Emulsin — III. Mitt. Hoppe-Seyler's Z. physiol. Chem. *189* (1930) S. 273.
65. — u. E. Fischer: Anleitung zur Darstellung organischer Präparate. Hrsg.: B. Helferich — 11. Auflage, 1930.
66. — u. A. Müller: Über ein Methylglykosid eines neuen Anhydrozuckers; zugleich Beitrag zur Acyl-Wanderung bei partiell acylierter Glucose. Ber. Dtsch. Chem. Ges. *63* (1930) S. 2142.

1931

67. — u. G. Sparmberg: Synthese und Eigenschaften eines 6-Oxyaldehyds. Ber. Dtsch. Chem. Ges. *64* (1931) S. 104.
68. — u. R. Gootz: Synthese eines Tetrasaccharid-acetats. Ber. Dtsch. Chem. Ges. *64* (1931) S. 109.
69. — u. G. Sparmberg: Notiz zur Kenntnis des (+)-Methyl-(4)-hexanol-(6)-al-(1), eines 6-Oxyaldehyds. Ber. Dtsch. Chem. Ges. *64* (1931) S. 1151.
70. — u. A. Schneidmüller: Über Emulsin — IV. Mitt. Hoppe-Seyler's Z. physiol. Chem. *198* (1931) S. 100.
71. — u. H. Masamune: Die Löslichkeit einiger Kohlehydrate in Dioxan und die Verwendbarkeit dieser Lösung. Ber. Dtsch. Chem. Ges. *64* (1931) S. 1257.
72. — u. E. Günther: Derivate des d-Glucose-6-methyläthers. Ber. Dtsch. Chem. Ges. *64* (1931) S. 1276.
73. — u. H. Appel: Über Verbindungen von Kohlehydraten mit Acetaldehyd: Äthylidenglucose. Ber. Dtsch. Chem. Ges. *64* (1931) S. 1841.
74. — u. N. M. Bigelow: Die Geschwindigkeit der Ätherbildung zwischen α-Methyl-d-glucosid und Triphenylmethylchlorid in Pyridin. J. prakt. Chem. *131* (1931) S. 259.
75. — u. N. M. Bigelow: Dicarbonylzucker II. Hoppe-Seyler's Z. physiol. Chem. *200* (1931) S. 263.
76. — u. H. Bredereck: Zuckersynthesen — X. Mitt. Darstellung des 2,3,6-Triacetyl-β-methyl-d-glucosids und seine Verwendung zur Synthese eines Cellobiose-Derivats. Ber. Dtsch. Chem. Ges. *64* (1931) S. 2411.

1932

77. — u. O. Lang: Derivate der 3- und 4-Methyl-d-glucose. J. prakt. Chem. *132* (1932) S. 321.
78. —, R. Gootz, G. Sparmberg: Über Emulsin V. Hoppe-Seyler's Z. physiol. Chem. *205* (1932) S. 201.
79. — u. R. Gootz: Synthese des Saligenin-β-d-galaktosids. Ber. Dtsch. Chem. Ges. *65* (1932) S. 407.
80. — u. H. Appel: Über Emulsin VI. Hoppe-Seyler's Z. physiol. Chem. *205* (1932) S. 231.
81. — u. O. Peters: Einwirkung von Fluorwasserstoff auf Kohlehydrate III. Liebigs Ann. Chem. *494* (1932) S. 101.
82. —, S. Winkler, R. Gootz, O. Peters, E. Günther: Über Emulsin VII. Hoppe-Seyler's Z. physiol. Chem. *208* (1932) S. 91.
83. — u. S. Winkler: Über Emulsion VIII. Hoppe-Seyler's Z. physiol. Chem. *209* (1932) S. 269.
84. — u. W. Schäfer: α-Methyl-d-glucosid. Organic Syntheses, Sammelband *1* (1932) S. 356.

1933

85. —, H. Heyne, R. Gootz: Über Emulsin IX. Hoppe-Seyler's Z. physiol. Chem. *214* (1933) S. 139.
86. —: Die Spezifität des Emulsins. Ergebn. Enzymforschung *2* (1933) S. 74.
87. —, H. Appel, R. Gootz: Über Emulsin X. Hoppe-Seyler's Z. physiol. Chem. *215* (1933) S. 277.
88. — u. E. Schmitz-Hillebrecht: Eine neue Methode zur Synthese von Glykosiden der Phenole. Ber. Dtsch. Chem. Ges. *66* (1933) S. 378.
89. — u. O. Lang: Über Emulsin XI. Hoppe-Seyler's Z. physiol. Chem. *216* (1933) S. 123.
90. — u. G. Sparmberg: Krystallisierte 6β-d-Galaktosido-d-glucose. Ber. Dtsch. Chem. Ges. *66* (1933) S. 806.
91. — u. S. Winkler: Die Synthese von α- und β-Phenol-d-mannosid. Ber. Dtsch. Chem. Ges. *66* (1933) S. 1556.
92. —, O. Lang, E. Schmitz-Hillebrecht: Glucosidische Azofarbstoffe. J. prakt. Chem. *138* (1933) S. 275.
93. — u. O. Peters: Die Glucoside von p-Nitrophenol und p-Aminophenol und ihre fermentative Spaltung. J. prakt. Chem. *138* (1933) S. 281.
94. —, H. Rohr, E. Günther: Über Emulsin XII. I. Die Spaltung von Phenol-β-d-isorhamnosid durch Emulsin. Hoppe-Seyler's Z. physiol. Chem. *221* (1933) S. 90.
95. — u. G. Sparmberg: II. Die Spaltung von β-d-Glucuroniden (gepaarten Glucuronsäuren) durch Emulsin. Hoppe-Seyler's Z. physiol. Chem. *221* (1933) S. 92.
96. — u. G. Brieger: III. Die Schädigung von Emulsin durch ultraviolette Strahlen. Hoppe-Seyler's Z. physiol. Chem. *221* (1933) S. 94.
97. — u. S. Winkler: IV. Der Einfluß von Formalin auf die β-glucosidatische und β-galaktosidatische Wirkung des Emulsins. Hoppe-Seyler's Z. physiol. Chem. *221* (1933) S. 98.
98. — u. A. Iloff: Über Emulsin XIII. Darstellung und fermentative Spaltung von Glykosiden des N-Acetylglucosamins und der 2-Desoxyglucose. Hoppe-Seyler's Z. physiol. Chem. *221* (1933) S. 252.
99. —: Paul Walden zum 70. Geburtstag. Techn.-Ind. schweizer Chemiker-Ztg. *16* (1933) S. 134.

1934

100 —, E. Günther, S. Winkler: Darstellung und Fermentspaltung basischer Glykoside. Liebigs Ann. Chem. *508* (1934) S. 192.
101. —: Über den Wirkungsbereich glykosid-spaltender Fermente. Angew. Chem. *47* (1934) S. 410.
102. —, A. Iloff, H. Streeck: Über Emulsin XIV. Zur fermentativen Spaltung von Aminoglucosiden. Hoppe-Seyler's Z. physiol. Chem. *226* (1934) S. 258.
103. — u. H. Schreiber: Über Emulsin XV. Die Spaltung von Kresolglykosiden und die Einheitlichkeit von Glykosidasen verschiedener Herkunft. Hoppe-Seyler's Z. physiol. Chem. *226* (1934) S. 272.
104. —: Erfolge und Probleme in der Zuckerchemie. Chemiker-Ztg *58* (1934) S. 689.

105. — u. U. Lampert: Über Emulsin XVI. Mitteil. Über die Spaltung von β-d-Xylosiden durch Mandel-Emulsin. Ber. Dtsch. Chem. Ges. *67* (1934) S. 1667.
106. —, S. Winkler, E. Schmitz-Hillebrecht, H. Bach: Über Emulsin XVII. Einwirkung von Ozon auf Mandelemulsin. Hoppe-Seyler's Z. physiol. Chem. *229* (1934) S. 112.
107. —: Umbau des chemischen Laboratoriums der Universität Leipzig. Chem. Fabrik *7* (1934) S. 403.
108. —, U. Lampert, G. Sparmberg: Zur Kenntnis der α-Glucosidase aus Hefe. Ber. Dtsch. Chem. Ges. *67* (1934) S. 1808.
109. — u. F. Philipp: Darstellung und Fermentspaltung basischer Glykoside. Liebigs Ann. Chem. *514* (1934) S. 228.

1935

110. —, F. Strauß: Derivate des Phenol-β-d-glucosids. J. prakt. Chem. *142* (1935) S. 13.
111. — u. E. Günther: Über Emulsin. XVIII. Die Spaltbarkeit des Phenol-β, d-glucosid-6-methyläthers durch Mandelemulsin. Hoppe-Seyler's Z. physiol. Chem. *231* (1935) S. 62.
112. — u. F. Vorsatz: Notiz über Ester der Kaffeesäure. J. prakt. Chem. *142* (1935) S. 191.
113. — u. S. R. Petersen: Über Emulsin. XIX. Die Einwirkung von Ozon auf Mandelemulsin. Hoppe-Seyler's Z. physiol. Chem. *233* (1935) S. 75.
114. — u. E. Schmitz-Hillebrecht: Über Emulsin. XX. Der Einfluß von Neutralsalzen auf die Wirksamkeit von Mandelemulsin. Hoppe-Seyler's Z. physiol. Chem. *234* (1935) S. 54.
115. — u. S. R. Petersen: Die Synthese einiger α-Maltoside und ihr Verhalten gegen Diastase. Ber. Dtsch. Chem. Ges. *68* (1935) S. 790.
116. —, H. E. Scheiber, R. Streeck, F. Vorsatz: Über Emulsin. XXI. Liebigs Ann. Chem. *518* (1935) S. 211.
117. — u. U. Lampert: Emulsin XII. Mitteil.: Über die Spaltung von a-l-Arabinosiolen durch Mandel-Emulsin. Ber. Dtsch. Chem. Ges. *68* (1935) S. 1266.
118. —: Carl Paal. Nachruf. Sitzungsber. SAW, math.-phys. Kl. *87* (1935) S. 207—212.
119. —, R. Scholl: FuF *11* (1935) S. 355.
120. — u. C. P. Burt: Die Beeinflussung der fermentativen Spaltbarkeit von Phenol-β-d-glucosiden durch Substitution im Benzolkern II. Über Emulsin XIII. Liebigs Ann. Chem. *520* (1935) S. 156.
121. — u. U. Lampert: Glucosid-Synthesen mit Emulsin. Über Emulsin XXIV. Mittlg. Ber. Dtsch. Chem. Ges. *68* (1935) S. 2050.
122. —: Nachruf auf Arthur Hantzsch. Sitzungsber. SAW, math.-phys. Kl. *87* (1935) S. 213—222.
123. — u. F. Vorsatz: Über Kaffee-Emulsin. Emulsin XXV. Hoppe-Seyler's Z. physiol. Chem. *237* (1935) S. 254.

1936

124. — u. F. Vorsatz: Die β-d-Glucoside der Kaffeesäure und der Ferulasäure. J. prakt. Chem. *145* (1936) S. 270.
125. — u. F. Vorsatz: Über Emulsin XXVI. Die Einwirkung von Osmiumtetroxid auf Süßmandelemulsin. Hoppe-Seyler's Z. physiol. Chem. *239* (1936) S. 241.
126. — u. E. Weber: Die Synthese von β-d-Cellobiosid und β-d-Maltosid des Vanillins und die Einwirkung von Mandel-Emulsin auf diese Substanzen. XXVII. Mittlg. über Emulsin. Ber. Dtsch. Chem. Ges. *69* (1936) S. 1411.
127. — u. R. Streeck: β-d-Fructo-pyranoside von Phenolen. Ber. Dtsch. Chem. Ges. *69* (1936) S. 1311.
128. —: Eine Ditritylverbindung der Fuctose. J. prakt. Chem. *147* (1936) S. 60.
129. —: Berthold Rassow zum 70. Geburtstag. FuF *12* (1936) S. 362.

1937

130. — u. R. Hiltmann: Die Spaltung von Cyclopentan-transdiol-(1.2) in optische aktive Komponenten. Ber. Dtsch. Chem. Ges. *70* (1937) S. 308.
131. — u. R. Hiltmann: Die Spaltung von Cyclopentan-transdiol-(1.2) in optisch aktive Komponenten (Berichtigung). Ber. Dtsch. Chem. Ges. *70* (1937) S. 588.

132. — u. O. Peters: Eine neue Ascorbinsäure-Synthese. Ber. Dtsch. Chem. Ges. *70* (1937) S. 465.
133. — u. S. Grünler: Die p-Toluolsulfo-ester des Vanillin-β-d-glucosids und ihre Spaltbarkeit durch Süßmandel-emulsin. Über Emulsin XXVIII. J. prakt. Chem. *148* (1937) S. 107.
134. — u. W. Göller: Die gleichzeitige Spaltung mehrerer Substrate. Ein Beitrag zum Problem der „β-d-Galaktosidase" des Süßmandelemulsins. Über Emulsin XXIX. Hoppe-Seyler's Z. physiol. Chem. *247* (1937) S. 220.
135. —, S. Grünler, A. Gnüchtel: Die fermentative Spaltung von 6-Halohydrin-β-d-glucosiden und verwandten Verbindungen. Über Emuslin XXX. Hoppe-Seyler's Z. physiol. Chem. *248* (1937) S. 85.
136. — u. R. Hiltmann: Mono- und Bis-β-d-glucoside von 2-wertigen Alkoholen und ihre Spaltbarkeit durch Süßmandelemulsin. Über Emulsin XXXI. Liebigs Ann. Chem. *531* (1937) S. 160.
137. —, W. Richter, S. Grünler: Über Anwesenheit und Bedeutung von Kohlehydraten in Glykosidasen. Über Emulsin XXXII. Sitzungsber. SAW, math.-phys. Kl. *87* (1937) S. 385—396.

1938

138. —: Emulsin. Ergebn. Enzymforsch. *7* (1938) S. 83.
139. — u. W. Reischel: Die fermentative Spaltung von Mono- und Bis-glucosiden 2-wertiger Phenole. Über Emulsin XXXIII. Liebigs Ann. Chem. *533* (1938) S. 278.
140. —: Gustav Reddelien. Ber. Dtsch. Chem. Ges. *71* (1938) S. 86.
141. — u. A. Gnüchtel: Ester der Methansulfonsäure in der Zuckergruppe. Ber. Dtsch. Chem. Ges. *71* (1938) S. 712.
142. —, R. Hiltmann, W. Reischel: Die fermentative Spaltung von Bis-glucosiden 2-wertiger Alkohole und Phenole. Über Emulsin XXXIV. Liebigs Ann. Chem. *534* (1938) S. 276.
143. — u. R. Mittag: N-Methansulfonyl-Derivate der Aminosäuren. Ber. Dtsch. Chem. Ges. *71* (1938) S. 1480.
144. — u. R. Mittag: Über neuartige Verbindungen aus Zucker und Aminosäuren. Ber. Dtsch. Chem. Ges. *71* (1938) S. 1585.
145. —, R. Streeck, E. Günther: Ein neues Verfahren zur Darstellung aromatischer Aldehyde. J. prakt. Chem. *151* (1938) S. 251.
146. — u. H. Lutzmann: Glucoside von Phenol-carbonsäuren, ihre fermentative Spaltung und ihre Selbstzersetzung. Über Emulsin XXXV. Liebigs Ann. Chem. *537* (1938) S. 11.

1939

147. — u. W. W. Pigman: Die fermentative Spaltung von Lactose, Lactulose und Neolactose. Über Emulsin XXXVI. Mitteil. Ber. Dtsch. Chem. Ges. *72* (1939) S. 212.
148. — u. E. Günther: Darstellung von Jodverbindungen der Sterine aus Sterinalkoholen. Ber. Dtsch. Chem. Ges. *72* (1939) S. 338.
149. — u. E. Günther: Nachtrag zu unserer Arbeit „Darstellung von Jodverbindungen der Sterine aus Sterinalkoholen". Ber. Dtsch. Chem. Ges. *72* (1939) S. 932.
150. —, R. Hiltmann, W. W. Pigman: Zur Dialyse von Süßmandelemulsin (Emulsin XXXVII). Hoppe-Seyler's Z. physiol. Chem. *259* (1939) S. 150.
151. — u. W. W. Pigman: Über den Kohlenhydratgehalt des Süßmandelemulsins (Emulsin XXXVIII). Hoppe-Seyler's Z. physiol. Chem. *259* (1939) S. 253.
152. —, H. Dressler, R. Griebel: Ester der Methansulfonsäure in der Zuckergruppe. J. prakt. Chem. *153* (1939) S. 285.
153. —, W. W. Pigman, H. S. Isbell: Die Frage der Spaltbarkeit von Methylglykosiden einiger synthetischer Zucker durch Süßmandel-emulsin. (Emulsin XXXIX). Hoppe-Seyler's Z. physiol. Chem. *261* (1939) S. 55.
154. — u. H. Lutzmann: Glucoside der Isäthionsäure und ihres Äthylesters. (Über Emulsin XL). Liebigs Ann. Chem. *541* (1939) S. 1.
155. —, W. W. Pigman, H. S. Isbell: Die Spaltbarkeit von Lactobionsäure durch Süßmandelemulsin. Emulsin XLI. Hoppe-Seyler's Z. physiol. Chem. *261* (1939) S. 189.

156. —, E. Günther, W. W. Pigman: Die Spaltbarkeit von d-Xylosiden, l-Xylosiden und d-l-Xylosiden durch Süßmandel-Emulsin. Emulsin XLII. Ber. Dtsch. Chem. Ges. *72* (1939) S. 1953.

1940

157. — u. R. Griebel: Die fermentative Spaltung von Bisglycosiden des Protocatechu-aldehyds. Emulsin XLIII. Liebigs Ann. Chem. *544* (1940) S. 191.
158. — u. J. Goerdeler: Zur Synthese von β-d-Glucosiden. Ber. Dtsch. Chem. Ges. *73* (1940) S. 532.
159. — u. J. Goerdeler: Zur Kenntnis des Schnecken-Emulsins. Sitzungsber. SAW, math.-phys. Kl. *92* (1940) S. 75—106.
160. — u. H. Grünert: Nomenklaturvorschlag im Gebiet der Peptide. Naturwissenschaften *28* (1940) S. 411.
161. —: Zum Gedächtnis an Hans Stobbe. Sitzungsber. SAW, math.-phys. Kl. *92* (1940) S. 115 bis 118.
162. — u. H. Grünert: N-Methansulfonyl-derivate von Aminosäuren und Oligopeptiden. Liebigs Ann. Chem. *545* (1940) S. 178.
163. — u. H. Jochinke: Ester der Methansulfonsäure in der Zuckergruppe. III. Mitteilung. Ber. Dtsch. Chem. Ges. *73* (1940) S. 1049.
164. — u. H. Grünert: Dimesyl-imid, eine starke Säure. Ber. Dtsch. Chem. Ges. *73* (1940) S. 1131.
165. — H. E. Scheiber, R. Hiltmann: Oberflächenaktive Glucoside und ihre Spaltbarkeit durch Süßmandel-Emulsin. Ber. Dtsch. Chem. Ges. *73* (1940) S. 1300.

1941

166. — u. H. Lutzmann: Über das Tetanus-Antitoxin. Hoppe-Seyler's Z. physiol. Chem. *267* (1941) S. 23.
167. — u. H. Jochinke: Ester der Methansulfonsäure in der Zuckergruppe. IV. Mitteilung. Ber. Dtsch. Chem. Ges. *74* (1941) S. 719.
168. — u. H. Schnorr: Glucoside von Oxysulfonsäuren und Oxysulfonsäureestern. (Emulsin XLV). Liebigs Ann. Chem. *547* (1941) S. 201.
169. — u. A. Gnüchtel: Glucose-6-fluorhydrin und einige seiner Derivate. Ber. Dtsch. Chem. Ges. *74* (1941) S. 1035.
170. —, W. Richter, H. Flechsig: Über das Glucosid einer γ-Oxycarbonsäure. Ber. Dtsch. Chem. Ges. 74 (1941) S. 1019.
171. — u. H. Grünert: Notiz über die n-Butan-disulfonsäure-(1.4). Ber. Dtsch. Chem. Ges. *74* (1941) S. 1531.
172. — u. Fr. v. Stryk: Methansulfonsäureester in der Zuckergruppe, 5. Mitteil.: Über die Ferment-Spaltung von Trehalose. Ber. Dtsch. Chem. Ges. *74* (1941) S. 1794.
173. — u. M. Vock: Fluorhydrine von Kohlenhydraten. Ber. Dtsch. Chem. Ges. *74* (1941) S. 1807.

1942

174. — u. J. F. Leete: β-Gentiobiose octaacetate. Org. Syntheses *22* (1942) S. 53.
175. — u. H. Flechsig: Bis-[alkylsulfonsäure]-imide. Ber. Dtsch. Chem. Ges. *75* (1942) S. 532.
176. — u. K. Krenkler: Trimethylkieselsaures Kalium. Ber. Dtsch. Chem. Ges. *75* (1942) S. 530.
177. — u. J. Werner: Über Anhydride von Glykol-glykosiden. Ber. Dtsch. Chem. Ges. *75* (1942) S. 1446.

1943

178. — u. M. Hase: Über alkali-empfindliche Glycoside. Glucoside von Nitroalkoholen. Liebigs Ann. Chem. *554* (1943) S. 261.
179. —: Über das Süßmandel-Emulsin und einige verwandte Fermente. Ergebn. Enzymforsch. *9* (1943) S. 70.
180. —: Kefir-Emulsin. Sitzungsber. SAW, math.-phys. Kl. *95* (1943) S. 135—144.

1944

181. —: Darstellung des Phenol-β-galaktosids und über eine Molekülverbindung dieser Substanz mit Phenol-α-d-galaktosid. Ber. Dtsch. Chem. Ges. *77* (1944) S. 194.
182. — u. K. Thiemann: Zur Frage der fermentativen Spaltung von reduzierenden Disacchariden. (Über Anhydride von Glykol-glykosiden, IV. Mitteilung) Hoppe-Seyler's Z. physiol. Chem. *281* (1944) S. 126.

1946

183. — Zur Stereochemie einfacher Moleküle, einfacher Ionen und von Atomgruppen in größeren Molekülen. Z. Naturforsch. *1* (1946) S. 666.

1947

184. —: Über Kefir-Emulsin. Die Milchwissenschaft *2* (1947) S. 16.
185. —: Glykol-β-maltosid-anhydrid. (Über Anhydride von Glykolglykosiden, V. Mitteil. Zur Frage der fermentativen Spaltung von reduzierenden Disacchariden, III. Mitteil.). Chem. Ber. *80* (1947) S. 158.
186. — u. W. Reimann: Die Umesterung von Orthokieselsäureestern. Chem. Ber. *80* (1947) S. 163.
187. — u. H. Stetter: Zur Kenntnis der Kartoffel-Phosphatase. Liebigs Ann. Chem. *558* (1947) S. 234.
188. — u. H. Stetter: Über die Hemmung der Kartoffelphosphatase durch Phosphat- und Arsenat-Ionen. Naturwissenschaften *34* (1947) S. 278.

1948

189. — Trityl Ethers of Carbohydrates. Advances in Carbohydrate Chemistry, Vol. *III* (1948) S. 79.
190. — u. H. Stetter: Zur Kenntnis der Kartoffel-Phosphatase 2. Mitt. Liebigs Ann. Chem. *560* (1948) S. 191–201.
191. —, S. Demant, J. Goerdeler, R. Bosse: Über die Carbohydrasen des Gerstenmalzes, das „Malz-Emulsin". Hoppe-Seyler's Z. physiol. Chem. *283* (1948) S. 179.
192. —, Sweet almond emulsin and related carbohydrases. FIAT Rev. German Sci. 1939–46, Biochem. Pt III, *125* (1948).

1949

193. — u. K. Wedemeyer: Zur Darstellung von Glucosiden aus Acetobromglucose. Liebigs Ann. Chem. *563* (1949) S. 139–145.
194. — u. G. Weber: Alkaliempfindliche Glucoside. Das Glucosid des Äthylencyanhydrins. Z. Naturforschg. *4b* (1949) S. 193–194.

1950

195. — u. K. Lang: Über Salze der Eisensäure. Z. anorg. u. allgem. Chem. *263* (1950) S. 169.
196. — u. K. Wedemeyer: Zur Darstellung von Glykosiden aus Acetobromhalogenosen. Chem. Ber. *83* (1950) S. 538.
197. — u. H. Liesen: Zwei desmotrope Formen des 2-Benzoyloxy-benzylalkohols, ein neuer Fall von Ring-Ketten-Tautomerie. Chem. Ber. *83* (1950) S. 567.
198. — u. H. Liesen: Alkaliempfindliche Glykoside: Über das Iso-salicin und seine fermentative Spaltung. Liebigs Ann. Chem. *570* (1950) S. 148.
199. —: Enzyme Specifity. The Enzymes, Academic Press Inc. New York (1950) Chapter 3.

1951

200. — u. H. Schirp: Eine neue Methode zur Darstellung der Pentaacetyl-al-d-galactose. Chem. Ber. *84* (1951) S. 469.
201. —: Entwicklung und Bedeutung der chemischen Hochschulinstitute. Als Manuskript. gedruckt von der Gesellschaft Deutscher Chemiker.
202. —: Verleihung der Emil-Fischer Medaille, Dankrede. Angew. Chem. 63 (1951) S. 479–480.

1952

203. — u. A. Mitrowsky: Über N-Glykoside. Chem. Ber. *85* (1952) S. 1.
204. — u. H. J. Höfmann: p-Oxystyrol-β-d-glucosid. Chem. Ber. *85* (1952) S. 175.
205. —: Stand der Enzymchemie und ihre Bedeutung. Schriftenreihe „Arbeitsgemeinschaft für Forschung" des Landes Nordrhein-Westfalen Heft 14 (1952).
206. — u. U. Baumann: Notiz über die Löslichkeit von Phosphorsäure in organischen Lösungsmitteln. Chem. Ber. *85* (1952) S. 461.
207. —: Chemie und Schule: Naturwissenschaften *39* (1952) S. 537.
208. —: The Glycals. Advances in Carbohydrate Chemistry Vol. *VII* (1952) S. 209.
209. —, Emil Fischer, sein Leben und seine wissenschaftlichen Leistungen. Festschrift des Gymnasiums in Euskirchen (1952) Kapitel II.
210. —, H. Stetter, W. Püschel, H. Söntgerath, G. v. Bruck: Zur Kenntnis der Kartoffelphosphatase. III. Mitteilung Hoppe-Seyler's Z. physiol. Chem. *290* (1952) S. 48.
211. — u. E. v. Gross: Eine neue Methode zur Maskierung der Oxygruppen an C^1 und C^2 in Aldopyranosen. Chem. Ber. *85* (1952) S. 531.

1953

212. —: Emil Fischer zum 100. Geburtstag. Angew. Chem. *65* (1953) S. 45.
213. — u. W. Speicher: Über einige Derivate der Maltose. Liebigs Ann. Chem. *579* (1953) S. 106.
214. — u. H. Schirp: Über N-Acetylhydrazone einfacher Zucker. Chem. Ber. *86* (1953) S. 547.
215. — u. W. Portz: Über N-Glykoside. Chem. Ber. *86* (1953) S. 604.
216. — u. L. Bottenbruch: Neue Derivate der Fructofuranose. Chem. Ber. *86* (1953) S. 651.
217. — u. H. O. Müller von Blumencron: Die zwei Monobenzoylsaligenine. (Zur Kenntnis der Benzoyl-Wanderung). Chem. Ber. *86* (1953) S. 1058.
218. —, H. Grünewald, F. Langenhoff: Notiz über die Darstellung von Methyl-α-l-thio-arabinosid und von Methyl-β-d-thiogalactosid. Chem. Ber. 86 (1953) S. 873.
219. — u. A. Porck: Über eine Oxidodiäthyliden-äthyliden-d-glucopyranose. Liebigs Ann. Chem. *582* (1953) S. 225.
220. — u. A. Porck: Über Benzalverbindungen der Glucose. Liebigs Ann. Chem. *582* (1953) S. 233.
221. — u. E. Schmitz: Über den Einfluß von Quarzstaub und von Aluminiumphosphat auf einige Fermente. Beiträge zur Silikoseforschung, Heft 24 (1953).
222. —, A. Doppstadt, A. Gottschlich: Synthesen von Glykosiden im homogenen Medium. Naturwissenschaften *40* (1953) S. 441.
223. — u. W. Portz: Über N-Glykoside. Spaltung von 1-Amino-1-phenyl-äthan in die optischen Antipoden. Chem. Ber. *86* (1953) S. 1034.
224. — u. G. v. Bruck: Zur Kenntnis der Kartoffelphosphatase. IV. Mitteilung. Hoppe-Seyler's Z. physiol. Chem. *295* (1953) S. 114.
225. —, Über N-Glykoside. Eröffnungs- und Vortragstagung der Chemischen Gesellschaft, 21. bis 23. Oktober 1953, Sonderdruck.
226. — u. M. Gindy: Additionsprodukte von Phenanthrenchinon an Glykale. Chem. Ber. *87* (1953) S. 1488.

1954

227. —, E. Mulcahy, H. Ziegler: Über die Addition von Phenanthrenchinon an d-Glucal. Chem. Ber. *87* (1954) S. 233.
228. — u. A. Porck: Über Äthylidenverbindungen von Glucose und Galaktose. Liebigs Ann. Chem. *586* (1954) S. 239.
229. — u. W. Schulte-Hürmann: Über Derivate der Fructofuranose. Chem. Ber. *87* (1954) S. 977.
230. — u. H. Ziegler: Notiz über 6-Trityl-d-galaktose. Chem. Ber. *87* (1954) S. 984.
231. — u. G. Otten: Über zwei aliphatische Aminosulfonsäuren. J. prakt. Chem. *4* (1954) S. 1.
232. —: Über Glykoside. Schriftenreihe „Arbeitsgemeinschaft für Forschung" des Landes Nordrhein-Westfalen. Heft 44 (1954).

233. — u. K. H. Jung: Zur Darstellung von Phenol-α-glykosiden. Liebigs Ann. Chem. *589* (1954) S. 77.

234. — u. K. H. Jung: p-Nitrophenol-α-d-galaktosid. Liebigs Ann. Chem. *595* (1954) S. 242.

1955

235. —, Über aliphatische Disulfonsäuren. Karl-Arnold-Festschrift der „Arbeitsgemeinschaft für Forschung“ des Landes Nordrhein-Westfalen. (1955) S. 463.

236. — u. H. Baumann: Über den Einfluß verschiedener Stäube auf einige Fermente. Beiträge zur Silikoseforschung. Heft 35 (1955).

1956

237. —: Karl Freudenberg zum 70. Geburtstag. Die Beiträge von Karl Freudenberg zur Entwicklung der Chemie der Kohlehydrate. Angew. Chem. *68* (1956) S. 81.

238. —: Professor Dr. Berthold Rassow (Nachruf). J. prakt. Chem. [4], *3* (1956) S. 1.

239. — u. D. Türk: Synthese einiger β-d-Thiogalaktoside. Chem. Ber. *89* (1956) S. 2215.

240. —, D. Türk, F. Stoeber: Die Synthese einiger Thioglucuronide. Chem. Ber. *89* (1956) S. 2220.

241. — u. K. Weis: Zur Synthese von Glucosiden und von nichtreduzierenden Disacchariden. Chem. Ber. *89* (1956) S. 314.

1957

242. —, Die Gesellschaft Deutscher Chemiker. Nachr. Chem. Techn. *5* (1957) S. 333.

243. — u. D. Nachtsheim: Über die Gewinnung freier Zucker aus ihren p-Tosylhydrazonen. Liebigs. Ann. Chem. *601* (1957) S. 26.

244. —: Ansprache. Schultagung der Gesellschaft Deutscher Naturforscher und Ärzte, Hamburg. Naturwissenschaften *44* (1957) S. 73.

245. —: Organische Chemie. Sonderdruck aus: Aufgaben Deutscher Forschung. Westd. Verlag Köln u. Opladen (1957), S. 82.

246. —, K. H. Schmidt, D. Nachtsheim: N-Tosylglykosylamine und Nitrosotosyl-zuckerhydrazone. Liebigs Ann. Chem. *605* (1957) S. 182.

247. —, P. Schellenberg, J. Ullrich: Die Synthese einiger Oligopeptide aus L-Glutaminsäure und Glycin. Chem. Ber. *90* (1957) S. 700.

248. — u. D. Nachtsheim: Über das Pikraminsäure-N-glucosid und einige Derivate. Mh. Chem. *88* (1957) S. 460.

249. — u. D. V. Kashelikar: Über eine neue Methode zur Synthese von α-Glykosiden. Chem. Ber. *90* (1957) S. 2094.

250. — u. A. Berger: Über die Synthese von Glucuroniden. Chem. Ber. *90* (1957) S. 2492.

1958

251. —: Die Entwicklung der Deutschen Chemischen Gesellschaft und des Vereins Deutscher Chemiker. Eröffnungsvortrag der Hauptversammlung der Gesellschaft Deutscher Chemiker, Berlin 1957. Chem. Ber. *91* (1958) S. I—XIII. [vgl. Angew. Chem. *69* (1957) S. 714].

252. —: Zur Chemikerausbildung. Nachr. Chem. Techn. *6* (1958) S. 24.

253. — u. K. H. Jung: Zur Spezifität von Glykosidasen. Verschiedenheit der β-D-Glucosidase und der β-D-Galaktosidase des Süßmandelemulsins bei Adsorption durch Poly-[hydroxystyrol-glykoside]. Hoppe-Seyler's Z. physiol. Chem. *311* (1958) S. 54.

254. — u. M. Burgdorf: Über Derivate der D-Xylose. Tetrahedron *3* (1958) S. 274.

255. — u. G. Duve: Zur Synthese von Glykosiden II. Chem. Ber. *91* (1958) S. 1790.

256. — u. R. Steinpreis: Darstellung von Acetylzuckern mit freiem Lactol-Hydroxyl und Synthese von einigen Disacchariden. Chem. Ber. *91* (1958) S. 1794.

1959

257. — u. W. Piel: Zur Synthese von α-Glykosiden einiger Disaccharide. Liebigs Ann. Chem. 623 (1959) S. 124.

258. — u. Tr. Kleinschmidt: Über die Hemmung der β-D-Glucosidase des Süßmandelemulsins durch Mistelextrakt. Hoppe-Seyler's Z. physiol. Chem. *315* (1959) S. 34.
259. — u. K. G. Schmidt: Ester und Polyester von Phosphorsäure und Cycloalkylphosphorsäuren mit Phenolen. Chem. Ber. *92* (1959) S. 2051.
260. — u. H. Böshagen: Synthese einiger Peptide aus Histidin, Valin und Leucin. Chem. Ber. *92* (1959) S. 2813.
261. —: Zur Kenntnis des Süßmandelemulsins. Mitt.bl. Chem. Ges. Sonderheft 1959, Leipzig.

1960

262. —: Aus der Geschichte der Chemie der Universität Leipzig. Chemikerztg *84* (1960) S. 169.
263. — u. H. C. Mital: Notiz über die Synthese zweier α-D-Glucoside. Chem. Ber. *93* (1960) S. 1010.
264. — u. J. Hohannis: Zur Synthese von α-Glucosiden. Liebigs Ann. Chem. *632* (1960) 121.
265. — u. F. Eckstein: Glykosidsynthesen aus l-Mesitoylaldosen. Chem. Ber. *93* (1960) S. 2467.
266. — u. K. G. Kleb: N-Aryl-sultame. Liebigs Ann. Chem. *635* (1960) S. 91.
267. — u. J. Johannis: Zur Spezifität der α-Glucosidase aus Hefe. Hoppe-Seyler's Z. physiol. Chem. *320* (1960) S. 75.
268. — u. H. Rullmann: Über einige Glykoside des m-Äthylphenols. J. prakt. Chem. [4], *11* (1960) S. 233.

1961

269. — u. L. Forsthoff: Zur Glucosidbildung aus l-Acylglucosen. Chem. Ber. *94* (1961) S. 158.
270. —, W. Piel, F. Eckstein: Zur Synthese von Glucosiden aus 1-Acyl-β-D-glucose-Derivaten. Chem. Ber. *94* (1961) S. 491.
271. — u. M. Feldhoff: Zur Glucosidsynthese aus l-Acyl-glucosen. Chem. Ber. *94* (1961) S. 499.
272. — u. V. Böllert: Über 1,4-Sultone von Hydroxy-n-hexansulfonsäure. Chem. Ber. *94* (1961) S. 505.
273. — u. K. L. Bettin: Notiz zur Synthese nichtreduzierender Disaccharide. Chem. Ber. *94* (1961) S. 1159.
274. — u. Tr. Kleinschmidt: Zur Kenntnis des Süßmandelemulsins. Hoppe-Seyler's Z. physiol. Chem. *324* (1961) S. 211.
275. —, R. Dhein, K. Geist, H. Jünger, D. Wiehle: Über Sultame II. Synthese von Butadien-(1,3) sultamen-(1,4). Liebigs Ann. Chem. *646* (1961) S. 32.
276. —, R. Dhein, K. Geist, H. Jünger, D. Wiehle: Über Sultame III. Eine neue Synthese von Pyrrol- und Indol-Derivaten. Liebigs Ann. Chem. *646* (1961) S. 45.
277. — u. V. Böllert: Über Sultame IV. Alkylamino- und Arylaminoalkansulfonsäuren sowie Arylaminobutansultame. Liebigs Ann. Chem. *647* (1961) S. 37.
278. — u. D. Wiehle: Zur Synthese von N,N'-Dialkyl-sulfuryldiamiden. J. prakt. Chem. [4], *14* (1961) S. 177.

1962

279. —, K. Geist, H. Plümpe: Über Sultame V. Liebigs Ann. Chem. *651* (1962) S. 17
280. — u. R. Dhein: Über Sultame VI. N-Heteroaralkyl-Sultame. Liebigs Ann. Chem. *651* (1962) S. 29.
281. — u. K. H. Hermann: Über Sultame VII. Sultame von Aminosäuren. Liebigs Ann. Chem. *651* (1962) S. 33.
282. — u. G. Pietsch: Über Sultame VIII. N-Aryl-Sultame. Liebigs Ann. Chem. *651* (1962) S. 43.
283. — u. F. Goost: Sultame IX. Sultame von Glutaminsäure und Asparaginsäure. Liebigs Ann. Chem. *652* (1962) S. 67.
284. — u. G. Pietsch: Synthese einiger Derivate von N-Arylpyrrolen. J. prakt. Chem. [4], *17* (1962) S. 213.
285. — u. U. Curtius: Über Phostamsäuren. Liebigs Ann. Chem. *655* (1962) S. 59.
286. —, H. G. Germscheid, W. Piel, W. Ost: Ein Kondensationsprodukt (Tetrasaccharid?) der Glucose. Chem. Ber. *95* (1962) S. 1354.

287. — u. R. Siepmann: o-Nitrophenol-α- und -β-D-glucosid. Hoppe-Seyler's Z. physiol. Chem. *329* (1962) S. 105.
288. — u. R. Hoffmann: Cyclische Imide der Propan-disulfonsäure-(1,3). Liebigs Ann. Chem. *657* (1962) S. 86.
289. — u. W. Klebert: Über Sultame X. Synthese von Pyrrolderivaten aus Butadien-(1,3)-sultamen. Liebigs Ann. Chem. *657* (1962) S. 79.
290. — u. E. Aufderhaar: Tetramethylenphosphinsäure. Liebigs Ann. Chem. *658* (1962) S. 100.
291. — u. J. Zirner: Synthese von Tetra-D-acetylhexose mit freiem 2-Hydroxyl. Synthese einiger Disaccharide. Chem. Ber. *95* (1962) S. 2604.
292. — u. W. Ost: Synthese einiger β-D-Xylopyranoside. Chem. Ber. *95* (1962) S. 2612.
293. — u. W. Ost: Triacetylxylopyranosen. Synthese der drei 1,1-verknüpften Xylopyranosido-xylopyranoside. Chem. Ber. *95* (1962) S. 2616.

1963

294. —, R. Hoffmann, H. Mylenbusch: Über Sultame XII. J. prakt. Chem. [4], *19* (1963) S. 56.
295. — u. J. Zirner: Notiz über Tetraacetyl-(4-brom-n-butyl)-β-D-glucosid. Chem. Ber. *96* (1963) S. 374.
296. —, Arbeiten auf dem Gebiet der Sulfonsäuren, insbesondere der ein- und mehrwertigen aliphatischen Sulfonsäuren. Forschungsergebnisse des Landes Nordrhein-Westfalen Nr. 1141 (1963).
297. — u. J. Zirner: 1,3,6,2′,3′,4′,6′-Heptaacetyl-α-D-cellobiose. Chem. Ber. *96* (1963) S. 385.
298. — u. W. Ost: 6-Desoxy-methyl-α-D-glucosid-sulfonsäure-(6). Hoppe-Seyler's Z. physiol. Chem. *331* (1963) S. 114.
299. — u. Tr. Kleinschmidt: Zur Reinigung der β-D-Glucopyranosidase des Süßmandelemulsins. Hoppe-Seyler's Z. physiol. Chem. *334* (1963) S. 60.
300. — u. L. Schröder: Über Phostamsäuren II. Liebigs Ann. Chem. *670* (1963) S. 48.

1964

301. — u. Fr. Marquez: (4-Amino-n-butyl)-β-D-glucopyranoside. Liebigs Ann. Chem. *675* (1964) S. 200.
302. — u. H. Mylenbusch: Notiz zur Addition von Isocyanaten an Sulfonsäureamide. Chem. Ber. *97* (1964) S. 2715.
303. — u. W. ter Vehn: Über Homocysteinsäure. J. prakt. Chem. [4], *26* (1964) S. 90.
304. — u. W. Wesemann: Über Derivate des D,L-Homocysteins und der D,L-Homocysteinsäure. J. prakt. Chem. [4], *26* (1964) S. 95.
305. — u. R. Siepmann: Über einige Glykosidasen aus Aspergillus niger und oryzae. Hoppe-Seyler's Z. physiol. Chem. *339* (1964) S. 255.

1965

306. — u. Tr. Kleinschmidt: Zur Kenntnis des Süßmandelemulsins. Hoppe-Seyler's Z. physiol. Chem. *340* (1965) S. 31.
307. — u. O. Arndt: Glykoside der Äpfelsäure und Weinsäure. Liebigs Ann. Chem. *686* (1965) S. 206.
308. — u. O. Arndt: Cyanmethylester von Bernsteinsäure und Maleinsäure. Liebigs Ann. Chem. *687* (1965) S. 172.

1966

309. — u. H. Fischer: Synthese einiger acetylierter Glykoside. Liebigs Ann. Chem. *91* (1966) S. 190.
310. — u. Tr. Kleinschmidt: Kristallisierte β-D-Glucopyranosidase des Süßmandelemulsins. Naturwissenschaften *53* (1966) S. 132.
311. — u. L. Wissel: Über Derivate einiger Chinolincarbonsäuren. J. prakt. Chem. [4], *33* (1966) S. 39.

1967

312. — u. W. Wesemann: N-(β-Carboxyacryloyl)- und N-maleoyl-Verbindungen von Aminosäuren. Chem. Ber. *100* (1967) S. 421.
313. — u. D. Arndt: Notiz über neue Acyl-Derivate der Glucose. Chem. Ber. *100* (1967) S. 2117.
314. — u. Tr. Kleinschmidt: Zur Kenntnis des Süßmandelemulsins. Hoppe-Seyler's Z. physiol. Chem. *348* (1967) S. 753.

1968

315. — u. Tr. Kleinschmidt: Zur Kenntnis des Süßmandelemulsins. Hoppe-Seyler's Z. physiol. Chem. *349* (1968) S. 25.
316. — u. I. Zeid: Über Sultame XIII. Sultame von Xylidinen, von 2-Aminoanthrachinon und von p-Aminosalicylsäure. J. prakt. Chem. [4], *38* (1968) S. 40.

1969

317. —: Max Bergmann, 1886—1944. Chem. Ber. *102* (1969) S. I—XXV.
318. — u. I. Zeid: Über Sultame XIV. p-[N-Butansultamyl-(1,4)]-benzoesäure-(diäthylaminoäthyl)-ester. J. prakt. Chem. *311* (1969) S. 172.

1970

319. — u. W. M. Müller: Synthese von α-D-Glucopyranosiden. Naturwissenschaften *57* (1970) S. 496.
320. — u. W. M. Müller: Notiz zur Synthese von Glykosiden. Chem. Ber. *103* (1970) S. 3350.
321. —, L. Bettin, S. H. Doss: Über Sultame XV. Bis-Sultame einiger aliphatischer Diamine. Liebigs Ann. Chem. *741* (1970) S. 139.

1971

322. — u. W. M. Müller: Notiz zur Synthese von α-D-Glucopyranosiden. Chem. Ber. *104* (1971) S. 671.
323. — u. K. L. Bettin: Notiz zum Übergang von Kohlenhydraten in Derivate mit stabilem Pyranring. Chem. Ber. *104* (1971) S. 1701.
324. — u. S. H. Doss: Über Sultame XVI. Synthese von Sultamen mit basischen Seitengruppen. Liebigs Ann. Chem. *747* (1971) S. 107.
325. — u. K. L. Bettin: Berichtigung der Arbeit „Notiz zum Übergang von Kohlehydraten in Derivate mit stabilem Pyranring“ Chem. Ber. 104 (1971) S. 3356.

1972

326. — u. S. H. Doss: Über Sultame XVIII. Liebigs Ann. Chem. *756* (1972) S. 170.
327. I. Zeid, I. Ismail, B. Helferich: Synthese von N-substituierten Aminosulfonsäuren. Liebigs Ann. Chem. *761* (1972) S. 118.

1973

328. — u. W. M. Müller: Notiz zur Synthese von α-D-Gucosiden. Chem. Ber. *106* (1973) S. 715.
329. — u. W. M. Müller: Synthese der 6-(α-Glucopyranosyl)-D-galactose. Chem. Ber. *106* (1973) S. 941.
330. — u. K. L. Bettin: Notiz über 1,2-O-Äthyliden-α-D-glucopyranose-1'-carbonsäure und einige ihrer Derivate. Chem. Ber. *106* (1973) S. 2076.
331. — u. W. M. Müller: Zur Synthese von α-D-Glucopyranosyl-Derivaten. Chem. Ber. *106* (1973) S. 2508.
332. — u. S. H. Doss: Sultams XVII. Synthesis of sultam derivative with expected schistosomicidal activity. Egypt. J. Chem. *1973*, S. 21.

1974

333. —, W. M. Müller, St. Karbach: Synthese α-verknüpfter Disaccharide der Glucose und Galaktose. Liebigs Ann. Chem. 1974, S. 1514—1521.

Würdigungen, Gratulationen und Glückwünsche, die B. Helferich in seiner Eigenschaft als Präsident der Gesellschaft Deutscher Chemiker vornahm, wurden in der Zeitschrift „Nachrichten aus Chemie und Technik" publiziert. (Nachr. Chem. Techn:

4 (1956) S. 22, 23, 34, 35, 67, 110, 192, 270, 286, 338, 350;
5 (1957) S. 1, 28, 34, 163, 180, 196, 216, 217, 220a, 308;
6 (1958) S. 5)

Für die Überlassung sehr umfangreichen Materials zur Bibliographie von B. Helfrich sei Herrn Prof. Dr. Hansgeorg Gareis, Frankfurt/Main, BRD, sehr herzlich gedankt.

Egon Fanghänel

Pekka Juhana Myrberg

30. 12. 1892—8. 11. 1976

Am 8. November 1976 verstarb in Helsinki der em. ordentliche Professor für Mathematik an der Universität Helsinki Pekka Juhana Myrberg im Alter von 83 Jahren. Über ein halbes Jahrhundert war Myrberg einer der führenden Mathematiker Finnlands. In der bedeutenden, auf Ernst *Lindelöf* zurückgehenden Schule Finnlands auf dem Gebiet der komplexen Analysis nimmt er einen der ersten Plätze ein. Auch heute noch basiert ein erheblicher Teil der mathematischen Forschung auf dieser Tradition. Myrberg promovierte 1916 im Alter von 23 Jahren über ein Thema zur Konvergenz Poincaréscher Reihen an der Universität Helsinki. Sein Interesse entflammte bald für die Funktionstheorie. Mit großem Fleiß und der ihm eigenen Beharrlichkeit studierte er die Arbeiten der bedeutendsten Vertreter dieses Gebiets, F. *Klein*, P. *Koebe*, aber auch die schwierigen genialen Arbeiten *Poincarés*, was ihm in seinen zahlreichen späteren Untersuchungen über Riemannsche Flächen, automorphe Funktionen und in den hiermit verknüpften gruppentheoretischen Arbeiten sehr zugute kam. In den zwanziger Jahren erreichte Myrberg den Gipfel seiner Forschungstätigkeit. 1922 erhielt er den Preis der Fürstlich Jablonowskischen Gesellschaft zu Leipzig mit seiner Arbeit über das Thema: „Über Systeme analytischer Funktionen, welche ein Additionssystem besitzen". Er erweiterte hier einen sehr allgemeinen Satz von Weierstraß über algebraische Additionstheoreme auf im System von n analytischen Funktionen von m komplexen Veränderlichen. Entscheidendes Hilfsmittel sind hierbei die Poincaréschen Untersuchungen über analytische Funktionensysteme mit rationalem Multiplikationstheorem. Myrberg weilte seit dieser Zeit oft am Mathematischen Institut der Universität Leipzig zu Vorträgen. Er war hier mit Paul *Koebe* freundschaftlich verbunden. 1942 wählte ihn die Sächsische Akademie der Wissenschaften zu Leipzig zum Auswärtigen Mitglied. Eine große Zahl von Arbeiten widmete Myrberg den automorphen Funktionen einer, aber auch mehrerer komplexer Veränderlicher, deren Darstellung durch bedingt konvergente Reihen und Produkten, deren wesentlichen Singularitäten und deren Gruppen. Allgemeine Wertschätzung fand auch seine Arbeit über die Existenz der Greenschen Funktion auf Riemannschen Flächen Anfang der dreißiger Jahre. Myrberg war bereits 1921 zum Mitglied der Akademie der Wissenschaften Finnlands gewählt worden. Von 1934 bis 1972 gehörte er dem Präsidium an. 1950 wurde er zum Vizepräsidenten der Universität Helsinki und 1952 zu deren Kanzler gewählt. Hier hielt er die Zügel fest in seinen Händen, ohne Makel, eine energische Autorität mit trockenem Humor.

Die Sächsische Akademie der Wissenschaften zu Leipzig wird sein Andenken in Ehren behalten.

Herbert Beckert

Werner Straub

14. 7. 1902—25. 1. 1983

Werner Straub, emeritierter Professor mit Lehrstuhl für Psychologie an der Technischen Universität Dresden und ordentliches Mitglied der Sächsischen Akademie der Wissenschaften zu Leipzig seit 1949, verstarb am 25. 1. 1983 im 81. Lebensjahre. Mehr als 35 Jahre war er als Hochschullehrer und in zahlreichen verantwortlichen Leitungsfunktionen an der TU Dresden und im Hochschulwesen der DDR tätig. Seine Verdienste um die Entwicklung des Faches und des Studiums der Psychologie, vor allem um eine praxisorientierte Arbeitspsychologie, wurden mit zahlreichen Auszeichnungen gewürdigt, und die wertvollen Anregungen und Impulse, die er in diese Entwicklung eingebracht hat, werden von seinen Schülern an seiner alten Arbeitsstätte erfolgreich fortgesetzt.

1902 in Stuttgart geboren, studierte er in München Psychologie und promovierte dort 1927 mit einer experimentellen Untersuchung über „Tonhöhen und Tonqualitäten". Sein Lehrer im Fach war dort Erich *Becher* (1882—1929), der durch seine Arbeiten zu Gedächtnis- und Gefühlspsychologie sowie durch theoretische Arbeiten zum Leib-Seele-Problem bekannt geworden war. Entscheidende Anregungen, besonders für seine Dissertationsschrift, erhielt er aber von dem Musikwissenschaftler und Philosophen Kurt *Huber* (1993—1943); besonders dessen zutiefst humanistische Gesinnung war es, wie Straub später oft erzählte, die ihn stark beeindruckte, und die *Huber* (als Förderer der „Weißen Rose" um die Geschwister *Scholl*) mit dem Tode unter dem faschistischen Henkerbeil bezahlte. Dieses Ereignis war für Straub Anlaß, sich nach der Zerschlagung des Faschismus sofort dem antifaschistischen Wiederaufbau zur Verfügung zu stellen.

1931 konnte sich Straub mit einer Arbeit zur experimentellen Bildungspsychologie an der TH in Darmstadt habilitieren, wo er im gleichen Jahre seine Laufbahn als Hochschullehrer — als Privatdozent — begann. Im Jahre darauf setzte er diese Tätigkeit an der TH Dresden, am Institut für Psychologie und Philosophie fort; 1937 wurde er dort zum außerordentlichen Professor berufen und übernahm die Leitung des Instituts. In seiner wissenschaftlichen Arbeit befaßte er sich damals mit experimentellen Untersuchungen zu Problemen der Eignungspsychologie, der Pharmakopsychologie und der Begutachtung von Maschinen auf ihre Angepaßtheit an das menschliche Arbeitsvermögen, die er in dem traditionsreichen Psychotechnischen Institut der damaligen TH durchführte; damit vollzog sich seine Wende zur Arbeitspsychologie, der fortan seine ganze Kraft gelten sollte. Daneben befaßte er sich aber auch mit Problemen der Charakterologie und vor allem der Willenspsychologie. Ein neues Aufgabengebiet ergab sich, als die Ausbildung von Diplom-Psychologen aufgenommen wurde.

Die Zerstörung Dresdens 1945 durch angloamerikanische Bomber vernichtete auch seine beiden Arbeitsstätten. Unmittelbar nach dem Zusammenbruch des Faschismus begann er mit dem mühsamen Wiederaufbau des 1946 wiedererrichteten Psychologischen Instituts. Zunächst galt es, die psychologischen Lehrveranstaltungen für die Ausbildung von Grund-, Berufs- und Oberschullehrern an der TH auf antifaschistisch-demokratischer Basis zu gewährleisten. 1949 aber, als in Dresden die Ausbildung von Diplompsychologen wieder aufgenommen wurde, widmete er seine ganze Kraft der Aufgabe, unter Nutzung der vielfältigen Möglichkeiten einer technischen Hochschule eine betont arbeitspsychologische Ausbildung einzuführen, wobei er die ganze Last der — zum größten Teil neu zu entwickelnden — Lehrveranstaltungen fast allein zu tragen hatte. Das Arbeitspensum, das Straub in jenen Jahren des Wiederaufbaues zu erfüllen hatte, war immens groß, hatte ihn doch die TH nach ihrer Wiedereröffnung mit zahlreichen Funktionen betraut: als Fachrichtungsleiter für Psychologie an der Mathematisch-Naturwissenschaftlichen Fakultät (bis zu seiner Emeritierung 1967), als Dekan der Pädagogischen Fakultät 1946—1947, als erster nach Wiedereröffnung der TH gewählter Rektor 1947—1949, also in der außerordentlich schwierigen Periode des Wiederaufbaues der zu 80% zerstörten Bildungsstätte, und schließlich als Prorektor für wissenschaftlichen Nachwuchs von 1949—1955.

Damit sind bereits die hochschul- und wissenschaftspolitischen Leistungen Straubs angedeutet, auf die noch zurückzukommen sein wird. Zunächst soll seine wissenschaftliche Tätigkeit im Fach hervorgehoben werden.

Besonders die Aufgaben in der Psychologenausbildung, die er sich mit der Intention einer praxisverbundenen Lehre in der Arbeitspsychologie gestellt hatte, veranlaßten ihn, vor allem deren theoretische und weltanschauliche Grundlagen und deren Bezug zu der sich entwickelnden sozialistischen Produktionsweise immer wieder und sehr kritisch zu durchdenken. Er wählte als Basis für seine Bemühungen den dialektischen und historischen Materialismus sowie die Anregungen, die damals von der sowjetischen Psychologie zu uns kamen. Besonders das von *Leontjew* und *Rubinstein* entwickelte Tätigkeitsprinzip war es, das es ihm gestattete, die Theorie und die Praxis der Arbeitspsychologie auf solide und weiterwirkende Grundlagen zu stellen. Sein originärer Beitrag dazu war eine neue Sicht auf die menschliche Arbeitstätigkeit: der — nach MARX — antizipatorische Charakter der psychischen Regulation der Tätigkeit wird das Kernstück einer psychologischen Theorie menschlicher Arbeit, in die sein Konzept von den Freiheitsgraden im Arbeitsprozeß als den entscheidenden Punkten kognitiver Regulationsleistungen eingeordnet wird. Das war, wie es sich gezeigt hat, ein sehr fruchtbarer theoretischer Ansatz, der von seinen Schülern, unter denen besonders Winfried *Hacker* zu nennen ist, weiterentwickelt und zu weltweiter Anerkennung geführt worden ist.

Ausgehend von diesen (und natürlich noch sehr vielen anderen) Ansätzen erweiterte Straub seine wissenschaftliche Arbeit auf hauptsächlich zwei Problemkreise, die seine theoretisch fundierte Praxisorientierung sehr deutlich machen: Zunächst wandte er sich arbeitspsychologischen Fragen des Arbeitsschutzes zu, und zwar, was ein Novum für die Psychologie damals in unserem Lande war, über die Verwirklichung von Freundschaftsverträgen mit volkseigenen Betrieben in der DDR. Das von ihm ins Leben gerufene Kollektiv von Psychologen, Ingenieuren und Praktikern des Arbeitsschutzes gab der Forschung und der Praxis auf diesem Gebiet entscheidenden Auftrieb; es ist sicher nicht zu viel gesagt, daß die Entwicklung des Arbeitsschutzes in der DDR mit dem Namen von Werner Straub eng verbunden ist. Sodann regte er eine Reihe von experimentellen Untersuchungen an, die in engster Verknüpfung mit Anliegen der industriellen Praxis neue Wege zur Theorie und zur präzisen Erfassung der mentalen Belastung und Ermüdung im Arbeitsprozeß wiesen, eine Arbeitsrichtung, die sich in Fortsetzung seiner Ideen mittlerweile besonders intensiv weiterentwickelt hat.

Die Tätigkeit Straubs in Funktionen der damaligen TH Dresden wurden schon erwähnt; neben seiner Verantwortung für den materiellen Aufbau der TH (während seiner Amtszeit als Rektor 1947—1949 wurden über die Hälfte der zerstörten Einrichtungen wieder errichtet) widmete er sich besonders der Profilierung dieser Hochschule zu einer sozialistischen Bildungsstätte. Beispiele dafür sind etwa die Einführung des Kollegialprinzips der Hochschulleitung durch einen Senatsbeschluß vom 5. 12. 1947, seine umsichtige Förderung der FDJ-Hochschulgruppe, die die damalige politische Krise im Studentenrat überwinden half und vor allem die von ihm tatkräftig unterstützte Orientierung von Lehre und Forschung auf die Bedürfnisse des volkseigenen Sektors unserer Industrie, mit der eine neue, eben die sozialistische Etappe in der Entwicklung der traditionsreichen Bildungsstätte beginnen konnte.

Ebenso tatkräftig widmete Straub sich der Entwicklung der Psychologie in der DDR. Als langjähriger Vorsitzender des Wissenschaftlichen Beirates für Psychologie wandte er sich vor allem zwei bedeutsamen Aufgaben zu: Das war die Erarbeitung eines neuen Studienprogramms, in dem theoretische Tiefe — auf der Grundlage der dialektisch-materialistischen Psychologie —, methodische Gründlichkeit und Orientierung auf die Praxis in ein einheitliches Gefüge zusammengefaßt wurden; das letzte vor allem durch die Einführung von größeren Abschnitten von Ausbildung in der Praxis selbst. Zugleich legte das neue Programm ein spezialisiertes Fachstudium vom 6. Semester ab fest, damals in den Spezialisierungsrichtungen der Arbeitspsychologie, der Klinischen und der Pädagogischen Psychologie — was nicht unerheblich zur Niveausteigerung gegenüber einer Allround-Ausbildung beitrug. Ferner galt in dieser Funktion seine Sorge vor allem dem wissenschaftlichen Nachwuchs. Mit der Einführung von regelmäßigen DDR-Colloquien (ab 1960) für den Nachwuchs trug er wesentlich dazu bei. Die Teilnehmer dieser Colloquien erinnern sich gern seiner lockeren, jedoch streitbaren und kritischen, immer zum Kern der Sache vordringenden Diskussionsführung. Er war es auch, der im Jahre 1963 anregte, einen Initiativausschuß für eine wissenschaftliche Heimat der Psychologen in der DDR zu bilden; bald darauf wurde die „Gesellschaft für Psychologie der DDR" gegründet und Straub auf ihrem ersten Kongreß 1964 in Dresden zu ihrem ersten Vorsitzenden gewählt. Nach seinem Ausscheiden aus diesem Amte ernannte ihn der Vorstand der Gesellschaft zu ihrem Ehrenmitglied.

Aus der Eröffnungsansprache zu diesem ersten Kongreß soll eine Passage zitiert werden, die Straubs Verhältnis zu Vergangenheit, Gegenwart und Zukunft der Psychologie so recht deutlich zu machen in der Lage ist. Er erinnerte dort daran, daß 1933 der 13. Kongreß der „Deutschen Gesellschaft für Psychologie" in Dresden stattfinden sollte, der aber von den braunen Machthabern und einigen willfährigen Helfern unter den Psychologen wegen der „ungenügenden völkischen Ausrichtung" und der „Verjudung" zu Fall gebracht worden war. (Der Kongreß fand dann später in Leipzig statt, nachdem die unzureichende faschistische Ausrichtung korrigiert worden war.) Dies vor Augen sagte Straub damals: „Wenn nun heute, 31 Jahre später als es geplant war, doch ein Psychologenkongreß in Dresden Wirklichkeit wird, dann soll hier nicht das Unmögliche versucht werden, über einen Abgrund hinweg an die Zeit vor 1933 anzuknüpfen. Denn die Basis, auf der schließlich nach der Beseitigung des Faschismus und mit bewältigter Vergangenheit Psychologie in der DDR möglich und wirklich wurde, ist eine neue und andere Basis. Nur eine Gemeinsamkeit bleibt mit jener Epoche der Pionierarbeit: die Verpflichtung auf unbedingte Wahrhaftigkeit, auf eine keine Mühe scheuende Exaktheit des Feststellens und auf Folgerichtigkeit des Denkens, die selbst noch den Irrtum fruchtbar macht, weil sie die höheren und höchsten Anforderungen an seine Überwindung stellt." (In: Psychologie als gesellschaftliche Produktivkraft. Bericht über den 1. Kongreß der Gesellschaft für Psychologie in der DDR vom 21. —23. Mai 1964 in Dresden. VEB Deutscher Verlag der Wissenschaften Berlin 1965, S. 9).

Das ist eines der wenigen, schriftlich festgehaltenen Bekenntnisse von Werner Straub, der es ansonsten gar nicht liebte, sich „zur Schau zu stellen" (wie er manche solcher Gelegenheiten interpretierte) und Individuell-Persönliches zum Ausdruck zu bringen. Was ihm mehr lag, war, zur Sache zu kommen, so rasch und so tiefgreifend als möglich, und ohne Zögern die praktische Arbeit an der Entwicklung der Wissenschaft aufzunehmen. auf solche Weise hat er am nachhaltigsten seine vielen Schüler, darunter nicht nur die, die im Studium zu seinen Füßen saßen, beeinflußt und beeindruckt, die sein Werk fortgeführt haben und weiterführen werden.

Die Sächsische Akademie der Wissenschaften zu Leipzig, an deren Arbeit er, solange es ihm seine seit langem angeschlagene Gesundheit erlaubte, intensiv teilgenommen hat, wird ihrem ordentlichen Mitglied seit 1949 ein ehrendes Gedenken bewahren.

Hans Hiebsch

Bibliographie Werner Straub

1929

Tonqualität und Tonhöhe. In: Arch. ges. Psychol. *69* (1929) S. 289–395.

1931

Die Grundlagen einer experimentellen Bildungspsychologie, Langensalza 1931. 104 S. (= Habilitationsschrift TH Darmstadt).

1935

Leitlinien einer Psychologie der Willensbildung. In: Psychologie des Gemeinschaftslebens. Berichte 14. Kongreß der Deutschen Gesellschaft für Psychologie, Jena 1935.

1938

Psychologische Alkoholwirkung und Blutalkoholgehalt. 2. Arb. Psychol. Jg. 11, PKsJ.; gekürzt in: FuF *14* (1938) S. 400–401.

1943

— u. Mitarbeiter: Untersuchungen zur Charakterologie und Psychologie des Willens. In: Z. angew. Psychologie Charakterkunde *65* (1943) S. 109–172.

1947

Zur Psychologie des inneren Halts und der Haltlosigkeit. Antrittsvorlesung bei der Übernahme des Rektorats an der Technischen Hochschule Dresden 1947 [unveröffentlicht].

1951

Zur willenspsychologischen Charakteristik dynamographischer Arbeitskurven. Akademie-Vortrag vom 10. 12. 1951. Vgl. Jahrbuch der SAW *1949 – 1953* (Berlin 1954) S. 41. [unveröffentl.].

1955

— u. E. Gniza, B. Schneider: Wirksame Einbeziehung des Meisters in den Kampf um die Senkung der Zahl der Betriebsunfälle nach dem Morgner-Plan. In: Arbeit u. Sozialfürsorge *10* (1955) S. 362–364.

1957

Über Ausdruck und Ausdruckswirkung. Akademie-Vortrag vom 11. 03. 1957. Vgl. Jahrbuch der SAW *1957–1959* (Berlin 1961) S. 149 [unveröffentl.).

1960

Methodologische Probleme der psychologischen Forschung in der gesellschaftlichen Wirklichkeit. Vortrag auf dem 2. DDR- Kolloquium des wissenschaftlichen Nachwuchses Geising 1960 [unveröffentl.].

1962

Sensibilitätsänderung als Indikator der sogenannten geistigen Ermüdung. Akademie-Vortrag vom 22. 01. 1962. Vgl. Jahrbuch der SAW *1960–1962* (Berlin 1964) S. 211. [unveröffentl.].

1965

Eröffnungsansprache. In: Psychologie als gesellschaftliche Produktivkraft. Berichte vom 1. Kongreß der Gesellschaft für Psychologie in der DDR. Berlin 1965. S. 9–15.

Zur Methodik der Bestimmung von Wirkungen der Belastungen durch vorwiegend geistige Arbeit. In: Arbeitspsychologie und wissenschaftlich-technische Revolution. Hrsg. v. Hacker, Skell, Straub. Berlin 1968. S. 261–273.

Kazimierz Michałowski

14. 12. 1901–1. 1. 1981

Am 1. Januar 1981 verstarb Professor Dr. Dr. phil. h. c. (Strasbourg, Cambridge, Uppsala) Kazimierz Michałowski im Alter von fast achtzig Jahren. Seit Jahrzehnten gehörte der polnische Archäologe zu den markantesten Vertretern der Kunst- und Altertumswissenschaften der ganzen Welt. Schier unüberschaubar ist die Liste der nationalen und internationalen wissenschaftlichen Gremien, denen Kazimierz Michałowski angehörte. An erster Stelle stehen die Polnische Akademie der Wissenschaften, die ihn als Mitglied des Präsidiums wählte, sowie die Polnischen Gesellschaften für Archäologie, Orientalistik und Kunstgeschichte. Die Wahl K. Michałowskis in die Sächsiche Akademie der Wissenschaften zu Leipzig im Jahre 1960 leitete eine Serie von Berufungen und Auszeichnungen bedeutender internationaler Einrichtungen Griechenlands, Ägyptens, Italiens, Frankreichs, Englands, Amerikas, Österreichs, der Tschechoslowakei und der Bundesrepublik Deutschland ein,[1] die die zunehmende weltweite Anerkennung und Wertschätzung der organisatorischen und wissenschaftlichen Leistungen des unermüdlich tätigen Gelehrten widerspiegeln.

Das spezielle Interessengebiet K. Michałowskis verlagerte sich im Laufe der Jahre immer stärker von der Klassischen Antike zur Ägyptologie. Die ersten Publikationen nach der Promotion an der Universität in Lwów 1926 über die Niobidenreliefs des Zeusthrones in Olympia behandeln noch vorwiegend Themen aus dem Bereich der griechischen und römischen Kunst, wobei der 1932 erschienene Band der Ausgrabungen von Delos noch heute zu den Standardwerken zum hellenistischen und römischen Porträt zu rechnen ist. Daneben stehen kleinere und größere Beiträge zur griechischen Kunst des fünften Jahrhunderts und zur römischen Sarkophagplastik.

Mit einer grundlegenden methodologischen Auseinandersetzung nimmt Mitte der 30er Jahre eine Reihe von Veröffentlichungen zur ägyptischen Kunst und Kultur ihren Anfang, die in den 60er und 70er Jahren in zahlreichen Handbüchern ihren Höhepunkt findet. So erscheinen 1969 gleichzeitig in Freiburg i. B., New York und Barcelona prachtvoll ausgestattete Kulturgeschichten des alten Ägypten.

Ausgrabungen im Mittelmeergebiet, auf der Krim, in Palmyra und in Ägypten, besonders in Edfu, Tell Atrib und — zusammen mit sowjetischen Kollegen — in Mirmeki haben

[1] vgl. die vollständige Zusammenstellung der wiss. Gremien und Auszeichnungen: G. Wiemers, in: Jahrbuch SAW *1977– 1978* (Bln 1980) S. 33.

K. Michałowski über Jahrzehnte beschäftigt. Die teilweise aufsehenerregenden Entdeckungen wurden regelmäßig in Erwerbungsberichten sowie mustergültigen Publikationen sowohl streng wissenschaftlichen als auch populärwissenschaftlichen Charakters weithin bekannt gemacht.

Untrennbar verbunden ist der Name Kazimierz Michałowskis mit der unter seiner Leitung durchgeführten Ausgrabung und Sicherstellung der über 120 christlichen Fresken der Kathedrale von Faras, die nicht nur geborgen wurden, bevor sie in den Fluten des Staudammes von Assuan versunken wären, sondern auch durch Sonderausstellungen und Kataloge in den USA und Europa bekannt gemacht wurden und die polnische Archäologie zu einem Begriff in der ganzen Welt werden ließen.

Der ausgeprägte Sinn für Breitenwirkung der Altertumswissenschaften ließ den berühmten Gelehrten die Mitarbeit an der monumentalen Verfilmung des Romans Pharao von B. Prus als nicht zu gering erscheinen.

Auch über Vorträge hinaus, die K. Michałowski als Mitglied der Sächsischen Akademie der Wissenschaften gehalten hat, ist er in starkem Maße mit der Stadt Leipzig verbunden gewesen. Bei Gastvorlesungen am damaligen Archäologischen Institut der Karl-Marx-Universität über Forschungen in Palmyra und Edfu und Faras gedachte der Referent der Lehrveranstaltungen Franz *Studniczkas*, die er als frisch promovierter Archäologe in Leipzig besucht hatte. Als Herausgeber und Verfasser von Bildbänden der Reihe „Kunst und Kultur des Altertums“, die in langer Folge bei VEB E. A. Seemann Buch- und Kunstverlag in Leipzig erschienen sind, hat Kazimierz Michałowski die Wissenschaftsgebiete der klassischen Archäologie und Ägyptologie einem großen Leserpublikum erschlossen.

Prof. Dr. Eberhard Paul

Bibliographie Kazimierz Michałowski

1927

Ein Niobidenkopf aus den Sammlungen des Fürsten Radziwill in Nieborow. In: Jahrbuch des Deutschen Archäologischen Instituts, Archäologischer Anzeiger *42* (1927) Sp. 58–70, 2 Abb.

Les Niobides dans l'art plastique grec de la seconde moitié du Ve siècle. Contribution au problème de la race dans le domaine de l'art plastique. In: Eos *30* (1927) S. 175–193.

Les Niobides des basreliefs du trône de Zeus à Olympie. Varsovie 1927 [poln. mit franz. Résumé].

1928

Zum Sarkophag aus S. Constanza. In: Mittleilungen des Deutschen Archäologischen Instituts. Römische Abteilung *43* (1928) S. 131–146, 3 Taf., 3 Abb.

1930

Les portraits gréco-romains de Délos. In: Bulletin international de l'Académie (polonaise) des sciences et des lettres (1930) S. 184–191.

Les Hermès du gymnase de Délos. In: Bulletin de correspondance hellénique *54* (1930) S. 131–146, 4 Taf., 5 Abb.

1931

Virgile et les beaux-arts. In: Eos *33* (1930/31) S. 43–58.

1932

Les portraits hellénistiques et romains. Paris 1932. III, 66 S., Abb., 44 Taf. In: Délos, Exploration archéologique de Délos faite par l'Ecole Française d'Athènes, Bd *13*.

1934

Le Début et la fin de l'art grec antique. In: Przegląd historyczny 2. Ser. *11* (1934) S. 231–242, 306–307, Abb. [poln. mit franz. Zusammenf.].

[Rez.] H. P. L'Orange: Studien zur Geschichte des spätantiken Porträts. In: Kwartalnik Klasyczny *8* (1934) S. 79–84.

1935

Un Portrait égyptien d'Auguste au Musée du Caire. In: Bulletin de l'Institut français d'archéologie orientale *35* (1935) S. 73–88, Abb.

1936

L'Organisation des études archéol. en Orient à l'Université Joseph Pilsudski. In: Biuletyn Hist. sztuki i kultury *4* (1936) S. 120–126, Abb.

L'Architecte en Egypte antique. In: Przegląd historyczny 2. Ser. *13* (1936) S. 367–378, Abb., u. S. 535 [poln mit franz. Zusammenf.]

1937

Tell Edfu 1937. In: Sprawozdania z czynności i posiedzeń Polskiej Akad. Umiej. *42* (1937) S. 124 bis 129.

Michałowski u. a.: Tell Edfou 1937. Le Caire 1937. VIII, 214 S., Abb., 44 Taf., 4 Pl. (Univ. Joseph Pilsudski de Varsovie – Instit. Français d'Archéol. Orient. du Caire. Fouilles franco-polonaises. Rapports 1).

[Vortragsbericht] Die Ausgrabungen auf dem Kôm in Edfu. In: Jahrbuch des Deutschen Archäologischen Instituts, Archäologischer Anzeiger *52* (1937) S. 269–283, Abb.

Neue Forschungen in Edfu. In: Forschungen und Fortschritte *13* (1937) S. 273–275.

Delfy. Lwów 1937. 157 S., Abb. (Grecja i Rzym. 1)

1938

Tell Edfu 1938. In: Sprawozdania z czynności i posiedzeń Polskiej Akad. Umiej. *43* (1938) S. 198 bis 200.

Zbiory sztuki starożytnej. Przewodnik. Warszawa 1938. 26 S., 4 Taf. [Die Antikensammlungen des Nationalmuseums in Warschau, Führer].

Michałowski u. a.: Tell Edfou 1938. Fasc. 1.2., 201 S., 49 Taf., 5 Pl., Ktn (Univ. Joseph Pilsudski de Varsovie – Instit. Français d'Archéol. Orient. du Caire. Fouilles franco-polonaises. Rapports 2).

Wykopaliska w Edfu. Kampania r. 1938. In: Biuletyn Historii Sztuki i Kultury 6 (1938) S. 201 bis 207, Abb.

[Rez.] C. Robichon, A. Varille: Le Temple du scripe royal Amenhotep, fils de Hapou (1936). In: Dawna Sztuka *1* (1938) S. 155.

1939

Apollinopolis Magna. In: Dawna Sztuka *2* (1939) S. 1–10, Abb., Pl.

Die polnisch-französischen Ausgrabungen in Edfu 1938/39. In: Bericht über den 6. Internat. Kongress für Archäologie Berlin 1939, S. 256–260, Pl.

Tell Edfu 1939. Die Ergebnisse der dritten Campagne der poln.-französ. Ausgrabungen [poln.]. In: Sprawozdania z czynnosci i posiedzeń Polskiej Akad. Umiejętności *44* (1939) S. 161–162.

1946

La fin de l'art grec. In: Bulletin de correspondance hellénique *70* (1946) S. 385–392, Abb.

1948

L'École française d'Athènes. In: Meander *3* (1948) S. 252–274.

1949

Delfy. 2. Aufl. Warszawa 1949. 213 S., 96 Abb., 1 Kt. (= Bibl. Meandra, 9).

Michałowski u. a.: Epoka Peryklesa. Warszawa 1949. 130 S. (= Bibl. Meandra, 10).

La ville ancienne à l'époque gréco-romaine et copte. In: Tell Edfou 1939 [Le Caire 1949]. S. 109 bis 160, 45 Taf., 6 Pl.

1950

Michałowski u. a.: Wykopaliska polsko-francuskie. 3: Tell Edfou 1939. [Fouilles franco-polonaises 3.] Kair: Inst. francuskiego archeol. wschodniej 1950. VIII, 395 S., Abb., Taf., Kt. (Uniwers. Warszawski. Inst. francuski arch. wschodniej w Kairze).

1952

Mechanika grecka. Warszawa 1952. 62 S., 46 Abb. (= Bibl. Meandra, 18).

1953

Edmund Bulanda (1882—1951). In: Archeologia. Rocnik Instiytutu Historii Kultury Materialnej Polskiej Akademii Nauk *5* (1952/53) S. 377—381 [mit Bibliogr.].

Zagadnienie realizmu w architekturze greckiej. Tryglif [Contribution à l'étude du réalisme dans l'architecture grecque. Le triglyphe]. In: Archeologia. Rocnik Instytutu Historii Kultury Materialnej Polskiej Akademii Nauk *5* (1952/53) S. 1—34, Abb., 395—409.

Ansyk w Ermitażu Leningradzkim. In: Meander *8* (1953) S. 375—390, 6 Ill.

1954

Acquisition scientifique de l'archéologie classique en Pologne dans les années de 1945—1954. In: Meander *9* (1954) S. 426—435 [poln.].

1955

Muzeum narodowe w Warszawie. Sztuka starozytna [Einführung in die antiken Bestände des Warschauer Nationalmuseums]. Warszawa 1955. 271 S., 166 Abb., 3 Ktn.

1956

Kanon w architekturze Egipskiej. Warszawa 1956. 52 p., 16 ill, 17 fig. on 10 pl. [Zusammenf. in russ. u. franz.]

Der Schöpfer des Kanons der ägyptischen Tempel. In: Vestnik Drevnej Istorii *56* (1956) S. 119 bis 130 [russ.].

Stanislaw Kostka Potocki jako archeolog [Stanislaw Kostka P. comme archéologue]. In: Rocznik Historii Sztuki *1* (1956) S. 502—509.

1957

Galleria sztuki starożytnei w Muzeum Narodowym w Warszawie [La galérie de l'art antique du Musée National de Varsovie]. In: Rocznik Muzeum Narodowego w Warszawie *2* (1957) S. 101 bis 138 [Zusammenf. russ. u. franz.].

Classical archaeology in the Crimea. A joint Soviet-Polish excavation. In: The Illustrated London news *230* (1957) S. 28—29, Abb.

Polskie wykopaliska w Edfu. In: Szice z dziejów polskiej orientalistkyki. Praca zbiorowa pod red. Stefana Strelcyna. Warszawa 1957. S. 191—236, 19 Ill.

Polands Contribution to Archeological Research into Antiquity. In: The Review of the Polish Acad. of Sciences. Warszawa Vol. *II*, 1—2(5—6) Jan.—June 1957, S. 20—28.

1958

Les filtres à eau d'Athribis. In: Journal of juristie papyrology *11/12* (1957/58) S. 185—189.

Mirmeki. Wykopaliska Odcinka Polskiego w. r. 1956. [Myrmékion. Fouilles polonaises, campagne de 1956]. Warszawa 1958. 166 S., 141 Abb., 3 Taf. (= Wykopal. Polsko-Radzieckie w Mirmeki, 1), [mit franz. Zusammenf.].

Les fouilles polonaises à Tell Atrib 1958. La revue du Caire, Le Caire 21ème année. Vol. *XLI*, No. 218 (Octobre 1958) S. 226—233, 8 Abb.

Wykopaliska archeologiczne Muzeum Narodowego w Warszawie. In: Rocnik Muzeum Narodowego w Warszawie *3* (1958) S. 7—51, 35 Abb.

1959

Polska ekspedycia archeologiczna w Nubii. Nauka Polska, Warszawa Rok *VII* 2(26) 1959 S. 121 bis 178, 40 Abb.

Delfy. 3. Aufl. Warszawa 1959. 228 S., 106 Abb., 1 Pl. (= Bibl. Meandra, 9).

Technika grecka. Warszawa 1959. 120 S., Abb. (= Biblioteka problemów).

The Polish archeological reconnaissance trip to Nubia. In: Review of the Polish Acad. of Sciences 1959. S. 47–85, 10 Abb.

1960

Mélanges archéologiques offerts à Wladimir Antoniewicz en l'honneur de son 40e anniversaire de l'activité scientif. à l'Univ. de Varsovie. Red.: K. Michałowski [u. a.] P. l. Warszawa 1960. 547 S., Abb., 28 Taf. (= Šwiatowit, 23).

Palmyre. Fouilles polonaises 1959. Rapport No. 1. La Haye 1960. 232 S., 238 Abb., 6 Taf.

Fouilles polonaises à Palmyre 1959. In: Les Annales archéologiques de Syrie *10* (1960) S. 3–20, 7 Taf.

Fouilles polonaises à Palmyre 1960. In: Les Annales archéologiques de Syrie *10* (1960) S. 93–110, 11 Taf.

Dramat i ocalenie Nubii. In: Wiedza i życie. Warszawa 1960 nr. 4, S. 212–216, 8 Abb.

Tell Atrib (1957–58). In: Westnik *I* (64) 1960 S. 186–202, 12 Abb. [russ.].

1961

Palmyra-centrum międzynarodowych badań archeologicznych. In: Z Otchłani Wieków *27* (1961) S. 291–305, Abb.

Mirmekios in the light of the new Soviet-Polish exploration 1956–1958. In: Issledovanija po Archeologii SSSR. Leningrad 1961. S. 127–138, Abb.

Fouilles polonaises à Mirméki en Crimée. In: Atti del Congresso Internazionale di Arheologia Classica *7* (1961) vol. 3, S. 67–72, 4 Taf.

Les constructions ptolémaïques et romaines à Tell-Atrib. In: Atti del Congresso Internazionale di Arheologia Classica *7* (1961) vol. 3, S. 219–229, 6 Taf.

Les fouilles polonaises de 1960 à Tell-Atrib et Palmyre. In: Studii clasice *3* (Bucureşti 1961) S. 265 269.

Wspomnienie pośmierte o Tadeuszu Andrzejewskim. In: Przegląd Orientalistyczny Warszawa *40* (1961) Nr. 4, S. 511–514 (= „Tadeusz Andrzejewski in memoriam").

1962

Fouilles polonaises à Palmyre 1961. In: Les Annales archéologiques de Syrie *11/12* (1961/62) S. 63–82, 12 Taf.

Polish excavations at Faras 1961. In: Kush *10* (1962) S. 220–244, Abb., 8 Taf.

Palmyre II. Fouilles polonaises 1960. Varsovie, Paris 1962. 284 S., 315 Abb., 4 Ktn.

Les fouilles polonaises à Tell-Atrib (1957–1959). In: Annales du Service des antiquités de l'Égypte *57* (1962) S. 49–66, 2 Taf.

Fouilles polonaises à Tell-Atrib en 1960. In: Annales du Service des antiquités de l'Égypte *57* (1962) S. 67–77, 9 Taf.

Research Centre for mediterranean archaeology. Its excavations in the Middle East. In: Review of the Polish Acad. of Sciences *7* (1962) No. 2, S. 41–52, Abb.

Nouvelles peintures de Faras. In: Bull. Mus. Nat. Varsovie *III* (1962) S. 97–106.

Faras. Fouilles polonaises 1961. Warszawa 1962. 188 S., 138 Abb.,32 Taf.

Nowo odkryta świątynia wczesnochrześcijańska w Faras w Sudanie. In: Z Otchłani Wieków *28* (1962) S. 201–210, Abb.

Polskie wykopaliska w Faras (Sudan) [Poln. Ausgrabungen in Faras/Sudan]. In: Z Otchłani Wieków *28* (1962) S. 131–135, Abb.

New Discoveries at Faras in Nubia. In: Archaeologia *15* (1962) S. 112–120, 10 Abb.

1963

Polish excavations at Faras. Second season 1961/62. In: Kush *11* (1963) S. 235–256, Abb., 9 Taf.

Fouilles polonaises à Palmyre 1962. In: Les Annales archéologiques de Syrie *13* (1963) S. 79–96, 16 Taf.

Palmira. In: Enciclopedia dell'Arte Antica Classica e Orientale *5* (1963) S. 900–908, Abb.

Palmyre. Fouilles polonaises 1961. Warszawa, Paris 1963. 260 S., 285 Abb., 3 Ktn.

1964

Polish excavations at Faras 1962/63. In: Kush *12* (1964) S. 195–207, Abb., 8 Taf.

Fouilles polonaises à Palmyre 1963. In: Les Annales archéologiques de Syrie *14* (1964) S. 23–38, 9 Taf.

Palmyre. Fouilles polonaises 1960 et 1961. 's-Gravenhage 1964. 290 S. und 260 S.

Palmyre. Fouilles polonaises 1962. Warszawa, 's-Gravenhage 1964. 208 S., 230 Abb., 4 Ktn.

Les fouilles polonaises à Tell-Atrib (Saison 1961). In: Annales du Service des antiquités de l'Égypte *58* (1964) S. 235–244, 6 Taf., 3 Ktn.

Sixième campagne de fouilles à Tell-Atrib (Saison 1962). In: Annales du Service des antiquités de l'Égypte *58* (1964) S. 245–254, 11 Taf.

Akropolis. München 1964. 20 S., 75 Taf.

De operis archaeologorum Polonorum praecipue in Aegypto et in Asia minore peractis (1944–1964) [poln.]. In: Meander *19* (1964) S. 315–328.

Recent Polish Excavations in Sudan. In: Bull. Mus. Nat. Varsovie *V* (1964) S. 17–24.

Die wichtigsten Entwicklungsetappen der Wandmalerei in Faras. In: Christentum am Nil, Recklinghausen 1964. S. 79–94.

1965

Faras. Fouilles polonaises 1961/1962. Warszawa 1965. 246 S., Abb., 69 Taf., 4 Pl.

Polish excavations at Faras, fourth season 1963/64. In: Kush *13* (1965) S. 177–189, Abb., 5 Taf., 1 Pl.

1966

Archéologie méditerranéenne en Pologne après la seconde guerre mondiale. In: Études et travaux. Travaux du Centre d'Archéologie Méditerranéenne de l'Academie Polonaise des Sciences *3* (1966) S. 5–22, 12 Abb.

Architektura Faras. Pokaz w Muzeum Architektury i Odbudowy we Wrocławiu. Wrocław 1966. S. 3–11, m. 16 Abb. [Ausstellungsführer].

Algerie la modernisation des musées en Algerie. Paris (März–April) 1966. 45 S. (= UNESCO-Ber.).

Dans la vallée des rois – les Polonaises à Deir el Bahari. In: Archeologia (März–April) 1966. S. 66–73.

Faras, Centre Artistique de la Nubie Chrétienne. 1. Aufl. Leiden 1966. 25 S., 20 Taf., 3 Zeichn.

Kanon postaci ludzkiej w sztuce starożytnego Egiptu. In: Miesięcnik Literacki *1* (1966) H. 1, S. 29–32.

Nie tylko piramidy ... Sztuka dawnego Egiptu. 1. Aufl. Warschau 1966. 304 S., 121 Abb., 37 Zeichn., 1 Plan.

Palmyre. Fouilles Polonaises 1963–1964. Warschau u. 's-Gravenhage 1966. 195 S., 234 Abb., 6 Taf., 2 Ktn.

Les Polonaises à Chypre. In: La Pologne *1966*, Nr. 4/140, S. 42–43.

Polish Archaeological Discoveries in the Middle East. In: Polish Facts and Figures Nr. 790 v. 6. Juni 1966, S. 4.

Le théatre d'Alexandrie. In: La Pologne *1966*, Nr. 11/147, S. 30–32.

The Warszaw National Museum. The New Section Copto-Byzantine Art. In: Museum *19* (1966) H. 3, S. 198–203 (= UNESCO-Schrift).

[Vorw.] Studia Palmyreńskie *1* (1966) S. 5–6.

Polish Excavations at Old Dongola: First Season Nov.—Dec. 1964. In: Kush *14* (1966) S. 289—299.
Open Problems of Nubian Art and Culture in the Light of Discoveries at Faras. In: Nubische Kunst 1966. S. 11—20.

1967

[Red.] Uniwersytet Warszawski. Studia palmyreńskie. Études palmyréniennes. Vol. *1*. *2*. Warszawa 1966. 1967. 127 S., Abb.; 159 S., Abb., 1 Pl.
Po-preshemu-li ostajetsja sagadkoj gruppa X?. In: Westnik Drewnej Istorii *2* (1967) S. 104—111.
Faras, die Kathedrale aus dem Wüstensand. Einsiedeln, Zürich, Köln 1967. 189 S., 96 Taf., 77 Zeichn., 4 Ktn.
Faras. Warschau 1967. 32 S. [Ausstellungsführer].
Formation du personnel scientifique dans les musées archaeologique. In: Rocznik Muzeum Narodowego w Warszawie *11* (1967) S. 7—18.
Lumières sur le Camp de Dioclétien et la vallée des tombeaux. In: Archaeologia (Mai—Juni) *1967*, S. 57—63.
Palmyra. In: Miesięcznik Literacki *2* (1967) H. 12, S. 87—95.
Wie zuvor bleibt das Rätsel der Gruppe x ungelöst? In: Z. f. Geschichte d. Altertums *100* (1967) H. 2, S. 104—111 [russ. m. engl. Zusammenf.].
Rapport préliminaire de la septième campagne des fouilles polonaises à Palmyre en 1965. In: Annales Archeologiques Arabes Syriennes *17* (1967) S. 9—15.
[Vorw.] Tadeusz Andrzejewski dusze boga Re. Warschau 1967. S. 5—8.

1968

Ägypten. Kunst und Kultur. Freiburg, Basel, Wien 1968. 593 S., Abb. (= R.: Weltgeschichte der Kunst).
L'Art de l'Ancienne Egypte. Paris 1968. 601 S., 1041 Taf. u. Abb. (= R.: L'Art et les Grandes Civilisations, 2).
Faras. Bln 1968. S. 5—29, 65 Abb. [Ausstellungsführer].
Palmyra. Warszawa und Leipzig; Wien, München u. Bln 1968, 33 S., 88 Taf., 6 Strichzeichn. (= Alte Kulturen im Mittelmeerraum)
The Labyrinth enigma: archaeological suggestions. In: J. of the Egyptian Archaeology *54* (1968) S. 219—222.
Les deux Asclépios de Néa Pahos. In: Revue archéologique NS. (1968) S. 355—358, Abb.
Das Wunder aus Faras. Wandgemälde und Altertümer aus polnischen Ausgrabungen im Rahmen der UNESCO-Aktion „Rettet die Altertümer Nubiens". Hrsg. von den Staatlichen Museen zu Berlin. Berlin 1968. 137 S. u. 65 Abb.

1969

[Red.] Uniwersytet Warszawski. Studia palmyreńskie. Études palmyréniennes. Vol. 3. Warszawa 1969. 111 S., Abb.
Nie tylko piramidy. Sztuka danego Egiptu. 2. Aufl. Warszawa 1969. 333 S., 121 Abb.
Art of Ancient Egypt. New York, London 1969. 600 S., 1109 Abb.
Arte y civilizatión de Egipto. Barcelona 1969. 496 S., 816 Abb.
Karnak. Warszawa 1969. 29 S., 90 Abb.; dass. London, Wien, München 1970.
Haga 1969. Ausstellungsführer durch die Villa Hügel. Essen 1969. 152 S., 89 Abb.
Vorrede zu Wiesław Koziński: Organizacja procesu inwestycyjnego piramidy Cheopsa. Warszawa 1969 (Die englische Übersetzung des Buches mit Vorrede erschien 1968).
Geneza sztuki hellenistycznej. In: Miesięcznik Literacki, April *1969*, S. 62—67.
Problem ocalenia Mohendżo Daro. In: Biuletyn Polskiego Komitetu do spraw UNESCO *117* (1969) Nr. 2, S. 16—18.
Wie wurde das römische Theater in Alexandria entdeckt? In: UNESCO-Dienst *16* (1969) H. 5, S. 8—10.
Dongola. In: Archeologia *29* (1969) S. 30—33, 5 Abb., 1 Kt.

Polish Excavations at Old Dongola, 1st Season, november—december 1964. In: Kush *14* (1969) S. 289—299 u. 9 Taf.

Les fouilles polonaises de Faras. In: Université de Genève, Centre d'études orientales, conferences 1969—1970, S. 14—17.

Das Wunder aus Faras. 14. 5.—14. 9. 1969 in Villa Hügel. Essen-Bredeney. Die gemeinnützigen Vereine Villa Hügel e. V. 1969. 152 S., 89 Abb. Wandgemälde u. Altertümer aus Poln. Ausgrabungen im Rahmen der Unesco-Aktion „Rettet die Altertümer Nubiens". In the introduction of K. Michałowski.

1970

[Einf.] Faras. Christliche Fresken aus Nubien. Wandgemälde und Altertümer aus polnischen Ausgrabungen. Ausstellung Kunsthaus Zürich März—Mai 1970. Zürich 1970. 152 S., Abb.

[Vortragsreferat]. Die Ausgrabungen von Faras in Nubien. In: Antike Kunst *13* (1970) S. 115.

Les origines de la civilisation méditerranéenne. In: Sources archéologiques de la civilisation européenne (Actes Colloque internat. Mamaïa 1968). Bukarest 1970. S. 19—23.

Jak Grecy tworzyli sztukę. Warszawa 1970. 233 S., 111 Abb.

Palmyre. London 1970. 30 S., 88 Abb.

Dongola. In: Kontynenty *4* (1970) S. 22—23.

Les fouilles polonaises à Dongola. In: Kunst und Geschichte Nubiens in christlicher Zeit. Recklinghausen 1970. S. 163—166, Abb. auf S. 130—141.

Open Problems of Nubian Art and Culture in the Light of the Discoveries at Faras. Ebda S. 11—20.

Les techniques de fouilles archéologiques. In: Musée et Recherches sur le terrain. In: UNESCO-Dienst *17* (1970) S. 59—73.

The Techniques of Archeological Excavation. Field Manual for Museums. Ebda.

Archaeology and Anthropology. Research and Cooperation in the Nile Valley. In: International Biological Programme, Biology of Man in Africa. Warsaw Meeting 1968. Wrocław 1970. S. 23—24.

Karnak. Wien, München [1970] 29 S. (= Serie Alte Kulturen im Mittelmeerraum)

Karnak. Leipzig 1970. 28 S., 91 Abb.

Karnak. London 1970. 29 S., Abb., 94 Taf.

1971

Les fouilles polonaises à Palmyre. In: Les Annales archéologiques de Syrie *21* (1971) S. 137—142, 5 Taf.

Alexandria. Wien, München (= Alte Kulturen im Mittelmeerraum) Leipzig 1971. (= Kunst u. Kultur d. Altertums) 26 S., 84 Abb.; Warszawa 1972.

Luxor. Warszawa 1971; Leipzig 1972. 24 S., 78 Bildtaf.; Wien, München 1972. 23, 88 S., Abb., Ktn. (= Alte Kulturen im Mittelmeerraum).

1972

Piramidy i mastaby. Warszawa 1972.

Karnak. 2. Aufl. Warszawa 1972 u. 1. Aufl. Paris 1972. 28 S., 90 S. Abb.

Nicht nur Pyramiden. Die Kunst des alten Ägypten. Warszawa; Berlin 1972. 354, 304 S. mit zahlreichen Karten und Abb.

Classification générale des peintures murales de Faras. In: Mélanges Devambez, Revue Archeologique *2* (1972) S. 373—380, Abb.

Dzieła sztuki — narkotyki. In: Polityka Nr. 43 v. 1972.

[Hrsg.] Nubia Récentes recherches. Actes du Colloque nubiologique internat. au Musée nat. de Varsovie 1972.

1973

Pyramídy. Bratislava 1973. 30 S., 84 Abb.

Piramisok és Masztabák. Budapest 1973. 30 S., 84 Abb.

Pyramiden und Mastabas. Wien, München, Leipzig. 1973. 30 S., 84 Abb.

Pyramids and mastabas. Budapest 1973. 30 S., Abb.

BURCKHARDT HELFERICH

10. 6. 1887—5. 7. 1982

PEKKA JUHANA MYRBERG

30. 12. 1892—8. 11. 1976

WERNER STRAUB

14. 7. 1902—25. 1. 1983

KAZIMIERZ MICHAŁOWSKI

14. 12. 1901—1. 1. 1981

RUBEN IVANOVIČ AVANESOV

14. 2. 1902—1. 5. 1982

Louxour. Paris 1973. 23 S., 78 Abb.
Ägypten. Kunst und Kultur. 3. Aufl. Freiburg, Basel, Wien 1973. 593 S., Abb., Ktn.
Tell Atrib. In: Enciclopedia dell'Arte Antica *VIII* (Roma 1973) S. 799–800.
Archeologia śródziemnomorska-jej rola i znaczenie w nauce polskiej. In: Miesięcznik Literacki *2* (Warszawa 1973) S. 32–40.
La publication des textes égyptiens des Musées de Pologne. In: Mélanges Champollion. Bulletin de l'Institut d'Archéologie Orientale. Kair 1973.
[Vorw.] zur polnischen Ausgabe: F. Daumas: La civilisation de l'Egypte pharaonique. Warszawa 1973. S. 5–7.

1974

Ausgrabungen in Faras. In: Festschrift zur Feier des 125jährigen Bestehens der Sächsischen Akademie der Wissenschaften zu Leipzig. Berlin 1974. S. 87–99, 16 Taf.
La publication des textes égyptiens des musées de Pologne (= Textes et langages de l'Egypt pharaonique) *III*, 219–224. Cent cinquante années de recherches 1822–1972 [Vol. III] Hommage à J. F. Champollion [Le Caire]. Inst. fançais d'Archéologie du Caire 1974 (= Bibliothèque d'étude, 64/3).
Galeria Sztuki Faras. Warszawa 1974. 21 S., 24 Abb.
La naissance d'une nouvelle discipline historique: La Nubiologie. In: Mélanges Arif Mansel. Ankara 1974. S. 7–12.
Ancient Egypt. The Visual Arts. In: Encyclopedia Britannica. Chicago, London 1974.
Faras. Malowidła ścienne w zbiorach Muzeum Narodowego w Warszawie. Warszawa 1974. 334 S., 102 Abb., 2 Landktn, 16 Zeichnungen, 5 Pläne.
Faras. Die Wandbilder in den Sammlungen des Nationalmuseums zu Warschau. Dresden 1974. 341 S., 70 Taf.
Od Edfu do Faras. Polskie odkrycia archeologii śródziemnomorskiej. Warszawa 1974. 269 S., 101 Abb., 1 Landkte.
Teby. Warszawa 1974. 26 S., 48 Abb.
Theben. Wien, München; Leipzig 1974. 25 S., 48 Taf. (= Alte Kulturen im Mittelmeerraum).
Faras. The Mural Paintings in the Collection of National Museum in Warsaw. Warszawa 1974. 344 S., 102 Abb.

1975

Cum şi-au creat graci arta. Bucureşti 1975. 232 S., 115 Abb.
Introduction. In: Recherches récentes. Actes du Colloque Nubiologique International, Varsovie, Musée National de Varsovie 1975. S. 7–8.

1976

Teby [Serie: Mała Encyklopedia Sztuki, Heft 26] Warszawa 1976. 12 S., 46 Abb.; Thèbes [Art égyptien, Petit Encyclopédie de l'Art, 117] Paris ed. F. Hazan 1976. Ibid.
Karnak [Serie: Mała Encyclopedia Sztuki, Heft 24] Warszawa 1976. 12 S., 44 Abb.; Karnak [Art égyptien, Petit Encyclopédie de l'Art, 115].
Luksor [Serie: Mała Encyklopedia Sztuki, Heft 25]. Warszawa 1976. 11 S., 40 Abb.; Louqsor [Art égyptien, Petit Encyclopédie de l'Art, 116]. Paris ed. F. Hazan 1976. Ibid.
Nouvelles recherches sur la topographie de Palmyre. In: Mélanges d'Histoire Ancienne et d'Archéologie offerts à Paul Collart. Cahiers d'Archéologie Romande 5. Lausanne 1976. S. 305–306.
L'Art égyptien avant et après Toutankhamon S. 22–30 (= Tutanchamon i ego vremija Moskva 1976).
Piramidy i Mastaby [Serie: Mała Encyklopedia Sztuki, Heft 23]. Warszawa 1976. 16 S., 47 Abb.
Słowo wstępnel. In: Biuletyn Informacyjny Pracowni Konservacji Zabytków, Heft 27, Warszawa 1976. 1 S.
Przedmowa. In: W. Korabiewicz, Krzyż koptyjski i jege naśladownictwa. Warszawa, Muzeum Narodowe 1976. S. 5–6.
Wzór przyjacielskiej współpracy: Muzeum Narodowe-Ermitaż. In: Nowe Drogi *9* (1976) S. 146 bis 148.

Pierwsze kroki professorów w Polsce Ludowej. In Miesięcznik Literacki *3* (1976) S. 118–122.
Tajemnica grobu Aleksandra Wielkiego. Anhänge zu: M. Druon, Aleksander Wielki. Kraków 1976. S. 340–346.
[Vorwort in:] Z. Sztetyłło: Mirmeki III. Wykopaloska odcinke polskiego w r. 1957. Warszawa 1976. S. 5–6.
[Vorwort in:] J. E. Manchip-White: Starożytny Egipt. Ossolineum 1976. S. 5–6.
Sztuka starożytna na wystawie „Warszawa oskarża". In: Rocnik Muz. Narodowego w Warszawie *XX* (1976) S. 592–593.

1977

Delphi. Leipzig, Warszawa 1977. 84 S., Abb. (= Kunst u. Kultur d. Altertums).
Polska archeologia śródziemnomorska. In: Problemy *12* (1977) S. 2–5.
Polskie badania archeologiczne w Aleksandrii. In: Starożytna Aleksandria w badaniach polskich. Warszawa 1977. S. 9–12.
W kręgu śródziemnomorskim. In: Polska *11* (1977) S. 28–31.
La Contribution de la Pologne á l'archéologie mondiale. In: Cahiers Europeens *2* (1977) S. 21–23; deutsch: S. 23–27; englisch: S. 29–31.
Nielem Piramidy. Bratislava 1977. 285 S., 121 Ill., 37 Ktn.
Das Christliche Nubien (1158–1272). In: Ägypten und Kush. Schriften zur Geschichte und Kultur des Alten Orients, Bd 13. Berlin 1977. S. 309–313 (= Festschrift zum 60. Geburtstag von Prof. F. Hintze).
[Nachr.] Kazimierz Kumaniecki. In: Meander *6* (1977) S. I–V.
Ostatnie nowości w polskiej archeologii śródziemnomorskiej. In: Polska, Interpress 1977.

1978

Egitto. Milano 1978. 191 S.
Les fouilles archéologiques polonaises en Afrique. In: Africana Bulletin *25* (1978) S. 13–26.
[Nachr.] Kazimierz Kumaniecki (18. 5. 1905–8. 6. 1977). In: Kultura i Społeczeństwo *1–2* (1978) S. 3–7.
Deir el-Bahari. In: The Frontiers of Human Knowledge. In: Acta Universitatis Upsaliensis. Uppsala 1978. S. 163–169.
Wypowiedź na temat: Niepodległośc a kultura. In: Miesięcznik Literacki *9* (1978) S. 69–71.
Drewnee Isskustvo i Galeria Faras. Nacionalnyj Muzej. Warszawa, Moskva, Isskustvo, 1978.
O istocie i potrzebie piękna. In: Studia Filozoficzne 1978.
[Hrsg.] Études et travaux. Travaux du centre d'archéologie méditeranéenne de l'Acad. Polonaise des Sciences.

1983

Karopolis. 1. Auflage. Leipzig 1983. 20 S., 80 S. Bildteil mit 80 Abb. (= Kunst u. Kultur des Altertums).

WTA Margarete Flemming

Ruben Ivanovič Avanesov

1. 2. 1902–1. 5. 1982

Wenige Monate nach seinem 80. Geburtstag starb das Auswärtige Mitglied, Professor R. I. Avanesov. Mit seinem Tode verlor nicht nur die sowjetische Slawistik, vor allem die Russistik, sondern die internationale Linguistik überhaupt einen ihrer bedeutendsten Vertreter.

Avanesov wurde am 1. (14.) Februar 1902 in der Stadt Šuša (Aserbaidshanische SSR) geboren. Nach dem Besuch des Moskauer Gymnasiums in den Jahren 1909–1919 nahm er slawistische und linguistische Studien an der Universität Moskau, vor allem bei A. M. Seliščev und D. N. Ušakov, auf und schloß sie 1925 ab. Bald darauf wurde er als Anerkennung für erfolgreich betriebene Forschungen Mitglied der Moskauer dialektologischen Kommission der Akademie der Wissenschaften der UdSSR und wandte sich zunächst der Erforschung der großrussischen Dialekte zu, dehnte aber sein Interesse sehr bald auch auf die Problematik der russischen Literatursprache und den aktuellen Fragen, die an Sprachwissenschaftler herangetragen wurden (so Erstellung von Alphabeten, Reformierung von Orthographien, Transkriptionssysteme, u. a.), aus. Bald entstand ein in sich geschlossenes System wissenschaftlicher Anschauungen über das phonologische System der Sprache überhaupt als Grundlage der Moskauer phonologischen Schule, zu deren führenden Köpfen Avanesov gehörte.

Seit dem Jahre 1937 hatte Avanesov eine Professur an der Moskauer Universität inne und hielt auch nach der Übernahme der Funktion des Leiters im Sektor für Geschichte und Dialektologie der russischen Sprache innerhalb des Instituts für russische Sprache der Akademie der Wissenschaften der UdSSR den Kontakt mit der Universität Moskau und vielen anderen Hochschulen des Landes aufrecht. Seine Arbeiten zur russischen Sprachgeschichte und zur Dialektologie, zur Theorie der Sprachgeographie und zur Phonetik, Phonologie und auch Orthoepie des Russischen verschafften ihm im In- und Ausland internationales Ansehen.

Die grundlegenden Arbeiten über die russischen Dialekte (vgl. z. B. die 1949 erschienenen „Očerki russkoj dialektologii" [„Skizzen zur russischen Dialektologie"]), die der von ihm verfolgten und begründeten phonologischen Theorie folgten und sie gleichsam im Terrain erprobten, führten konsequent zu einem großen internationalen Unternehmen, das nach dem Moskauer Slawistenkongreß (1958) begann und dessen Leitung dem Verstorbenen anvertraut wurde: zum Slawischen Sprachatlas („Obščeslavjanskij lingvističeskij atlas"). Für diese verantwortungsvolle Funktion, die vor allem in der Leitung eines großen, jedoch gewissen Wandlungen unterworfenen internationalen Kollektivs bestand, war Avanesov wie kein anderer bestens in Theorie und Praxis vorbereitet. Für diese Arbeit mußte er viel geistige und physische Kraft opfern; alle Kraft konzentrierte er mit Recht auf den Ausgleich der Differenzen, auf die theoretische Begründung der slawistischen Sprachgeographie und somit auf die Edition der ersten Bände des gewaltigen Unternehmens, das alle slawischen Sprachen und ihre Dialekte umfaßt. Vorher hatten die unter Avanesovs Mitwirkung entstandenen zwei Bände des Russischen Sprachatlasses und auch der Belorussische Dialektatlas viele Erfahrungen gebracht, die dem Slawischen Sprachatlas zugute kamen. Mit viel Energie traf Avanesov nach wichtigen theoretischen Vorklärungen alle Vorbereitungen für die Herausgabe des I. Bandes, dessen Erscheinen er jedoch — für ihn eine persönliche Tragik — nicht mehr erleben konnte. Aufgeschlossen, wie Avanesov war, erkannte er auch die Bedeutung des „Atlas Linguarum Europae" und arbeitete auch in diesem Unternehmen mit. Parallel zur Arbeit an dem slawistischen Atlaswerk, das die Mundartforschung in den slawischen Ländern mächtig anspornte, erschien eine Reihe bedeutsamer Sammelbände unter dem Titel „Obščeslavjanskij lingvističeskij atlas", in denen die Dialektologen aus vielen Ländern, oft natürlich auch Avanesov selbst, wichtige Studien über Mundarten aus allen drei slawischen Sprachgruppen lieferten. Die baldige Herausgabe des genannten Atlasses, Frucht jahrzehntelanger Kooperation und vieler produktiver Arbeitsberatungen des Kollektivs, bleibt als ein wichtiges Vermächtnis den Schülern und Fachkollegen des Toten auferlegt.

Ein anderes Werk, das Wörterbuch der altrussischen Sprache des 11.—14. Jahrhunderts, brachte die historische Lexikographie des Russischen mächtig voran und konnte unter

Avanesovs Leitung die Edition beginnen. Für ihn gab es keine scharfe Trennung zwischen Diachronie und Synchronie, so daß sein Blick auf das Heute und Gestern mehr als verständlich erscheint. Daher nimmt es nicht Wunder, daß er auch eine Reihe von auf die Praxis ausgerichteten Handbüchern schrieb (so vor allem sein in mehreren Auflagen erschienenes Handbuch zur Phonetik der russischen Literatursprache („Russkoe literaturnoe proiznošenie“ 1950 u. folg.), das den theoretischen Grundlagen seines Standardwerkes zur Phonetik der russischen Literatursprache („Fonetika sovremennogo russkogo literaturnogo jazyka“, 1956) folgte. Diese Werke spielen und spielten bei der Ausbildung der Russisten auch im Ausland und somit auch in der DDR eine beträchtliche Rolle.

Wer wie der Unterzeichnete den Verstorbenen persönlich kannte und ihn bei der Arbeit auf internationalen Begegnungen kennenlernte, wird sein bescheidenes Wesen und seine dennoch vorhandene bemerkenswerte Ausstrahlungskraft auf seine Schüler und Mitarbeiter hoch schätzen. Für ihn war die Sprache eine „historisch entstandene Struktureinheit, in die alle ihre Existenzformen eingehen, von den Systemen der einzelnen Ortsmundarten bis zu dem in funktioneller Hinsicht herrschenden System der Schriftsprache“ (Russkaja literaturnaja i dialektnaja fonetika, Moskau 1974). Mit dieser Anschauung zu Grundfragen der Linguistik unserer Zeit vermochte er die zeitliche und areale Differenzierung der Sprache erfassen und eine künstliche Trennung von Sprache und Mensch, von Gegenwart und Vergangenheit überbrücken und seinen Auffassungen Beständigkeit und produktives Fortwirken auch über seinen für uns so schmerzlichen Tod sichern.

Ernst Eichler

Zur Bibliographie

Bibliographie: Russkoe i slavjanskoe jazykoznanie. K 70-letiju člena-korrespondenta AN SSSR R. I. Avanesova. Moskva 1972, S. 311–328.

Würdigungen: V. G. Orlova, K. V. Gorškova, Ruben Ivanovič Avanesov, in: Russkoe i slavjanskoe jazykoznanie, S. 5–11; *M. V. Panov,* R. I. Avanesov – fonolog, in: ebda, S. 13–23; *S. V. Bromlej, L. N. Bulatova,* 70-letie R. I. Avanesova, in: Izvestija AN SSSR, OLJa *31* (1972) H. 3; *K. V. Gorškova,* R. I. Avanesov . . ., in: Vestnik Mosk. gos. univ. 1972, Nr. 4; *Ju. S. Stepanov,* R. I. Avanesov, in: Izvestija AN SSSR, OLJa *36* (1977) H. 1; *V. V. Ivanov,* R. I. Avanesov; in: Russkij jazyk v škole 1977, Nr. 1. – Siehe auch: Russkij jazyk. Ėnciklopedija, hrsg. von F. P. Filin. Moskva 1979, S. 11.

Nekrologe: S. Michalk, In memoriam Ruben Ivanovič Avanesov, in: Zs. f. Slawistik *28* (1983) S. 330f.

E. E.

VERZEICHNIS DER MIT DER AKADEMIE IM SCHRIFTENTAUSCH STEHENDEN KÖRPERSCHAFTEN

I. *Periodica*

Ägypten — VAR

Kahira *Institut Français d'Archéologie Orientale*
Bibliothèque d'études
Bulletin
Bulletin de liaison du groupe int. d'étude de la céramique Egyptienne
Conférences

National Information and Documentation Centre
Journal of Chemistry

Argentinien

Buenos Aires *Comisión Nacionale de la Energia Atómica*
Informe

Sociedad Cientifica Argentina
Anales

La Plata *Universidad Nacional. Facultad de Ciencias Fisicomatemáticas*
Revista

Australien

Adelaide *Barr Smith Library*
The Australian Journal of Experimental Biology and Medical Science

Brisbane *Royal Society of Queensland*
Proceedings

Melbourne *Royal Society of Victoria*
Proceedings

Sydney *Royal Society of New South Wales*
Journal and Proceedings

Belgien

Bruxelles *Algemene Bibliotheek van de Vrije Universiteit*
Tijdschrift
Studiereeks

Institut Royal des Sciences Naturelles de Belgique
Memoirs

Société des Bollandistes
Analecta Bollandiana

Union Académique Internationale
Archivum latinitatis medii aevi
Compte rendu
Handbook

Université Libre. Bibliothèque Centrale
Revue de l'Université

Gent — *Koninklijke Vlaamse Academie voor Taal- en Letterkunde*
Jaarboek
Verslagen en Mededeelingen
Leonard Willemsfonds

Leuven — *Universiteitsbibliotheek*
Ancient Society
Bibliographia Academia
Humanistica Lovaniensia
Jaarboek
Studia Hellenistica

Liège — *Institut Archéologique Liègois*
Bulletin

Louvain — *Centre Général de Documentation de l'Université Catholique*
Faculté des Sciences economiques, N. S.
Travaux de la Faculté de Philosophie et Lettres
Travaux de l'Institut de Psychologie

Faculté de Philosophie et Lettres, Bibliothèque
Recueil des Travaux d'histoire et de philologie

Meise — *Jardin Botanique National*
Bulletin

Namur — *Rédaction „Les Etudes classiques"*
Les Etudes classiques

Brasilien

Rio de Janeiro — *Academia Brasileira de Ciências*
Anais

Centro Brasileiro de Pesquisas Fisicas
Summa brasiliensis mathematicae

VR Bulgarien

Sofija — *Bălgarska Akademija na Naukite*
Doklady
Ekologija
Literaturna istorija

Universitetska Biblioteka
Godisnik na Sofijskija Universitet.
Filologiceski Fakultet
Juridiceski Fakultet

Upravlenie za Geolozki Proucvanija
Godisnik. Otdel A

Bundesrepublik Deutschland

Aachen

Aachener Geschichtsverein
Zeitschrift

Bibliothek der Rheinisch-Westfälischen Technischen Universität
Jahrbuch

Augsburg

Historischer Verein für Schwaben
Zeitschrift

Naturwissenschaftlicher Verein für Schwaben
Bericht

Bad Godesberg

Deutscher Forschungsdienst
Bericht über ihre Tätigkeit
Deutscher Forschungsdienst
Deutscher Forschungsdienst. Angewandte Wissenschaft
Kommission zur Erforschung der Luftverunreinigung. Mitteilungen

Bayreuth

Universitätsbibliothek
Bayreuther Mathematische Schriften

Beuron

Bibliothek der Erzabtei Beuron
Erbe und Auftrag
Texte und Arbeiten
Vetus lat. inst. Bericht

Bonn

Universitätsbibliothek
Politeia

Braunschweig

Universitätsbibliothek der Technischen Universität
Abhandlungen der Braunschweigischen Wissenschaftlichen Gesellschaft
Geographische Rundschau
Sitzungsberichte und Mitteilungen der Braunschweigischen Wissenschaftlichen Gesellschaft

Bremen

Übersee-Museum
Veröffentlichungen. Reihe A. B. C. F.

Die Wittheit zu Bremen
Abhandlungen des Naturwissenschaftlichen Vereins
Abhandlungen und Vorträge
Bremisches Jahrbuch
Jahrbuch der Bremischen Wissenschaft
Veröffentlichungen aus dem Staatsarchiv

Bremerhaven

Institut für Meeresforschung
Veröffentlichungen

Darmstadt

Hessische Landes- und Hochschulbibliothek
Jahrbuch der Deutschen Akademie für Sprache und Dichtung
Veröffentlichungen der Deutschen Akademie für Sprache und Dichtung

Düsseldorf

Düsseldorfer Geschichtsverein
Düsseldorfer Jahrbuch

Rheinisch-Westfälische Akademie der Wissenschaften
Vorträge. Reihe Geisteswissenschaften
Reihe Natur-, Ingenieur- und Gesellschaftswissenschaften
Wissenschaftliche Abhandlungen

Erlangen	*Institut für Fränkische Landesforschung*
	Jahrbuch
	Schriften. Historische Reihe
	Physikalisch-Medizinische Sozietät
	Sitzungsberichte
Frankfurt a. M.	*Philosophisch-Theologische Hochschule St. Georgen*
	Theologie und Philosophie
	Physikalischer Verein
	Jahresbericht
	Senckenbergische Naturforschende Gesellschaft
	Abhandlungen
	Aufsätze und Reden
	Natur und Museum
	Senckenbergiana biologica
	Senckenbergiana lethaea
	Frobenius-Institut an der Goethe-Universität
	Paideuma
Freiburg i. Br.	*Naturforschende Gesellschaft*
	Berichte
Gießen	*Bibliothek der Justus-Liebig-Universität*
	Hessische Blätter für Volkskunde
	Mitteilungen des Oberhessischen Geschichtsvereins
	Nachrichten der Gießener Hochschulgesellschaft
	Schriften der Justus-Liebig-Universität
	Oberhessische Gesellschaft für Natur- und Heilkunde
	Bericht. Naturwissenschaftliche Abteilung
Göttingen	*Akademie der Wissenschaften*
	Abhandlungen. Math.-phys. Klasse
	Phil.-hist. Klasse
	Göttingische gelehrte Anzeigen
	Jahrbuch
	Nachrichten. Math.-phys. Klasse
	Phil.-hist. Klasse
Hamburg	*Geographische Gesellschaft*
	Mitteilungen
	Gesellschaft für Natur- und Völkerkunde Ostasiens
	Mitteilungen
	Nachrichten
	Mathematische Gesellschaft
	Mitteilungen
	Staats- und Universitätsbibliothek
	Abhandlungen aus dem Gebiete der Auslandskunde
	Hamburger Universitätsreden
Hannover	*Akademie für Raumforschung und Landesplanung*
	Raumforschung und Raumordnung
	Bibliothek der Technischen Universität / Technische Informationsbibliothek
	Berichte der Naturhistorischen Gesellschaft
	Jahrbuch

	Niedersächsische Landesbibliothek Niedersächsisches Jahrbuch für Landesgeschichte Studie Leibnitiana
Heidelberg	*Heidelberger Akademie der Wissenschaften* Abhandlungen. Phil.-hist. Klasse Jahrbuch Sitzungsberichte. Math.-nat. Klasse Phil.-hist. Klasse
	Universitätsbibliothek Heidelberger Jahrbücher Veröffentlichungen aus Heidelberger Papyrussammlung
Karlsruhe	*Bibliothek der Technischen Universität* Monographien
Kiel	*Naturwissenschaftlicher Verein für Schleswig-Holstein* Schriften
	Universitätsbibliothek Schriften des Geographischen Instituts der Universität Kiel
Leverkusen	*Farbenfabriken Bayer* Therapeutische Berichte
Lübeck	*Stadtbibliothek* Ausblick Mitteilungen der Geographischen Gesellschaft und des Naturhistorischen Museums
	Verein für Lübeckische Geschichte und Altertumskunde Zeitschrift
	Verein „Natur und Heimat" Berichte
Mainz	*Akademie der Wissenschaften und der Literatur* Abhandlungen der Klasse Literatur Abhandlungen der geistes- und sozialwiss. Klasse Abhandlungen der math.-naturwiss. Klasse Jahrbuch Karl-A.-Forster-Lectures Mikrofauna des Meeresbodens
	Mainzer Altertumsverein Mainzer Zeitschrift
Marburg	*Deutsche Morgenländische Gesellschaft* Zeitschrift
	Gesellschaft zur Beförderung der gesamten Naturwissenschaften Sitzungsberichte
	Universitätsbibliothek Alma Mater Philippina
München	*Bayerische Akademie der Wissenschaften* Abhandlungen. Math.-nat. Klasse Phil.-hist. Klasse Jahrbuch Sitzungsberichte. Math.-nat. Klasse Phil.-hist. Klasse Sonderschriften

Deutsches Museum
Abhandlungen und Berichte
Jahresbericht
Verwaltungsbericht

Max-Planck-Gesellschaft
Berichte und Mitteilungen
Jahrbuch

Technische Universität. Universitätsbibliothek
Astronomisch-Geodätische Arbeiten
Veröffentlichungen der Deutschen Geodätischen Kommission. Reihe B, C, E
Berichte über die Vollsitzungen der Deutschen Geodätischen Kommission

Zentralinstitut für Kunstgeschichte
Jahresbericht

Münster

Universitätsbibliothek
Westfälische Geographische Studien

Verband der Deutschen Höhlen- und Karstforscher
Bibliographie zur Karst- und Höhlenkunde in Deutschland
Jahreshefte für Karst- und Höhlenkunde
Karst und Höhle
Mitteilungen

Nürnberg

Germanisches Nationalmuseum
Anzeiger
Bilder aus deutscher Vergangenheit

Offenbach

Bibliothek des Deutschen Wetterdienstes
Agrarmeteorologische Bibliographie
Berichte
Deutsches meteorologisches Jahrbuch

Speyer

Pfälzische Landesbibliothek
Mitteilungen der Pollichia
Mitteilungen des Historischen Vereins der Pfalz
Pfälzische Bibliographie

Stuttgart

Kommission für geschichtliche Landeskunde in Baden-Württemberg
Zeitschrift für Württembergische Landesgeschichte

Museum für Länder- und Völkerkunde. Linden-Museum
Tribus

Staatliches Museum für Naturkunde
Stuttgarter Beiträge zur Naturkunde

Württembergische Landesbibliothek
Jahrbücher für Statistik und Landeskunde von Baden-Württemberg

Trier

Karl-Marx Haus
Schriften aus dem Karl-Marx-Haus
Archiv für Sozialforschung

Ulm

Verein für Kunst und Altertum in Ulm und Oberschwaben
Mitteilungen

Wiesbaden

Hessisches Landesamt für Bodenforschung
Abhandlungen

Hessisches Lagerstättenarchiv
Notizblatt

Nassauischer Verein für Naturkunde
Jahrbücher

Verein für Nassauische Altertumskunde und Geschichtsforschung
Nassauische Annalen

Wolfenbüttel *Braunschweiger Geschichtsverein*
Braunschweigisches Jahrbuch

Würzburg *Freunde Mainfränkischer Kunst und Geschichte*
Mainfränkische Hefte
Mainfränkisches Jahrbuch für Geschichte und Kunst

Physikalisch-medizinische Gesellschaft
Berichte

Ceylon

Peradeniya *University of Peradeniya*
Administration Report of the Director
Ceylon Journal of Science. Biological Series
Spolia Zeylanica. Geology, Zoology, Anthropology

China

Pei-ching *Kuo li t'u shu kuan (National Library)*
Chinese Literature
Chinese Medical Journal
Scientia Sinica

Città del Vaticano

Archivum Historicum Societatis Jesu
Archivum

Biblioteca Apostolica Vaticana
Studi e Testi

Pontifico Istituto Biblico
Biblica
Orientalia

Specola Vaticana
Annual Report
Miscellanea astronomica
Richerche astronomiche
Richerche spettroscopiche

Dänemark

Århus *Statsbiblioteket*
Acta Jutlandica

København *Det Kongelige Danske Videnskaberne Selskab*
Arkeologisk-kunsthistoriske meddelelser
Arkeologisk-kunsthistoriske skrifter
Biologiske meddelelser
Biologiske skrifter
Carlsbergfondet. Arsskrift
Historisk-filologiske meddelelser
Historisk-filologiske skrifter
Matematisk-fysiske meddelelser
Matematisk-fysiske skrifter
Oversigt over selskabets virksomhed

Universitets Matematiske Institut
Mathematica Scandinavica

Odense *Odense Universitetsbibliotek*
Mediaeval Scandinavia

Deutsche Demokratische Republik

Bautzen *Institut für sorbische Volksforschung beim Zentralinstitut für Geschichte der Akademie der Wissenschaften*
Lětopis

Berlin *Akademie der Wissenschaften der DDR*
Abhandlungen. Abt. Mathematik, Naturwissenschaft, Technik
Abt. Veröffentlichungen der Wissenschaftlichen Räte
Jahrbuch
Journal für Hirnforschung
Sitzungsberichte. Gesellschaftswissenschaften
Mathematik, Naturwissenschaft, Technik

Deutsches Amt für Meßwesen und Warenprüfung
Wissenschaftliche Abhandlungen

Geologischer Dienst. Staatliche Geologische Kommission
Geologie. Nebst Beihefte
Zeitschrift für angewandte Geologie

Universitätsbibliothek der Humboldt-Universität
Wissenschaftliche Zeitschrift. Gesellschafts- und sprachwiss. Reihe
Mathematisch-naturwiss. Reihe

Dresden *Bibliothek der Hochschule für Verkehrswesen*
Wissenschaftliche Zeitschrift

Staatsarchiv
Schriftenreihe

Bibliothek der Technischen Universität
Wissenschaftliche Zeitschrift

Erfurt *Wissenschaftliche Bibliothek der Stadt Erfurt*
Beiträge zur Geschichte der Stadt Erfurt

Greifswald *Universitätsbibliothek*
Wissenschaftliche Zeitschrift. Gesellschafts- und sprachwiss. Reihe
Mathematisch-naturwissenschaftl. Reihe

Halle	*Deutsche Akademie der Naturforscher „Leopoldina"* Nova Acta Leopoldina	
	Landesmuseum für Vorgeschichte Jahresschrift für mitteldeutsche Vorgeschichte Vorgeschichtliche Museumsarbeit und Bodendenkmalpflege	
	Universitäts- und Landesbibliothek Hallische Monographien Schriften zum Bibliotheks- und Büchereiwesen in Sachsen-Anhalt Wissenschaftliche Zeitschrift.	 Gesellschafts- und sprachwiss. Reihe Mathematisch-naturwiss. Reihe
Ilmenau	*Technische Hochschule* Wissenschaftliche Zeitschrift	
Jena	*Universitätsbibliothek* Wissenschaftliche Zeitschrift.	 Gesellschafts- und sprachwiss. Reihe Mathematisch-naturwiss. Reihe
Leipzig	*Deutsches Institut für Länderkunde* Geographische Berichte	
	Universitätsbibliothek Wissenschaftliche Zeitschrift.	 Gesellschafts- und sprachwiss. Reihe Mathematisch-naturwiss. Reihe
Magdeburg	*Technische Hochschule Otto von Guericke* Wissenschaftliche Zeitschrift	
Potsdam	*Geodätisches Institut* Veröffentlichungen	
Rostock	*Universitätsbibliothek* Archiv der Freunde der Naturgeschichte in Mecklenburg Wissenschaftliche Zeitschrift.	 Gesellschafts- und sprachwiss. Reihe Mathematisch- naturwiss. Reihe
Tautenburg (Kr. Jena)	*Karl-Schwarzschild-Observatorium* Mitteilungen	
Weimar	*Zentralbibliothek der deutschen Klassik* Wissenschaftliche Zeitschrift der Hochschule für Architektur und Bauwesen	

Dominikanische Republik

Santa Domingo	*Academia de Ciencias de la Republica Dominicana* Anuario

England

Cambridge	*Cambridge Philosophical Society* Proceedings
Edinburgh	*Royal Society of Edinburgh* Proceedings Transcactions Year Book

Leeds	*South Library. The University*	
	Proceedings. Scientific section	
	Literary and historical section	
Liverpool	*Biological Society*	
	Proceedings and Transactions	
London	*India Office Library*	
	Report	
	London Mathematical Society	
	Bulletin	
	University of London Library	
	Annual Report of the Library Committee	
	Bulletin of the Institute of Historical Research	
	Bulletin of the School of Oriental and African Studies	
	Institute of Historical Research. Annual Report	
	Slavonic and East European Review	
	Theses and Dissertations accepted for Highet Degrees	
	The Warburg Institute	
	Journal of the Warburg and Courtauld Institutes	
Manchester	*Manchester Literary and Philosophical Society*	
	Memoirs and Proceedings	
	The John Rylands University Library	
	African Social Research	
	Journal of Semitic Studies	

Finnland

Espoo	*Geologinen Tutkimuslaitos*
	Bulletin
Helsinki	*Societas pro Fauna et Flora Fennica*
	Acta botanica fennica
	Acta zoologica fennica
	Memoranda
	Societas Biologica Fennica „Vanamo"
	Annales Botanici Fennici
	Annales Zoologici Fennici
	Suomalaisen Kirjallisunden Seura
	Proverbium
	Suomen Tiedeseura
	Acta. Nova series B. C.
	Arctos
	Arsbok
	Bidrag till kännedom af Finlands natur och folk
	Commentationes biologicae
	Commentationes humanorum litterarum
	Commentationes physico-mathematicae
	Commentationes scientiarum socialium
	Suomalainen Tiedeakatemia
	Dissertationes humanorum litterarum

Ergebnisse der magnetischen Beobachtungen
Folklore Fellows Communications
Sitzungsberichte
Toimituksia (Annales). Sarja A 1.2.3.4.5.6. B
Vuosikirja (Year Book)

Suomalais-Ugrilainen Seura. Kirjasto
Finnisch-ugrische Forschungen

Turku

Abo Akademis. Bibliothek
Acta. Humaniora
Mathematica et physica

Nordic Institute of Folklore
Newsletter

Turun Yliopiston Kiriasto
Temenos
Turun Yliopiston Julkaisuja. Ser. A I. II. B

Frankreich

Besançon

Université de Besançon
Annales littéraires
Annales scientifiques

Cherbourg

Société Nationale des Sciences Naturelles et Mathématiques
Mémoires

Clermont-Ferrand

Académie des Sciences, Belles-Lettres et Arts
Bulletin historique et scientifique de l'Auvergne

Lyon

Bibliothèque de l'Université
Annales de l'Université. Droit
Lettres
Sciences. Sect. A. B. C.
Fascicule spécial

Société Linnéenne
Bulletin mensuel

Marseille

Bibliothèque de l'Université d'Aix-Marseille
Annales de la Faculté des Sciences
Comptes Rendus des travaux

Montpellier

Académie des Sciences et Lettres
Bulletin

Paris

Ecole Normale Supérieure
Annales scientifique

Institut de France. Académie des Inscriptions et Belles-Lettres
Comptes Rendus
Mémoires Présentés par divers savants

Institut de France. Académie des Sciences
Annuaire
Bulletin bibliographique des publications périodiques
Comptes Rendus hebdomadaires. Sér. A. B. C. D.

	Institut de France. Académie des Sciences, Morales et Politiques Notices biographiques et bibliographiques Revue des Sciences morales et politique
	Muséum National d'Histoire Naturelle Annuaire Bulletin. Section A. B.
	Société Mathématique de France Bulletin Gazette des Mathématiques
Rennes	*Société Scientifique de Bretagne* Bulletin
Saint-Martin-d'Hères	*Institut de Mathématique Pures* Annales de l'Institut Fourier
Sèvres	*Bureau International des Poids et Mesures* Travaux et Mémoires
Toulouse	*Académie des Sciences, Inscriptions et Belles-Lettres* Mémoires
	Bibliothèque Universitaire Annales publ. de la Faculté des Lettres et des Sciences. Sér. A. Caliban B. Homo C. Philosophie D. Grammatique E. Littératures F. Pallas G. Via Domitia Travaux de l'Institut d'Art préhistoriques

Ghana

Accra	*Ghana Academy of Arts and Sciences* Ghana Journal of Science Proceedings

Griechenland

Athenai	*Ecole Française d'Athènes* Bulletin de Correspondance Hellénique
Thessaloniki	*Institute for Balkan Studies* Balkan bibliography Balkan Studies

Indien

Allahabad	*Allahabad Mathematical Society* Indian Journal of Mathematics

Indonesien

Djarkarta	*Perpustakaan-Museum Pusat* Museografia

Irland

Dublin *Royal Dublin Society*
Economic Proceedings
Report
Scientific Proceedings. Ser. A. B.

Royal Irish Academy
Proceedings. Sect. A. B. C.
Minutes

Island

Reykjavik *Visindafélag Islendinga*
The Eruption of Hekla
Greinar
Rit

Italien

Acireale *Biblioteca Zelantea*
Memorie e Rendiconti. Classe di Lettere

Bologna *Accademia delle Scienze dell'Istituto*
Annuario
Atti. Classe di Scienze Fisiche
Memorie
Rendiconti

Istituto di Geologie e Paleontologia dell'Università
Giornale di Geologia

Brescia *Ateneo*
Annuario della specola cidnea
Commentari. Nebst Supplemento

Centro Camuno di Studi Preistorici
Archivi
Studi Camuni

Cremona *Biblioteca Governativa e Libreria Civica*
Annali

Ferrara *Accademia delle Scienze. Biblioteca Ariòstea*
Atti

Firenze *Accademia della Crusca*
Studi di filologia italiana
Studi di grammatica italiana

Accademia Toscana di Scienze e Lettere „La Colombaria"
Atti e Memorie

Genova *Museo Civico di Storia Naturale „Giocamo Doria"*
Annali
Doriana

Lecce *Università degli Studi. Biblioteca Centrale*
Annali di Storia

Annali. Fac. di Lettere e Filosofia
Fac. di Magistero
Bollettino di storia della filosofia
Istituto di filologia moderna. Quaderni
Istituto di Lingue e Letterature Straniere. Quaderni
Quaderni della Biblioteca Centrale
Quaderno filosofico

Mantova *Accademia Virgiliana di Scienze, Lettere ed Arti*
Atti e Memorie

Milano *Istituto Lombardo. Accademia di Scienze e Lettere*
Memorie. Classe di Lettere e Scienze Morali e Storiche
Classe di Scienze Matematiche e Naturali. A. B.
Parte generale e Atti ufficiali

Società Storica Lombarda
Archivio

Modena *Accademia di Scienze, Lettere ed Arti*
Atti e Memorie

Istituto di Fisica dell'Università
Atti del Seminario Matematico e Fisico

Napoli *Società Nazionale di Scienze, Lettere ed Arti*
Annuario
Atti dell'Accademia di Scienze Fisiche e Matematiche
Atti dell'Accademia di Scienze Morali e Politiche
Atti dell'Accademia Pontaniana
Memorie dell'Accademia di Archeologia, Lettere e Belle Arti
Rendiconti dell'Accademia di Archeologia, Lettere e Belle Arti
Rendiconti dell'Accademia di Scienze Fisiche e Matematiche
Rendiconti ed Atti dell'Accademia di Scienze, Mediche e Chirurgiche

Stazione Zoologica
Pubblicazioni

Università di Napoli. Biblioteca della Facoltà di Lettere e Filosofia
Annali

Padova *Biblioteca del Seminario Matematico*
Rendiconti

Pisa *Scuola Normale Superiore*
Annali. Classe di Lettere, Storia e Filosofia
Classe di Scienze, Fisiche e Matematiche

Società Toscana di Scienze Naturali
Atti. Ser. A. B.

Roma *Accademia Nazionale dei Lincei*
Atti. Rendiconti. Classe di Scienze Fisiche, Matematiche e Naturali
Classe di Scienze Morali, Storiche e Filologiche
Rendiconti della Adunanze Solenni

Accademia Nazionale dei XL
Rendiconti

American Academy in Rome
Memoirs
Papers and Monographs

	Istituto di Geologia e Paleontologia dell'Università Geologica Romana
	Servizio Geologico d'Italia Bolletino
Sassari	*Università. Istituto Giuridico* Studi Sassaresi. Ser. 3
Siena	*Università degli Studi. Facolta di Lettere e Filosofia* Annali
Torino	*Accademia delle Scienze* Annuario Atti. Classe di Scienze Fisiche, Matematiche e Naturali Classe di Scienze Morali, Storiche e Filologiche Memorie. Classe di Scienze Fisiche, Matematiche e Naturali Classe di Scienze Morali, Storiche e Filologiche
Trento	*Museo di Storia Naturale della Venezia Tridentina* Memorie Studi Trentini
Trieste	*Museo Civico di Storia Naturale* Atti
	Università degli Studi Notiziario Pubblicazioni Rendiconti dell'Istituto di Matematiche Separata
Venezia	*Istituto Veneto di Scienze, Lettere ed Arti* Atti. Classe di Scienze Matematiche e Naturali Classe di Scienze Morali e Lettere Parte generale e Atti ufficiali
	Museo Civico di Storia Naturale Bolletino

Japan

Fukuoka	*Kyusyu University. Faculty of Science. Mathematical Institute* Memoirs. Ser. A: Mathematics
Hiroshima	*Hiroshima University. Library* Journal of Science. A – II: Physics and Chemistry B – I: Zoology B – II: Botany C: Geology and Mineralogy Memoirs of the Faculty of Engineering
	Laboratory for Amphibian Biology Scientific Report
Ibaraki	*Institute of Mathematics. University of Tsukuba* Tsukuba Journal of Mathematics

Kyoto	*Research Institute for Mathematical Sciences* Memoirs of numerical mathematics Publications
Nagoya	*Department of Mathematics. Faculty of Science. Nagoya University* Nagoya mathematical journal
Okayama	*Department of Mathematics. Faculty of Science. Okayama University* Mathematical Journal
Osaka	*Kansai University. Faculty of Engineering* Technology Reports
	Osaka City University. Faculty of Science Annual Reports of biological works Osaka Journal of Mathematics
	Osaka City University. Institute of Polytechnics Journal of Biology
Sapporo	*Hokkaido University. Faculty of Science* Journal of the Faculty of Science. Physics
Sendai	*Tohoku University. Faculty of Letters. Laboratory of Psychology* Tohoku psychologica folia
Tokyo	*Department of Mathematics. Faculty of Science. University of Tokyo* Journal of the Fac. of Science. Section I A
	Nippon Telegraph and Telephone Public Cooperation. The Electrical Communication Laboratory *Review*
Toyama	*Department of Mathematics. Faculty of Science. Toyama University* Mathematics Reports
Yokohama	*Mathematical Society of Japan* Journal

SFR Jugoslawien

Beograd	*Department of Mechanics. Faculty of Sciences. University of Belgrade* Teorijska i primenjena mehanika
	Drustvo Matematicara, Fizicara i Astronoma N. R. S. Mathematica balkanica Vesnik
	Institut de Geographie „Jovan Cvijić“ Posebna izdanja Zbornik radova
	Matematicki Institut Matematicki vesnik Publications

Observatoire Astronomique
Bulletin
Publications

Srpska Akademija Nauka i Umetnosti
Balcanica
Balkanoloski Institut. Posebna izdana
Balkanske Narodne Umotvorine
Bulletin. Classe des Sciences naturelles et mathematique
Classe des Sciences medicale
Classe des Sciences naturelles
Chilandarski zbornik
Galeria Sanu
Glas. Otdel. istorijskich nauka
Otdel. likovne i muzicke umetnosti
Glasnik
Glasnik Etnografskog Instituta
Godisnjak
Godisnjak naseg neba
Gradja
Institut za knizevnost i umetnost. Godisnjak
Studije e rasprave
Istoriski casopis
Istoriski Institut. Posebna izdanja
Jugoslovenkse zemlje u XIX veku
Jugoslovenske zemlje u XX veku
Juznoslovenski filolog
Klasicni izdanja
Muzicka izdanja
Nas jezik
Naucno-popularni spisi
Onomatoloski prilozi
Posebna izdanja
Pregled razmene izdanja
Spomenice
Spomenik
Srpski etnografiski zbornik
Starinar
Zbornik radova
Zbornik radova o entomofauna
Zbornik radova o fauni SR Srbije
Zbornik radova Vizantoloskog Instituta
Zbornik za istocnjacki istorisku i knjizevnu gradju
Zbornik za istoriju, jezik i knjizevnost srpskog naroda

Ljubljana

Conseil des Académies de la RPF Yougoslavie
Bulletin scientifique. Sect. A. B.

Nuklearni Institut „Jozef Stefan"
Report

Slovenska Akademija Znanosti in Umetnosti
Acta carsologica
Arheoloski vestnik
Biblioteka

Dela. Classis I–V
Fontes rerum slovenicarum
Geografski zbornik
Gradivo za narodopisje slovencev
Letopis
Linguistica
Razprave. Classis I–IV
Zbornik Instituta za slovensko narodopisje

Pula

Arheoloski Muzej Istre
Jadranski zbornik
Kulturhistorische Denkmäler in Istrien

Sarajevo

Akademija Nauka i Umjetnosti Bosne i Hercegovine
Djela
Godisnja
Posebna izdanja

Bioloski Institut
Godisnjak

Filozofski Fakultet
Radovi

Zemalski Muzej
Glasnik. Arheologija
Etnologija
Istorija
Wissenschaftliche Mitteilungen des Bosnisch-Herzegowinischen Landesmuseums

Skopje

Filozofski Fakultet na Universitetot
Godisen zbornik

Faculté de Physique des Sciences Naturelles de l'Université Kiril et Metodij
Godisen zbornik. Fizika

Faculté des Mathématiques de l'Université
Godisen zbornik

Filozofski Fakultet na Universitetot, Seminar za klasična filologia
Ziva antika

Institute of Folklore
Makedonski folklor
Makedonski pecal'barski narodni pesni

Makedonische Akademie der Wissenschaften und Künste
Letopis
Macedonian Review
Prilog kon bibliografijata
Prilozi. Odd. za opstestveni nauki
Odd. za prir.-mat. nauki
Pristapni

Narodna i Universitetska Biblioteka „Kliment Obridski"
Macedonian Review
Razgledi

Split

Institut za nacionalnu arheologiju
Starohrvatska prosvjeta

Zagreb *Drustvo Matematicara i Fizicara SRH*
Glasnik matematicko-fizicki i astronomski

Hrvatsko-prirodoslovno Drustvo
Periodicum biologicum

Geoloski Zavod
Geoloski vjesnik

Jugoslovenska Akademija Znanosti i Umetnosti
Bulletin international
Djela
Gradja za povijest knjizevnosti hrvatski
Hrvatska bibliografija
Ljetopis
Prirodoslovna istrazivanja
Rad
Zbornik za narodni zivot
Zbornik zavoda za povjesne znanosti Instrazivackog Centra JAZ

Staroslavenski Institut
Slovo

Kanada

Montréal *Université de Montréal. Départment d'Etudes Slaves*
Etudes slaves et est-européennes

Kolumbien

Bogotá *Academia Columbiana de Ciencias Exactas, Fisicas y Naturales*
Revista

Kongo

Kinshasa *Université Lovanium*
Publications

Luxemburg

Luxemburg *Institut Grand-Ducal de Luxemburg. Section des Sciences Naturelles, Physiques et Mathématiques*
Archives
Publications

Marokko

Rabat *Université Mohammed V. Institut Scientifique*
Bulletin
Documents

Mexico

Mexiko *Biblioteca Instituto de Geologia*
Boletin
Divulgacion
Paleontologia mexicana

Escuela Nacional de Ciencias Biologicas
Anales

Instituto Nacional de Antropologia e Historia
Antropologia e Historia

Neuseeland

Auckland

The University of Auckland
Mathematics Chronicle
New Zealand Mathematics Magazine
Univ. of Auckland. Dpt. of Mathematics. Report Series

Wellington

Royal Society of New Zealand
Bulletin
Journal
Proceedings
Transactions

Niederlande

Amsterdam

Koninklijke Nederlandse Akademie van Wetenschappen
Jaarboek
Mededeelingen. Afd. Letterkunde
Proceedings. Afd. A. B. C.
Verhandelingen. Afd. Letterkunde
Afd. Natuurkunde

Wiskundig Genootschap
Niew Archief voor Wiskunde
Wiskundige opgaven met de oplossingen

Haarlem

Hollandsche Maatschappij der Wetenschappen
Archivos nèerlandaises de zoologie
Physica

Musée Teyler
Archives

Teyler's Tweede Genootschap
Verhandelingen

Den Haag

Koninklijke Bibliotheek
Bibliografie
Mnemosyne
Neophilologus

Leiden

Maatschappij der Nederlandsche Letterkunde
Jaarboek

Utrecht

Provinciaal Utrechts Genootschap van Kunsten en Wetenschappen
Bijdragen en mededeelingen betr. de gesch. der Nederlanden
Verslag van het verhandelde

Norwegen

Bergen

Universitetsbiblioteket
Årbok. Hist. antikv. rekke
Humanistisk serie
Matemat.-naturvidenskapelig serie
Medisinsk rekke
Årsmelding
Skrifter. Bergens Historiske Forening

Oslo

Norske Meteorologiska Institutt
Norsk Meteorologisk Årbok

Norske Videnskaps-Akademi
Årbok
Astrophysica Norvegica
Avhandlingar. Hist.-filos. klasse
Matem.-naturvid. klasse
Geophysica Norvegica
Hvalradets Skrifter
Physica Norvegica
Skrifter. Hist.-filos. klasse
Matem.-naturvid. klasse

Universitetets Oldsaksamling
Årbok
Norske Oldfunn
Skrifter. Ny rekke
Tilvekst
Viking

Universitetsbiblioteket
Archiv for Matematik og Naturvidenskab
Norwegian Journal of zoology

Tromsø

Tromsø Museum
Acta Borealia. A. Scientia
B. Humaniora
Astarte

Trondheim

Det Kongelige Norske Videnskabers Selskabet
Museet. Direksjones Arsberetning
Forhandlinger
Skrifter

Österreich

Graz

Historischer Verein für Steiermark
Blätter für Heimatkunde
Mitteilungen des Steiermärkischen Landesarchives
Zeitschrift. Nebst Sonderbände

Naturwissenschaftlicher Verein für Steiermark
Mitteilungen

Steiermärkische Landesbibliothek
Jahrbuch der naturwissenschaftlichen Abteilung am Joanneum

Innsbruck — *Universitätsbibliothek*
Innsbrucker Beiträge zur Kulturwissenschaft. Sonderhefte

Linz — *Institut für Landeskunde von Oberösterreich*
Forschungen in Lauriacum

Wien — *Bibliothek der Technischen Hochschule*
Abhandlungen der Geographischen Gesellschaft
Mitteilungen der Geographischen Gesellschaft

Geologische Gesellschaft
Mitteilungen

Naturhistorisches Museum
Annalen

Österreichische Akademie der Wissenschaften
Almanach
Anzeiger. Math.-nat. Klasse
Phil.-hist. Klasse
Archiv für österreichische Geschichte
Denkschriften. Math.-nat. Klasse
Phil.-hist. Klasse
Fontes
Mitteilungen der Prähistorischen Kommission
Monatshefte für Chemie
Sitzungsberichte. Math.-nat. Klasse
Phil.-hist. Klasse

Österreichische Mathematische Gesellschaft
Internationale mathematische Nachrichten

Universitätssternwarte
Annalen

Zoologisch-botanische Gesellschaft
Abhandlungen
Koleoptereologische Rundschau
Verhandlungen

Peru

Lima — *Academia Nacional de Ciencias Exactas, Fisicas y Naturales*
Actas

VR Polen

Kraków — *Polska Akademia Nauk. Oddział w Krakowie*
Acta archaeologica Carpathica
Acta biologica Cracoviensa. Ser. Botanica et Zoologica
Folia quaternaria
Mały Atlas gwar polskich
Materialy Komisji nauk historycznych
Prace Komisji Archeologicznej
Prace Komisji Filologii klasycznej
Prace Komisji Nauk Historicznych

Rocznik
Ruch literacki
Słownik staropolski
Studia Osrodka dokumentacji fizjograficznej

Polish Academy of Sciences. Institute of Systematic and experimental Zoology
Acta Zoologica Cracoviensia
Folia Biologica

Polskie Towarzystwo Geologiczne
Regionalna Geologia Polski
Rocznik

Łódz *Łódzkie Towarzystwo Naukowe*
Biuletyn peryglacjalny

Lublin *Biblioteka Uniwersytecka. Katolickiego Uniwersytetu Lubelskiego*
Roczniki filozoficzne
Roczniki teologiczno-kanoniczne
Rozprawy. Wydz. Filoz.

Uniwersytet Marii Curie-Skłodowskiej
Annales. A. AA. B. C. D. DD. E. F. G. H.

Poznan *Polskie Towarzystwo Antropologiczne*
Przeglad Antropologczny

Polskie Towarzystwo Historyczne. Oddz. w Poznaniu
Studia i materiały do dziejów Wielkopolski i Pomorza

Poznanskie Towarzystwo Przyjaciol Nauk
Bulletin. Ser. 6
Prace Komisji Farmaceuticznej
Prace Komisji Filologicznej
Prace Komisji Historii Sztuki
Prace Komisji Jezykoznawczej
Roczniki Historyczne
Zabytki jezyka i literatury polskiej

Szczecin *Muzeum-Narodove*
Materiały Zachodnio-pomorskie

Torún *Towarzystwo Naukowe*
Fontes
Prace Wydziału Filologiczno-filosoficznego
Roczniki
Sprawozdania
Studia. Sect. C. E. F. G.
Zapiski historyczne

Warszawa *Centralny Instytut Informacij Naukowo-Technicznej i Ekonomicznej*
Obzor pol'skoj techniceskoj literatury

Panstwowe Muzeum Archeologiczne
Archeologia
Materialy starozytne
Wiadomości archeologiczne

Polska Akademia Nauk. Instytut matematyczny
Annales polonici mathematici

Roczniki. Ser. I. II.
Stuadi mathematica

Polskie Towarzystwo Matematyczne
Roczniki. Ser. A: Prace matematyczne
B: Wiadomości matematyczne

Warsaw Technical University. Institut of Mathematics
Demonstratio Mathematica

Wrocław *Muzeum Etnograficzne. Oddz. Muzeum Slaskiego*
Roczniki etnografii slaskiej
Zeszyty etnograficzne

Polski Zwiazek Entomologiczny
Polskie pismo entomologiczne. Ser. B.

Wrocławskie Towarzystwo Naukowe
Comptes rendus
Prace. Ser. A. B.
Sprawozdania. Ser. A. B.

Portugal

Lisboa *Academia das Ciencias de Lisboa*
Anuároi
Boletim

Academia Internacional da Cultura Portuguesa
Boletim

Sociedade Portuguese de Fisica
Portugaliae physica

Oeiras *Instituto Gulbenkian de Ciencia*
Arquivo. A: Estudos matematicos e fisicomatematicos
B: Estudos de programao

SR Rumänien

București *Academia Republicii Socialiste Romania*
Analele
Communicarile
Discursuri de receptie
Noesis
Publicațiile Comisiei pentru studiul și formarea limbii si poporului romin
Revista de filozofii
Revue des études sud-est européennes
Revue roumaine de biologie. Ser. Animale
Ser. Vegetale
Revue roumaine de chimie
Revue roumaine de géologie, géophysique et géographie
Revue roumaine de mathématiques pures et appliquées
Revue roumaine des sciences sociales
Sér. de philosophie et logique
Sér. de psychologie
Sér. des sciences économiques
Sér. des sciences juridiques

Revue roumaine des sciences techniques
Sér. de mécanique appliquée
Sér. de métallurgie
Sér. électrotechnique et énergétique
Revue roumaine d'historie
Studii. Revista de istorie
Studii clasice
Studii şi cercetari istorie veche
Studii şi materiale de istorie moderna
Viitorul social

Institutul Geologic
Anuarul Comitetului geologic
Adunare . . . a Com. Seismol. Europene
Dări de seamă ale şedinţelor
Memoires
Studi tehnice si economice

Societatea de Ştiinţe Matematice si Fizice
Bulletin mathématique
Gazeta mathematică. Ser. A

Cluj *Biblioteca Centrala Universitara*
Anuarul de Folclor

Iasi *Academia de Ştiinţe Sociale şi Politice.*
Institutul de Istorie şi Arheologie „Xenopol"
Anuarul

Schweden

Göteborg *Chalmers Tekniska Högskolas Biblioteket*
Handlingar

Kungl. Vetenskaps- och Vitterhetssamhället
Arsbok
Arsredogörelse
Etnologiska studier

Universitetsbibliotek
Göteborgs Universitets Arsskrift
Göteborger germanistische Forschungen
Gothenburg Studies in English
Romanica Gothoborgensia
Studia graeca et latina Gothoburgensia

Lund *Kungl. Fysiografiska Sällskapets*
Förhandlingar

Kungl. Humanistika Vetenskapssamfundet
Årsberättelse
Scripta minora
Skrifter

Slaviska Institutet vid Lunds Universitet
Årsbok
Meddelanden (Sprakliga bidrag)

Universitetsbiblioteket
Lunds Universitets Årsskrift
Mémoires du Musée historique

Stockholm

Geologiska Föreningens
Förhandlingar
Sveriges Geologiska Undersökning

Kungliga Biblioteket
Acta Bibl. Reg. Stockh.

Kungl. Tekniska Högskolas Bibliotek
Forskning och Framsteg

Kungl. Vitterhets Historie och Antikvitets Akademien
Antikvariskt arkiv
Årsbok
Filologiskt arkiv
Fornvännen
Handlingar. Antikvariska serien
Filosofisk-filologiska serien
Historika serien
Historiskt arkiv
Myntkabinettet tillväxten
Numismatica Stockholmiensia

Nordiska Museet
Fataburen
Handlingar

Stockholms Universitets Bibliotek
The Ethnographical Museum of Sweden. Monograph series
Stockholm studies in history of literature

Vetenskapsakademien
Ambio
Arkiv för Matematik

Uppsala

Kungl. Humanistiska Vetenskapssamfundet
Skrifter

Kungl. Vetenskaps-Societeten
Årsbok
Nova Acta

Universitetsbiblioteket
Acta Bibliothecae R. Universitatis Upsaliensis
Acta Universitatis Upsaliensis
Acta Societatis linguisticae Upsaliensis
Historia litterarum
Historia religonum
Bulletin of the Geological Institute
Eranos
Upsala Journal of Medical Science, Suppl.
Uppsala Läkareförenings förhandlingar
Zoon

Schweiz

Aarau	*Historische Gesellschaft des Kantons Aargau*
	Argovia
Basel	*Historische und antiquarische Gesellschaft*
	Basler Bibliographie
	Basler Zeitschrift für Geschichte und Altertumskunde
	Naturforschende Gesellschaft
	Verhandlungen
	Öffentliche Bibliothek der Universität
	Akademische Vorträge
	Jahresverzeichnis der Schweizerischen Hochschulschriften
Bern	*Allgemeine Geschichtsforschende Gesellschaft der Schweiz*
	Bibliographie der Schweizergeschichte
	Bulletin
	Schweizerische Zeitschrift für Geschichte
	Naturforschende Gesellschaft
	Jahrbuch
	Mitteilungen
	Schweizerische Geisteswissenschaftliche Gesellschaft
	Jahresbericht
	Schweizerische Naturforschende Gesellschaft
	Denkschriften
	Verhandlungen
Chur	*Naturforschende Gesellschaft Graubündens*
	Jahresbericht
Genf	*Institut National Genevois*
	Bulletin
	Bulletin. N. S.
	Musée d'Art et d'Histoire
	Genava
	Société Physique et d'Histoire Naturelle
	Mémoires
Neuchâtel	*Bibliothèque Centrale de l'Université*
	Mémoires
	Publications du Séminaire de Géométrie
	Recueil des travaux
	Travaux de l'Institut botanique
Schaffhausen	*Naturforschende Gesellschaft*
	Mitteilungen
	Neujahrsblatt
Zürich	*Geographisch-ethnographische Gesellschaft*
	Geographica Helvetica
	Naturforschende Gesellschaft
	Neujahrsblatt
	Vierteljahrsschrift. Nebst Beihefte
	Schweizerisches Landesmuseum
	Jahresbericht

Senegal

Dakar

Université de Dakar. Bibliothèque Universitaire
Annales de la Faculté des Séances

Sowjetunion

Alma-Ata

Akademija Nauk Kazachskoj SSR. Central'naja Naučnaja Biblioteka
Botaničeskie Materialy Gerbarija

Astrofizičeskij Institut Akademii Nauk Kazachskoj SSR
Astrofizika
Izvestija
Trudy

Char'kov

Char'kovskaja Gosudarstvennaja Naučnaja Biblioteka
Fizika nizkich temperatur
Russkoe jazykoznanie

Char'kovskij Gosudarstvennyj Universitet im. A. M. Gor'kogo
Cirkuljar Astronomičeskoj observatorii

Dušanbe

Akademija Nauk Tadzikskoj SSR. Central'naja Naučnaja Biblioteka
Doklady AN TSSR
Izvestija AN TSSR

Erevan

Akademija Nauk Armjanskoj SSR
Soobščenija Bjurakanskoj Observatorii

Kazan

Kazanskij Gosudarstvennyj Universitet
Bjulleten Astronomičeskoj Observatorii
Izvestija Astronomičeskoj Engel'gardtovskoj Observatorii

Kiev

Akademija Nauk Ukrainskoj SSR Central'naja Naučnaja Biblioteka
Astronometria i Astrofizika
Avtomatičeskaja svarka
Doslidzennja i materialy z ukrainskojimovy
Geologičnyj žurnal
Leksykografija i kul'tura reči
Prykladna mechanika
Trudy Poltavskoj Gravimetričeskoj Observatorii
Visnyk AN USSR

Astronomičeskaja Observatorija Gosudarstvennogo Universiteta im. T. G. Ševčenko
Cirkuljar
Publikacii

Kišinev

Central'naja Biblioteka Akademii Nauk Moldavskoj SSR
Monographien

Leningrad

Akademija Nauk SSR
Astronomičeskij ežegodnik
Bjulleten Vsesojuznogo Astronomo-geodezičeskogo Obščestva
Efemeridy malych planety
Izvestija Glavnoj Astronomičeskoj Observatorii v Pulkove
Izvestija Krymskoj Astrofizičeskoj Observatorii
Materialy vtoričnoj patentnoj informacii
Novosti sistematiki nizšich rastenij
Novosti sistematiki vysšich rastenij

Sbornik Muzeja Antropologii i Etnografii
Soobščenija Gosudarstvennogo Astronomičeskogo Instituta im P. K. Sternberga
Trudy Gel'mintologičeskoj Laboratorii
Trudy Glavnoj Astronomičeskogo Observatorii v Pulkove
Trudy i materialy naučnych kongressov i soveščanij, opublikovannye za rubežom
Trudy Paleontologičeskogo Instituta

L'vov *Astronomičeskaja Observatorija Lvovskogo Gosudarstvennogo Universiteta im. Ivana Franko*
Cirkuljar

Moskva *Gosudarstvennaja Publičnaja Naučno-techničeskaja Biblioteka SSSR*
Uspechi chimii

Tartu *Akademija Nauk Estonskoj SSR. Institut Fiziki i Astronomii*
Soobščenija Tartuskoj Astronomičeskoj Observatorii Trudy

Taškent *Akademija Nauk Uzbekskoj SSR. Fundamental'naja Biblioteka*
Doklady
Obščestvennye nauki v Uzbekistane

Tbilisi *Akademija Nauk Gruzinskoj SSR. Abastumanskaja Astrofizičeskaja Observatorija*
Bjulleten

Spanien

Barcelona *Real Academia de Ciencias y Artes*
Memorias
Nomina de personal académico

Valladolid *Universidad de Valladolid. Departamento de Prehistoria y Arqueologia*
Boletin

Tschechoslowakische Sozialistische Republik

Bratislava *Geologický Ustav D. Štúra*
Sbornik geologickych vied

Slovenská Akadémia Vied
Acta geologica et geographica
Ekonomický časopis
Filozofia
Jazykovedny časopis
Slovenskie odborné názvoslovie

Slovenska Akademia Vied. Geofyzikálný Ustav
Bulletin of the Slovak Seismographic Stations
Contributions

Brno *Brněnská Základna Československé Akademie Věd*
Folia Geobotanica
Prace. Botanika
Geografia
Geologia
Zoologia

Czechoslovak Academy of Sciences. Botanical Institute
Česka mykologie
Folia geobotanica et phytotaxonomica bohemoslavica

Universitá J. E. Purkyne. Filosofické Fakulty
Ročenka
Sbornik praci Filosofické Fakulty. Řada C. E. F. G.
Spisy Lékarské Fakulty
Spisy Přirodovědecké Fakulty

Universitá J. E. Purkyne. Faculty of Science
Archivum Mathematicum
Folia
Scripta

Vysoká Škola Zemědělská
Sbornik. Řada A. B. C.
Spisy

Olomouc

University F. Palackého. Přirodovědecké Fakulty
Acta

Ostrava

Státni Vědecká Knihovna
Sbornik Praci Ped. Fakulty
Spisy Ped. Fakulty

Praha

Archivni sprava Ministerstva Vnitra
Archivni Časopis
Sbornik archivnich praci

Československá Akademie Věd
Collection of Czechoslovak Chemical Communications
Rozpravy matemat. a prirod. věd
Rozpravy společenskych věd
Rozpravy techn. věd
Slovanský přehled
Vestnik

Československá Akademie Věd. Geofysikálni Ustav
Bulletin ČS Seismických Stanic
Geofysikálny sbornik
Výsledky geomagnetikých

Československá Akademie Věd. Historický Ustav
Československý Časopis historický

Československá Akademie Věd. Kabinet cizich jazyku
Slavia

Československá Akademie Věd. Kabinet pro Studia Recká Řimska a Latinská
Byzantinoslavica

Československá Akademie Věd. Matematický Ustav
Aplikace matematiky
Časopis pro pestováni matematicky
Czechoslovak Mathematical Journal

Československá Akademie Věd. Ustav Technické Fysiky
Czechoslovak Journal of Physics

Československá Akademie Věd. Ustředni Ustav Matematická
Časopis pro pestováni matematicky a fysiky

Československá Entomologická Společnost
Acta entomolica bohemoslavica

Národni Muzeum. Entomologické odděleni
Acta faunistica entomologica
Sbornik

Statni Židovské Muzeum
Judaica Bohemiae

Ustředni Ustav Geologický
Rozpravy
Sbornik

VR Ungarn

Budapest

Bányaszati Kutatóintézet
Mitteilungen

Budapesti Müszaki Egyetem Központi Könyvtara
Elfogadot doktori diszertaciok jegy zeke
Felsöoktataisi munkaved. közlemenych
Periodica polytechnica

Magyar Tudományos Akademia
Acta biologica
Acta geologica
Acta historica
Acta historiae artium
Acta linguistica
Acta mathematica
Acta medica
Acta morphologica
Acta Orientalia
Acta physiologica
Acta veterinaria
Könyvtárának közlemenyei
Magyar tudomány
Studia historica

Magyar Tudományos Akadémia. Matematikai Kutató Intézetének
Studia scientiarum mathematicarum Hungaricae

Debrecen

Institutum mathematicum Universitatis Debreceniensis
Publicationes mathematicae

Szeged

Institutum Bolyainum Universitatis
Acta scientiarum mathematicarum

Uruguay

Montevideo

Museo Nacional de Historia Natural
Comunicaciones antropologicas
Comunicaciones botanicas
Comunicaciones paleontologicas
Comunicaciones zoologicas

Venezuela

Caracas	*Universidad Central de Venezuela. Facultad de Ciencias. Escuela de Biologia* Acta biologica venezuelica

Vereinigte Staaten von Amerika

Albany	*New York State Museum and Science Service* Bulletin Educational Leaflet Handbook Map and Chart Series
Berkeley	*University of California* Lick Observatory Bulletin Pacific Journal of Mathematics
Bloomington	*Indiana University Library* Indiana University Publications. Social Sciences Series Journal of Mathematics and Mechanics
Boston	*American Academy of Arts and Sciences* Daedalus Memoirs Records
Cambridge	*Massachusetts Institute of Technology* Studies in applied mathematics *Museum of Comparative Zoology at Harvard College* Bulletin
Chicago	*Field Museum of Natural History* Publication. Report Series
Columbus	*Ohio State University* Chemical Abstracts
Eugene	*University of Oregon. Library* Comparative literature
Gainesville	*University of Florida. Florida State Museum* Bulletin. Biological Science Report of the Director
Indianapolis	*Indiana Academy of Science* Proceedings
Lawrence	*Kansas Academy of Science* Transactions *University of Kansas. Library* Library Series Science Bulletin
Lexington	*University of Kentucky Library* Kentucky Geological Survey. Bulletin Report of Investigations Special Publication
Los Angeles	*University of Southern California. Allan Hancock Foundation* Allan Hancock Monographs in marine biology

Madison	*Wisconsin Academy of Sciences, Arts and Letters* Transactions Wisconsin astrophysics
New Haven	*Connecticut Academy of Arts and Sciences* Memoirs Transactions
	Kline Science Library Peabody Museum. Bulletin
New York	*American Academy of Arts and Letters* Proceedings
	American Council of Learned Societies Annual Report
	American Museum of Natural History Annual Report Anthropological Papers Bulletin Natural History Novitates Science Guide
	Rockefeller Institute for Medical Research Journal of General Physiology
Philadelphia	*American Philosophical Society* Memoirs Proceedings Transactions Year Book
Pittsburgh	*Hillmann Library* Intercultural Studies Refernce Guide Public Policy Studies Documents
Providence	*American Mathematical Society* Bulletin
Reston	*U. S. Geological Survey* Earthquake Information Bulletin New Publications
San Francisco	*California Academy of Sciences* Annual Report Occasional Papers Proceedings
Seattle	*University of Washington. Library* Annual Northwest Traffic Engineering Conference. Proceedings Publications in Anthropology Publications of Oceanography Trend in Engineering
Urbana	*University of Illinois. Library* Agricultural Experiment Station. Bulletin Circular Biological Notes Engineering Experiment Stations. Bulletin

Engineering Outlook
Illinois Natural History Survey. Bulletin
Circular
Publications

Washington *Library of Congress*
American Bibliography of Russian and East European Studies
World list of Future International Meetings

National Bureau of Standards
Earthquake Information Bulletin
Journal of Research, Sect. B

Smithsonian Institution
Annual Report of the Board of Regents
Bureau of American Ethnology. Annual Report
Bulletin
Smithsonian Contributions to Astrophysics
U. S. National Herbarium. Contributions
U. S. National Museum. Proceedings

Westberlin

Deutsches Archäologisches Institut
Archäologische Bibliographie
Archäologischer Anzeiger
Jahrbuch

Staatsbibliothek Preußischer Kulturbesitz
Monographien

Technische Universität
Humanismus und Technik

Es gingen ein an Einzelwerken im Jahre 1979 — 223 Bände
1980 — 149 Bände
1981 — 164 Bände
1982 — 191 Bände

BR Dr. Dietmar Debes
Dipl.-Archivar Gerald Wiemers

ABKÜRZUNGEN

Abh.	Abhandlung(en)
AdW	Akademie der Wissenschaften
AfO	Archiv für Orientforschung. (Berlin) Graz
Alman.	Almanach
Ann.	Annalen
Anz.	Anzeige(r)
Bd	Band, Bände
Beil.	Beilage
Beitr.	Beiträge zur Geschichte der deutschen Sprache und Literatur. Tübingen
Ber.	Berichte
Bespr.	Besprechung(en)
BO	Bibliotheca Orientalis. Leiden
BrP	Beiträge zur romanischen Philologie. Berlin
CVA	Corpus Vasorum Antiquorum
ders., dies.	derselbe, dieselbe
DLZ	Deutsche Literaturzeitung. Berlin 1880ff.
dtsch.	deutsch (e, er)
ebda	ebenda
Festschr.	Festschrift
FFH	Freiberger Forschungshefte
Forsch.	Forschungen
FuF	Forschungen und Fortschritte. Berlin
H.	Heft
HZ	Historische Zeitschrift
Interv.	Interview
Jahrb., Jb.	Jahrbuch
Jh.	Jahrhundert
Kal.	Kalender
KdT	Kammer der Technik
KMU	Karl-Marx-Universität Leipzig
Ktn	Karten
LAB	Linguistische Arbeitsberichte Leipzig
Lfg	Lieferung
LVZ	Leipziger Volkszeitung
MGH	Monumenta Germaniae Historica
Mitt.	Mitteilungen
MPG	Max-Planck-Gesellschaft

Nachf.	Nachfolger
Nachr.	Nachruf
ND	Neues Deutschland
NT	Neues Testament
OLZ	Orientalische Literaturzeitung. (Leipzig) Berlin
o. V.	ohne Verfasser
PGM	Petermanns Geographische Mitteilungen
PH	Pädagogische Hochschule
Pl.	Plan, Pläne
RD	Referatedienst zur Literaturwissenschaft
Rev.	Revue
Rep.	Report
RGW	Rat für gegenseitige Wirtschaftshilfe
T.	Teil, Titel
TH	Technische Hochschule
ThLZ	Theologische Literaturzeitung. (Leipzig) Berlin
TU	Technische Universität
Vortr.	Vortrag
Vorw.	Vorwort
Wschr.	Wochenschrift
WTA	Wissenschaftlich-technische Assistentin
WWT	Wasserwirtschaft, -technik
WZ	Wissenschaftliche Zeitschrift
Z.	Zeitschrift
ZAA	Zeitschrift für Anglistik und Amerikanistik
ZAMM	Zeitschrift für angewandte Mathematik und Mechanik. Berlin
Zbl.	Zentralblatt
ZfdPh	Zeitschrift für deutsche Philologie
ZfG	Zeitschrift für Geschichtswissenschaft
ZfSl	Zeitschrift für Slawistik
ZRG (GA, RA, KA)	Zeitschrift der Savigny-Stiftung für Rechtsgeschichte (germanistische Abteilung, romanistische Abteilung, kanonistische Abteilung)
Ztg	Zeitung

NAMENREGISTER

(Mitglieder der Akademie und der mit ihnen im Zusammenhang stehende Personenkreis)

FSC
www.fsc.org
MIX
Papier | Fördert gute Waldnutzung
FSC® C083411

Kolibri 360 GmbH
Ferdinand-Jühlke-Straße 7
99095 Erfurt, Deutschland
produktsicherheit@kolibri360.de